普通高等教育"十二五"规划教材

高职高专土建类精品规划教材

道路桥梁工程概论

主　编　王学民　王以明

副主编　龚小琴　王蓉蓉　郜广勇

主　审　肖庆一　刘彦顺

中国水利水电出版社

www.waterpub.com.cn

内 容 提 要

 本书为高职高专规划教材，全书共分十四章，主要内容包括绪论、道路平面、道路纵断面、道路横断面、道路路基、路面基层和垫层、沥青路面、水泥混凝土路面、桥梁工程概述、桥梁上的作用、桥面布置与构造、钢筋混凝土和预应力混凝土梁式桥、圬工和钢筋混凝土拱桥、桥梁墩台等，较系统地介绍了道路与桥梁工程的基本设计理论和施工方法。

 本书可作为高职高专院校工程测量技术、工程造价、资产评估与管理等专业的教学用书，也可供从事市政工程及公路工程勘测设计、施工、养护的有关工程技术人员参考。

图书在版编目（CIP）数据

 道路桥梁工程概论 / 王学民，王以明主编. -- 北京：中国水利水电出版社，2014.8(2021.6重印)
 普通高等教育"十二五"规划教材 高职高专土建类精品规划教材
 ISBN 978-7-5170-2310-4

 Ⅰ．①道… Ⅱ．①王… ②王… Ⅲ．①道路工程—概论—高等职业教育—教材②桥梁工程—概论—高等职业教育—教材 Ⅳ．①U415②U445

 中国版本图书馆CIP数据核字(2014)第195087号

书　　名	普通高等教育"十二五"规划教材 高职高专土建类精品规划教材 **道路桥梁工程概论**
作　　者	主　编 王学民　王以明 副主编 龚小琴　王蓉蓉　郤广勇 主　审 肖庆一　刘彦顺
出版发行	中国水利水电出版社 （北京市海淀区玉渊潭南路1号D座　100038） 网址：www.waterpub.com.cn E-mail：sales@waterpub.com.cn 电话：（010）68367658（营销中心）
经　　售	北京科水图书销售中心（零售） 电话：（010）88383994、63202643、68545874 全国各地新华书店和相关出版物销售网点
排　　版	中国水利水电出版社微机排版中心
印　　刷	天津嘉恒印务有限公司
规　　格	184mm×260mm　16开本　21.75印张　516千字
版　　次	2014年8月第1版　2021年6月第5次印刷
印　　数	8001—12000册
定　　价	**59.50元**

为深入贯彻落实教育部《关于全面提高高等职业教育教学质量的若干意见》《关于推进高等职业教育改革创新引领职业教育科学发展的若干意见》等文件精神，考虑到工程测量技术、工程造价及资产评估与管理等专业高职教育的实际情况，按照相关职业岗位的任职要求，在总结教师多年教学经验的基础上编写了本教材。

"道路桥梁工程概论"是工程测量技术、工程造价及资产评估与管理等专业的一门专业基础课，其内容涉及面较广，实践性较强。在教材编写过程中，遵循了现代职业教育理念，引入了企业专家参与编写，按照实践、实用、实际、实效的原则，合理选取课程内容，设计教材结构。教材内容既精炼实用、通俗易懂，又力求反映本学科领域最新的科学技术成就，体现了针对性、实用性和先进性的特点。教材的内容符合国家及行业最新的技术标准和技术规范，满足高职高专人才培养的要求。

本书由王学民、王以明任主编，王学民负责全书统稿；由龚小琴、王蓉蓉、郜广勇任副主编；由河北工业大学肖庆一和沧州双盛公路工程咨询有限公司刘彦顺担任主审。具体编写分工如下：第一章～第四章由河北工程技术高等专科学校王学民编写；第五章由河北工程技术高等专科学校田国锋编写；第六章由河北工程技术高等专科学校及风云编写；第七章由河北工程技术高等专科学校郭艳芳编写；第八章由沧州鑫泰商品砼股份有限公司郜广勇编写；第九章由河北工程技术高等专科学校王蓉蓉编写；第十章由沧州双盛公路工程咨询有限公司白万鹏编写；第十一章、第十三章、第十四章由河北工程技术高等专科学校王以明编写；第十二章由河北工程技术高等专科学校龚小琴编写。

在本教材编写过程中，参考了有关标准、规范、教材和论著，在此向有关编著者表示衷心的感谢！

由于编者水平有限，书中难免存在错误与不足之处，敬请各位读者指正。

编 者

2014 年 4 月

目录

第一章　绪　论

 学习目标：

了解公路发展规划；掌握道路分类与技术标准、道路组成结构与路面类别；熟悉对道路设计的基本要求、道路工程设计的依据。

第一节　交通运输系统及道路发展概况

一、交通运输系统

交通是货物的交流和人员的来往。交通运输是劳动者使用运输工具，有目的地实现人与物空间位移的生产过程。

交通运输业是一个特殊的物质生产部门，是国民经济的基础产业之一。交通运输设施是发展国民经济、促进社会进步、提高人民生活水平的重要基础设施。交通运输把国民经济各个领域、各个地区、各个部门联系起来，它是联系工业和农业、城市和乡村、生产和消费的纽带，在国家的政治、经济、军事、文化建设中具有重要的作用。

（一）交通运输系统的构成

现代交通运输系统由铁路、道路、水运、航空以及管道等运输方式组成。这些运输方式由于技术经济特征不同，各具特点，承担各自的运输任务，又相互联系、相互补充，形成综合的运输能力，以适应国民经济和社会发展的需要。

铁路运输的特点是运量大、速度快、连续性较强、成本较低。特别是高速铁路（轮轨、磁悬浮）的出现，使铁路运输能力得到进一步提高。但铁路运输建设周期长、投资大，由于铁路运输需转运，装卸费用较高。因此，铁路运输宜于承担中长距离客运、货运和大宗货物运输。

水路运输通过能力高、运量大、耗能少、成本低，但受自然因素制约大、连续性较差、速度慢。其运输方式包括内河运输及海洋（近海、远洋）运输。

航空运输适于快速运送旅客、紧急物资及邮件，速度快，但成本高，通用性差。

管道运输是用于液态、气态及散装粉状材料运输的专用方式，具有连续性强、运输成本低、损耗少、安全性好的特点。

道路运输适用于旅客及货物各种运距的批量运输。

（二）道路运输的特点

道路运输是以道路设施为基础，利用汽车等陆路交通运输工具，做跨地区或跨国的移动，以完成人员和货物位移的运输方式。道路运输既是独立的运输体系，又承担着其他运输方式的客货集散与联系。与其他运输方式比较，道路运输具有以下几方面特点。

（1）机动灵活，覆盖面广。由于道路运输网一般比铁路网、水路网的密度要大十几倍，分布面也广，因此道路运输车辆可以"无处不到、无时不有"。道路运输在时间方面的机动性也比较大，车辆可随时调度、装运，各环节之间的衔接时间较短。尤其是道路运输对客、货运量的多少具有很强的适应性，汽车的载重吨位有小有大，既可以单个车辆独立运输，也可以由若干车辆组成车队同时运输，这一点对抢险、救灾工作和军事运输具有特别重要的意义。

（2）可实现"门到门"直达运输。由于汽车体积较小，中途一般也不需要换装，除了可沿分布较广的路网运行外，还可离开路网深入到工厂企业、农村田间、城市居民住宅等地，即可以把旅客和货物从始发地门口直接运送到目的地门口，实现"门到门"直达运输。

（3）中、短途运输速度较快。在中、短途运输中，由于道路运输可以实现"门到门"直达运输，中途不需要倒运、转乘就可以直接将客货运达目的地。因此，与其他运输方式相比，其客、货在途时间较短，运送速度较快。

（4）原始投资少，操作较容易。与铁路、水运、航运方式相比，道路运输所需固定设施简单，车辆购置费用一般也比较低。同时，汽车驾驶技术比较容易掌握，对驾驶员的各方面素质要求相对也比较低。因此投资较少，资金周转快，社会效益显著。

（5）运量较小，运行持续性较差，运输成本较高。与铁路、水运比较，道路运输所消耗的燃料价格较高，服务人员较多，单位运距小，运行持续性较差，在长距离运输中，其运输成本偏高。

（6）安全性较低，污染环境较大。由于道路运输的机动性强、普遍性高等原因，交通事故频发，其运输安全性较低。同时，汽车所排出的尾气和引起的噪声也严重地威胁着人类的健康，是环境污染的主要污染源之一。

随着汽车制造技术的不断发展及运输管理水平的不断提高，道路运输的不足也在逐步得到改善。特别是现代高速公路的出现，使道路运输在经济建设中发挥更加重要的作用，它以强大的通行能力、快捷的运行速度、灵活的运行形式，成为现代运输体系中最活跃的一种运输方式，并显示出广阔的发展前景。在国家综合运输系统中，道路运输承担的运输任务占综合运输系统总运量的比重不断提高。国民经济的发展离不开道路运输的支撑，道路运输在国民经济发展中的地位十分突出，起着举足轻重的作用。

二、我国道路发展概况

（一）道路发展史

道路是交通运输发展的产物，是人类文明的象征，也是科学技术进步的重要标志。

相传在公元前2000多年前的原始社会，中华民族的始祖黄帝就发明了圆形车轮，并以"横木为轩，直木为辕"制造了车辆，故尊称黄帝为"轩辕氏"，继而出现了可行驶牛、马车的行道。到唐尧时期，"天下广狭，险易远近，始有道里"，可见当时的道路已颇具规模。周朝时道路更加发达，有"周道如砥，其直如矢"的记载。秦始皇统一六国后，大修驰道，颁布"车同轨"法令，使得道路建设得到一个较大的发展。公元前2世纪，我国通往中亚细亚和欧洲的"丝绸之路"开始发展起来。唐代是我国古代道路发展的鼎盛时期，初步形成了以城市为中心的四通八达的道路网。宋代、元代、明代对驿道网的建设和管理也有所发展，清代的道路网系统分为三等，即"官马大路"、"大路"、"小路"。

1886 年，第一辆汽车在德国问世，开始了汽车运输的新纪元。20 世纪初汽车开始输入我国，通行汽车的道路也发展起来。从 1906 年在广西友谊关修建第一条公路开始，到 1949 年，全国公路通车里程已有 8.07 万 km，但缺桥少渡，路况极差。

中华人民共和国成立以后，为了迅速恢复和发展国民经济，巩固国防，国家对道路建设做出了很大的努力，取得了显著成就，至 1978 年底全国公路通车里程达 88 万 km。自改革开放以来，公路建设迅速发展。交通部于 1981 年公布实施了《国家干线公路网试行方案》，1982 年又提出了"普及与提高相结合，以提高为主"的公路建设方针。同时组织力量论证公路在国民经济中的地位和作用，阐述修建高速公路的经济效益和社会效益，使"要想富，先修路；公路通，百业兴"的口号逐步成为多数人的共识。20 世纪 80 年代末至 90 年代初，中央明确把加快交通运输发展作为事关国民经济全局的战略性和急迫性任务，公路交通迎来了大发展的历史机遇。从"八五"开始，我国公路建设进入了发展速度快、建设规模大、科技含量不断提高的新时期。截至 2010 年底，全国公路网总里程达到 398.4 万 km，极大促进和保障了我国经济社会的发展。同时，随着我国城市化水平的不断提高，尤其是轿车大量走进家庭，城市道路建设也得到了迅速发展。

1998 年 1 月我国正式颁发并实施《中华人民共和国公路法》，这是我国交通法制建设的一个里程碑，对我国公路规划、建设、养护、经营、使用和管理等方面的法律制度以及发展公路的基本原则、重要方针做了明确规定。

高速公路建设是交通运输现代化的重要标志之一。1988 年 10 月，沪嘉（上海—嘉定）高速公路建成通车，实现了我国大陆高速公路零的突破。这条高速公路全长 18.5km，双向 4 车道，设计行车时速为 120km，中央分隔带宽 3m，全封闭，全立交，沿线建有大型互通式立交桥 3 座，设有完整的交通标志、标线和交通监控系统。

1990 年 9 月，沈大（沈阳—大连）高速公路建成通车。沈大高速公路全长 375km，连接沈阳、辽阳、鞍山、营口、大连 5 个城市，是当时公路建设项目中由我国自行设计施工、规模最大、标准最高的工程，开创了我国建设长距离高速公路的先河，为 20 世纪 90 年代大规模的高速公路建设积累了经验。

1993 年，京津塘（北京—天津—塘沽）高速公路建成通车。这是我国第一条经国务院批准，利用世界银行贷款进行国际公开招标建成的高速公路，也是第一次引入"FIDIC"（国际咨询工程师联合会）条款实施工程监理的高速公路。

到 1999 年，我国高速公路通车里程突破 1 万 km。2000 年，全国高速公路通车总里程达到 1.6 万 km，居世界第三位。2001 年底，中国高速公路通车里程达到 1.9 万 km，跃居世界第二。近 10 年来，我国高速公路建设突飞猛进，截至 2010 年底，全国各省、自治区和直辖市都已拥有高速公路，通车总里程达 7.4 万 km。

（二）道路发展规划

我国道路建设虽然取得了巨大成就，但与世界上发达国家相比，存在着较大的差距，仍不能完全适应国民经济对道路运输的要求。道路标准低、基础设施薄弱、路网密度低、通达能力差、抗灾能力弱、服务水平不高、发展不平衡等，仍是当前存在的突出问题。因此，加快公路网新线建设，对原有道路进行技术改造，逐步提高技术标准和通行能力，仍是我国当前的主要任务。

1. 高速公路发展规划

在经济社会和交通加快发展的新形势下，2004 年 12 月，《国家高速公路网规划》经国务院审议通过，标志着中国高速公路建设发展进入了一个新的历史时期。

国家高速公路网规划采用放射线与纵横网格相结合的布局方案，形成由中心城市向外放射以及横连东西、纵贯南北的大通道，由 7 条首都放射线、9 条南北纵向线和 18 条东西横向线组成，简称为"7918 网"，总规模约 8.5 万 km。其中，主线 6.8 万 km，地区环线、联络线等其他路线约 1.7 万 km。

规划的国家高速公路网将连接所有现状人口在 20 万人以上的 319 个城市，包括所有的省会城市以及港澳台地区。届时，我国汽车的经济运距将大幅提高，东部、中部、西部地区平均上高速的时间可缩短为半小时、1 小时、2 小时。总体上实现"东网、中联、西通"的目标，形成"首都连接省会、省会彼此相通、连接主要地市、覆盖重要县市"的高速公路网络。

2. "十二五"公路建设发展目标

国家《交通运输"十二五"发展规划》指出：我国经济社会发展将进入一个新的历史阶段，为保持我国经济平稳较快发展，需进一步增强交通运输保障能力；运输需求结构和消费结构升级，必须提升交通运输服务水平；建设资源节约型、环境友好型社会的发展战略，需加快构建绿色交通运输体系；经济社会快速发展和人民生活水平的提高，也必须强化交通运输安全与应急保障能力建设。

"十二五"时期，公路交通要坚持建、养、运、管并重，完善国家公路网规划，基本建成国家高速公路网，加大国道改造力度，加强公路科学养护，优化营运车辆结构，创新运输组织模式，规范运输市场管理，全面提升公路运输保障能力和服务水平。预计到"十二五"末，公路总里程达到 450 万 km，国家高速公路网基本建成，高速公路总里程达到 10.8 万 km，二级及以上公路里程达到 65 万 km，国、省道总体技术状况达到良等水平，农村公路总里程达到 390 万 km。同时，公路交通安全应急水平应明显提高。基本形成适应综合运输体系发展要求的公路交通网络，公路网结构明显趋于合理，区域公路发展差距明显缩小，城乡之间路网衔接更加顺畅。

第二节　道路的分类与技术标准

道路是供各种车辆和行人等通行的工程设施，按其使用范围可分为公路、城市道路、厂矿道路、林区道路及乡村道路等。

一、道路的分类

（1）公路：指连接城市、乡村和工矿基地之间，主要供汽车行驶并具备一定技术标准和设施的道路。

（2）城市道路：在城市范围内，供车辆及行人通行的具备一定技术标准和设施的道路。城市指直辖市、市、镇以及未设镇的县城。

（3）厂矿道路：主要供工厂、矿山运输车辆通行的道路。

（4）林区道路：建在林区，主要供各种林业运输工具通行的道路。

（5）乡村道路：建在乡村、农场，主要供行人及各种农业运输工具通行的道路。

二、公路的分级与技术标准

公路是为汽车运输或其他交通物流服务的工程结构物，这种结构物性能的好坏和服务水平的高低是由公路等级和技术标准来决定的。

（一）公路的分级

公路等级是表示公路通过能力和技术水平的指标。为了满足经济发展、设计交通量、路网建设和功能等要求，公路应分等级规划与建设。我国现行的公路工程技术标准，根据公路的使用任务、功能和适应的交通量，将其分为高速公路、一级公路、二级公路、三级公路和四级公路五个等级。

（1）高速公路。高速公路是具有特别重要的政治、经济意义，专供汽车分向、分车道行驶并应全部控制出入的多车道公路。它具有 4 条或 4 条以上车道，设有中央分隔带，全部立体交叉，并具有完善的交通安全设施、管理设施和服务设施。

4 车道高速公路应能适应将各种汽车折合成小客车的年平均日交通量 2.5 万～5.5 万辆；6 车道高速公路为 4.5 万～8 万辆；8 车道高速公路为 6 万～10 万辆。

（2）一级公路。一级公路是连接重要的政治、经济中心，通往重点工矿区，供汽车分向、分车道行驶，并可根据需要控制出入的多车道公路。

4 车道一级公路应能适应将各种汽车折合成小客车的年平均日交通量 1.5 万～3 万辆；6 车道一级公路为 2.5 万～5.5 万辆。

（3）二级公路。二级公路是连接中等以上城市或者是通往大工矿区、港口等地，供汽车行驶的双车道公路。为保证汽车的行驶速度和交通安全，在混合交通量大的路段，可设置慢车道供非汽车交通行驶。双车道二级公路应能适应将各种汽车折合成小客车的年平均日交通流量 0.5 万～1.5 万辆。

（4）三级公路。三级公路为主要供汽车行驶的双车道公路，沟通县及县以上城市。双车道三级公路应能适应将各种车辆折合成小客车的年平均日交通量 2000～6000 辆。

（5）四级公路。四级公路为主要供汽车行驶的双车道或单车道公路，是沟通县、乡、村的支线公路。双车道四级公路应能适应将各种车辆折合成小客车的年平均日交通量 2000 辆以下；单车道四级公路应能适应将各种车辆折合成小客车的年平均日交通量 400 辆以下。

以上五个等级的公路构成了我国的公路网，其中高速公路、一级公路作为公路网的骨干线，二级、三级公路作为基本线，四级公路为公路网的支线。

公路等级的选用应根据公路功能、路网规划和设计交通量，并充分考虑项目所在地区的综合运输体系、远期发展规划、社会经济等因素，经论证后确定。

另外，公路按其重要性、使用性质和行政等级又分为国家干线公路（简称国道）、省干线公路（简称省道）、县公路（简称县道）、乡村公路（简称乡道）和专用公路，并实行分级管理。一般把国道和省道称为干线，县道和乡道称为支线。

国道是在国家干线网中，具有全国性政治、经济、国防意义的主要干线公路，包括重要的国际公路、国防公路，连接首都与各省、自治区、直辖市首府的公路，连接各大经济中心、港站枢纽、商品生产基地和战略要地的公路。

省道是指在省（自治区、直辖市）公路网中，具有全省性的政治、经济、国防意义，并由省级公路主管部门负责修建、养护和管理的省级公路干线。

县道是指具有全县政治、经济意义，连接县城和县内主要乡（镇）、主要商品生产和集散地的公路，以及不属于国道、省道的县际间公路。县道由县、市公路主管部门负责修建、养护和管理。

乡道是指直接或主要为乡（镇）村经济、文化、生产、生活服务的公路，以及不属于县道以上的乡村与外部联络的公路。乡道由县统一规划，由县、乡组织修建、养护和管理。由于乡村公路主要为农业生产服务，一般不列入国家公路等级标准。

专用公路是指专供或主要供厂矿、林区、农场、油田、旅游区、机场、港口、军事要地等与外部联系的公路。专用公路由专用单位负责修建、养护和管理，也可委托当地公路部门修建、养护和管理。专用公路的技术要求应按其专门制定的技术标准或参照公路工程技术标准执行。

（二）公路技术标准

公路技术标准是指在一定自然环境条件下能保持车辆正常行驶性能所采用的技术指标体系。公路技术标准是法定性技术准则，它反映了我国公路建设的方针、政策和技术要求，是公路勘测设计、施工及养护的主要依据。归纳起来公路技术标准大体可分为三类，即"线形标准"、"载重标准"和"净空标准"。

"线形标准"或称"几何标准"，主要是确定路线线形几何尺寸的技术标准。"载重标准"是用于道路的结构设计，它的主要依据是汽车的载重标准等级。"净空标准"是根据不同汽车的外轮廓尺寸和轴距，来确定道路的尺寸。各级公路的具体标准是由各项技术指标来体现的，主要技术指标一般包括设计速度、行车道数及宽度、路基宽度、最大纵坡、平曲线最小半径、行车视距、车辆荷载等，详见表1-1。设计速度是技术指标中最重要的指标，它对工程费用和运输效率的影响最大。路线在公路网中具有重要经济、国防意义者，交通量较大者，地形平易者，规定较高的设计速度；反之则规定较低的设计速度。

表1-1　　　　　　　　　　各级公路的主要技术指标

公路等级		高速公路			一级公路			二级公路		三级公路		四级公路
设计速度/(km/h)		120	100	80	100	80	60	80	60	40	30	20
车道数/条		8、6、4	8、6、4	6、4	6、4	6、4	4	2	2	2	2	2、1
车道宽度/m		3.75	3.75	3.75	3.75	3.75	3.5	3.75	3.5	3.5	3.25	3.0(3.5)
路基宽度/m（一般值）		42.0 34.5 28.0	41.0 33.5 26.0	32.0 24.5	33.5 26.0	32.0 24.5	23.0	12.0	10.0	8.5	7.5	6.5 4.5
停车视距/m		210	160	110	160	110	75	110	75	40	30	20
圆曲线半径/m	一般值	1000	700	400	700	400	200	400	200	100	65	30
	最小值	650	400	250	400	250	125	250	125	60	30	15
最大纵坡/%		3	4	5	4	5	6	5	6	7	8	9
汽车荷载等级		公路-Ⅰ级			公路-Ⅰ级			公路-Ⅱ级		公路-Ⅱ级		公路-Ⅱ级

三、城市道路的分级

城市道路是指连接城、镇、工矿基地内各地区、各部分，供交通运输及行人通行使用，便于居民生活、工作及文化娱乐活动的具有一定技术设施的道路。

城市道路一般比较宽阔，为适应复杂的交通工具，多划分出机动车道、公共汽车优先车道、非机动车道等。道路两侧有高出路面的人行道和房屋建筑，非机动车道和人行道下埋设城市公共管道。为了保证交通、美化城市，保护环境，城市道路还会布置分隔带、绿化带，甚至布置街道花园。

城市道路的功能是综合性的，为发挥其不同功能，保证城镇的生产、生活正常进行，交通运输经济合理，应对城市道路进行科学的分类。根据我国现行《城市道路工程设计规范》（CJJ 37—2012）的规定，按道路在道路网中的地位、交通功能以及对沿线的服务功能等，城市道路分为快速路、主干路、次干路和支路四个等级。

（1）快速路。完全为交通功能服务，是解决城市大容量、长距离、快速交通的主要道路。快速路应中央分隔、全部控制出入、控制出入口间距及形式，应实现交通连续通行，单向设置不应少于两条车道，并应设有配套的交通安全与管理设施。快速路两侧不应设置吸引大量车流、人流的公共建筑物的出入口。

（2）主干路。以交通功能为主，为连接城镇各主要分区的干路，是城市道路网的主要骨架。主干路两侧不宜设置吸引大量车流、人流的公共建筑物的出入口。

（3）次干路。与主干路结合组成干路网，是城镇区域性的交通干道，应以集散交通的功能为主，兼有服务功能。

（4）支路。宜与次干路和居住区、工业区、交通设施等内部道路相连接，应以解决局部地区交通和服务功能为主。

城市道路的设计指标很多，其中设计速度是道路设计时确定几何线形的基本要素。设计速度一经选定，道路设计的所有相关要素如平曲线半径、视距、超高、纵坡、竖曲线半径等指标均与其配合以获得均衡设计。

各级道路设计速度的选定应根据交通功能、交通量、控制条件以及工程建设性质等因素综合确定。快速路和主干路的辅路设计速度宜为主路的 0.4～0.6 倍。在立体交叉范围内，主路设计速度应与路段一致，匝道及集散车道设计速度宜为主路的 0.4～0.7 倍。平面交叉口内的设计速度宜为路段的 0.5～0.7 倍。

第三节　道路的基本组成与路面分类

一、道路的基本组成

道路是线形结构物，它包括线形与结构两个组成部分。

（一）线形组成

道路线形是指道路中线的几何形状与尺寸。这一空间线形投影到平、纵、横三个面而绘制的反映其形状、位置和尺寸的图形，分别为道路平面图、纵断面图和横断面图。道路路线设计也相应地可分解为平面设计、纵断面设计和横断面设计等。道路的平、纵、横三个方面是相互影响、相互制约、相互配合的，设计时必须综合考虑。

道路平面线形由直线、圆曲线和缓和曲线等基本线形要素组成。纵断面线形由直线（直坡段）和竖曲线等基本线形要素组成。横断面由车行道、人行道、分隔带、路肩、绿化带等组成。道路设计时除考虑技术、经济要求外，还需要考虑环境和美学等要求。

　　（二）结构组成

　　道路是一种工程设施，为了承受荷载和自然因素的作用，需要修筑相应的结构物，包括路基、路面、桥梁、涵洞、隧道、排水系统、防护工程、特殊构造物及交通服务设施等。不同性质和等级的道路在不同的条件下其组成会有所不同。

　　1. 路基

　　路基是按照路线位置和一定技术要求修筑的带状构造物，是路面的基础，承受由路面传递下来的行车荷载，并承受自然因素的作用。

　　2. 路面

　　路面是指用各种筑路材料分层铺筑在道路路基上供汽车行驶的构造物。它直接承受行车荷载和自然因素的作用，供车辆以一定速度安全而舒适地行驶。

　　3. 桥涵

　　桥梁是指道路跨越河流、沟谷和其他线路等天然或人工障碍物时而修建的构造物。涵洞是为了宣泄地面水流而设置的横穿路堤的小型排水构造物。在低等级道路上，当水流不大时可以修筑透水路堤和过水路面，透水路堤是用大石块或卵石堆砌而成的，过水路面修筑在平时无水或水流很小的宽浅河流上，在洪水期间容许水流漫过。在未建桥的道路中断处还可修建渡口、码头等以保持交通的连续。

　　4. 隧道

　　隧道通常是指建造在山岭、江河、海峡和城市地面下，供车辆通过的工程构造物。按所处位置可分为山岭隧道、水底隧道和城市隧道。隧道可以缩短道路里程，使行车平顺迅速。

　　5. 排水系统

　　排水系统是为了为确保路基稳定而修建的地表和地下排水结构物，包括边沟、截水沟、排水沟、急流槽、跌水、蒸发池、渗沟、渗水井等。这些排水结构物组成综合排水系统，以减轻、消除各种水对路基的侵害。

　　6. 防护工程

　　防护工程是为使路基免受水流、风沙的侵蚀，加固路基边坡，保证路基稳定而修筑的结构物。例如在陡峻山坡或沿河一侧修筑的填石边坡、砌石边坡、挡土墙、护脚及护面墙等；在易发生雪害的路段设置的防雪栅、防雪棚等；在沙害路段设置的控制风蚀过程的发生和改变沙粒搬运及堆积条件的设施；在沿河路基设置导流结构物如顺水坝、格坝、丁坝及拦水坝等间接防护工程。

　　7. 特殊构造物

　　特殊构造物是指在山区地形、地质复杂路段，修建悬出路台、半山桥、半山洞及明洞等以保证道路连续和路基稳定的构造物。

　　8. 交通服务设施

　　交通服务设施是指为了保证道路沿线的交通安全、管理、监控、通信、收费、服务、照明及环境保护的设施。

二、路面结构层次与路面分类

（一）路面结构层次划分

行车荷载和自然因素对路面的影响，随深度的增加而逐渐减弱，对路面材料的强度、抗变形能力和稳定性等要求也随深度的增加而逐渐降低。为适应这一特点，路面结构通常是分层铺筑的，按使用要求、受力状况、土基支承条件和自然因素影响程度的不同，分成若干层次。通常按照各个层位功能的不同，划分为三个层次，即面层、基层和垫层，如图1-1所示。

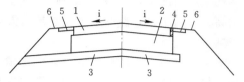

图1-1 路面结构层划分示意图

1—面层；2—基层；3—垫层；4—路缘石；
5—硬路肩；6—土路肩

1. 面层

面层是直接承受行车荷载作用及大气降水和温度变化影响的路面结构层次，并为车辆提供行驶表面，它直接影响行车的舒适性、安全性和经济性。因此，面层应具有足够的结构强度、稳定性和良好的表面特性。

修筑面层所用的材料主要有水泥混凝土、沥青混凝土、沥青碎（砾）石混合料及块料等。

沥青类路面的面层可分为单层、双层或三层。双层结构自上而下分别称为表面层和下面层；三层结构自上而下分别称为表面层、中面层和下面层，如高速公路和一级公路的沥青面层一般分2～3层，沥青层总厚度10～20cm，各层根据不同的要求采用不同的级配组成。水泥混凝土路面也可分上、下两层铺筑，分别采用不同强度等级的水泥混凝土材料。有时可在水泥混凝土路面上加铺5cm左右的沥青混凝土结构层组成复式结构。

需要指出的是，用做封闭表面空隙，防止水分侵入面层的封层、砂石路面上所铺的2～3cm厚的磨耗层或1cm厚的保护层，以及厚度不超过1cm的简易沥青表面处治，不能作为一个独立的层次，而应看作为是面层的一部分。

2. 基层

基层是面层的下卧层，主要承受由面层传来的车辆荷载的垂直力，并将其扩散到下面的垫层和土基中。基层分为上基层和下基层（底基层），下基层可使用符合要求的当地材料修筑。

在沥青路面结构中，基层是主要的承重层，它应具有足够的强度和稳定性、耐久性和较高的承载能力，并具有良好的扩散应力的能力。在水泥混凝土路面结构中，基层承受的垂直力作用较小，但应具有足够的抗冲刷能力和一定的刚度。

基层表面应平整，使面层厚度均匀。基层应能和面层结合牢固，以提高路面的整体强度，避免面层沿基层被推挤和滑移。此外，基层应有足够的水稳性且必须碾压密实。

基层可采用刚性、半刚性或柔性材料。修筑基层的材料主要有贫水泥混凝土、沥青稳定碎石、各种无机结合料（如石灰、粉煤灰或水泥等）稳定土或稳定碎（砾）石、级配碎石、级配砾石以及填隙碎石等。

3. 垫层

垫层是介于基层与土基之间的层次。其主要作用为改善土基的湿度和温度状况，以保证面层和基层的强度稳定性和抗冻胀能力，扩散由基层传来的荷载应力，以减少土基所产生的变形。

在下述情况下，应在基层下设置垫层：①季节性冰冻地区的中湿或潮湿路段；②地下水位高、排水不良，路基处于潮湿或过湿状态；③水文地质条件不良的土质路堑，路床土处于潮湿或过湿状态。

垫层应具有一定的强度和良好的水稳定性。修筑垫层的材料主要有两类：一类是松散粒料，如砂、砾石、炉渣等组成的透水性垫层；另一类是用水泥或石灰稳定土修筑的稳定类垫层。

为了保护路面面层的边缘，一般公路的基层宽度应比面层每边至少宽出 25cm，垫层宽度应比基层每边至少宽出 25cm，或与路基同宽以利排水。

（二）路面分类

路面是用各种不同材料，按不同的配制方式，采取不同的施工方法修筑而成的，因而其类型多种多样。

1. 按路面力学特性分类

从路面力学特性出发，可将路面分为柔性路面、刚性路面、半刚性路面三种类型。

（1）柔性路面。整体结构刚度较小，在车辆荷载作用下产生较大的弯沉变形，路面结构本身的抗弯拉强度较低，主要靠抗压、抗剪强度承受车辆荷载的作用。车辆荷载通过各结构层传递给土基的单位压力也较大，因而对土基的强度和稳定性要求较高。柔性路面主要包括各种未经处理的粒料基层和各类沥青面层或块石面层组成的路面结构。

（2）刚性路面。主要指用水泥混凝土作面层或基层的路面结构。刚性路面与柔性路面的区别在于路面的破坏状态和分布到路基上的荷载状态。水泥混凝土的抗弯拉强度高，并且有较高的弹性模量，故呈现出较大的刚性。在车辆荷载作用下，水泥混凝土结构层处于板体工作状态，竖向弯沉较小，通过板体的扩散分布作用，传递到基础上的单位压力较小。

（3）半刚性路面。主要是指由无机结合料稳定集料或土类材料铺筑的基层和各类沥青面层组成的路面结构。无机结合料稳定类基层在前期具有柔性路面的力学性质，后期的强度和刚度均有大幅度地增长，但最终的强度和刚度仍远小于水泥混凝土，这类基层称为半刚性基层。而半刚性基层和各类沥青面层组成的路面结构则属于半刚性路面。

2. 按路面材料与施工方法分类

按路面材料与施工方法不同，道路路面可分为沥青类、水泥混凝土类、块料类、结合料稳定类和碎石类等。

（1）沥青类路面。指在矿质材料中以各种方式掺入沥青材料修筑而成的路面，包括沥青混凝土、沥青碎石、沥青贯入式和沥青表面处治。沥青混合料适用于各交通等级道路；沥青贯入式与沥青表面处治路面适用于中、轻交通道路。

（2）水泥混凝土类路面。指以水泥和水合成的水泥浆为结合料，碎（砾）石为骨料，砂为填充料，经拌和、摊铺、振捣和养护而成的路面，包括普通混凝土、钢筋混凝土、连续配筋混凝土与钢纤维混凝土，适用于各交通等级道路。

（3）块料类路面。指用整齐、半整齐块石或预制水泥混凝土块铺砌，并用砂浆嵌缝后碾压而成的路面，适用于支路、广场、停车场、人行道与步行街。

（4）结合料稳定类路面。指由石灰、水泥等做结合料，改善各种土、碎（砾）石混合料或工业废渣的工程性质，成为具有较高强度和稳定性的材料，经铺压而成的路面。可用做面层、基层或垫层。

（5）碎石类路面。指用碎（砾）石按嵌挤原理或最佳级配原理配料铺压而成的路面，包括填隙碎石、级配碎石、级配砾石等。一般用做面层、基层或垫层。

第四节　道路设计的基本要求

道路工程的主体是路线、路基和路面三大部分，在道路工程设计中它们是相互联系、相互影响的。路线设计要保证经济合理的线形，还要充分考虑通过地区的地质、地貌等，以保证路基的稳定性。路基设计要求有足够的强度和稳定性，以保证路面结构的整体强度和稳定性，保证行车安全和迅速。所以，虽然路线、路基、路面几部分在设计中是分开进行的，但必须通盘考虑，全面分析，并满足其基本要求。

一、对路线的基本要求

道路路线是道路的骨架，它支配着整个道路的规划、设计、施工及以后的养护和运营，直接影响道路构筑物设计、排水设计、土石方数量、路基路面工程等，对汽车行驶的安全、舒适、经济以及道路通行能力等起着重要的作用，而且在道路建成以后，对道路沿线的经济发展、居民生活、土地利用以及自然景观、环境协调等都将产生很大的影响。因此，在道路设计中，通常将路线设计的质量作为一条道路总体效果评价的主要标志。路线设计应满足以下几点基本要求。

（一）满足汽车行驶的力学要求

路线设计应满足汽车行驶的力学要求，即汽车在道路上行驶时应满足行车安全、经济及乘客舒适的要求。在路线设计中要注意合理运用平、纵、横各项技术指标，根据具体条件，在不过多增加工程量的基础上，尽量采用较高的技术指标。为使汽车行驶时速度均衡，要注意道路平、纵面线形要素的连续性，避免线形产生突变。

（二）满足驾驶员视觉及心理要求

道路路线设计应使道路具有视觉的舒顺性，使驾驶员在行车过程中不易疲劳，有良好的视觉效果和心理诱导作用。因此，路线设计时应注意线形要素之间以及与其他设施之间的相互协调。此外，还应保证行车视距，以创造良好的行车视线，以提高行车的安全性和舒适性。

（三）注意与周围地形、地物、环境相协调

路线设计应结合道路沿线的地形、地物等条件，合理运用各种线形要素的组合，充分利用道路周围的地貌、地形、天然树林、建筑物等，尽量保持自然景观的连续，设计出技术合理、行车安全、经济节约的道路线形，使道路与周围环境融为一体。

（四）要与沿线自然、经济、社会条件相适应

道路是空间社会的一个组成部分，它与沿线的自然资源及经济开发、居民生活、工农业发展、区域规划的关系十分密切。因此，在路线设计中，一方面要符合国家有关土地、环境保护、水土保持、资源开发等法规的相关要求；另一方面还要注意少拆迁、少占农田，少破坏环境，尽量减少噪声、废气的污染，使道路建成后能发挥最大的社会综合效益。

二、对路基的基本要求

路基的断面尺寸和高程必须符合路线的要求。此外，作为承受行车荷载的构造物，还应满足下列基本要求。

（一）应具有足够的整体稳定性

路基是直接在地面上填筑或挖去一部分地面而建的构造物。路基修筑后，改变了原地面的天然平衡状态，在某些地形、地质条件下，路堑边坡可能坍塌，路堤可能出现横向滑移等破坏。因此，为防止路基发生各种变形和破坏，必须采取一定的措施来保证路基整体结构的稳定性。

（二）应具有足够的强度

路基的强度是指在行车荷载作用下，路基抵抗变形与破坏的能力。因为行车荷载及路基路面的自重对路基下层和地基产生一定的压力，这些压力可使路基产生一定的变形，当其超过某一限度时，将导致自身的损坏并直接影响路面的使用品质。为保证路基在外力作用下，不致产生超过容许范围的变形，要求路基应具有足够的强度。

（三）应具有足够的水温稳定性

路基的水温稳定性是指路基在水和温度的作用下保持其强度的能力，包括水稳定性和温度稳定性。路基在地面水和地下水作用下，其强度将会显著降低。特别是季节性冰冻地区，由于水温状况的变化，路基将发生周期性冻融作用，形成冻胀和翻浆，使路基强度急剧下降，直接影响道路的使用质量。因此，保证路基在最不利的水温状况下仍具有足够的强度，是十分重要的。

三、对路面的基本要求

为充分发挥道路的使用性能，提高行车速度，增强行车安全性和舒适性，降低运输成本，延长道路使用寿命，要求路面必须满足以下基本要求。

（一）应具有足够的强度和刚度

路面强度是指路面结构整体及各结构层抵抗在行车荷载作用下产生的各种应力（压应力、拉应力、剪应力等）及破坏（裂缝、变形、车辙、沉陷、波浪等）的能力。刚度是指路面抵抗变形的能力。

汽车在路面上行驶时，路面会受到汽车传来的垂直力、水平力、振动力和冲击力作用，在车身后面还会产生真空吸力作用。在这些力的综合作用下，路面结构会产生应力、应变及位移。当路面结构整体或某组成部分的强度或抵抗变形的能力不足以抵抗这些应力、应变及位移时，路面就会出现断裂、沉陷、车辙和波浪等破坏，使路况恶化，服务水平下降。为避免行车荷载产生的这些破坏，路面结构整体及其各组成部分都应具有足够的强度和刚度。

（二）应具有足够的稳定性

路面的稳定性是指路面保持其本身结构强度的性能，也就是指在外界各种影响因素的作用下，路面强度的变化幅度。

气温、降水与湿度变化会对路面的强度与刚度产生不利影响。例如沥青路面在高温季节易软化，在车辆荷载作用下会产生车辙和波浪等变形；冬季低温时又可能因收缩或变脆而开裂；大气降水会使路面结构内部的湿度发生变化而导致路面性能下降。水泥混凝土路面在高温时会发生拱胀破坏，温度急骤变化时会因翘曲而产生破坏；因排水不畅会发生唧泥、冲刷基层现象，导致结构层提前破坏等。因此，防水、排水是确保路面稳定的重要方面。

（三）应具有足够的耐久性

路面结构要承受车辆荷载与自然因素的重复作用，由此逐渐产生疲劳破坏或塑性变形的积累，而路面材料的老化也会引起路面结构的损坏。这些都会影响到路面的使用性能，增加路面的养护维修费用，缩短路面的使用年限。因此，路面结构必须具有足够的抗疲劳强度、抗变形能力及抗老化能力，保持其强度、刚度、几何形态经久不衰。

（四）应具有良好的表面平整度

路面的平整度对行车速度、行车安全、行车舒适性以及运输效益有很大影响。不平整的路表面会增大行车阻力、积滞雨水，加速路面的破坏。道路等级越高，对路面平整度的要求越高。

（五）应具有良好的表面抗滑性能

路面表面要求平整，但不宜光滑。汽车在光滑的路面上行驶时，车轮与路面之间缺乏足够的附着力或摩擦阻力，在雨天高速行车，或紧急制动、突然起动，或爬坡、转弯时，车轮易产生空转或打滑，致使车速降低，油耗增多，甚至引起严重的交通事故。因此，路面应具有良好的抗滑性能，特别是行车速度较高时，对抗滑性能要求应越高。

（六）应具有良好的环保性

车辆行驶时产生的噪音及路面扬尘，不仅影响正常的行车秩序，还会造成环境污染，对行车密度大的高等级道路，更需加以足够的重视。

第五节　道路工程设计依据

一、设计车辆

（一）机动车设计车辆

设计车辆是指道路设计所采用的具有代表性车辆。各种汽车的行驶性能、外廓尺寸以及不同种类车辆的组成对于道路几何设计具有决定作用。因此，选择有代表性的车辆作为设计的依据是必要的。

道路上行驶的车辆种类很多，为设计方便，将各种牌号、型号的载客或载货的车辆归纳为几种设计车辆作为设计依据。研究道路路幅组成、弯道加宽、交叉口设计、纵坡、视距等都与设计车辆的外廓尺寸有着密切的关系。作为道路设计依据的车辆可分为三类，即：小客车、载重汽车（大型车）、鞍式列车（铰接车）。各类机动车设计车辆的外廓尺寸见表1-2，公路机动车设计车辆外廓尺寸如图1-2所示。

表1-2　机动车设计车辆外廓尺寸

车辆类型	总长/m	总宽/m	总高/m	前悬/m	轴距/m	后悬/m
小客车	6	1.8	2	0.8	3.8	1.4
载重汽车（大型车）	12	2.5	4	1.5	6.5	4
鞍式列车（铰接车）	16 (18)	2.5	4	1.2 (1.7)	4+8.8 (5.8+6.7)	2 (3.8)

注　括号内为《城市道路工程设计规范》（CJJ 37—2012）的规定，其他为《城市道路工程设计规范》（CJJ 37—2012）与《公路工程技术标准》（JTG B01—2003）采用相同的标准。

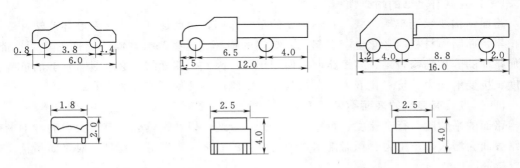

图1-2　公路机动车设计车辆外廓尺寸（单位：m）

（二）非机动车设计车辆

我国道路上行驶的非机动车主要是自行车，此外还有少量的三轮车、板车等其他非机动车。自行车的品种、牌号及型号众多，进行非机动车道几何设计时，宜采用28型自行车为标准车。非机动车设计车辆外廓尺寸见表1-3。

表1-3　非机动车设计车辆外廓尺寸

车辆类型	总长/m	总宽/m	总高/m
自行车	2.0 (1.93)	0.75 (0.6)	2.0 (2.25)
三轮车	3.4	1.25	2.5

注　括号内为《城市道路工程设计规范》（CJJ 37—2012）的规定，其他为《城市道路工程设计规范》（CJJ 37—2012）与《公路工程技术标准》（JTG B01—2003）采用相同的标准。

二、设计速度

设计速度是指在气候条件良好、交通密度小、汽车运行只受道路本身条件（几何要素、路面、附属设施）影响时，中等驾驶技术的驾驶员能保持安全、舒适行驶的最大速度。

设计速度与运行速度是不同的两个概念。运行速度是指车辆在道路上的实际行驶速度，它受气候、地形、交通密度以及道路本身条件的影响，同时与驾驶员的技术水平也有很大的关系。设计速度是决定道路几何线形的最基本的控制要素，道路圆曲线半径、行车视距、超高、路幅宽度、纵坡、竖曲线半径等指标均直接或间接与设计速度有关。我国公路与城市道路技术标准根据车辆动力性能和地形条件，确定了不同等级道路的设计速度，所以它是体现道路等级的一项重要技术指标。

各级公路设计速度见表1-4，城市道路设计速度见表1-5。设计速度最高值是根据汽车性能，并参考国内外的实际经验，从节约能源以及人在感官上的感觉出发确定的，公路采用120km/h，城市道路采用100km/h。设计速度最低值考虑我国实际的交通状况、地形条件、土地利用和投资的可能性，确定为20km/h。

表1-4   各级公路设计速度

公路等级	高速公路			一级公路			二级公路		三级公路		四级公路
设计速度/(km/h)	120	100	80	100	80	60	80	60	40	30	20

表1-5   城市道路设计速度

道路等级	快速路			主干路			次干路			支路		
设计速度/(km/h)	100	80	60	60	50	40	50	40	30	40	30	20

三、交通量

交通量是指单位时间内通过道路某一地点或某一断面的车辆数量或行人数量。前者称为车流量，其计量单位常用日交通量（pcu/d）或小时交通量（pcu/h），表示单位时间内通过某一断面的车辆当量换算为小客车的数量；后者称为人流量。交通量是道路工程与交通工程中的一个基本参数，是道路交通规划、设计及管理的主要依据。

交通量的大小与社会经济发展速度、气候、物产、文化生活水平等多方面因素有关，且随时间、地点的不同而随机变化。交通量的具体数值由交通调查和交通预测确定，交通调查、分析和交通预测是道路建设项目可行性研究阶段进行现状评价、综合分析建设项目的必要性和可行性的基础，也是确定道路建设项目的建设规模、技术等级、工程设施、经济效益评价及道路几何线形设计的主要依据。交通调查、分析及交通量预测水平的高低，尤其是预测的水平、质量和可靠程度，将直接影响到项目决策的科学性和工程技术设计的经济合理性。

（一）年平均日交通量

年平均日交通量（AADT）即全年365d交通量观测结果的平均值，其表达式为：

$$N = \frac{1}{365}\sum_{i=1}^{365}Q_i \tag{1-1}$$

式中　N——年平均日交通量，pcu/d；

　　　Q_i——一年365d的日交通量，pcu/d。

（二）设计交通量

设计交通量是指拟建道路到达远景设计年限时能达到的年平均日交通量（pcu/d），它对确定道路等级、论证道路的计划费用或各项结构设计等有重要作用。设计交通量与道路使用任务、功能及性质有关，可根据历年交通观测资料推算求得。一般按年平均增长率计算确定，计算公式为：

$$N_d = N_0(1+\gamma)^{t-1} \tag{1-2}$$

式中　N_d——预测年的平均日交通量，pcu/d；

　　　N_0——起始年平均日交通量，pcu/d；

　　　γ——年平均增长率，%；

　　　t——设计年限，按道路等级确定。

（三）设计小时交通量

小时交通量是以小时为计算时段的交通量，是确定车道数和车道宽度或评价服务水平时的依据。统计表明，在一天以及全年时间内，每小时交通量变化很大。若以一年中最大的高峰小时交通量作为设计依据，会造成浪费，但如果采用日平均小时交通量则不能满足实际需要，会造成交通拥挤甚至阻塞。为了保证交通安全畅通，又使工程造价经济、合理，我们可借助一年中每小时交通量变化曲线来确定适合于设计使用的小时交通量。

将一年中所有8760h交通量按其与年平均日交通量百分数的大小顺序排列起来并绘成交通量频率曲线，如图1-3所示。从该图中可以看出在30~50位小时交通量附近曲线急剧变化，其右侧曲线明显变缓，而左侧曲线坡度则较大。如以第30位小时交通量作为设计依据，意味着在1年中有29个小时超过设计值，将发生交通拥挤，占全年小时数的0.33%，而能顺利通过的保证率达99.67%。因此，设计小时交通量宜采用第30位小时交通量作为设计依据，也可根据当地调查结果采用第20~40位小时之间最为经济合理时位的小时交通量。

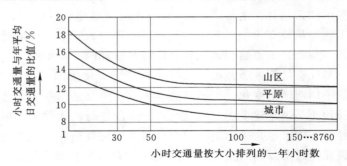

图1-3　年平均日交通量与小时交通量关系曲线

在确定设计小时交通量时，应绘制路线交通量变化图。有平时观测资料的道路，必须使用观测资料，没有观测资料的，可参考性质相似、交通情况相仿的其他道路观测资料进行推算。

设计小时交通量一般按预测年度的年平均日交通量计算，公式如下：

$$DDHV = N_d Dk \tag{1-3}$$

式中　$DDHV$——主要方向设计小时交通量，pcu/h；

　　　N_d——预测年的平均日交通量，pcu/d；

　　　D——方向不均匀系数或方向分布系数，为主要方向交通量与断面双向交通量的比值，一般取0.5~0.7，也可根据当地交通量观测资料研究确定；

　　　k——设计小时交通量系数（%），为选定时位小时交通量与年平均日交通量的比值。当有观测资料时绘制图1-3求得k值；缺乏资料时，城市道路取10%~12%，平原区公路取13%~15%，山区公路取15%~17%。

（四）交通量的换算

我国城市道路和一般公路（即二、三、四级公路）上都是混合交通，行驶的汽车类型不同，其速度、行驶规律以及占用道路的净空差异较大，在计算设计交通量时应折算成某一标准车型。我国各级公路及城市道路的设计一般采用小客车为设计车辆，其他车型按照相应的车辆换算系数进行交通量换算，换算后的交通量称为当量交通量。公路及城市道路的车辆换算系数见表1-6和表1-7。

表1-6　　　　　　　　　公路各代表车型的车辆换算系数

代表类型	车辆换算系数	说　　明
小客车	1.0	不大于19座的客车和载重量不大于2t的货车
中型车	1.5	大于19座的客车和载重量2～7t的货车
大型车	2.0	载重量7～14t的货车
拖挂车	3.0	载重量大于14t的货车

表1-7　　　　　　　　　城市道路的车辆换算系数

车辆类型	小客车	大型客车	大型货车	铰接车
车辆换算系数	1.0	2.0	2.5	3.0

四、通行能力与服务水平

通行能力是在一定的道路和交通条件下，单位时间内道路某一断面所能通过的最大车辆（或行人）数量，是特定条件下道路所能承担车辆（或行人）数的极限值，通常以"辆/小时"（pcu/h）或"人/h"表示。道路通行能力反映了道路设施所能疏导交通流的能力，是道路规划设计和运营管理的重要参数。根据通行能力的性质和使用要求，通行能力通常分为基本通行能力、可能通行能力、设计通行能力（或基本通行能力、设计通行能力、实际通行能力）三种。

（1）基本通行能力。它是指道路、交通、环境和气候均处于理想条件下，由技术性能相同的一种标准车辆，以最小的安全车头间距连续行驶，在单位时间内通过一条车道或道路某一断面的最大车辆数。这是理论上所能通行的最大车辆数量，也称理论通行能力。

（2）可能通行能力。它是在通常的道路交通条件下，单位时间内通过道路某一车道或某一断面的最大可能车辆数。

（3）设计通行能力。它是道路交通的运行状态保持在某一设计的服务水平时，道路上某一路段的通行能力。

（一）公路服务水平与实际通行能力

1. 公路服务水平

服务水平是指道路在某种交通条件下为驾驶者和乘客所能提供的运行服务质量和程度，也是在不同的交通流状况下，道路使用者从道路状况、交通条件、行驶环境等方面可能得到的服务程度。服务水平通常由速度、交通密度、行驶自由度、交通中断情况、安全性、舒适性和便利程度等来描述和衡量。

我国现行规范将公路服务水平划分为四级，以交通流状态为划分条件，定性地描述交通流从自由流、稳定流到饱和流和强制流的变化阶段。高速公路、一级公路以车流密度作为划分服务水平的主要指标；二、三级公路以延误率和平均运行速度作为主要指标；交叉口则用车辆延误来描述其服务水平。各级公路设计采用的服务水平等级见表1-8。

表1-8		各级公路设计采用的服务水平		
公路等级	高速公路	一级公路	二级公路	三级公路	四级公路
服务水平	二级	二级	三级	三级	一级

注 1. 一级公路作为集散公路时，可采用三级服务水平设计。
   2. 互通式立体交叉的分合流区段、匝道以及交织区段，可采用三级服务水平设计。

各级服务水平的含义如下。

一级服务水平：交通量小，驾驶员能自由或较自由地选择行车速度并以设计速度行驶，行驶车辆不受或基本不受交通流中其他车辆的影响，交通流处于自由流状态，超车需求远小于超车能力，被动延误少，为驾驶者和乘客提供的舒适便利程度高。

二级服务水平：随着交通量的增大，速度逐渐减小，行驶车辆受别的车辆或行人的干扰较大，驾驶员选择行车速度的自由度受到一定限制，交通流状态处于稳定流的中间范围，有拥挤感。到二级下限时，车辆间的相互干扰较大，开始出现车队，被动延误增加，为驾驶员提供的舒适便利程度下降，超车需求与超车能力相当。

三级服务水平：当交通需求超过二级服务水平对应的服务交通量后，驾驶员选择车辆运行速度的自由度受到很大限制，行驶车辆受其他车辆或行人的干扰很大，交通流处于稳定流的下半部分，并已接近不稳定流范围，流量稍有增长就会出现交通拥挤，服务水平显著下降。到三级下限时行车延误的车辆达到80%，所受的限制已达到驾驶员所允许的最低限度，超车需求超过了超车能力，但可通行的交通量尚未达到最大值。

四级服务水平：交通需求继续增大，行驶车辆受别的车辆或行人的干扰更加严重，交通流处于不稳定流状态。靠近下限时每小时可通行的交通量达到最大值，驾驶员已无自由选择速度的余地，交通流变成强制状态，所有车辆都以相对均匀一致的速度行驶。一旦上游交通需求和来车强度稍有增加，或交通流出现小的扰动，车流就会出现走走停停的状态，此时能通过的交通量很不稳定，时常发生交通阻塞。

2. 各级公路实际通行能力

实际通行能力是指设计或评价某一具体路段时，根据该设施具体的公路几何构造、交通条件以及交通管理水平，对不同服务水平下的服务交通量（或设计通行能力）按实际公路条件（车道数、车道宽度和路侧宽度等）和交通条件（行驶速度、交通量、交通组成和路侧干扰等）进行相应修正后的小时交通量。

高速公路的实际通行能力按下式计算：

$$C_r = C_d f_{HV} f_N f_P \tag{1-4}$$

式中 C_r——高速公路路段一条车道的实际通行能力，pcu/(h·ln)；

C_d——与实际行驶速度相对应的高速公路路段一条车道设计通行能力，pcu/(h·ln)；

f_{HV}——交通组成修正系数，按式（1-5）计算；

f_N——六车道及以上高速公路的车道数修正系数，取0.98～0.99；

f_P——驾驶者总体特征修正系数，通过调查确定，通常在 0.95～1.00 之间。

$$f_{HV} = \frac{1}{1 + \sum P_i(E_i - 1)} \qquad (1-5)$$

式中　P_i——中型车、大型车、拖挂车各交通量占总交通量的百分比；

　　　E_i——中型车、大型车、拖挂车的车辆换算系数。

一级公路路段的实际通行能力按下式计算：

$$C_r = C_d f_{HV} f_N f_P f_j f_f \qquad (1-6)$$

式中　C_r——一级公路路段一条车道的实际通行能力，pcu/(h·ln)；

　　　C_d——与实际行驶速度相对应的一级公路路段一条车道设计通行能力，pcu/(h·ln)；

　　　f_{HV}——交通组成修正系数，按式（1-5）计算；

　　　f_N——车道数修正系数，取 0.95～0.97；

　　　f_P——驾驶者总体特征修正系数，通过调查确定，通常在 0.95～1.00 之间；

　　　f_j——平面交叉修正系数；

　　　f_f——路侧干扰修正系数。

二级、三级公路路段的实际通行能力按下式计算：

$$C_r = C_d f_{HV} f_d f_w f_f \qquad (1-7)$$

式中　C_r——二级、三级公路路段一条车道的实际通行能力，pcu/(h·ln)；

　　　C_d——与实际行驶速度相对应的二级、三级公路路段一条车道设计通行能力，pcu/(h·ln)；

　　　f_{HV}——交通组成修正系数，按式（1-5）计算；

　　　f_d——方向分布修正系数；

　　　f_w——车道宽度、路肩宽度修正系数；

　　　f_f——路侧干扰修正系数。

（二）城市道路服务水平与通行能力

1. 城市道路服务水平

由于道路条件、交通条件、控制条件和交通环境等都会影响道路通行能力和服务水平。因此，需要对条件不同的道路设施及其各组成部分分别进行通行能力和服务水平的分析。

城市快速路的服务水平分为四级：一级服务水平时，交通处于自由流状态；二级对应稳定流上段；三级对应于稳定流；四级服务水平时，交通处于不稳定流状态，分为饱和流与强制流。快速路基本路段服务水平分级指标应符合城市道路工程设计规范的规定。

关于其他等级城市道路通行能力和服务水平的分析、评价，由于目前国内尚未有成熟的研究成果，现行规范只提出了设计要求，未给出具体的分析方法和内容。

路段上自行车道服务水平采用骑行速度、占用道路面积、交通负荷与车流状况等指标衡量；交叉口自行车服务水平增加了停车延误时间、路口停车率等指标，使用时可根据情况灵活选用指标。

人行道采用人均占用面积作为服务水平分级标准。根据实际调查内容的不同，可参考行人纵向间距、横向间距和步行速度等指标进行分级。

城市道路规划、设计既要保证道路服务质量，还要兼顾道路建设的成本与效益。设计时采用的服务水平不必过高，但也不能以四级服务水平作为设计标准，否则将会有更多时段的交通流处于不稳定的强制运行状态，并因此导致更多时段内发生经常性拥堵。因此，规范规定新建道路采用三级服务水平。

2. 城市道路通行能力

（1）快速路通行能力。快速路应根据交通流行驶特征分为基本路段、分合流区和交织区，应分别采用相应的通行能力和服务水平。

快速路基本路段一条车道的基本通行能力和设计通行能力应符合表1-9的规定。

表1-9 快速路基本路段一条车道的通行能力

设计速度/(km/h)	100	80	60
基本通行能力/(pcu/h)	2200	2100	1800
设计通行能力/(pcu/h)	2000	1750	1400

快速路能适应的年平均日交通量见表1-10。

表1-10 快速路能适应的年平均日交通量

设计速度/(km/h)	一条车道设计通行能力/(pcu/h)	年平均日交通量/(pcu/d)		
		四车道	六车道	八车道
100	2000（三级服务水平）	80000	120000	160000
80	1280（二级服务水平）	—	—	100000
60	990（二级服务水平）	40000	60000	—

（2）其他等级道路的通行能力。其他等级城市道路根据交通流特性和交通管理方式，可分为路段、信号交叉口、无信号交叉口等，应分别采用相应的通行能力和服务水平。

其他等级道路路段一条车道的基本通行能力和设计通行能力应符合表1-11的规定。

表1-11 其他等级道路路段一条车道的通行能力

设计速度/(km/h)	60	50	40	30	20
基本通行能力/(pcu/h)	1800	1700	1650	1600	1400
设计通行能力/(pcu/h)	1400	1350	1300	1300	1100

思 考 题 及 习 题

1-1 各种运输方式的特点及其适用性是什么？

1-2 道路运输的地位和作用有哪些？

1-3 试述我国高速公路网规划的主要内容。

1-4 我国公路是如何分级的？公路等级选用一般要考虑哪些因素？

1-5 试述我国城市道路的分级及特点。

1-6　路面的结构层次如何划分？

1-7　试述路面的基本分类？各类路面的特点是什么？

1-8　道路工程设计的基本要求有哪些？

1-9　道路工程设计的依据有哪些？

1-10　为什么用第 30 位小时交通量作为设计小时交通量是合理的？

1-11　道路交通量与通行能力的基本含义是什么？

第二章 道 路 平 面

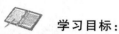 **学习目标：**

掌握直线、圆曲线和缓和曲线的设计方法；掌握曲线超高及加宽设计；掌握行车视距计算与设计；熟悉平面线形组合设计方法；能绘制道路平面设计图。

一般所说的道路路线，是指道路中线的空间位置，路线在水平面上的投影称为路线的平面线形。道路平面线形由直线、圆曲线和缓和曲线构成，通常称之为"平面线形三要素"。直线是曲率为零的线形，圆曲线是曲率为常数的线形，缓和曲线是曲率逐渐变化的线形。三要素是道路平面线形最基本的组成要素，道路平面设计应根据汽车行驶要求，合理地确定各种线形要素的几何参数，使道路路线与地形、地物、环境和景观相协调，保持线形的连续性与均衡性，并与纵断面线形和横断面相互配合，以保证行车迅速、安全、舒适。

第一节 直 线

一、直线的线形特征

直线作为平面线形基本要素，在公路和城市道路中使用最为广泛。因为两点之间距离以直线为最短。因此一般在选线和定线时，只要地势平坦，无大的地物、地形障碍，选线定线人员都会首选考虑使用直线。其主要特征如下：

（1）直线能以最短的距离连接两控制点，路线短捷，线形简单，测设方便。

（2）直线路段上汽车行驶受力简单、方向明确、视距良好，便于驾驶操作。

（3）直线道路给人以简捷、直达、刚劲的良好印象，在美学上有独特的视觉特点。

（4）直线线形不易与地形相协调，特别是对于山区、丘陵区道路，过多地采用直线会使公路整体线形僵硬，同时也会导致道路与周边自然环境难以协调配合，破坏自然环境景观，或导致边坡防护工程建设规模增大，诱发地质病害等。

（5）过长的直线，线形呆板、景观单调，易引起驾驶疲劳、并增加夜间行车车灯炫目的危险，还会导致出现超高速行驶状态，不利于安全行车。

二、设计标准

直线是平面线形的基本线形。在设计中，应根据路线所处地形、地物、驾驶员的视觉、心理状态以及行车安全等合理布设直线。直线的最大、最小长度应有所限制。

（一）直线最大长度

由于长直线的安全性差，在设计直线线形和确定直线长度时，应结合地形、地物条件和直线的特点，慎重选用，不宜采用过长的直线。调查研究表明，最大直线长度以汽车按设计速度行驶 70s 左右的距离控制为宜。受地形条件或其他特殊情况限制而采用长直线时，为弥补景观单调的缺陷，应结合沿线具体情况采取相应的技术措施。

（二）直线最小长度

考虑到线形的连续性和驾驶的方便，相邻两曲线间以直线径相连接时，直线的长度不宜过短。

1. 同向圆曲线间的直线最小长度

同向曲线是两个转向相同的相邻曲线间连以直线形成的线形，如图 2-1 所示。曲线间的直线长度就是指前一曲线的终点至后一曲线的起点之间的长度。互相通视的同向曲线间若插以短直线，容易产生把两个曲线看成是一个曲线的错觉，破坏了线形的连续性，形成"断背曲线"，易于造成驾驶操作的失误，设计中应尽量避免。规范规定，设计速度 $V \geqslant 60km/h$ 时，同向圆曲线间最小直线长度（以 m 计）以不小于设计速度（以 km/h 计）的 6 倍为宜。设计速度 $V \leqslant 40km/h$ 时，参照上述规定执行。

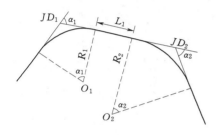

图 2-1 同向曲线

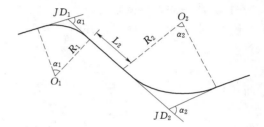

图 2-2 反向曲线

2. 反向圆曲线间的直线最小长度

反向曲线是两个转向相反的相邻曲线间连以直线形成的线形，如图 2-2 所示。当此直线长度很短时，不利于超高和加宽过渡，且易形成反弯的错觉，影响驾驶员操作。规范规定，当设计速度 $V \geqslant 60km/h$ 时，反向圆曲线间的最小直线长度（以 m 计）以不小于设计速度（以 km/h 计）的 2 倍为宜。设计速度 $V \leqslant 40km/h$ 时，参照上述规定执行。

三、直线设计要点

（一）直线的适用条件

（1）路线不受地形、地物限制的平原区或山间的开阔谷地。

（2）市镇及其邻近或规划方正的农耕区等以直线为主体的地区。

（3）为缩短构造物长度以便于施工的长大桥梁、隧道路段。

（4）为争取较好的行车和通视条件的平面交叉前后。

（5）双车道公路在适当间隔内设置一定长度的直线，以提供较好条件的超车路段。

（6）依据城市规划布局，并符合用地开发、征地拆迁、文物保护及公共设施建设要求的直线路段。

（二）直线运用注意问题

（1）直线的运用应注意同地形、环境的协调与配合，并考虑驾驶者的视觉、心理状态等合理布设。

（2）直线的最大长度应有所限制。当采用较长直线线形时，应结合沿线具体情况采取相应的技术措施加以改善道路沿线单调的景观。

（3）圆曲线间的直线最小长度应满足规范要求，避免使司机产生错觉造成驾驶操作的失误。

（4）长直线尽头的平曲线，除曲线半径、超高、视距等必须符合规定要求外，还必须采取设置标志、增加路面抗滑能力等安全措施。

第二节 圆 曲 线

圆曲线是道路平面设计中最常用的线形之一，各级道路不论转角大小，在转折处均应设置平曲线。圆曲线在现场易于设置，采用平缓而适当的圆曲线，既可引起驾驶员的注意，又起到诱导视线的作用，自然地表明方向的变化。

一、圆曲线要素与里程桩号

（一）圆曲线的几何要素

如图 2-3 所示，圆曲线的几何要素为：

切线长：
$$T = R \cdot \tan\frac{\alpha}{2} \qquad (2-1)$$

曲线长：
$$L = \frac{\pi}{180}R\alpha \qquad (2-2)$$

外距：
$$E = R\left(\sec\frac{\alpha}{2} - 1\right) \qquad (2-3)$$

校正值：
$$D = 2T - L \qquad (2-4)$$

式中　T——切线长，m；

　　　L——曲线长，m；

　　　E——外距，m；

　　　D——切曲差（或校正值），m；

　　　R——圆曲线半径，m；

　　　α——转角，(°)。

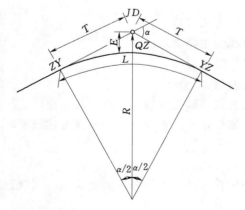

图 2-3 圆曲线几何要素

（二）里程桩号的计算

圆曲线有三个主点桩号，相互关系如下：

$$ZY = JD - T$$

$$YZ = ZY + L$$

$$QZ = YZ - L/2$$

$$JD = QZ + D/2（校核）$$

二、圆曲线半径的计算公式

汽车在平曲线上行驶时，除受到自身的重力作用外，还受到离心力作用。由于离心力的存在，汽车有横向不稳定的危险，可能导致汽车向弯道外侧滑移或倾覆。离心力的大小又与圆曲线半径密切相关,半径愈小愈不利,所以在选择平曲线半径时应尽可能采用较大的值,只有在地形或其他条件受到限制时才可使用较小的曲线半径。

根据对汽车行驶在曲线上的稳定性分析,得圆曲线半径计算公式:

$$R = \frac{V^2}{127(\mu \pm i)} \qquad\qquad (2-5)$$

式中　R——圆曲线半径,m;

　　　V——行车速度,km/h;

　　　μ——横向力系数,不设超高时,公路可取 0.035,城市道路取 0.067;

　　　i——路面横坡度,%,有超高或曲线内侧为"+",曲线外侧为"-"。

横向力系数可近似视为单位车重受到的横向力大小。行驶速度越大,横向力系数就越大,表明单位车重受到的横向力也越大,汽车在圆曲线上的横向稳定性越差。而圆曲线半径越大,横向力系数就越小,表明单位车重受到的横向力也越小,汽车在圆曲线上的横向稳定性越好。可见,横向力系数越大,对行车越不利。

横向力系数 μ 对行车的影响体现在以下几个方面:

(1) 危及行车安全。汽车在弯道上稳定行驶的前提是轮胎在路面上不滑移,要求横向力系数低于轮胎与路面间的横向摩阻系数。

(2) 增加驾驶操纵的困难。弯道上行驶的汽车,在横向力作用下,弹性的轮胎产生横向变形,增加了汽车在方向操纵上的困难。

(3) 增加燃料消耗和轮胎磨损。汽车在曲线上行驶时,除了要克服行驶阻力外,还要克服横向力对行车的作用,才能使汽车沿着正确的方向行驶,为此增加了燃料的消耗;同时,横向力的作用使汽车轮胎发生变形,致使轮胎的磨损也额外增加了。

(4) 乘客舒适性。随着 μ 值的加大,乘车舒适感下降。根据实验,当 $\mu < 0.10$ 时,不感到有曲线存在,很平稳;当 $\mu = 0.15$ 时,稍感到有曲线存在,尚平稳;当 $\mu = 0.20$ 时,已经感到有曲线存在,稍感不平稳;当 $\mu = 0.35$ 时,感到有曲线存在,已感到不平稳;当 $\mu \geqslant 0.40$ 时,非常不稳定,站不住,有倾倒的危险感。

研究表明,μ 值的采用关系到行车的安全、经济与舒适。μ 的舒适界限,由 0.10 到 0.16 随行车速度而变化,设计中车速高时取低值,车速低时可取高值。

三、圆曲线最小半径

为了行车安全与舒适,我国《公路工程技术标准》(JTG B01—2003)和《城市道路工程设计规范》(CJJ 37—2012)规定了三种圆曲线最小半径。

(一) 公路圆曲线最小半径

1. 极限最小半径

极限最小半径是指按设计速度行驶的车辆,能保证其安全行驶的最小半径。它是设计采用的极限值。当横向力系数 μ 和路面超高横坡度 i 都取最大值时,按公式(2-5)可计算出"极限最小半径"。公路规范规定的"极限最小半径",如表 2-1 所示圆曲线最小半径"极限值",极限最小半径仅在特殊困难的条件下使用。

表 2－1 公路圆曲线最小半径

设计速度/(km/h)		120	100	80	60	40	30	20
圆曲线最小半径/m	极限值	650	400	250	125	60	30	15
	一般值	1000	700	400	200	100	65	30
不设超高圆曲线最小半径/m	路拱≤2%	5500	4000	2500	1500	600	350	150
	路拱>2%	7500	5250	3350	1900	800	450	200

2. 一般最小半径

一般最小半径远大于极限最小半径，其取值既要考虑汽车以设计速度在这种小半径的曲线上行驶时的安全性、稳定性和旅客的舒适性，又要注意到在地形比较复杂的情况不会过多的增加工程数量。

公路规范规定的"一般最小半径"，如表 2－1 所示的圆曲线最小半径"一般值"。确定一般最小半径时，横向力系数 μ 和超高横坡度 i 没有取到最大值，都留有一定的余地。通常在路线设计时，采用的圆曲线半径应尽量不小于一般最小半径。

3. 不设超高的最小半径

在一定设计速度行车时，当圆曲线半径较大，离心力影响就比较小，路面摩阻力可保证汽车有足够的稳定性，此时可不设超高。弯道即使采用与直线相同的双向路拱断面时，离心力对外侧车道上行驶的汽车的影响也很小。因此，规范规定了"不设超高最小半径"，见表 2－1。此时，横向力系数可取 0.035。

不设超高最小半径是判断圆曲线设不设超高的一个界限，当圆曲线半径不小于不设超高最小半径时，不设超高，圆曲线横断面采用与直线相同的双向路拱横断面，路拱坡度大小与直线段相同。当圆曲线半径小于不设超高最小半径时，则采用向内倾斜的单向超高横断面形式。

（二）城市道路圆曲线最小半径

城市道路圆曲线最小半径应符合表 2－2 的规定。在设计中应首先考虑安全因素，其次要考虑节约用地及投资，结合工程情况合理选用指标。采用小于不设超高最小半径时，曲线段应设置超高，超高过渡段内应满足路面排水要求。

表 2－2 城市道路圆曲线最小半径

设计速度/(km/h)		100	80	60	50	40	30	20
不设超高最小半径/m		1600	1000	600	400	300	150	70
设超高最小半径/m	一般值	650	400	300	200	150	85	40
	极限值	400	250	150	100	70	40	20

四、圆曲线半径的选用

圆曲线能较好地适应地形的变化，它在路线遇到障碍或地形需要改变方向时设置，适应范围广泛而灵活。圆曲线半径选用得当，可获得圆滑舒顺的平面线形。

选用圆曲线半径时，应注意以下几点：

（1）在地形、地物等条件许可时，优先选用不小于不设超高的最小半径。

（2）一般情况下宜采用极限最小曲线半径的 4～8 倍或超高 2%～4% 的圆曲线半径。

（3）条件受限制时，可采用大于或接近于圆曲线最小半径的"一般值"；地形条件特别困难而不得已时，方可采用圆曲线最小半径的"极限值"。

（4）为便于测设，圆曲线最大半径不宜超过 10000m。从汽车转弯时的受力分析可知，圆曲线越大，离心力越小，行车的舒适性越好。当半径大到一定程度，其几何性质和形成条件与直线并无太大区别，容易给驾驶员造成判断上的错误反而带来不良后果，也会增加计算和测量的难度。

（5）设置圆曲线时，应同相衔接路段的平、纵线形要素相协调，使之构成连续、均衡的曲线线形，并避免小半径圆曲线与陡坡相重合的线形。

【例 2-1】　某二级公路设计速度为 80km/h，路拱横坡为 2%。试计算：

（1）极限最小半径（$\mu=0.12$，$i_b=8\%$）。

（2）一般最小半径（$\mu=0.06$，$i_b=7\%$）。

（3）不设超高最小半径。

解：（1）极限最小半径：

$$R_{\min}=\frac{V^2}{127(\mu+i)}=\frac{80^2}{127\times(0.12+0.08)}=251.9\text{（m），规范取 250m。}$$

（2）一般最小半径：

$$R=\frac{V^2}{127(\mu+i)}=\frac{80^2}{127\times(0.06+0.07)}=387.6\text{（m），规范取 400m。}$$

（3）不设超高时，即为反超高，$\mu=0.035$，$i_b=-2\%$，则

$$R=\frac{V^2}{127(\mu-i)}=\frac{80^2}{127\times(0.035-0.02)}=3359.58\text{（m），规范取 3350m。}$$

【例 2-2】　某中等城市主干道，设计速度为 $V=40$km/h，该路线跨越河流后转弯，要求桥头至少有 30m 的直线段，由桥头至转折点的距离为 135m，转折角为 $\alpha=32°$，道路横坡度 $i=2\%$，横向力系数 $\mu=0.067$，试计算不设超高的圆曲线最大半径。

解：按行车速度计算：

$$R_1=\frac{V^2}{127(\mu-i)}=\frac{40^2}{127(0.067-0.02)}=268\text{（m），规范取 300m。}$$

考虑地形地物条件，该道路转折处圆曲线切线最大长度为 $T=135-30=105$（m），由此计算圆曲线半径为：

$$R=T\cot\frac{\alpha}{2}=105\cot\frac{32°}{2}=349\text{（m）}$$

因为 $R>R_1$，所以该处最大可能的圆曲线半径为 349m。

【例 2-3】　某城市主干路，转折点 JD 的里程桩号为 $K1+500$，转角为 $\alpha=30°$，圆曲线半径 $R=700$m，试计算圆曲线各要素并确定圆曲线上的三个主点里程桩号。

解：（1）圆曲线要素计算如下：

$$T=R\times\tan\frac{\alpha}{2}=700\times\tan\frac{30°}{2}=187.56\text{（m）}$$

$$L=\frac{\pi}{180°}R\alpha=\frac{\pi}{180°}\times700\times30°=366.52\text{（m）}$$

$$E = R\left(\sec\frac{\alpha}{2} - 1\right) = 700\left(\sec\frac{30°}{2} - 1\right) = 24.69(\text{m})$$

$$D = 2T - L = 2 \times 187.56 - 366.52 = 8.6(\text{m})$$

（2）主点桩号计算如下：

$$ZY = JD - T = K1 + (500 - 187.56) = K1 + 312.44$$

$$YZ = ZY + L = K1 + (312.44 + 366.52) = K1 + 678.96$$

$$QZ = YZ - L/2 = K1 + (678.96 - 366.52/2) = K1 + 495.7$$

$$JD = QZ + D/2 = K1 + (495.7 + 8.6/2) = K1 + 500(\text{校核无误})$$

第三节 缓 和 曲 线

缓和曲线是在直线与圆曲线之间或半径相差较大的两个转向相同的圆曲线之间设置的一种曲率连续变化的曲线。《公路工程技术标准》（JTG B01—2003）规定，除四级公路可不设缓和曲线外，其余各级公路都应设置缓和曲线。在城市道路上，缓和曲线也被广泛地使用。

一、缓和曲线的作用

设置缓和曲线主要起到以下作用。

（1）有利于驾驶员操纵方向盘。汽车从直线驶入圆曲线或从大半径圆曲线驶入小半径圆曲线时，其中间需要插入一个曲率逐渐变化的缓和曲线，使汽车保持车速不变，而前轮的转向角从 0 至 α 逐渐转向，从而有利于驾驶员操纵方向盘。

（2）消除离心力的突变，提高舒适性。当圆曲线半径较小时，离心力很大。为了使汽车能安全、迅速、平稳地从没有离心力的直线逐渐驶入离心力较大的圆曲线，或从离心力小的大半径圆曲线逐渐驶入到离心力大的小半径圆曲线，消除离心力的突变，必须在直线和圆曲线间，或大圆与小圆之间设置曲率半径随弧长逐渐变化的缓和曲线。

（3）完成超高和加宽的过渡。当圆曲线处需要设置超高和加宽时，一般应在缓和曲线长度内完成超高或加宽的过渡。

（4）与圆曲线配合得当，增加线形美观。圆曲线与直线径相连接，连接处曲率突变，在视觉上不平顺，设置了缓和曲线后，线形连续圆滑，增加了线形美观。

二、缓和曲线的性质

（一）汽车转弯时行驶的理论轨迹方程

考察汽车由直线进入圆曲线的行驶轨迹。如图 2-4 所示，先假定汽车是等速行驶，驾驶员等角速度转动方向盘，通过理论推导得出汽车转弯时的理论轨迹方程如下：

$$C = \rho l \qquad (2-6)$$

式中　C——常数，量纲设为 m^2；

　　　 l——汽车自直线终点进入曲线经一定时间后行驶的弧长，m；

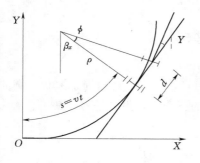

图 2-4 汽车进入曲线行驶轨迹图

ρ——汽车行驶经一定时间后行驶的弧长 l 处相对应的曲率半径，m。

（二）缓和曲线的线形选择

由式（2-6）可见，汽车匀速从直线进入圆曲线，其行驶轨迹的弧长与曲线的曲率半径之乘积为常数。数学上满足这一几何特性的曲线有很多。其中，由于回旋线与汽车由直线驶入圆曲线的轨迹完全相符且计算简便，道路设计规范规定缓和曲线采用回旋线。

数学上，回旋线是曲率随曲线长度成比例增大的曲线，由于式（2-6）中 C 量纲为 m^2，故取 $C=A^2$。因此，回旋线的数学表达式为：

$$\rho l = A^2 \tag{2-7}$$

式中　A——回旋线的参数；

　　　l——回旋线上任一点到回旋线起点的距离，m。

可见，在回旋线上任一点，ρ 随 l 的变化而变化，在缓和曲线的终点处，$\rho=R$，$l=L_s$，则式（2-7）可写成：

$$RL_s = A^2 \tag{2-8}$$

式中　R——回旋线所连接的圆曲线半径，m；

　　　L_s——缓和曲线长度，m。

由式（2-8）可见，只要设计选定圆曲线半径和缓和曲线长度，回旋线参数 A 就确定了。R 确定圆的大小，A 确定缓和曲线曲率变化的缓急，A 越大则曲率变化越缓和。

三、缓和曲线最小长度

由于汽车在缓和曲线上完成不同曲率的过渡行驶，所以要求缓和曲线有足够的长度，以使驾驶员能从容地操纵方向盘，乘客感觉舒适，线形美观流畅，并且能顺利完成超高和加宽过渡，所以要规定缓和曲线的最小长度。

（一）控制离心加速度变化率，满足旅客舒适要求

汽车在缓和曲线上行驶时（速度 v，m/s），离心加速度随着缓和曲线的曲率而变化，如果变化过快，将使乘客产生不适，因此需要控制离心力的变化率。

在缓和曲线起点处：半径 $\rho=\infty$，离心加速度 $a_1=0$；在缓和曲线终点处：半径 $\rho=R$，离心加速度 $a_2=v^2/R$。如果汽车从缓和曲线起点行驶到终点的时间为 t，则

$$t=\frac{L_s}{v}$$

离心加速度变化率为：

$$a_s=\frac{\Delta a}{t}=\frac{a_2-a_1}{t}=\frac{v^3}{RL_s}=\frac{0.0214V^3}{RL_s}$$

从乘客舒适性来看，a_s 不能过大，我国道路设计中采用 $a_s=0.6\text{m/s}^3$，则有：

$$L_s=0.036\frac{V^3}{R} \tag{2-9}$$

式中　L_s——缓和曲线最小长度，m；

　　　V——设计速度（$V=3.6v$），km/h；

　　　R——圆曲线半径，m。

（二）行驶时间不过短

不管缓和曲线的参数如何，都不可使车辆在缓和曲线上的行驶时间过短而使司机驾驶

操纵过于匆忙，一般认为汽车在缓和曲线上行驶时间至少应有 3s，于是：

$$L_{smin} = vt = \frac{Vt}{3.6} = \frac{V}{1.2} \tag{2-10}$$

式中　L_{smin}——缓和线最小长度，m；

　　　　V——设计速度，km/h。

（三）满足超高渐变率的要求

设置超高时，应在缓和曲线上完成超高过渡，如果缓和曲线太短使超高渐变率太大，不但对行车和路容不利，还影响到舒适性；如果缓和曲线太长，超高渐变率太小，对排水不利。因此，缓和段长度应满足超高过渡的要求：

$$L_{smin} \geqslant L_c \tag{2-11}$$

式中　L_c——超高过渡段长度，m；

　　　　L_{smin}——缓和曲线最小长度，m。

考虑上述影响缓和曲线长度的各项因素，我国公路及城市道路规范规定按设计速度来确定缓和曲线最小长度，同时考虑了行车时间和附加纵坡的要求，各级公路的缓和曲线最小长度见表 2-3，城市道路缓和曲线最小长度见表 2-4。

表 2-3　　　　　　　　　　各级公路的缓和曲线最小长度

公路等级	高速公路			一			二		三		四
设计速度/(km/h)	120	100	80	100	80	60	80	60	40	30	20
缓和曲线最小长度/m	100	85	70	85	70	50	70	50	35	25	20

注　四级公路为超高、加宽缓和段。

表 2-4　　　　　　　　　　城市道路缓和曲线最小长度

设计速度/(km/h)	100	80	60	50	40	30	20
缓和曲线最小长度/m	85	70	50	45	35	25	20

【例 2-4】　某平原区二级公路上有一平曲线，半径为 420m。试设计计算该平曲线的最小缓和曲线长度。

解：（1）按离心加速度的变化率计算。

由标准查得，$V = 80$km/h，则

$$L_{smin} = 0.036 \frac{V^3}{R} = 0.036 \times \frac{80^3}{420} = 43.89 \text{(m)}$$

（2）按驾驶员的操作及反应时间计算。

$$L_{smin} = \frac{V}{1.2} = \frac{80}{1.2} = 66.67 \text{(m)}$$

（3）按超高渐变率计算。

由标准知：$B = 2 \times 3.75 = 7.50$m；

查表，超高渐变率 1/150，超高取 $\Delta i = i_b = 0.06$，则

$$L_{smin} = \frac{B \Delta i}{p} = \frac{7.5 \times 0.06}{1/150} = 67.50 \text{(m)}$$

（4）按视觉条件计算。

$$L_{smin}=\frac{R}{9}=\frac{420}{9}=46.67(\text{m})$$

$$R=420\text{m}$$

综合以上各项得：$L_{smin}=67.50\text{m}$，最终取 5 的整倍数得 $L_s=70\text{m}$。

四、设有缓和曲线的道路平曲线

道路平面线形三要素可根据道路等级、地形条件等进行合理的组合，形成不同的平面线形，如简单型曲线、基本型曲线、S形曲线、卵型曲线、凸形曲线、C形曲线、复合型曲线等。其中基本型曲线是由直线—缓和曲线—圆曲线—缓和曲线—直线组合而成的，如图 2-5 所示，设有缓和曲线的平曲线几何元素计算公式如下。

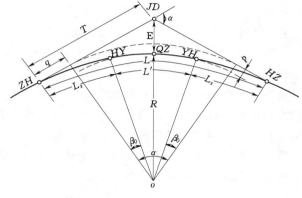

图 2-5　设有缓和曲线的平曲线

（一）缓和曲线常数计算

缓和曲线的切线角：

$$\beta_0=\frac{L_s}{2R} \tag{2-12}$$

切线增长值：

$$q=\frac{L_s}{2}-\frac{L_s^3}{240R^2} \tag{2-13}$$

内移值：

$$p=\frac{L_s^2}{24R}-\frac{L_s^4}{2688R^3} \tag{2-14}$$

（二）平曲线几何要素计算

平曲线切线长：

$$T_h=(R+p)\tan\frac{\alpha}{2}+q \tag{2-15}$$

平曲线总长：

$$L_h=(\alpha-2\beta_0)\frac{\pi}{180}R+2L_s \tag{2-16}$$

外距：

$$E_h=(R+p)\sec\frac{\alpha}{2}-R \tag{2-17}$$

超距：

$$D_h=2T_h-L_h \tag{2-18}$$

式中　R——圆曲线半径，m；

　　　L_s——缓和曲线长度，m；

　　　α——路线转角，(°)；

　　　β_0——缓和曲线的切线角，(°)；

　　　q——切线增长值，m；

　　　p——内移值，m；

　　　T_h——平曲线切线长，m；

　　　L_h——平曲线总长，m；

　　　E_h——外距，m；

D_h——超距，m。

(三) 主要里程点桩号计算

直缓点桩号：　　　　　　　　$ZH = JD - T_h$

缓圆点桩号：　　　　　　　　$HY = ZH + L_s$

缓直点桩号：　　　　　　　　$HZ = HY + (L_h - L_s)$

圆缓点桩号：　　　　　　　　$YH = HZ - L_s$

曲中点桩号：　　　　　　　　$QZ = YH - (L_h - 2L_s)/2$

验算：　　　　　　　　　　　$JD = QZ + D_h/2$

(四) 平曲线最小长度

设有缓和曲线的平曲线包括缓和曲线和圆曲线，不设缓和曲线的平曲线只有圆曲线。其长度除应满足设置回旋线或超高、加宽过渡的需要外，还应保留一段圆曲线。确定平曲线最小长度时，应考虑的因素有：离心加速度变化率不应太大、司机操作时间不宜太短、小角度（转角小于7°）转弯时不要产生错觉等。公路平曲线最小长度见表2-5，城市道路平曲线及圆曲线最小长度见表2-6。

表2-5　　　　　　　　　　　　公路平曲线最小长度

设计速度/(km/h)		120	100	80	60	40	30	20
平曲线最小长度/m	一般值	600	500	400	300	200	150	100
	最小值	200	170	140	100	70	50	40

表2-6　　　　　　　　　城市道路平曲线及圆曲线最小长度

设计速度/(km/h)		100	80	60	50	40	30	20
平曲线最小长度/m	一般值	260	210	150	130	110	80	60
	极限值	170	140	100	85	70	50	40
圆曲线最小长度/m		85	70	50	40	35	25	20

五、缓和曲线省略条件

在直线和圆曲线之间设置缓和曲线后，圆曲线产生了内移值 $p = \dfrac{L_s^2}{24R}$，在缓和曲线 L_s 一定的情况下，内移值 p 与圆曲线半径成反比，当 R 大到一定程度时，p 值甚微，即使直线与圆曲线径相连接，汽车也能安全行驶，因为在路面的富余宽度中已经包含了这个内移值。所以，公路路线设计规范规定，在下列情况下可不设缓和曲线：

(1) 四级公路不设置缓和曲线，其线形由直线和圆曲线组成。

(2) 在路线转折处，当圆曲线半径不小于"不设超高的最小半径"时。

(3) 半径不同的同向圆曲线径相连接处，当小圆半径大于"不设超高的最小半径"时。

(4) 半径不同的同向圆曲线径相连接处，小圆半径大于表2-7中所列临界曲线半径，且符合下列条件之一者：①小圆按规定设置相当于最小缓和曲线长的回旋线时，大圆与小圆的内移值之差小于0.10m；②设计速度≥80km/h时，大圆半径 R_1 与小圆半径 R_2 之比小于 1.5；③设计速度＜80km/h 时，大圆半径 R_1 与小圆半径 R_2 之比小于 2。

表 2-7　　　　　　　　　　　　复曲线中的小圆临界曲线半径

设计速度/(km/h)	120	100	80	60	40	30
临界曲线半径/m	2100	1500	900	500	250	130

《城市道路工程设计规范》（CJJ 37—2012）所规定的不设缓和曲线的最小圆曲线半径见表 2-8。

表 2-8　　　　　　　　　　　城市道路不设缓和曲线的最小圆曲线半径

设计速度/(km/h)	100	80	60	50	40
不设缓和曲线的最小圆曲线半径/m	3000	2000	1000	700	500

第四节　曲线超高与加宽

一、曲线超高

（一）设置超高的原因

当汽车在圆曲线上行驶，半径越小，离心力越大，汽车行驶条件就越差，为改善汽车行驶条件，利用重力的内侧分力抵消汽车在曲线路段上行驶时所产生的一部分离心力，在弯道上设置外高内低、向内倾斜的单向横坡形式，称为超高，如图2-6 所示。

（二）超高值的确定

圆曲线上超高横坡度的设置应根据设计速度、圆曲线半径、路面类型、自然条件和车辆组成等情况确定，必要时应按运行速度予以验算。由于圆曲线半径不变，当车速不变时，离心力也不变，因此，从圆曲线起点至圆曲线终点的超高横坡度是一个定值，这个圆曲线上的超高值，称为全超高横坡度，简称全超高，用 i_b 表示。

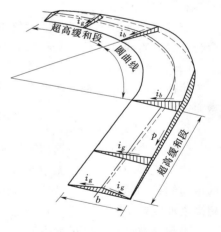

图 2-6　超高及超高过渡段

由圆曲线半径计算公式可得超高横坡度计算公式：

$$i_b = \frac{V^2}{127R} - \mu \tag{2-19}$$

式中符号意义同前。

1. 最大超高值

在车速较高，圆曲线半径较小的情况下，为了平衡离心力需要较大的超高。但对于慢车，若因故障停在弯道上，其离心力为零，而超高横坡度过大，超出了轮胎与路面间的横向摩阻系数，车辆有向路面内侧滑移的危险，特别在冬季结冰的情况下更有这种可能。因此，根据公路等级、圆曲线半径、路面类型、交通组成和自然条件等，规定了各级道路圆曲线最大超高值。公路圆曲线最大超高值见表2-9，二、三、四级公路接近城镇且混合交通量较大的路段，车速受到限制时，其最大超高值可按表2-10执行。城市道路圆曲线最大超高值见表2-11。

表 2-9 各级公路圆曲线最大超高值

公路等级	高速公路、一级公路	二级公路、三级公路、四级公路
一般地区/%	8 或 10	8
积雪冰冻地区/%	6	

注 高速公路、一级公路正常情况下采用8%；交通组成中小客车比例高时可采用10%。

表 2-10 公路车速受限制时最大超高值

设计速度/(km/h)	80	60	40、30、20
超高值/%	6	4	2

表 2-11 城市道路最大超高值

设计速度/(km/h)	100，80	60，50	40，30，20
最大超高值/%	6	4	2

2. 最小超高值

当计算路面的超高横坡度数值小于路拱横坡度时，各级道路圆曲线部分的最小超高值应与该道路直线部分的正常路拱横坡度值一致。

(三) 超高过渡形式

超高过渡方式应根据地形、车道数、中间带宽度、超高值、排水要求、路容美观等因素而定。

1. 公路超高过渡方式

公路超高过渡方式根据超高旋转轴在公路断面上的位置分为以下几种。

(1) 无中间带公路。无中间带的公路，路面要由双向倾斜的路拱形式过渡到具有超高的单向倾斜的超高形式，外侧须逐渐抬高。在抬高过程中，将外侧车道绕路中线旋转，若超高横坡度等于路拱坡度，则直至与内侧横坡相等为止。

当超高坡度大于路拱坡度时，可分别采用以下三种过渡方式。

1) 绕路面内边缘旋转。先将外侧车道绕路中线旋转，待达到与内侧车道构成单向横坡后，整个断面再绕未加宽前的内侧车道边缘旋转，直至超高横坡值，如图2-7（a）所示。

2) 绕路中线旋转。先将外侧车道绕路中线旋转，待达到与内侧车道构成单向横坡后，整个断面一同绕中线旋转，直至超高横坡度，如图2-7（b）所示。

3) 绕路面外边缘旋转。先将外侧车道绕外边缘旋转，与此同时，内侧车道随中线的降低而相应降低，待达到单向横坡后，整个断面仍绕外侧车道边缘旋转，直至超高横坡度，如图2-7（c）所示。

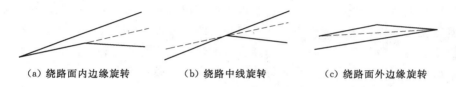

（a）绕路面内边缘旋转	（b）绕路中线旋转	（c）绕路面外边缘旋转

图 2-7　无中间带公路超高过渡

上述各种方法，绕内边线旋转由于行车道内侧不降低，有利于路基纵向排水，一般新建工程多用此法。绕中线旋转可保持中线标高不变，且在超高坡度一定的情况下，外侧边缘的抬高值较小，多用于旧路改建工程。而绕外侧边线旋转是一种比较特殊的设计，仅用于某些为改善路容的地点。

（2）有中间带公路。当高速公路和一级公路设有中间分隔带时，其超高过渡可采用以下几种方式。

1）绕中间带的中心线旋转。先将外侧行车道绕中央分隔带的中心线旋转，待达到与内侧行车道构成单向横坡后，整个断面一同绕中央分隔带的中心线旋转，直至全超高横坡值，如图 2-8（a）所示。中间带宽度不大于 4.5m 的公路可采用此种方式。

2）绕中央分隔带边缘旋转。将两侧行车道分别绕中央分隔带两侧边缘线旋转，使之各自成为独立的单向超高断面。此时中央分隔带维持原水平状态，如图 2-8（b）所示。各种宽度中间带的公路均可采用。

3）分别绕各自的行车道中线旋转。将两侧行车道分别绕各自的行车道中心线旋转，使之各自成为独立的单向超高断面，此时中央分隔带两边缘分别升高与降低而成为倾斜断面，如图 2-8（c）所示。车道数大于 4 条的公路可采用。

（a）绕中间带的中心线旋转	（b）绕中央分隔带边缘旋转	（c）绕各自行车道中线旋转

图 2-8　有中央分隔带公路的超高过渡

（3）分离式路基公路。由于分离式路基公路的上、下行车道是各自独立的，其超高的设置及其过渡可按两条无中间带的公路分别予以处理。

2. 城市道路超高过渡方式

城市道路超高过渡方式应根据地形状况、车道数、超高横坡度值、横断面形式、便于排水、路容美观等因素决定。单幅路路面及三幅路机动车道路面宜绕中线旋转；双幅路路面及四幅路机动车道路面宜绕中间分隔带边缘旋转，使两侧车行道各自成为独立的超高横断面。

（四）超高缓和段的长度

由直线段的双向路拱横断面逐渐过渡到圆曲线段的全超高单向横断面，其间必须设置超高缓和（过渡）段。

由于在超高缓和段上逐渐超高，引起行车道外侧边缘或内侧边缘的纵坡逐渐增大或减小，使边缘纵坡与原路线纵坡不一，这个由于逐渐超高而引起外侧边缘纵坡与路线原设计纵坡的差值变化率称为超高渐变率。在考虑超高缓和段长度时，应将超高渐变率控制在一定的数值范围内，超高渐变率越大，即渐变速度快，则所需的缓和段长度可短些，但乘客不舒适；反之，渐变率太小，则乘客舒适，但超高缓和段长度太长，设计和施工麻烦。公路规范中超高渐变率按旋转轴位置规定见表 2-12。

表 2-12　　　　　　　　　　　　公 路 超 高 渐 变 率

设计速度/(km/h)	超高旋转轴位置	
	中线	边线
120	1/250	1/200
100	1/225	1/175
80	1/200	1/150
60	1/175	1/125
40	1/150	1/100
30	1/125	1/75
20	1/100	1/50

双车道公路超高缓和段长度按下式计算：

$$L_c = \frac{B\Delta_i}{p} \qquad (2-20)$$

式中　L_c——超高缓和段长度，m；

　　　B——旋转轴至行车道外侧边缘的宽度，m；

　　　Δ_i——超高旋转轴外侧的最大超高横坡度与原路拱横坡度的代数差；

　　　p——超高渐变率。

超高缓和段的设置，应注意以下几点：

（1）超高缓和段长度应取 5m 的倍数，且不小于 10m。

（2）当设置回旋线时，超高的过渡应在回旋线全长范围内进行。当回旋线较长时，其超高的过渡可采用以下方式：超高缓和段可设在回旋线的某一区段范围内，其超高过渡段的纵向渐变率不得小于 1/330，全超高断面宜设在缓圆点或圆缓点处。六车道及其以上的公路宜增设路拱线。

（3）四级公路因不设缓和曲线，其超高的过渡应在超高缓和段的全长范围内进行。

（4）对线形设计要求较高的公路，应在超高缓和段的起、终点插入一段二次抛物线，使之连接圆滑、舒顺。

（5）高速公路、一级公路的纵坡较大处，其上、下行车道可采用不同的超高值。

二、曲线加宽

（一）设置加宽的原因

汽车在圆曲线上行驶时，各个车轮的轨迹半径是不相等的，后轴内侧车轮的行驶轨迹半径最小，前轴外侧车轮的行驶轨迹半径最大，因此汽车在半径较小圆曲线上行驶需要比直线上更大的宽度。此外，在圆曲线上行驶时，汽车行驶轨迹不完全与理论行驶轨迹相吻合，而是有一定的摆动偏移（其摆幅值的大小与实际行车速度有关），故需要通过路面加宽来弥补，以利于安全。

（二）加宽的基本规定

1. 加宽设置条件

我国城市道路与公路的设计规范规定，当道路的圆曲线半径不大于 250m 时，应设置加宽。

2. 加宽值

圆曲线上的加宽值与平曲线半径、车辆轴距等有关，同时还要考虑弯道上行驶车辆的摆动及驾驶员的操作所需的附加宽度。

（1）单车道几何加宽。普通汽车一条车道的加宽值可由如图 2-9（a）所示几何关系求得：

$$b = \frac{A^2}{2R} \tag{2-21}$$

式中 A——汽车后轴至前保险杠的距离，m；

R——圆曲线半径，m。

而鞍式列车（或铰接车）的加宽值由如图 2-9（b）所示几何关系求得：

牵引车的加宽值：
$$b_1 = \frac{A_1^2}{2R}$$

拖挂车的加宽值：
$$b_2 = \frac{A_2^2}{2R}$$

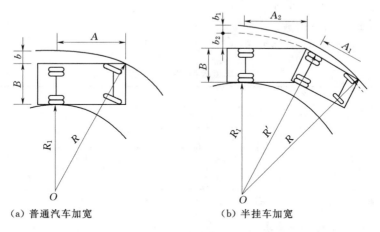

（a）普通汽车加宽   （b）半挂车加宽

图 2-9 单车道的加宽

令 $A_1^2 + A_2^2 = A^2$，则鞍式列车单车道的加宽值计算同前，但式中 A 的含义不同：

$$b = b_1 + b_2 = \frac{A_1^2 + A_2^2}{2R} = \frac{A^2}{2R} \tag{2-22}$$

式中 A_1——牵引车保险杠第二轴至的距离，m；

A_2——第二轴至拖车最后轴的距离，m；

R——圆曲线半径，m；

A——拖挂车设计车长，$A=\sqrt{A_1^2+A_2^2}$，m；

b——单车道几何加宽，m；

b_1——牵引车加宽，m；

b_2——拖挂车加宽，m。

（2）单车道摆动加宽。经实测，汽车转弯摆动加宽与车速有关，一个车道的摆动加宽值经验公式为：

$$b'=\frac{0.05V}{\sqrt{R}} \tag{2-23}$$

式中　V——汽车转弯时的行车速度，km/h；

R——圆曲线半径，m；

b'——单车道摆动加宽，m。

（3）圆曲线上的全加宽。考虑上述几何加宽值和摆动加宽值两项因素，单车道全加宽值为：

$$b_j=b+b'=\frac{A^2}{2R}+\frac{0.05V}{\sqrt{R}} \tag{2-24}$$

多车道全加宽值为：

$$b_N=N\left(\frac{A^2}{2R}+\frac{0.05V}{\sqrt{R}}\right) \tag{2-25}$$

式中　b_j——圆曲线上的全加宽，m；

b_N——多车道全加宽，m；

N——多车道的车道数。

公路路面的加宽值见表 2-13。

表 2-13　　　　　　　　　　双车道公路路面加宽值

加宽类别	汽车轴距加前悬/m	圆曲线半径/m								
		200~250	150~200	100~150	70~100	50~70	30~50	25~30	20~25	15~20
1	5	0.4	0.6	0.8	1.0	1.2	1.4	1.8	2.2	2.5
2	8	0.6	0.7	0.9	1.2	1.5	2.0	—	—	—
3	5.2+8.8	0.8	1.0	1.5	2.0	2.5	—	—	—	—

注　单车道公路路面加宽值应为表中规定值的一半。

3. 设置全加宽的规定和要求

（1）圆曲线加宽类别根据公路交通组成分为三类。二级公路以及设计速度为 40km/h 的三级公路有集装箱半挂车通行时，应采用第 3 类加宽值；不经常通行集装箱半挂车时，可采用第 2 类加宽值；四级公路和设计速度为 30km/h 的三级公路可采用第 1 类加宽值。

（2）圆曲线上的路面加宽应设置在圆曲线的内侧。

（3）各级公路的路面加宽后，路基也应相应加宽。

（4）双车道公路当采取强制性措施实行分向行驶的路段，其圆曲线半径较小时，内侧车道的加宽值应大于外侧车道的加宽值，设计时应通过计算确定其差值。

（5）《城市道路工程设计规范》（CJJ 37—2012）规定，圆曲线半径不大于250m时，应在圆曲线内侧加宽。

（三）加宽过渡段

当圆曲线段设置全加宽时，为了使路面由直线段正常宽度断面过渡到圆曲线段全加宽断面，需要在直线和圆曲线之间设置加宽过渡段（或加宽缓和段）。加宽过渡段根据道路的性质和等级可单独设置，也可利用缓和曲线设置，应视具体情况优先考虑采用对线形有利的加宽过渡方法。

1. 加宽过渡方式

（1）比例过渡。二、三、四级公路及一般城市道路的加宽过渡段的设置，应采用在相应的过渡曲线或超高、加宽缓和段全长范围内按长度成比例增加的方法，如图2-10所示。

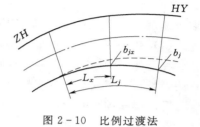

图 2-10　比例过渡法

$$b_{jx} = \frac{L_x}{L_j} b_j \qquad (2-26)$$

式中　b_{jx}——加宽过渡段上任意点加宽值，m；

　　　　L_x——任意点距加宽过渡段起点的距离，m；

　　　　b_j——圆曲线上的全加宽值，m；

　　　　L_j——加宽过渡段全长，m。

比例过渡简单易做，但加宽后的路面与内侧的行车轨迹不符，过渡段的终点出现突变，路容也不美观。

（2）高次抛物线过渡。在加宽过渡段上插入一条高次抛物线，常用三次或四次抛物线。三次抛物线上任意点的加宽值为：

$$b_{jx} = \left[4(\frac{L_x}{L_j})^3 - 3(\frac{L_x}{L_j})^4 \right] b_j \qquad (2-27)$$

式中符号意义同前。

这种方法处理之后路面内侧边缘圆滑、顺适和美观，对于高等级道路及路容要求高的低等级道路可采用此种方式，式中各符号同前。

2. 加宽过渡段长度

加宽缓和段的长度可按下列两种情况确定：

（1）设置回旋线或超高过渡段时，加宽过渡段长度应采用与回旋线或超高过渡段长度相同的数值。对于不设缓和曲线的平曲线，但设置有超高过渡段的平曲线，可采用与超高过渡段相同的长度。

（2）不设回旋线或超高过渡段时，加宽过渡段长度应按渐变率为1：15且长度不小于10m的要求设置。

第五节　行　车　视　距

一、视距的种类

汽车在道路上行驶时，驾驶员应能看到汽车前方一定距离的障碍物或迎面来车，以便采取措施，保证行车安全，这一必要距离称为行车视距。行车视距是否充分，直接关系到行车的安全和速度，是道路使用质量的重要指标之一。道路挖方路段、内侧有障碍物的弯道，纵断面凸型竖曲线以及下穿式立体交叉的凹型竖曲线都可能存在视距不足的问题。根据驾驶员发现路面障碍物或迎面来车时采取措施不同，行车视距分为以下几种。

（1）停车视距：汽车行驶时，驾驶员看到前方障碍物并安全停车所需的最短距离。

（2）会车视距：在同一车道上两对向汽车相遇，从互相发现起，至同时采取制动措施使两车安全停止，所需要的最短距离。

（3）错车视距：在没有明确划分车道线的双车道公路上，两对向行驶的汽车相遇时采取减速避让措施、安全错车所需要的最短距离。

（4）超车视距：在双车道公路上，后车安全超越前车时所需要的最短距离。

在上述四种视距中，停车视距是最基本视距，会车视距约等于停车视距的两倍，超车视距最长，错车视距最短容易保证。

二、停车视距的计算

停车视距是指驾驶员从发现障碍物时起，至在障碍物前安全停止，所需要的最短距

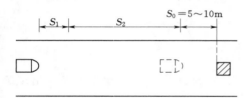

图 2-11 停车视距的计算

离。停车视距可分解为反应距离、制动距离和安全距离三部分，如图 2-11 所示。在视距计算中，规范规定行车轨迹为离路面内侧边缘（曲线段为路面内侧未加宽前）1.5m 处，驾驶员眼高为 1.2m，障碍物高为 0.1m。

（一）反应距离 S_1

反应距离指驾驶员发现前方的障碍物，经过判断决定采取制动措施的那一瞬间到制动器真正开始起作用的瞬间汽车所行驶的距离。通常，汽车行驶速度为 V，驾驶员判断和制动反应的时间为 t（一般可取 1.2~2.5s），在此时间内汽车行驶的距离为：

$$S_1 = \frac{V}{3.6} t \qquad (2-28)$$

式中 S_1——反应距离，m；

V——汽车行驶速度，km/h；

t——驾驶员判断和制动反应的时间，s。

（二）制动距离 S_2

制动距离是指汽车从制动生效到汽车完全停住，这段时间所行驶的距离：

$$S_2 = \frac{KV^2}{254(\varphi \pm i)} \qquad (2-29)$$

式中 φ——路面纵向摩阻系数，与路面种类和状况有关，潮湿状态下一般可取 0.4 ~0.5；

i——道路纵坡，上坡为"+"，下坡为"-"；

V——行车速度，km/h；

K——制动系数，一般在 1.2~1.4 之间。

（三）安全距离 S_0

安全距离是指汽车停住至障碍物前的距离，公路一般取 5～10m，城市道路取 2～5m。

（四）停车视距的确定

停车视距为上述三项之和：

$$S_T = S_1 + S_2 + S_0 \qquad\qquad (2-30)$$

式中　S_T——停车视距，m；

　　　S_1——反应距离，m；

　　　S_2——制动距离，m；

　　　S_0——安全距离，m。

各级公路的停车视距与会车视距见表 2-14；城市道路的停车视距应不小于表 2-15 的规定值，积雪或冰冻地区的停车视距宜适当增长。

表 2-14　　　　　　　　　　**公路停车视距与会车视距**

设计速度/(km/h)	120	100	80	60	40	30	20
停车视距/m	210	160	110	75	40	30	20
会车视距/m	—	—	220	150	80	60	40

表 2-15　　　　　　　　　　**城市道路停车视距**

设计速度/(km/h)	100	80	60	50	40	30	20
停车视距/m	160	110	70	60	40	30	20

三、视距保证

汽车在直线上行驶时，一般会车视距、停车视距和超车视距是容易保证的。当汽车在平面弯道上行驶若遇到内侧有建筑物、树木、路堑边坡时，均可能阻碍视线。这种处于隐蔽地段的弯道称为"暗弯"，凡属于"暗弯"的地方都应该进行视距检查，若不能保证该级道路的设计视距长度，则应该将阻碍视线的障碍物清除。

从汽车轨迹线上的不同位置引出一系列等于设计视距的视线，与这些视线相切的曲线（包络线）称为视距曲线，如图 2-12 所示。视距曲线与行车轨迹线之间的空间范围，是保证通视的区域。从行车轨迹线上各点至视距曲线的横向距离称为横净距 Z，行车轨迹线至障碍物之间的距离称为净距 Z_0。当 $Z \leqslant Z_0$，视距可以保证；当 $Z > Z_0$，不能满足视距要求，需要清除障碍物。

横净距的确定方法有解析法与图解法，一般按图 2-12 所示的图解法进行。用图解方法不但能确定最大横净距，还可以确定弯道上任意桩号的横净距，而解析法只能确定弯道中点的最大横净距。

用计算方法或视距包络图的方法，计算出横净距后，就可按比例在各桩号的横断图上画出视距台，以供施工放样。如图 2-13 所示，其作图步骤如下：

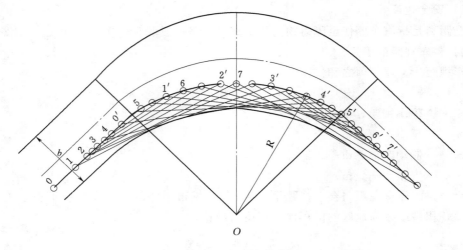

图 2-12　视距包络线图

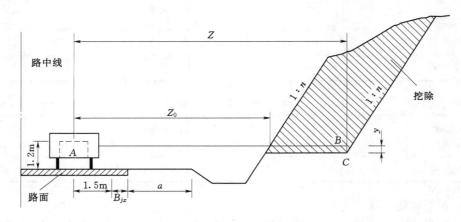

图 2-13　开挖视距台

（1）按比例画出需要保证设计视距的各桩号横断面图。

（2）由未加宽时路面内侧边缘向路中心量取 1.5m，并垂直向上量 1.2m 得 A 点，则 A 点为驾驶员眼睛位置。

（3）由 A 点作水平线，并沿内侧方向量取横净距得 B 点。

（4）由 B 点垂直向下量取 y 高度得 C 点（由于泥土或碎石落在视距台上影响视线，为保证通视，当土质边坡时，$y=0.3m$；石质边坡时，$y=0.1m$）。

（5）由 C 点按边坡比例画出边坡线，则图中阴影线部分即为挖除的部分。

（6）各桩号分别按需要的横净距开挖视距台，连接起来就能保证设计视距。

为保证必要的视距，有时需作大量的开挖和拆迁工作，在交通量不大的低等级公路上，对于不能保证会车视距的路段，也可以采取其他的措施以防止碰车事故的发生。如：在路中心划线或设置高出路面的明显标志带，强调"各行其道"、"靠右行"、"转弯鸣号"等。

第六节 道路平面设计成果

道路平面设计完成以后，应及时清绘各种图纸和表格。主要图纸有路线平面设计图、路线交叉设计图、道路用地图、纸上移线图等。主要表格有直线、曲线及转角表、逐桩坐标表、路线固定表、总里程及断链桩号表等。各种图纸和表格的样式在交通部颁布的"设计文件图表实例"中有介绍。

一、直线、曲线及转角一览表

"直线、曲线及转角一览表"是平面设计的主要成果之一。它是通过测角、丈量中线和设置曲线后获得的成果，它全面反映了路线的平面位置和路线平面线形的各项指标，是施工时恢复路线的主要依据。完成该表后才能计算"逐桩坐标表"和绘制"路线平面设计图"，同时在道路的纵、横断面和其他构造物设计时都要用本表数据。直线、曲线及转角表中需列出交点号、交点桩号、交点坐标、偏角、曲线各要素数值、曲线控制桩号、直线长、计算方位角或方向角、路线起讫点桩号、坐标系统等，见表 2-16。

二、路线逐桩坐标表

逐桩坐标表是高等级道路平面设计成果组成之一，是道路中线放样的重要资料。高等级道路的线形指标高，在测设和放线时需采用坐标法才能保证测设精度。为便于复核与施工放样，平面设计成果中需提供一份逐桩坐标表，表中列出桩号，纵、横坐标等并注明坐标系统及中央子午线经度或投影轴经度，见表 2-17。

三、路线平面设计图

(一) 公路平面设计图

公路平面设计图是公路设计文件的重要组成部分，该图不仅综合反映公路路线的平面位置、线形和几何尺寸，还反映出沿线人工构造物和重要工程设施的布置及道路与周边地形、地物和行政区划的关系等，如图 2-14 所示。

路线平面图是指包括公路中线在内的有一定宽度的带状地形图。初步设计、施工图设计阶段的比例尺，高速公路、一级公路采用 1:2000，其他公路也可采用 1:1000，1:2000，1:5000。路线带状地形图的测绘范围，一般为路中线两侧各 100～200m，对 1:5000 的地形图，测绘宽度每侧应不小于 250m，若有比较线，测绘宽度应将比较线包括进去。

路线平面设计图应示出地形、地物、路线位置及桩号、断链、平曲线主要桩位、与其他交通路线的关系以及县以上境界等，标注平面控制点和高程控制点及坐标网格和指北图式，示出桥梁、涵洞、隧道、路线交叉（标明交叉方式和形式）位置、中心桩号、尺寸及结构类型等。图中列出平曲线要素表，标注地形图的坐标和高程体系以及中央子午线经度或投影轴经度。

(二) 城市道路平面设计图

如图 2-15 所示，城市道路平面设计图采用的比例尺一般为 1:500～1:1000，测绘范围应在道路红线以外 20～50m，应标明路中心线、规划红线、车行道线、人行道线、分隔带、绿化带、停车场、交通岛、人行横道、沿街建筑出入口、各种地上地下管线的走向位置、雨水进水口、窨井等，标注沿线里程桩、交叉口位置及交叉角度，路线转折处应注明平曲线要素，交叉口转角处应注明缘石转弯半径。

表 2-16　直线、曲线及转角一览表

交点号	\<交点坐标\> X	\<交点坐标\> Y	交点桩号	转角值 /(° ′ ″)	\<曲线要素/m\> 半径	缓和曲线	切线长度	曲线长度	外距	校正值	\<曲线位置\> 第一缓和曲线起点	第一缓和曲线终点	曲线中点	第二缓和曲线终点	第二缓和曲线起点	\<直线长度及方向\> 直线长度/m	交点距离/m	计算方位角 /(° ′ ″)	\<断链\> 桩号	增减长度	备注
1	2	3	4	5	6	7	8	9	10	11	12	13	14	15	16	17	18	19	20	21	22
起点	128747.370	302715.287	K15+400.000													3603.057	5130.883	348 46 57			
2	127749.245	307748.150	K20+530.883	左37 13 54	4000	360	1527.826	2959.268	222.259		K19+003.057	K19+363.057	K20+482.691	K21+602.325	K21+962.325	1514.396	3436.251	311 33 03			
3	125177.665	310027.359	K23+870.750	左6 26 37	7000		394.028	787.226	11.081			K23+476.721	K23+870.334	K24+263.947		470.071	1571.476	305 06 26			
4	123892.077	310931.129	K25+441.395	右11 32 27	7000		707.376	1409.966	35.651			K24+734.018	K25+439.001	K26+143.985		1708.331	3524.207	316 38 53			
5	121472.784	313493.756	K28+960.815	左22 47 24	5500		1108.500	2187.692	110.595			K27+852.316	K28+946.162	K30+040.008		4607.096	6727.389	293 51 28			
6	115320.241	316214.781	K35+658.897	右27 52 42	3500	285.714	1011.793	1988.706	107.197		K34+647.104	K34+932.818	K35+641.457	K36+350.096	K36+635.810	0	1506.912	321 44 11			
7	114387.037	317397.961	K37+130.929	左10 00 44	5652.35		495.119	987.717	21.644			K36+635.810	K37+129.668	K37+623.527		11761.465	14087.288	311 43 27			
8	103872.879	326773.682	K51+215.696	左29 18 45	7000		1830.704	3581.198	235.432			K49+384.991	K51+175.591	K52+966.190		6776.904	10643.226	282 24 42			
9	93478.399	329061.269	K61+778.712	右48 05 08	4000	500	2035.618	3856.996	382.851		K59+743.094	K60+243.094	K61+671.592	K63+100.090	K63+600.090	4410.466	6446.084	330 29 49			
终点	90303.908	334671.493	K68+010.556																		

表 2－17　　　　　　　　　　　　　　　逐 桩 坐 标 表

桩号	坐标/m		方向角/(°′″)	桩号	坐标/m		方向角/(°′″)
	X	Y			X	Y	
K1＋500.00	40632.336	90840.861	116 46 33	K2＋140.00	40471.158	91436.529	82 14 27
K1＋540.00	40614.316	90876.572	116 46 33	K2＋160.00	40473.858	91456.346	82 14 27
K1＋570.00	40600.801	90903.355	116 46 33	K2＋180.00	40476.558	91476.163	82 14 27
K1＋600.00	40587.286	90930.139	11646 33	K2＋200.00	40479.258	91495.980	82 14 27
K1＋630.33	40573.623	90957.216	116 46 33	K2＋220.00	40481.959	91515.797	82 14 27
K1＋669.00	40556.202	90991.740	116 46 33	K2＋240.00	40484.659	91535.613	82 14 27
K1＋680.00	40551.246	91001.561	116 46 33	K2＋260.00	40487.359	91555.430	82 14 27
K1＋700.00	40542.236	91019.416	116 46 33	K2＋280.00	40490.059	91575.247	82 14 27
K1＋720.00	40533.226	91037.272	116 46 33	K2＋300.00	40492.759	91595.064	82 14 27
K1＋750.00	40519.711	91064.055	116 46 33	ZH＋315.89	40494.905	91610.809	82 14 27
K1＋780.00	40506.196	91090.838	116 46 33	K2＋340.00	40497.902	91634.730	84 05 27
K1＋800.00	40497.186	91108.694	116 46 33	HY＋360.89	40499.302	91655.568	88 41 09
K1＋820.00	40488.176	91126.549	116 46 33	K2＋380.00	40498.828	91674.665	94 09 37
K1＋840.00	40479.166	91144.405	116 46 33	K2＋400.00	40496.383	91694.506	99 53 24
ZH＋856.33	40471.593	91159.412	116 46 33	K2＋420.00	40491.969	91714.005	105 37 10
K1＋870.00	40465.708	91171.216	115 56 42	K2＋440.00	40485.631	91732.965	111 20 57
HY＋896.81	40455.191	91195.860	109 08 10	K2＋460.00	40477.431	91751.198	117 04 43
K1＋900.00	40454.177	91198.885	107 55 03	QZ＋476.08	40469.544	91765.206	121 41 07
QZ＋922.01	40448.963	91220.253	99 30 30	K2＋500.00	40455.794	91784.761	128 32 16
K1＋940.00	40447.061	91238.126	92 38 19	K2＋520.00	40442.573	91799.757	134 16 03
YH＋947.00	40446.902	91245.344	89 52 51	K2＋540.00	40427.920	91813.357	139 59 49
K1＋960.00	40447.413	91258.112	85 46 44	K2＋560.00	40411.983	91825.427	145 43 36
K1＋980.00	40449.567	91277.993	82 29 23	K2＋580.00	40394.921	91835.845	151 27 22
HZ＋987.22	40450.531	91285.148	82 14 27	YH＋591.27	40384.875	91840.947	154 41 05
K2＋000.00	40452.257	91297.811	82 14 27	K2＋600.00	40376.910	91844.518	156 56 35
K2＋010.00	40453.607	91307.719	82 14 27	K2＋620.00	40358.262	91851.740	160 17 15
K2＋030.00	40456.307	91327.536	82 14 27	HZ＋636.27	40342.893	91857.077	161 07 48
K2＋050.00	40459.007	91347.353	82 14 27	K2＋650.00	40329.916	91861.563	160 31 48
K2＋070.00	40461.707	91367.170	82 14 27	K2＋670.00	40311.219	91868.655	157 30 02
K2＋100.00	40465.757	91396.895	82 14 27	K2＋700.00	40284.324	91881.898	149 57 30
K2＋120.00	40468.458	91416.712	82 14 27				

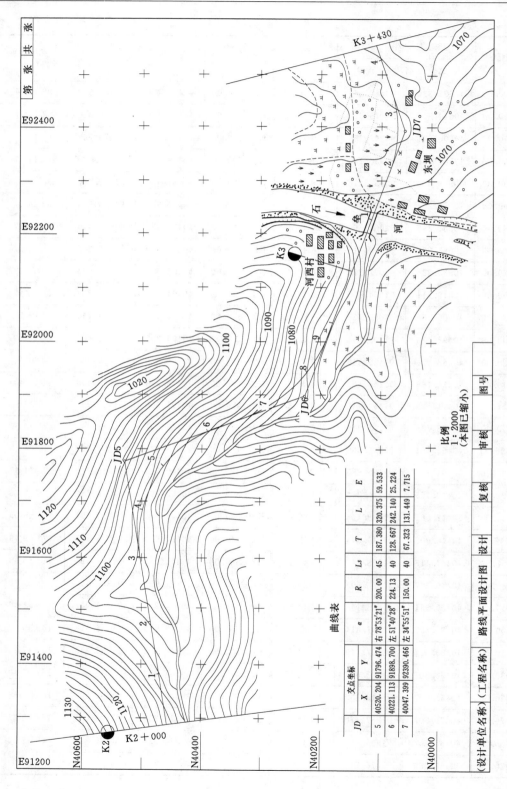

图 2-14 公路平面设计图

比例
1:2000
(本图已缩小)

曲线表

JD	交点坐标		α	R	Ls	T	L	E
	X	Y						
5	40520.204	91796.474	右 78°53′21″	200.00	45	187.380	320.375	59.533
6	40221.113	91898.700	左 51°40′28″	224.13	40	128.667	242.140	25.224
7	40047.399	92390.466	左 34°55′51″	150.00	40	67.323	131.449	7.715

(设计单位名称)	(工程名称)	路线平面设计图	设计	复核	审核	图号

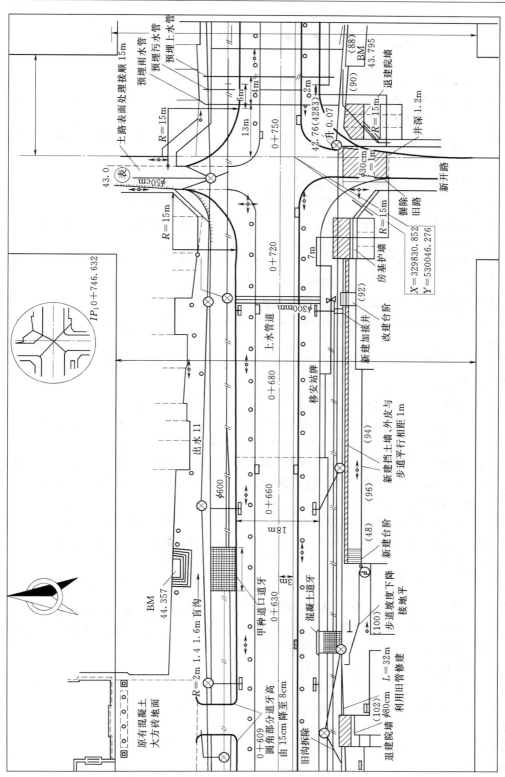

图 2−15 城市道路平面设计图

47

思 考 题 及 习 题

2-1 试述道路平面线形三要素及其设计要点。

2-2 试述横向力系数的意义，试从横向力系数 μ 对行车的影响方面讨论各种最小半径概念，并分别说明其使用条件。

2-3 设置缓和曲线的目的是什么？确定缓和曲线最小长度需考虑哪些因素？

2-4 设置超高的原因及条件分别是什么？

2-5 试述无中央分隔带时超高缓和段绕内边轴旋转的形成过程。

2-6 在什么情况下要设计加宽？加宽设计的内容包括哪些？

2-7 行车视距的种类有哪些？分述其构成并说明各级公路对行车视距的规定？

2-8 如何填制"直线、曲线及转角表"和"逐桩坐标表"？

2-9 某城市道路的设计车速为 40km/h，转点 JD_2 距起点 0+000 距离为 1499.398m，转角 $\alpha_2 = 18°23'09''$，转点 JD_3 距离转点 JD_2 为 290.311m，转角 $\alpha_3 = 9°27'43''$，试设计 JD_2 与 JD_3 两弯道处的圆曲线，并编制里程桩。

2-10 某一级公路设计车速为 100km/h，水泥混凝土路面，路拱横坡度为 1.5%，试论证：

(1) 不设超高最小半径为 4000m（$\mu = 0.035$）。

(2) 一般最小半径为 700m（$\mu = 0.05$）。

(3) 极限最小半径为 400m（$\mu = 0.11$）。（提示：超高自己分析）

2-11 在公路上某一弯道处，若设定最大横向力系数为 0.10，当弯道半径 $R = 500m$，超高横坡度 $i_b = 5\%$ 时，求允许的最大车速是多少？

2-12 某新建二级公路（设计车速为 80km/h），有一处弯道半径 $R = 300m$，试根据离心加速度变化率和驾驶员操作方向盘所需时间的要求计算该弯道可采用的缓和曲线最小长度（取 10m 的整数倍）。

2-13 某公路的平面线形设计，在交点 JD 处右转弯，交点桩号为 K2+873.21，采用对称的基本型平曲线，转角 $\alpha = 25°43'$，设计圆曲线半径 $R = 1500m$，缓和曲线长度 $L_s = 160m$，试计算：

(1) 平曲线要素。

(2) 主点桩号（即 ZH、HY、QZ、YH、HZ）。

2-14 设某公路的交点桩号为 K0+518.66，右转角 $\alpha = 18°18'36''$，圆曲线半径 $R = 100m$，缓和曲线长 $L_s = 40m$，试计算曲线要素和主点桩号。

2-15 下面给出一组平面设计资料：

$JD_1 = K4+650.56$　　$JD_2 = K5+321.21$

$ZH_1 = K4+525.82$　　$ZH_2 = K5+238.26$

$HY_1 = K4+585.82$　　$HY_2 = K5+298.26$

$YH_1 = K4+709.82$　　$YH_2 = K5+339.50$

$HZ_1 = K4+769.82$　　$HZ_2 = K5+399.50$

试确定：

（1）两曲线的切线长、圆曲线长、缓和曲线长及曲线中点桩号。

（2）两曲线间的交点间距及曲线间直线段长度。

第三章 道 路 纵 断 面

 学习目标：

掌握纵坡、坡长及竖曲线的设计要求；掌握纵断面线形设计的方法和步骤；熟悉纵断面设计成果；能绘制道路纵断面设计图。

沿道路中线竖直剖切再行展开即为道路纵断面。由于地形、地物、地质、水文等自然因素的影响以及满足经济性的要求，道路路线在纵断面上不可能从起点至终点是一条水平线，而是一条有起伏的空间线。纵断面设计的主要任务就是根据汽车的动力性能、道路等级和性质、工程经济以及当地自然地理条件等，来研究这条空间线形的纵坡大小及其长度。纵断面设计是道路设计的重要内容，它将直接影响到行车的安全和迅速、工程造价、运营费用和乘客的舒适程度。

纵断面图主要反映路线在纵断面上的形状、位置及尺寸大小，是道路设计的技术文件之一。如图 3-1 所示为道路纵断面示意图。将道路纵断面图和平面图结合起来，就能准确定出道路的空间位置。

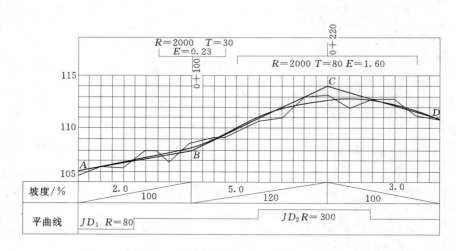

图 3-1 道路纵断面示意图（单位：m）

在纵断面图上有两条主要的线，一条是地面线，一条是纵断面设计线。地面线是根据道路中线上各桩点的地面高程而点绘的一条不规则的折线，反映了沿着中线地面的起伏变化情况，地面线上各桩点的高程，称为地面标高；设计线是设计人员经过技术、经济比较以及美学考虑后定出的一条具有规则形状的几何线，反映了设计路线的起伏变化情况，设计线上各桩点的标高，称为设计标高。在同一横断面上设计标高与地面标高之差，称为填挖高度。当设计线在地面线以上时，路基构成填方路堤；当设计线在地面线以下时，路基构成挖方路堑。填挖高度的大小直接反映了路堤的高度和路堑的深度。

纵断面设计线是由直线和竖曲线组成的。直线（即均匀坡度线）有上坡和下坡之分，是用坡度和水平长度表示的。纵坡度 i 表征匀坡路段坡度的大小，用高差 h 与水平长度 L 之比量度，即 $i=h/L(\%)$。直线的坡度和长度影响着汽车的行驶速度和运输的经济以及行车的安全，它们的一些临界值的确定和必要的限制，是以道路上行驶的汽车类型及其行驶性能来决定的。在直线的坡度转折处（变坡点），为平顺过渡，需要设置竖曲线，按坡度转折形式的不同，竖曲线有凹有凸，其大小用半径和曲线长度表示。

公路路线纵断面图上的设计标高是指路基设计标高，我国《公路路线设计规范》（JTG D20—2006）规定：新建高速公路和一级公路采用中央分隔带的外侧边缘标高；新建二、三、四级公路采用路基边缘标高，在设置超高、加宽地段为设超高、加宽前该处边缘标高。改建公路的路基设计标高一般按新建公路的规定办理，也可视具体情况而采用行车道中线处的标高。对于城市道路而言，设计标高一般是指车行道中心路面标高。

第一节 纵 坡 及 坡 长

一、最大纵坡和最小纵坡

（一）最大纵坡

最大纵坡是指在纵坡设计时各级道路允许采用的最大坡度值，它是根据道路等级、自然条件、行车要求等因素综合确定的，是道路纵断面设计的重要控制指标。在地形起伏大的地区，纵坡的大小将直接影响路线的长短、使用质量、运输成本和工程造价。

最大纵坡的确定主要取决于汽车的动力性能、公路等级和自然因素，但另一方面还必须保证行车安全。从实际调查中可知，汽车沿陡坡上坡行驶时，为克服升坡阻力而需要增大牵引力，从而采用低速挡运行，长时间爬坡会导致汽车水箱沸腾、气阻，甚至发动机熄火，驾驶条件恶化。另外，汽车使用低挡的行程时间越长或换挡次数频繁，会增加汽车燃料消耗和机件磨损。汽车在陡坡路段下坡时，由于制动次数增多，会引起制动器发热以至失效，导致行车事故。

考虑以上因素，为适应汽车的爬坡能力和行车安全性，必须对道路最大纵坡加以限制。我国公路对最大纵坡的规定见表3-1。同时规定，小桥与涵洞处纵坡应按路线规定采用；大桥上纵坡不宜大于4%，桥头引道纵坡不宜大于5%；位于城镇附近非汽车交通量较大的路段，桥上及桥头引道纵坡均不应大于3%；紧接大、中桥桥头两端的引道纵坡

表 3-1 各级公路最大纵坡

设计速度/(km/h)	120	100	80	60	40	30	20
最大纵坡/%	3	4	5	6	7	8	9

注　1. 高速公路，受地形条件或其他特殊情况限制时，经技术经济论证，最大纵坡可增加1%。

2. 公路改建中，设计速度为40km/h、30km/h、20km/h利用原有公路的路段，经技术经济论证，最大纵坡可增加1%。

3. 位于海拔2000m以上或严寒冰冻地区，四级公路山岭、重丘区的最大纵坡不应大于8%。

4. 海拔3000m以上的设计速度不大于80km/h的高原地区公路，最大纵坡值应按相关规定予以折减。

应与桥上纵坡一致。隧道内纵坡不应大于 3%，并不小于 0.3%；但短于 100m 的隧道其纵坡不受此限；高速公路、一级公路的中、短隧道，当条件受限制时，经技术经济论证后最大纵坡可适当加大，但不宜大于 4%。

城市道路的机动车道最大纵坡见表 3-2，并应符合下列规定：新建道路应采用不大于最大纵坡一般值。改建道路、受地形条件或其他特殊情况限制时，可采用最大纵坡极限值。除快速路外的其他等级道路，受地形条件或其他特殊情况限制时，经技术经济论证后，最大纵坡极限值可增加 1.0%。积雪或冰冻地区的快速路最大纵坡不应大于 3.5%，其他等级道路最大纵坡不应大于 6.0%。

表 3-2　　　　　　　　　　城 市 道 路 最 大 纵 坡

设计速度 /(km/h)		100	80	60	50	40	30	20
最大纵坡 /%	一般值	3	4	5	5.5	6	7	8
	极限值	4	5	6		7		8

城市中非机动车主要是指自行车，考虑其爬坡能力低，非机动车道纵坡宜小于 2.5%，机动车和非机动车混行的车行道应按自行车的爬坡能力控制道路纵坡。

（二）最小纵坡

为使道路上行车快速、安全和畅通，希望道路纵坡设计的小一些，但是在长路堑、低填方以及其他横向排水不畅通的地段，为防止积水渗入路基而影响其稳定，各级公路的长路堑路段以及其他横向排水不畅的路段，均应采用不小于 0.3% 的纵坡。当必须设计水平坡（0%）或小于 0.3% 的纵坡时，边沟排水设计应与纵坡设计一起综合考虑，其边沟应作纵向排水设计。当然，对于干旱地区，以及横向排水良好、不产生路面积水的路段，也可不受此最小纵坡的限制。城市道路最小纵坡不应小于 0.3%，当遇特殊困难纵坡小于 0.3% 时，应设置锯齿形边沟或采取其他排水设施。

二、坡长限制与缓和坡段

（一）坡长限制

坡长是纵断面上相邻两变坡点间的长度。坡长限制，主要是对较陡纵坡的最大长度和一般纵坡的最小长度加以限制。

1. 最大坡长限制

最大坡长限制是指控制汽车在坡道上行驶，当车速下降到最低容许速度时所行使的距离。实际调查资料表明，道路纵坡的大小及其坡长对汽车的行驶影响很大，特别是长距离的陡坡对汽车行驶非常不利。当陡坡的坡段太长，汽车因克服行驶阻力而使行驶速度显著降低，在提高汽车功率时又易使水箱开锅，导致汽车爬坡无力，甚至熄火；下坡时制动次数增加易使制动器发热而失效，造成车祸。所以我国道路设计规范规定了最大坡长限制，各级公路不同纵坡时的最大坡长见表 3-3。城市道路机动车道的纵坡坡长限制见表3-4。

城市道路非机动车道纵坡不小于 2.5% 时，纵坡最大坡长应符合表 3-5 的规定。

表 3-3　　　　　　　　　　　　各级公路纵坡长度限制　　　　　　　　　　　单位：m

设计速度/(km/h)		120	100	80	60	40	30	20
纵坡坡度/%	3	900	1000	1100	1200			
	4	700	800	900	1000	1100	1100	1200
	5		600	700	800	900	900	1000
	6			500	600	700	700	800
	7					500	500	600
	8					300	300	400
	9						200	300
	10							200

表 3-4　　　　　　　　　　　城市道路机动车道坡长限制

设计速度/(km/h)	100	80	60			50			40		
纵坡坡度/%	4	5	6	6.5	7	6	6.5	7	6.5	7	8
纵坡坡长限制/m	700	600	400	350	300	350	300	250	300	250	200

表 3-5　　　　　　　　　　　　非机动车道最大坡长

纵坡坡度/%		3.5	3.0	2.5
最大坡长/m	自行车	150	200	300
	三轮车	—	100	150

2. 最小坡长限制

从行车的平顺性、加速过程的适应性和线形几何的连续性考虑，纵坡不宜过短。

最小坡长限制主要是从汽车行驶平顺性的要求考虑。如果坡长过短，使变坡点增多，汽车行驶在连续起伏地段产生增重与减重的频繁变化，导致感觉不舒适，车速越高感觉越突出，而且路容美观、相邻两竖曲线的设置和纵断面的视距等也要求坡长不能太短。为使纵断面线形不至于因起伏频繁而呈锯齿形的状况，便于平面线形的合理布设，应限制纵坡的最小长度。最小坡长通常以设计速度行驶 9～15s 的行程作为规定值。各级公路最小坡长见表 3-6，城市道路最小坡长见表 3-7。

表 3-6　　　　　　　　　　　　各级公路最小坡长

设计速度/(km/h)		120	100	80	60	40	30	20
最小坡长/m	一般值	400	350	250	200	160	130	80
	最小值	300	250	200	150	120	100	60

表 3-7　　　　　　　　　　　　城市道路最小坡长

设计速度/(km/h)	100	80	60	50	40	30	20
最小坡长/m	250	200	150	130	110	85	60

（二）缓和坡段

在纵断面设计中，当陡坡的长度达到限制坡长时，应安排一段缓坡，用以恢复在陡坡上降低的速度。同时，从下坡安全考虑，缓坡也是非常必要的。在缓坡上汽车将加速行驶，缓坡的长度应适应该加速过程的需要。

根据实际观测试验，缓和坡段的纵坡应不大于3%，其长度应不小于最小坡长。若地形限制不严，当设计速度不小于60km/h时，缓和坡段宜小于2%，其长度宜为设置竖曲线以后直坡段的长度。

缓和坡段的具体位置应结合纵向地形起伏情况，尽量减少填挖方工程数量，同时应考虑路线的平面线形要素。在一般情况下，缓和坡段宜设置在平面的直线或较大半径的平曲线上，以便充分发挥缓和坡段的作用，提高整条道路的使用质量。在必须设置缓和坡段而地形又困难地段，可将缓和坡段设于半径比较小的平曲线上，但应适当增加缓和坡段的长度，以使缓和坡段端部的竖曲线位于小半径平曲线以外。这种要求对提高行驶质量、保证行车安全是必要的。

三、平均纵坡与合成坡度

（一）平均纵坡

平均纵坡（i_p）是指在一定长度路段的高差值与该路段长度的比值，用百分率（%）表示。它是衡量纵面线形质量的一个重要指标。

$$i_p = \frac{H}{L} \tag{3-1}$$

式中　H——相对高差，m；

　　　L——路线长度，m。

根据对山区公路行车的实际调查发现，有时虽然公路纵坡设计完全符合最大纵坡、坡长限制及缓和坡长的规定，但也不能保证行车顺利安全。如果在长距离内，平均纵坡较大，汽车上坡用二挡时间较长，发动机长时间发热，易导致汽车水箱沸腾、气阻。同样，汽车下坡时，频繁刹车，易引起制动器发热，甚至烧毁制动片，加之驾驶员心理过分紧张，极易发生事故。因此，从汽车行驶方便和安全出发，除合理运用最大纵坡、坡长限制及缓和坡段的规定外，还应控制平均纵坡。

我国《公路工程技术标准》（JTG B01—2003）规定：二、三、四级公路越岭路线连续上坡（或下坡）路段，相对高差为200~500m时，平均纵坡不应大于5.5%；相对高差大于500m时，平均纵坡不应大于5%，并注意任意连续3km路段的平均纵坡不宜大于5.5%。高速公路、一级公路可采用运行速度对其安全性进行验算、评价，以策安全。

（二）合成坡度

合成坡度是指路线纵坡与弯道超高横坡或路拱横坡的矢量和，其坡度方向为流水方向，又称流水线坡度，如图3-2所示。计算公式为：

$$i_H = \sqrt{i^2 + i_b^2} \tag{3-2}$$

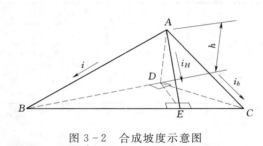

图3-2　合成坡度示意图

式中　i_H——合成坡度，%；

i——路线纵坡,%;

i_b——超高横坡度或路拱横坡度,%。

由于合成坡度是由纵向坡度与横向坡度组合而成的,其坡度值比原路线纵坡大。汽车在设有超高的坡道上行驶时,不仅要受坡度阻力的影响,而且还要受离心力的影响。尤其是当纵坡大而平曲线半径小时合成坡度大,由于合成坡度的影响而使汽车重心发生偏移,给汽车行驶带来危险。所以,当平曲线与坡度组合时,为了防止汽车沿合成坡度方向滑移,应将超高横坡与纵坡的组合控制在适当的范围以内。

我国《公路工程技术标准》(JTG B01—2003)规定:在设有超高的平曲线上,超高与纵坡的最大合成坡度值不得超过表3-8的规定。《城市道路工程设计规范》(CJJ 37—2012)规定了各级城市道路的最大合成坡度,见表3-9。

表 3-8　　　　　　　　　各级公路的最大合成坡度

公路等级	高速公路			一级公路			二级公路		三级公路		四级公路
设计速度/(km/h)	120	100	80	100	80	60	80	60	40	30	20
合成坡度/%	10.0	10.0	10.5	10.0	10.5	10.5	9.0	9.5	10.0	10.0	10.0

表 3-9　　　　　　　　　城市道路最大合成坡度

设计速度/(km/h)	100, 80	60, 50	40, 30	20
合成坡度值/%	7.0	6.5	7.0	8.0

为了保证路面排水,各级公路和城市道路的最小合成坡度不宜小于0.5%。在超高过渡的变化处,合成坡度不应设计为0。当合成坡度小于0.5%时,应采用综合排水措施,以保证路面排水畅通。

四、纵坡设计基本要求

(一) 公路纵坡设计要求

(1) 平原、微丘地形的纵坡应均匀平缓,注意保证最小填土高度和最小纵坡的要求。丘陵地形应避免过分迁就地形而导致起伏过大,注意纵坡应顺适不产生突变。

(2) 山岭、重丘地形的沿河线应尽量采用平缓纵坡,坡长不应超过限制长度,纵坡不宜大于6%,注意路基控制标高的要求。

(3) 越岭线的纵坡力求均匀,尽量不采用极限或接近极限的坡度,更不宜在连续采用极限长度的陡坡之间夹短的缓和坡段。越岭线一般不应设置反坡,应满足平均坡度的要求。

(4) 山脊线和山腰线除结合地形不得已时采用较大纵坡外,在可能条件下纵坡应缓些。

(5) 对各连接段纵坡,如大、中桥引道及隧道两端连接段等,纵坡应平缓,避免产生突变。

(6) 如受"控制点"或"经济点"制约,导致纵坡起伏过大或土石方工程量太大,经调整仍难以解决时,可用纸上移线的方法局部修改原定纵坡线。

（7）依公路路线的性质要求，纵坡设计应适当照顾当地民间运输工具、农业机械、农田水利等方面的要求。

（二）城市道路纵坡设计要求

（1）应参照城市规划要求确定沿线主要控制点的标高。

（2）为保证行车安全、舒适，纵坡应均匀平顺，起伏不宜频繁，并应与相交道路、街坊、广场和沿线建筑的出入口有平顺的衔接。城市道路纵坡设计还应考虑非机动车行驶的需要。

（3）设计标高的确定应结合沿线地形、地质、水文、气候等自然条件。

（4）纵坡设计应与平面线形和周围景观相协调，并考虑人体视觉心理上的要求。

（5）应争取填挖平衡，尽量移挖作填，以节省土石方量，降低工程造价。

（6）城市道路的纵坡及设计标高的确定，还应考虑沿线两侧街坊地坪标高及保证地下管线最小覆土厚度的要求，一般应使缘石顶面标高低于两侧街坊或建筑物的地坪标高。

第二节　竖　曲　线

纵断面上相邻两条纵坡线的交点为变坡点。为了行车安全、舒适、缓和因汽车动能变化而产生的冲击以及视距要求，必须在变坡点处设置纵向曲线，即为竖曲线。竖曲线的线形可采用圆曲线或抛物线，在使用范围内二者差别不大，但在设计和计算上圆曲线更为方便，故在道路设计中竖曲线形式多采用圆曲线。

一、竖曲线要素计算

相邻两条纵坡线的交角用变坡角 ω 表示，变坡角一般较小，可近似地用相邻两直坡段坡度的代数差表示，即 $\omega = i_1 - i_2$，式中 i_1 和 i_2 分别为两相邻坡段的坡度值，上坡为正，下坡为负，如图 3-3 所示。若 ω 为正，表示变坡点在曲线上方，竖曲线开口向下，称为凸形竖曲线；若 ω 为负，表示变坡点在曲线下方，竖曲线开口向上，称为凹形竖曲线。

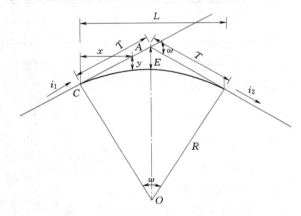

图 3-3　竖曲线要素示意图

采用圆曲线作为竖曲线，设竖曲线半径为 R，可得竖曲线各要素计算公式：

竖曲线长：
$$L = R|\omega| = R|i_1 - i_2| \qquad (3-3)$$

竖曲线切线长：
$$T = \frac{L}{2} = \frac{R\omega}{2} \qquad (3-4)$$

竖曲线的外距：
$$E = \frac{T^2}{2R} = \frac{R\omega^2}{8} = \frac{L\omega}{8} = \frac{T\omega}{4} \qquad (3-5)$$

竖曲线上任意点至相应切线的距离（竖距）：
$$y = \frac{x^2}{2R} \qquad (3-6)$$

式中　L——竖曲线长度，m；

ω——相邻两纵坡线的变坡角；

i_1——一条纵坡线的纵坡度；

i_2——另一条纵坡线的纵坡度；

T——竖曲线切线长，m；

E——竖曲线的外距，m；

y——竖曲线上任意点至相应切线的距离（竖距），m；

x——竖曲线上任意点至竖曲线起点（或终点）的距离（横距），m；

R——竖曲线的半径，m。

二、竖曲线最小半径与最小长度

在纵断面设计中，竖曲线的设计要受众多因素的限制，其中有三个限制因素决定着竖曲线的最小半径或最小长度。

（一）缓和冲击

汽车行驶在竖曲线上时，产生径向离心力。这个力在凹形竖曲线上是增重，在凸形竖曲线上是减重。这种增重与减重达到某种程度时，旅客就有不舒适的感觉，同时对汽车的悬挂系统也有不利影响，所以确定竖曲线半径时，对离心加速度应加以控制。

（二）时间行程不宜过短

汽车从直坡道行驶到竖曲线上，尽管竖曲线半径较大，当坡角很小时，竖曲线长度也很短。其长度过短，汽车倏忽而过使驾驶员产生变坡很急的错觉，旅客也会感到不舒适，因此，汽车在竖曲线上的行程时间不宜过短，最短应满足3s的行程。

（三）满足视距要求

汽车行驶在竖曲线上，若为凸形竖曲线，如果半径太小，会阻挡驾驶员的视线。若为凹形竖曲线，也同样存在视距问题。对地形起伏较大地区的道路，在夜间行车时，若竖曲线半径过小，前灯照射距离近，影响行车速度和安全。高速公路及城市道路跨线桥、门式交通标志及广告宣传牌等，如果它们正好处在凹形竖曲线上方，也会影响驾驶员的视线。因此为了保证行车安全，对竖曲线的最小半径和最小长度应加以限制。

根据缓和冲击、行驶时间及视距要求三个限制因素，可以计算出各设计速度时的竖曲线的最小半径和最小长度。各级公路的竖曲线最小半径和最小长度见表3-10，城市道路竖曲线最小半径和最小长度见表3-11。

表3-10　　　　　　　　　　　　公路竖曲线最小半径和最小长度

设计速度/(km/h)		120	100	80	60	40	30	20
凸形竖曲线最小半径 /m	一般值	17000	10000	4500	2000	700	400	200
	极限值	11000	6500	3000	1400	450	250	100
凹形竖曲线最小半径 /m	一般值	6000	4500	3000	1500	700	400	200
	极限值	4000	3000	2000	1000	450	250	100
竖曲线最小长度 /m	一般值	250	210	170	120	90	60	50
	最小值	100	85	70	50	35	25	20

表 3－11 城市道路竖曲线最小半径和最小长度

设计速度/(km/h)		100	80	60	50	40	30	20
凸形竖曲线最小半径 /m	一般值	10000	4500	1800	1350	600	400	150
	极限值	6500	3000	1200	900	400	250	100
凹形竖曲线最小半径 /m	一般值	4500	2700	1500	1050	700	400	150
	极限值	3000	1800	1000	700	450	250	100
竖曲线最小长度 /m	一般值	210	170	120	100	90	60	50
	极限值	85	70	50	40	35	25	20

无论是凸形竖曲线还是凹形竖曲线都要受到上述缓和冲击、视距及行驶时间三种因素控制。竖曲线极限最小半径是缓和行车冲击和保证行车视距所必需的竖曲线半径的最小值，该值只有在地形受限制迫不得已时采用。设计标准规定的一般最小半径为极限最小半径的 1.5～2.0 倍，在条件许可时应尽量采用大于一般最小半径的竖曲线为宜。

另外，设计速度不小于 60km/h 的公路，为了使公路线形获得理想的视觉效果，竖曲线设计宜采用长的竖曲线和长直线坡段的组合，有条件时宜采用不小于表 3－12 所列视觉所需要的竖曲线最小半径。

表 3－12 视觉所需要的竖曲线最小半径

设计速度/(km/h)	竖曲线半径/m	
	凸形	凹形
120	20000	12000
100	16000	10000
80	12000	8000
60	9000	6000

竖曲线设计时，除了合理确定竖曲线半径和竖曲线长度外，还要确定竖曲线上指定桩号的路基（或路面）设计标高。其要点是首先根据变坡点处的地面线与相邻设计直线坡段情况，按上述竖曲线设计中的有关规定和要求，合理地选定竖曲线半径 R。其次，根据变坡点相邻纵坡度 i_1、i_2 和已确定的半径 R，计算出竖曲线的基本要素 ω、L、T、E 及竖曲线起、终点桩号。最后，分别计算出指定桩号的切线设计标高、指定桩号至竖曲线起点（或终点）间的横距 x 和指定桩号的竖距 y。则指定桩号的路基（或路面）设计标高为：

$$凸形竖曲线设计标高＝该桩号的切线设计标高－y$$
$$凹形竖曲线设计标高＝该桩号的切线设计标高＋y$$

【例 3－1】 某山岭区二级公路，设计车速为 60km/h，变坡点桩号 K5＋030.00，该点高程为 427.68m，$i_1＝＋5\%$ 和 $i_2＝－4\%$，竖曲线半径 R 取 2000m。试计算竖曲线诸要素以及桩号为 K5＋000.00 和 K5＋100.00 处的设计高程。

（1）计算竖曲线要素。

坡度差 $\omega＝i_1－i_2＝0.05－(－0.04)＝0.09$，为凸形竖曲线。

曲线长

$$L = R\omega = 2000 \times 0.09 = 180(\text{m})$$

切线长

$$T = \frac{L}{2} = \frac{180}{2} = 90(\text{m})$$

外距

$$E = \frac{T^2}{2R} = \frac{90^2}{2 \times 2000} = 2.03(\text{m})$$

（2）竖曲线起、终点桩号及高程。

竖曲线起点桩号：

$$(K5+030.00) - 90 = K4 + 940.00$$

竖曲线起点高程：

$$427.68 - 90 \times 0.05 = 423.18(\text{m})$$

竖曲线终点桩号：

$$(K5+030.00) + 90 = K5 + 120.00$$

竖曲线终点高程：

$$427.68 - 90 \times 0.04 = 424.08(\text{m})$$

（3）计算设计高程。

桩号为 K5+000.00 处：

横距：

$$x_1 = (K5+000.00) - (K4+940.00) = 60(\text{m})$$

竖距：

$$y_1 = \frac{x_1^2}{2R} = \frac{60^2}{2 \times 2000} = 0.90(\text{m})$$

切线高程：

$$423.18 + 60 \times 0.05 = 426.18(\text{m})$$

设计高程：

$$426.18 - 0.90 = 425.28(\text{m})$$

桩号为 K5+100.00 处：

横距：

$$x_2 = (K5+100.00) - (K4+940.00) = 160(\text{m})$$

竖距：

$$y_2 = \frac{x_2^2}{2R} = \frac{160^2}{2 \times 2000} = 6.40(\text{m})$$

切线高程：

$$423.18 + 160 \times 0.05 = 431.18(\text{m})$$

设计高程：

$$431.18-6.40=424.78(m)$$

或者从终点起算：

横距：

$$x_2=(K5+120.00)-(K5+100.00)=20(m)$$

竖距：

$$y_2=\frac{x_2^2}{2R}=\frac{20^2}{2\times2000}=0.10(m)$$

切线高程：

$$424.08+20\times0.04=424.88(m)$$

设计高程：

$$424.88-0.10=424.78(m)$$

第三节 纵断面设计方法

一、纵断面设计要点

纵断面设计的主要内容是根据道路等级、沿线自然条件和构造物控制高程等，确定路线合适的高程、纵坡度和坡长，并设计竖曲线。其基本设计原则是：纵坡均匀平顺、起伏和缓以确保行车安全，坡长和竖曲线长短适当，平面与纵断面组合设计协调以及填挖经济、平衡。这些要求虽然在选线、定线阶段有所考虑，但要在纵断面设计中具体实现。

（一）关于纵坡极限值的运用

根据汽车动力特性和考虑经济等因素制定的极限值，设计时不可轻易采用，应留有余地。只有在受限制较严，如越岭线为争取高度、缩短路线长度或避开艰巨工程等，才有条件地采用。好的设计应尽量考虑人的视觉、心理上的要求，使驾驶员有足够的安全感、舒适感和视觉上的美感。一般讲，纵坡缓些为好，但为了路面和边沟排水，最小纵坡不应低于$0.3\%\sim0.5\%$。

（二）关于最短坡长

坡长是指纵断面两变坡点之间的水平距离，坡长不宜过短，以不小于设计速度9s的行程为宜。对连续起伏的路段，坡度应尽量小，坡长和竖曲线应争取到极限值的一倍或二倍以上。避免出现锯齿形的纵断面，使得增重和减重变化和缓。

（三）转坡点位置的确定

转坡点是两条相邻设计纵坡线的交点，两转坡点之间的水平距离称为坡长。转坡点位置的确定，直接影响到纵坡度的大小、坡长、平纵面组合、土石方填挖平衡和道路的使用质量。因此，在确定转坡点位置时，要尽量使填挖工程量最小和线形最理想外，还应使最大纵坡、最小纵坡、坡长限制、缓和坡段满足有关规定的要求，同时还要处理好平、纵面线形的相互配合和协调。

（四）关于竖曲线半径的选用

竖曲线宜选用较大的半径。当受限制时可采用一般最小半径值，特殊困难时方可用极限最小半径值。坡差小时应尽量采用大的竖曲线半径。当有条件时，宜采用满足视觉要求的最小半径值。

（五）关于相邻竖曲线的衔接

相邻两个同向凹形或凸形竖曲线，特别是同向凹形竖曲线之间，如直坡段不长应合并为单曲线或复曲线，避免出现断背曲线，这样要求对行车是有利的。

相邻反向竖曲线之间，为使增重与减重间和缓过渡，中间最好插入一段直坡段。若两竖曲线半径接近极限值时，这段直坡段至少应为设计速度 3s 的行程。当半径较大时，亦可直接连接。

二、纵断面设计步骤

道路纵断面设计主要是指纵坡设计和竖曲线设计。道路的纵坡是通过公路定线和室内设计两个阶段来实现的。在定线阶段，选线人员结合平面线形、地形、地质等已对道路纵坡作了全面的考虑，所以纵断面设计由选线人员在室内根据选线时的记录，以及桥涵、沿线设施等方面对路线的要求，综合考虑工程技术与经济的因素，最后定出路线的纵坡。其方法和步骤可归纳为以下几点。

（一）准备工作

设计人员在熟悉有关设计标准的基础上，在纵断面图上点绘出每个中桩的位置、平曲线示意图（起、终点位和半径等），按比例标注每个中桩的地面标高，并绘出地面线。绘出平面直线与平曲线资料，以及土壤地质说明资料，并将桥梁、涵洞、地质土质等与纵断面设计有关的资料在纵断面图纸上标明。熟悉和掌握全线有关勘测设计资料，领会设计意图和设计要求。

（二）标注控制点

控制点是指影响路线纵坡设计的高程控制点。如路线起点、终点、越岭垭口、重要桥梁、涵洞的桥面标高、地质不良地段的最小填土高度、最大挖深、沿溪线的洪水位、隧道进出口、平面交叉和立体交叉点、铁路道口、沿线主要建筑物及受其他因素限制路线必须通过的标高点等。

此外，对于山区道路，还应根据路基填挖平衡要求来选择控制路中心处填挖的高程点，称之为"经济点"。其含义是：如果纵坡设计线刚好通过该点，则在相应的横断面上将形成填挖面积大致相等的纵坡设计。

（三）试坡

试坡主要是在已标出"控制点"和"经济点"的纵断面图上，根据技术标准、选线意图，结合地面起伏情况，本着以"控制点"为依据，照顾多数"经济点"的原则，在这些点位间进行穿插和裁弯取直，试定出若干坡度线。经过对各种可能的坡度线方案进行反复比较，最后选出既符合技术标准，又能满足控制点要求，而且土石方数量较省的设计线作为初定坡度线，再将前后坡度线延长交会定出各变坡点的初步位置。

（四）调整坡度线

试定纵坡后，首先将所定的坡度与选定线时考虑的坡度进行比较，两者应基本符合。若有较大差异，则应全面分析，权衡利弊，决定取舍。然后对照技术标准检查设计的最大纵坡、最小纵坡、合成坡度、坡长限制等是否超过规定限值，以及平面线形与纵面线形的配合是否适宜等。若发现有问题，应进行调整。

调整时应以少脱离控制点、少变动填挖值为原则，以使调整后的纵坡与试定纵坡变化不太大。调整的方法是对初定坡度线平抬、平降、延伸、缩短或改变坡度值。

（五）核对

根据调整后的坡度线，选择有控制意义的重点横断面，如高填深挖、陡峭山坡路基、挡土墙、重要桥涵等断面，在纵断面图上直接读出对应中桩的填（挖）高度，然后按该填（挖）值用"模板"在横断面图上"戴帽子"。检查是否有填挖过大、坡脚落空或过远、挡土墙工程过大、桥梁过高、涵洞过长等情况，若有问题应及时调整纵坡线。

（六）定坡

纵坡设计在经调整核对无误后即可定坡。所谓定坡，就是从起点开始，逐段确定坡度值、变坡点位置（桩号）和高程。道路的起、终点设计高程是根据规划要求和接线需要事先确定的，变坡点设计高程可以根据纵坡和坡长计算确定。由于现在内业设计都由道路CAD系统来完成，因此，纵坡坡度也可以由 CAD 系统确定的变坡点标高进行反算。

（七）设置竖曲线

根据道路等级及平、纵组合等情况，按照技术标准确定竖曲线半径，并计算竖曲线要素。

（八）计算设计标高及施工高度

根据已定的纵坡和变坡点的设计标高及竖曲线半径，即可计算出各桩号的设计标高。中桩设计标高与对应原地面标高之差即为路基施工高度，当两者之差为"＋"则是填方；为"－"则是挖方。

三、道路平、纵线形组合设计

（一）平、纵线形组合的形式及效果

1. 组合形式

平、纵线形的组合，是通过设计者对两种线形要素合成的空间线形来分析判断的，必要时还应绘制透视图进行分析研究。通过分解立体线形要素，可得出平、纵线形有六种基本组合形式，如图 3-4 所示。

2. 组合效果分析

从视觉、心理分析，各组合形式的使用效果为：

（1）第 1 种组合线形简单、行车枯燥，视景缺乏变化，容易使驾驶员产生疲劳和频繁超车。设计时应采用画车道线、设标志、绿化，并与路侧设施配合等方法来调节单调的视觉，增进视线诱导。

（2）第 2 种组合具有较好的视距条件，能给驾驶员以动的视觉效果，行车条件较好。设计时要注意避免采用较短的凹形竖曲线，尤其在两个凹形竖曲线间注意不要插入短的直坡段；在长直线末端不宜插入小半径的凹形竖曲线。

（3）第 3 种组合视距条件差，线形单调，应注意避免。无法避免时应采用较大的竖曲线半径；若长直线上反复凸凹时，应避免出现"驼峰"、和"浪形"等不良视觉现象。

（4）第 4 种组合一般说来只要平曲线半径选择适当，纵坡不太陡，即可获得较好的视觉和心理感受，设计时须注意检查合成坡度是否超限。

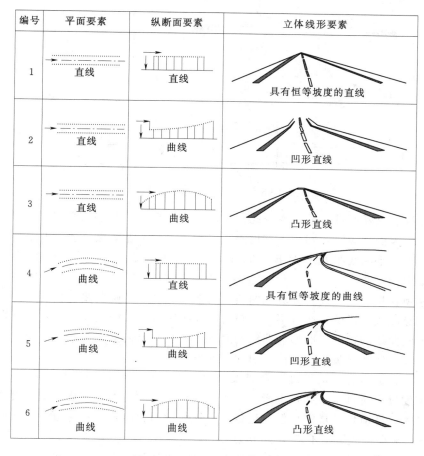

编号	平面要素	纵断面要素	立体线形要素
1	直线	直线	具有恒等坡度的直线
2	直线	曲线	凹形直线
3	直线	曲线	凸形直线
4	曲线	直线	具有恒等坡度的曲线
5	曲线	曲线	凹形直线
6	曲线	曲线	凸形直线

图 3-4　平、纵线型组合形式

（5）第 5、6 种组合设计是常见而又比较复杂的组合形式。如果平、纵面线形几何要素的大小适宜，位置适当，均衡协调，可以获得视觉舒顺、视线诱导良好的立体线形。相反，则会出现一些不良的后果，设计时应引起特别重视。

（二）平、纵线形组合的基本要求

对于设计速度不小于 60km/h 的道路，必须注重路线的平、纵组合设计，尽量做到线形连续、指标均衡、视觉良好、景观协调、安全舒适。设计速度愈高，线形设计考虑的因素愈应周全。

（1）平曲线与竖曲线宜相互重合，且平曲线稍长于竖曲线。设计时，将竖曲线的起、终点分别放在平曲线的两个缓和曲线中间，即形成"平包竖"，这是平、纵面良好的组合，如图 3-5 所示。当平曲线半径和竖曲线半径都很小时，其相互对应程度应较严格，如果平曲线与竖曲线半径都很大，可不受上述限制。如果做不到平曲线与竖曲线较好的组合，而两者的半径均较小时（一般指平曲线半径小于一般最小半径值），宁可把两者错开相当距离，使平曲线位于直坡段或竖曲线位于直线上，以利于行车安全。

（2）要保持平曲线与竖曲线大小的均衡。平、纵线形的技术指标应大小均衡，避免出

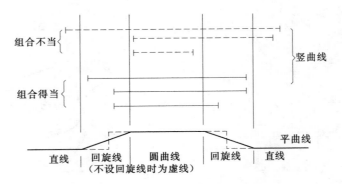

图 3-5 平曲线与竖曲线的组合

现平面高标准、纵断面低标准，或与此相反的情况，应使线形在视觉和心理上保持协调。如果其中一方大而平缓时，则另一方也要与之相适应，不能变化过多。平曲线与竖曲线位置重合时，如果平曲线半径不大于 1000m，当竖曲线半径为平曲线半径的 10～20 倍时，可获得视觉上的均衡。

（3）避免在长直线上设置陡坡或曲线长度短、半径小的竖曲线。长的平曲线内不宜包含多个短的竖曲线；短的平曲线不宜与短的竖曲线组合。长的竖曲线不宜设置半径小的平曲线。凸形竖曲线的顶部或凹形竖曲线的底部，不宜与反向平曲线的拐点相重合，以免误导驾驶员视线，使驾驶员操作失误，引起交通事故。

（4）要选择适当的合成坡度。合成坡度过大对行车不利，特别是在冬季结冰期更危险；合成坡度过小对排水不利，也影响行车，车辆行驶时有溅水干扰。虽然设计标准对合成坡度的最大允许值作了规定，但在进行平、纵线形组合时，如条件可能，最好使合成坡度小于 8%，最小合成坡度不应小于 0.5%。

（5）道路线形与沿线设施及景观的协调。平、纵线形组合必须是在充分与道路沿线设施及景观相配合的基础上进行，否则，即使线形组合符合有关规定也不一定是良好设计。应充分利用公路周围的地貌、地形、天然树林、建筑物等，尽量保持自然景观的连续，以消除景观单调感，使道路与周围环境融为一体。对设计速度高的道路，平、纵线形组合设计与周围景观配合尤为重要。

第四节　道路纵断面设计成果

一、路线纵断面图

纵断面设计图是道路设计的主要文件之一，它反映路线中心地面起伏情况与设计标高的关系。把它与平面线形结合起来，就能反映出路线在空间的位置。

纵断面图采用直角坐标，以横坐标表示里程桩号，纵坐标表示高程。为了清楚地反映地形起伏情况，通常将横坐标的比例采用 1∶2000（城市道路常用 1∶500～1∶1000），纵坐标采用 1∶200（城市道路常用 1∶50～1∶100）。

（一）纵断面图的内容

纵断面图由上、下两部分内容组成，如图 3-6 所示。

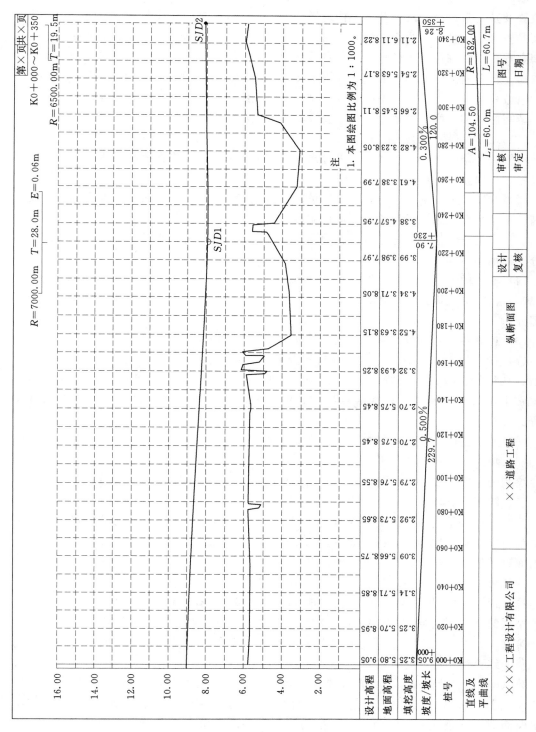

图 3 – 6　纵断面图（高程及坡长单位：m）

图的上半部分为图形，主要用来绘制地面线和纵坡设计线，同时根据需要标注出竖曲线位置及其要素；沿线桥涵及人工构造物的位置、结构类型、孔径与孔数；与公路、铁路交叉的桩号及路名；沿线跨越的河流名称、桩号、常水位及最高洪水位；水准点位置、编号和高程；断链桩位置、桩号及长短链关系等。图的下半部分为注解栏，主要用来填写有关数据，自下而上分别填写：直线与平曲线；里程桩号；地面标高；设计标高；填挖高度；纵坡及坡长；土壤地质说明；设计排水沟沟底线及坡度、距离、高程等。

填写内容和次序可视道路设计需要及具体情况而调整。

（二）纵断面图的绘制步骤

（1）按一定的比例，在坐标纸上标出与本图适应的横向和纵向坐标，横向坐标标出百米桩号，纵向坐标标出整10m高程。

（2）在图的下半部分自下而上分别填写：直线与平曲线、里程桩号、地面标高、设计标高、填挖高度、纵坡及坡长、土壤地质说明。

（3）在桩号一栏填写各桩号，在地面高程一栏填写各桩号的地面高程，并在图的上半部分点绘地面线。

（4）在图的上半部分标注明高程控制点。

（5）确定纵坡设计线，计算纵坡、坡长、竖曲线各要素，并将纵坡及坡长填在图的下半部分。

（6）计算各桩号的设计标高及填挖高度，填写在相应位置。

（7）在图的上半部分标注竖曲线位置及要素；沿线桥涵及人工构造物的位置、结构类型、孔径与孔数；与铁路、其他公路交叉的桩号及路名；沿线跨越的河流名称、桩号、常水位及最高洪水位；水准点位置、编号和高程；断链桩位置、桩号及长短链关系等。

（8）分别注明土壤地质资料及平面线形资料。

（9）填注其他各有关资料。

绘制的纵断面设计图，应按规定采用标准图纸和统一格式，以便装订成册。

二、路基设计表

路基设计表是道路设计文件的组成内容，它是平、纵、横等主要测设资料的综合。表中填列所有整桩、加桩及填挖高度、路基宽度（包括加宽）、超高值等有关资料，是路基纵断面设计的基本数据，也是施工的依据之一。

一般公路的路基设计表见表3-13，其填算方法如下。

第（1）栏"桩号"和第（5）栏"地面标高"都是从有关测量记录上抄录的。

第（2）栏"平曲线"中，可只列转角号和半径，供计算加宽超高之用。

第（3）、（4）栏"坡度及竖曲线"是从纵断面图上抄录的，转坡点要注明桩号和高程，竖曲线要注明起、终点桩号。

第（6）栏"设计标高"在直坡段为切线标高，在竖曲线段应考虑"改正值"y，用公式$y=x^2/2R$算出，其中x为各桩距竖曲线起点或终点的距离，R由第（4）栏或直接由纵断面图上抄录，凹形竖曲线改正值为"＋"号，凸形竖曲线改正值为"－"号；第（6）栏"设计标高"在竖曲线内，则为该桩号的切线标高与改正值的代数和。

表 3 - 13

公路路基设计表（一般公路）

桩号	平曲线	变坡点高程、桩号及纵坡坡度、坡长	竖曲线	坡面高程/m	设计高程/m	填挖高度/m 填	填挖高度/m 挖	路基宽度/m 左	路基宽度/m 右	路基边缘及中桩与设计高之高差/m 左	中	右	施工时中桩高度/m 填	挖	边坡1:m 左	右	护道 宽度/m 左	右	坡度1:m 左	右	沟底纵坡/% 左	右	边沟 形状	底宽/m	沟深/m	内坡1:m	坡脚坡口至中桩距离/m 左	右	备注
(1)	(2)	(3)	(4)	(5)	(6)	(7)	(8)	(9)	(10)	(11)	(12)	(13)	(14)	(15)	(16)	(17)	(18)	(19)	(20)	(21)	(22)	(23)	(24)	(25)	(26)	(27)	(28)	(29)	(30)
QD+700.000		418.800		416.11	418.80	2.69		5.00	5.00		0.11		2.80		1.50	1.50	2.00	50.00	2.00	50.00	4.80	4.80	梯形	0.60	0.50	1.50	6.0165	12.496	
K57+750.000				419.73	421.20	1.47		5.00	5.00		0.11		1.58		1.50	1.50	2.00	50.00	2.00	50.00	4.80	4.80	梯形	0.60	0.50	1.50	10.105	10.205	
K57+800.000		i=4.80%		423.13	423.60	0.47		5.00	5.00		0.11		0.58		1.50	1.50	2.00	50.00	2.00	50.00	4.80	4.80	梯形	0.60	0.50	1.50	12.329	7.7722	
K57+850.000		L=300.00	+868.000	423.87	426.00	2.13		5.00	5.00		0.11		2.24		1.50	1.50	2.00	50.00	2.00	50.00	4.80	4.80	梯形	0.60	0.50	1.50	5.5578	9.4199	
K57+900.000				427.44	418.34	0.90		5.00	5.00		0.11		1.01		1.50	1.50	2.00	50.00	2.00	50.00	4.80	4.80	梯形	0.60	0.50	1.50	13.423	8.0351	
K57+950.000		433.200	凸 $R=8000$ $T=132.00$	431.61	430.38		1.12	5.00	5.00		0.11			1.12	1.50	1.50					4.80	4.80	梯形	0.60	0.50	1.50	19.274	5.1011	
K58+000.000		+000.000	$E=1.09$	434.43	432.11		2.32	5.00	5.00		0.11			2.22	1.50	1.50					1.50	1.50	梯形	0.60	0.50	1.50	20.473	7.4592	
K58+050.000				437.25	433.53		3.72	5.00	5.00		0.11			3.61	1.50	1.50					1.50	1.50	梯形	0.60	0.50	1.50	25.521	10.271	
K58+100.000		i=1.50%		438.07	434.64		3.43	5.00	5.00		0.11			3.32	1.50	1.50					1.50	1.50	梯形	0.60	0.50	1.50	25.722	10.117	
K58+150.000		+132.000 $L=320.00$		439.68	435.45		4.23	5.00	5.00		0.11			4.12	1.50	1.50					1.50	1.50	梯形	0.60	0.50	1.50	19.756	10.724	
K58+200.000		+229.554		441.50	436.20		5.30	5.00	5.00		0.11			5.19	1.50	1.50					1.50	1.50	梯形	0.60	0.50	1.50	24.948	11.997	
K58+236.428			回 $R=5000$	437.98	436.75		1.23	5.00	5.00		0.11			1.12	1.50	1.50					1.50	1.50	梯形	0.60	0.50	1.50	14.622	7.2324	
K58+250.000		438.000	$T=90.45$	436.29	436.99	0.70		5.00	5.00		0.11		0.81		1.50	1.50	2.00	50.00	2.00	50.00	1.50	1.50	梯形	0.60	0.50	1.50	5.0745	7.9601	
K58+275.000	JD1 K58+859.53 左100°25'26"		$E=0.82$	433.18	437.53	4.35		5.00	5.00		0.11		4.46		1.50	1.50	2.00	50.00	2.00	50.00	1.50	1.50	梯形	0.60	0.50	1.50	10.412	13.134	
K58+300.000	$R=450$ $L_s1=160$			432.82	438.20	5.38		5.00	5.00		0.11	0.08	5.49		1.50	1.50	2.00	50.00	2.00	50.00	5.12	5.12	梯形	0.60	0.50	1.50	12.257	14.017	
K58+325.000	$L_s2=331.165$			434.07	438.99	4.92		5.00	5.00		0.11	0.17	5.03		1.50	1.50	2.00	50.00	2.00	50.00	5.12	5.12	梯形	0.60	0.50	1.50	12.031	12.880	
K58+350.000				435.37	439.90	4.53		5.00	5.00	−0.01	0.11	0.25	4.64		1.50	1.50	2.00	50.00	2.00	50.00	5.12	5.12	梯形	0.60	0.50	1.50	11.452	12.542	
K58+375.000		+320.000		436.76	440.94	4.18		5.00	5.00	−0.02	0.11	0.32	4.29		1.50	1.50	2.00	50.00	2.00	50.00	5.12	5.12	梯形	0.60	0.50	1.50	10.986	12.287	
K58+396.428				438.01	441.93	3.92		5.00	5.00		0.11		4.03		1.50	1.50	2.00	50.00	2.00	50.00	5.12	5.12	梯形	0.60	0.50	1.50	10.684	12.022	

第（7）、（8）栏的"填"、"挖"是第（6）栏与第（5）栏之差，"＋"号为填，"－"号为挖。

第（9）、（10）栏为左、右路基宽度，当圆曲线半径不大于 250m 时，应考虑平曲线内侧加宽。

第（11）、（12）、（13）栏为路基两侧边缘及中桩与设计标高的差，当圆曲线半径小于不设超高最小半径时，应考虑平曲线段超高。

第（14）、（15）为施工时中桩高度，是填挖高度（7）、（8）列与（12）列的差值。

第（16）、（17）为路基边坡，可参考路基路面工程。

第（18）、（19）、（20）、（21）列为左右护坡道的宽度和坡度。

第（22）、（23）列为左右边沟沟底纵坡，第（24）、（25）、（26）、（27）为边沟的截面形状（通常为梯形）、底宽、沟深以及内坡坡度。

第（28）和（29）栏为填方路基坡脚及挖方路基坡口至中桩的水平距离，需要根据路基横断面图计算。

思 考 题 及 习 题

3-1　道路纵断面线形要素有哪些？

3-2　公路及城市道路设计对设计标高的有关规定？

3-3　道路纵断面设计时，对最大纵坡、最小纵坡、最大坡长和最小坡长有哪些规定？

3-4　公路及城市道路纵坡设计的要求有哪些？

3-5　竖曲线最小半径及最小长度的限制因素有哪些？

3-6　道路平、纵线形组合设计形式和效果有哪些？

3-7　道路平、纵线形组合设计基本要求有哪些？

3-8　纵断面设计要点有哪些？

3-9　道路纵断面设计时，一般要考虑哪些控制标高？

3-10　试述纵断面设计的一般步骤。

3-11　某公路变坡点的桩号为 K2＋260，高程 387.62m，前坡 $i_1 = 5\%$ ，后坡 $i_2 = 1\%$ ，竖曲线的半径 $R = 5000m$。试确定：

（1）判别竖曲线的凹凸性，计算竖曲线的要素。

（2）计算竖曲线起终点的桩号。

（3）计算 K2＋200.00、K2＋240.00、K2＋380.00、K2＋500.00 各点的设计标高。

3-12　某二级公路，设计速度 60km/h，一桥头前变坡点处桩号为 K4＋950，设计标高为 120.78m，$i_1 = 3.5\%$，桥上为平坡（$i_2 = 0$），桥头端点的桩号为 K5＋023，要求竖曲线不上桥，并保证桥前有 15m 的平坡段，试确定竖曲线半径的合理范围？

3-13　某城市主干道，设计速度 60km/h，变坡点的桩号为 K0＋640，设计标高 9.0m，其前坡为 $i_1 = -2.5\%$，后坡 $i_2 = 3.5\%$。试确定：

（1）竖曲线最小半径（一般值），并计算竖曲线上各点标高（桩号每隔 10m 求一点高程）。

（2）由于受地下管线和地形限制，凹曲线中点标高要求不低于 9.30m，且不高于 9.40m，这时竖曲线半径应为多少？

第四章 道路横断面

 学习目标：

掌握道路横断面组成；了解道路建筑限界与道路用地范围；熟悉横断面设计方法；掌握土石方数量计算及调配方法。

道路横断面指道路中线上各点垂直于路线前进方向的竖向剖面。

道路横断面图是指道路中线的法线方向剖面图。它是由横断面设计线和横断面地面线所围成的图形。其中横断面设计线一般包括行车道、路肩、分隔带、边坡、边沟、截水沟、护坡道、取土坑、弃土堆和环境保护等设施。

道路横断面设计是根据行车要求，结合当地的地形、地质、气候、水文等自然因素，确定道路横断面的形式、各组成部分的位置和尺寸。横断面设计是路线设计的重要组成部分，它和纵断面设计、平面设计相互影响，所以在设计中应将平、纵、横三个方面结合起来综合考虑，经过反复比较和调整后，才能达到各元素之间的协调一致，做到组成合理、用地节省、工程经济和有利于环境保护。

道路横断面设计的目的是保证足够的断面尺寸、强度和稳定性，使之经济合理。同时为路基土石方工程数量计算以及道路的施工和养护提供依据。

横断面设计的主要内容是确定横断面的形式、各组成部分的位置和尺寸以及路基土石方的计算和调配。

第一节 道路横断面的组成

一、公路横断面组成与布置

（一）公路横断面的组成

公路横断面的组成和各部分的尺寸要根据设计交通量、交通组成、设计车速、地形条件等因素确定。在保证必要的通行能力和交通安全与畅通的前提下，尽量做到用地省、投资少，使道路发挥其最大的经济效益与社会效益。

公路横断面组成主要包括以下几部分。

1. 一般组成

（1）行车道：供各种车辆行驶部分的总称。

（2）路肩：位于行车道外缘至路基边缘，具有一定宽度的带状构造物。又分硬路肩和土路肩。

（3）中间分车带：高速公路及一级公路上用于分隔对向车辆的带状构造物。包括中央分隔带和左侧（路缘）带。

（4）边坡：为保证路基稳定，在路基两侧具有一定坡度的坡面。

（5）边沟：为汇集和排除路面、路肩及边坡流水，在路基两侧设置的纵向排水沟。

高速公路与一级公路的横断面组成如图4-1所示，二级、三级、四级公路的横断面组成如图4-2所示。

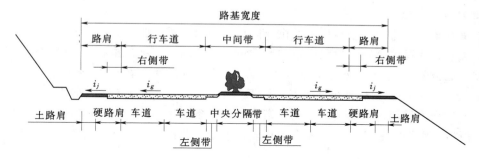

图4-1 高速公路与一级公路标准横断面

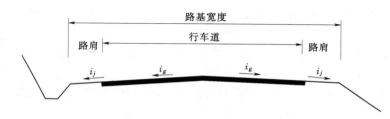

图4-2 二级、三级、四级公路标准横断面

2.特殊组成

（1）应急停车带。是指在高速公路和一级公路上，供车辆临时发生故障或其他原因紧急停车使用的临时停车地带。

（2）爬坡车道。在高速公路和一级公路上，当纵坡较大时，设置的供慢速上坡车辆行驶用的车道。

（3）加（减）速车道。是指在高速公路互通式立体交叉、服务区等处设置的，供车辆驶入（离）高速车流之前（后）加速（减速）用的车道。

（4）错车道。当四级公路采用4.5m的单车道路基时，在适当的可通视的距离内设置的供车辆交错避让用的一段加宽车道。

（5）避险车道。连续长、陡下坡路段危及运行安全处设置的用于避险的车道。

（6）护坡道。当路堤较高时，为保证路基边坡稳定，在取土坑与坡脚之间，沿原地面纵向保留的有一定宽度的平台。

（7）碎落台。在路堑边坡坡脚与边沟外侧边缘之间或边坡上，为防止碎落物落入边沟而设置的具有一定宽度的纵向平台。

（8）截水沟。在地面线较陡的挖方路段，为拦截山坡上流向路基的水，在路堑坡顶以外设置的水沟。

（二）公路路幅的布置类型

路幅是指公路路基顶面两路肩外侧边缘之间的部分。高等级公路（如高速公路、一级公路）通常是将上、下行车辆分开，其横断面形式有整体式断面和分离式断面两类。整体式断面是用分车带分隔上、下行车辆，分离式断面是将上、下行车道各自独立布置，利用天然地形地势进行分隔。二级、三级、四级公路的横断面形式以单幅布置为主。

路幅布置类型有以下几种。

1. 单幅双车道

单幅双车道公路指的是整体式的供双向行车的双车道公路。

这类公路在我国公路总里程中占的比重最大，二级、三级公路和一部分四级公路均属这一类。这类公路适应的交通量范围大，最高达15000辆小客车/昼夜。行车速度可从20km/h至80km/h。在这种公路上行车，只要各行其道、视距良好，车速一般都不会受影响。但当交通量很大，非机动车混入率高、视距条件又差时，其车速和通行能力则大大降低。所以对混合行驶相互干扰较大的路段，可专设非机动车道和人行道，与机动车分离行驶。

2. 双幅多车道

四车道、六车道和八车道的公路，中间一般都设分车带或做成分离式路基而构成"双幅"路。这种类型的公路设计车速高、通行能力大，每条车道能担负的交通量比一条双车道公路还多，而且行车顺适、事故率低。我国的高速公路和一级公路即属此类。

3. 单车道

对交通量小、地形复杂、工程艰巨的山区公路或地方性道路，可采用单车道，我国的部分四级公路路基宽度为4.50m、路面宽度为3.50m，就属于此类。

二、城市道路横断面组成与布置

（一）城市道路横断面组成

城市道路由于其为城市交通服务的功能，其交通组成是机动车、非机动车、行人的混合交通，所以其横断面一般由机动车道、非机动车道、人行道、分车带、设施带、绿化带等组成，特殊断面还可包括应急车道、路肩和排水沟等。

（1）行车道。城市道路上供各种车辆行行的部分统称为行车道，在行车道断面上，供汽车、无轨电车、摩托车等机动车行驶的部分称为机动车道；供自行车、三轮车、板车等非机动车行行的部分称作非机动车道。

（2）人行道。在城市道路上用路缘石或护栏等设施加以分隔的专供人行走的部分称为人行道。人行道宽度必须满足行人安全顺畅通过的要求，并应设置无障碍设施。

（3）绿化带。指在道路用地范围内供绿化使用的条形地带。

（4）分车带。指沿道路纵向设置的分隔行车道用的带状设施。位于中线位置分隔上下行机动车的称为中央分车带；位于两侧位置分隔机动车和非机动车的称为两侧分车带。

（5）设施带。指在道路两侧为护栏、灯柱、标志牌等公共服务设施等提供的场地。

（6）路侧带。车行道最外侧路缘石至道路红线范围为路侧带，由人行道、绿化带、设施带等组成。

（7）其他组成部分。除以上组成部分外，城市道路的横断面还包括路缘石、路拱、街沟、照明设施、管线工程等。

城市道路横断面具体组成如图4-3所示。

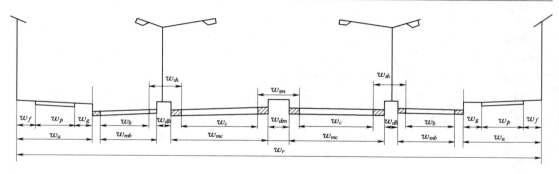

图 4-3 城市道路横断面组成

w_r—红线宽度；w_c—机动车道宽度；w_b—非机动车道宽度；w_{mc}—机动车道路缘带宽度；w_{mb}—非机动车道路缘带宽度；w_{dm}—中央分隔带宽度；w_{db}—两侧分隔带宽度；w_{sm}—中间分车带宽度；w_{sh}—两侧分车带宽度；w_a—路侧带宽度；w_p—人行道宽度；w_g—绿化带宽度；w_f—设施带宽度

（二）城市道路横断面布置

城市道路的交通性质和组成比较复杂，其横断面布置需考虑城市规模大小、道路等级、红线宽度、交通量、车辆类型与组成、地理位置、排水方式、结构物的位置、相交道路交叉形式等多种因素。城市快速路横断面分为整体式和分离式两类，城市主干路、次干路和支路的横断面主要有单幅路、两幅路、三幅路和四幅路等形式，如图 4-4 所示。

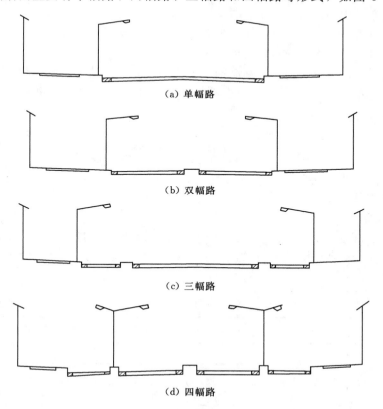

（a）单幅路

（b）双幅路

（c）三幅路

（d）四幅路

图 4-4 城市道路横断面布置形式

1. 单幅路

机动车与非机动车混合行驶，车道布置具有灵活性，在中心城区红线受限时，车道划分可以根据机动车与非机动车高峰错时调剂使用。但应注意在公共汽车停靠站处应采取交通管理措施，以便减少非机动车对公共汽车的干扰。

单幅路适用于机动车交通量不大、非机动车较少、红线较窄的次干路，交通量较少、车速低的支路，以及用地不足、拆迁困难的老城区道路。集文化、旅游、商业功能为一体，且红线宽度在 40m 以上，具有游行、迎宾、集合等特殊功能的主干路，宜采用单幅路断面。

2. 两幅路

设置中央分隔带分隔对向车流，单侧机动车与非机动车混合行驶，对绿化、照明、管线敷设均较有利。两幅路适用于机动车交通量不大、非机动车较少的主干路，红线宽度较宽的次干路。对于横向高差大、地形特殊的道路，可利用地形优势采用上、下行分离式断面。

3. 三幅路

设置两侧分隔带将机动车与非机动车分行，保障了交通安全，提高了机动车的行驶速度。三幅路适用于机动车和非机动车交通量较大的主干路，需设置辅路的主干路，红线宽度较宽的次干路。

4. 四幅路

双向机动车道中间设有中央分隔带，机动车道与非机动车道或辅路间设有两侧带分隔，能保障行车安全，提高了机动车的行驶速度。四幅路适用于需设置辅路的快速路和主干路，机动车及非机动车交通量较大的主干路。

对设置公交专用车道的道路，横断面布置应结合公交专用车道位置和类型全断面综合考虑，并应优先布置公交专用车道。同一条道路宜采用相同形式的横断面。当道路横断面变化时，应设置过渡段。

第二节　路基宽度与路拱形式

一、路基宽度

（一）公路路基宽度

路基宽度是指在一个横断面上两路肩外缘之间的宽度，一般是指行车道与路肩宽度之和，我国《公路工程技术标准》（JTG B01—2003）规定的各级公路的路基宽度见表 4-1、表 4-2。

表 4-1　　　　　　　　　　　　　　　　整 体 式 路 基 宽 度

公路等级		高速公路							
设计速度/(km/h)		120			100			80	
车道数		8	6	4	8	6	4	6	4
路基宽度/m	一般值	42.00	34.50	28.00	41.00	33.50	26.00	32.00	24.50
	最小值	40.00	—	25.00	38.50	—	23.50	—	21.50

公路等级		一级公路				
设计速度/(km/h)		100		80		60
车道数		6	4	6	4	4
路基宽度/m	一般值	33.50	26.00	32.00	24.50	23.00
	最小值	—	23.50	—	21.50	20.00

公路等级		二级公路		三级公路		四级公路	
设计速度/(km/h)		80	60	40	30	20	
车道数		2	2	2	2	2 或 1	
路基宽度/m	一般值	12.00	10.00	8.50	7.50	6.50（双车道）	4.50（单车道）
	最小值	10.00	8.50	—	—	—	

表 4 - 2　　　　　　　　　高速公路、一级公路分离体式路基宽度

公路等级		高速公路							
设计速度/(km/h)		120			100			80	
车道数		8	6	4	8	6	4	6	4
路基宽度/m	一般值	22.00	17.00	13.75	21.75	16.75	13.00	16.00	12.25
	最小值	—	—	13.25	—	—	12.50	—	11.25

公路等级		一级公路				
设计速度/(km/h)		100		80		60
车道数		6	4	6	4	4
路基宽度/m	一般值	16.75	13.00	16.00	12.25	11.25
	最小值	—	12.50	—	11.25	10.25

注　1. 八车道的内侧车道宽度如采用 3.50m，相应路基宽度可减 0.25m。

　　2. 表中所列"一般值"为正常情况下的采用值；"最小值"为条件受限制时可采用的值。

1. 行车道宽度

行车道是道路上供各种车辆行驶部分的总称。行车道宽度直接影响着道路的通行能力、行车速度、行车安全、工程造价等方面，其宽度主要取决于一条车道的宽度与车道数量。设计时，要根据车辆宽度、设计交通量、交通组成和汽车行驶速度综合确定。

确定每一条车道宽度主要考虑车辆外廓宽度、横向安全宽度、车辆行驶时的摆动幅度，不同车种和不同行驶速度要求不同的车道宽度。高速公路、一级公路各路段的车道数量最少为四车道，四车道以上时，应按双数增加；二级、三级公路应为双车道；四级公路宜采用双车道，交通量小且工程艰巨的路段可采用单车道。各级公路行车道宽度见表4 - 3。

表4-3　　　　　　　　　　　　各级公路行车道宽度

公路等级	高速公路、一级公路					
设计速度/(km/h)	120、100			80		60
车道数	8	6	4	6	4	4
行车道宽度/m	2×15.0	2×11.25	2×7.5	2×11.25	2×7.5	2×7.0
公路等级	二级、三级、四级公路					
设计速度/(km/h)	80	60	40	30	20	
车道数	2	2	2	2	1或2	
行车道宽度/m	7.5	7.0	7.0	6.5	3.5或6.0	

2. 路肩宽度

路肩是位于行车道外缘至路基边缘，具有一定宽度的带状结构部分（包括硬路肩与土路肩），各级公路都要设置路肩。

由于路肩紧靠在路面的两侧设置，具有保护及支撑路面结构的作用。同时，还可以供临时停车或堆料、增加有效行车道宽度、为设置其他设施（如护墙、护栏、绿化、杆线、管线等）及道路养护作业提供场地。另外，精心养护的路肩可增加公路的美观。

路肩通常由右侧路缘带（高速公路和一级公路才设置）、硬路肩和土路肩三部分组成。硬路肩是指进行了铺装的路肩，它可以承受汽车荷载的作用力，在混合交通的公路上便于非机动车、行人通行。在填方路段，为使路肩能汇集路面积水，在路肩边缘应设置缘石。土路肩是指不加铺装的土质路肩，它起保护路面和路基的作用，并提供侧向余宽。

各级公路都必须在车行道右侧设置路肩，称之为右侧路肩。右侧路肩宽度见表4-4。

高速公路、一级公路当采用分离式断面或宽度大于4.5m的中间带时，行车道左侧应设路肩，左侧路肩宽度见表4-5。左侧路肩内含左侧硬路缘带，其宽度为0.50m。

表4-4　　　　　　　　　　　　各级公路右侧路肩宽度

设计速度/(km/h)		高速公路、一级公路				二级、三级、四级公路				
		120	100	80	60	80	60	40	30	20
右侧硬路肩宽度/m	一般值	3.00 (3.50)	3.00	2.50	2.50	1.50	0.75	—	—	—
	最小值	3.00	2.50	1.50	1.50	0.75	0.25			
土路肩宽度/m	一般值	0.75	0.75	0.75	0.50	0.75	0.75	0.75	0.50	0.25（双车道）
	最小值	0.75	0.75	0.75	0.50	0.50	0.50			0.50（单车道）

注　"一般值"为正常情况下的采用值；"最小值"为条件受限制时可采用的值。

表4-5　　　　　　　　高速公路、一级公路左侧路肩宽度

设计速度/(km/h)	120	100	80	60
左侧硬路肩宽度/m	1.25	1.00	0.75	0.75
左侧土路肩宽度/m	0.75	0.75	0.75	0.50

3. 中间带宽度

高速公路、一级公路整体式路基必须设置中间带。中间带由中央分隔带及两条左侧路缘带组成，如图4-5所示。

中间带将上、下行车流分开，既可防止因快车驶入对向行车道造成车祸，又能减少公路中心线附近的交通阻力，从而提高通行能力。中间带可作设置公路标志牌及其他交通管理设施的场地，也可作为行人的安全岛使用。设置一定宽度的中间带并种植花草灌木或设置防眩网，可防止对向车辆灯光眩目，还可起到美化路容和环境的作用。设于分隔带两侧的路缘带，由于有一定宽度且颜色醒目，既引导驾驶员视线，又增加行车所必须的侧向余宽，从而提高行车的安全性和舒适性。

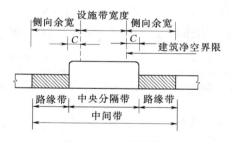

图 4-5 中间带组成

我国公路的中间带宽度随公路等级、地形条件不同在 2.50～4.50m 之间变化，特殊情况下可减至 2.00m。公路中间带宽度规定见表 4-6。

表 4-6 公 路 中 间 带 宽 度

设计速度/(km/h)		120	100	80	60
中央分隔带宽度/m	一般值	3.00	2.00	2.00	2.00
	最小值	1.00	1.00	1.00	1.00
左侧路缘带宽度/m	一般值	0.75	0.75	0.50	0.50
	最小值	0.75	0.50	0.50	0.50
中间带宽度/m	一般值	4.50	3.50	3.00	3.00
	最小值	2.50	2.00	2.00	2.00

公路中间带的宽度一般情况下应保持等宽，若需要变宽时，在宽度变化的地点，应设置过渡段。过渡段以设在回旋线范围内为宜，其长度应与回旋线长度相等。

中央分隔带的表面形式有凹形和凸形两种。凸形宽度较小，是公路的常见形式；凹形的宽度大于 4.5m，可采用 4:1～6:1 向中央倾斜的斜坡以利于排水。分隔带表面一般采用植草皮、栽灌木或铺面封闭。

中央分隔带应按一定距离设置开口，最小距离应不小于 2km，开口长度不宜大于 40m。开口应设置在通视条件良好的路段，若在曲线上设置，其曲线半径的超高值不应大于 3%。开口端部的形状通常采用半圆形和弹头形。

（二）城市道路横断面宽度

1. 机动车车行道宽度

确定城市道路机动车车行道总宽度时，可先估算车道数，经检验后再确定宽度，计算公式如下：

$$w_{pc} = w_c + 2w_{mc} = 2nb + 2w_{mc} \qquad (4-1)$$

其中
$$n = \frac{\text{设计年限的设计小时交通量}}{\text{一条机动车道的设计通行能力}} \qquad (4-2)$$

式中 w_{pc}——机动车道路面宽度，m；

w_c——机动车车行道宽度，m；

w_{mc}——机动车道路缘带宽度，m；

n——机动车道条数；

b——一条机动车道的宽度。

城市道路一条机动车道最小宽度应符合表 4-7 的规定。

表 4-7　　　　　　　　　　　城市道路一条机动车道最小宽度

车型及车道类型	设计速度/(km/h)	
	>60	≤60
大型汽车或混行车道/m	3.75	3.50
小客车专用车道/m	3.50	3.25

机动车道路面宽度应包括车行道宽度及两侧路缘带宽度，单幅路及三幅路采用中间分隔物或双黄线分隔对向交通时，机动车道路面宽度还应包括分隔物或双黄线的宽度。

2. 非机动车车行道宽度

确定城市道路一条非机动车道的宽度时，应考虑各种非机动车的横向宽度及其行驶速度。一条自行车车道宽度一般取 1m。与机动车道合并设置的非机动车道，车道数单向不应小于 2 条，宽度不应小于 2.5m。非机动车专用道路面宽度应包括车道宽度及两侧路缘带宽度，单向不宜小于 3.5m，双向不宜小于 4.5m。

3. 分车带宽度

城市道路分车带按其在横断面中的不同位置及功能，可分为中间分车带（简称中间带）及两侧分车带（简称两侧带）。分车带由分隔带及两侧路缘带组成，城市道路分车带最小宽度应符合表 4-8 的规定。

表 4-8　　　　　　　　　　　城市道路分车带最小宽度

分车带类别		中间带		两侧带	
设计速度/(km/h)		>60	≤60	>60	≤60
路缘带宽度/m	机动车道	0.50	0.25	0.50	0.25
	非机动车道	—	—	0.25	0.25
安全带宽度/m	机动车道	0.50	0.25	0.25	0.25
	非机动车道	—	—	0.25	0.25
侧向净宽/m	机动车道	1.00	0.50	0.75	0.50
	非机动车道	—	—	0.50	0.50
分隔带最小宽度/m		2.00	1.50	1.50	1.50
分车带最小宽度/m		3.00	2.00	2.25	2.00

注　1. 侧向净宽为路缘带宽度与安全带宽度之和。

　　2. 分隔带最小宽度值系按设施带宽度为 1m 考虑的，具体应用时，应根据设施带实际宽度确定。

4. 路侧带宽度

分隔带应采用立缘石围砌，需要考虑防撞要求时，应采用相应等级的防撞护栏。设置在中间分隔带及两侧分隔带时，立缘石外露高度宜为 15~20cm。

路侧带由人行道、绿化带、设施带等组成。路侧带两侧宜设置立缘石，其外露高度宜为 10~15cm。

人行道宽度必须满足行人安全顺畅通过的要求，并应设置无障碍设施。人行道最小宽度应符合表 4-9 的规定。人行道宽度除了满足通行需求外，还应结合道路景观功能，力求与横断面中各部分的宽度相协调。

表 4-9　　　　　　　　　　　　人 行 道 最 小 宽 度

项目	人行道最小宽度/m	
	一般值	最小值
各级道路	3.0	2.0
商业或公共场所集中路段	5.0	4.0
火车站、码头附近路段	5.0	4.0
长途汽车站附近路段	4.0	3.0

绿化带是指在道路路侧为行车及行人遮阳并美化环境，保证植物正常生长的场地。当种植单排行道树时，绿化带最小宽度为 1.5m。

设施带宽度应包括设置护栏、照明灯柱、标志牌、信号灯、城市公共服务设施等的要求，各种设施布局应综合考虑，设施带宽度通常为 0.5～1.5m。设施带可与绿化带结合设置，但应避免各种设施与树木间的干扰。

二、路拱形式与路拱横坡度

(一) 路拱形式

为了利于路面横向排水，将车行道路面做成由中央向两侧倾斜的拱形，称为路拱，其倾斜的大小以百分率表示。路拱的形式主要有折线形、抛物线形、直线接抛物线形等。

1. 折线形路拱

折线形路拱包括单折线形和多折线形两种。其优点是路拱较简单，多折线形路拱由若干折线组成，横坡度变化较缓，对行车、排水均有利，且易分段施工。缺点是路中有尖峰。折线形路拱多用于刚性路面，如水泥混凝土路面或大型预制块铺装路面。

2. 抛物线形路拱

这种路拱形式美观，线形圆顺，没有路中尖峰，路面中间部分坡度较小，两侧坡度较大，有利于雨水排除。但抛物线形路拱行车道中间部分横坡过于平缓，行车易集中，并且行车道上各部分横坡坡度不同，施工较困难。抛物线形路拱适用于路面宽度小于 20m 的柔性路面，可根据路拱横坡度、排水要求和路宽的不同采用不同的方次。

3. 直线接抛物线形路拱

这种路拱两侧为直线，在行车道中心线附近加设不同方次的抛物线形。其优点是汽车轮胎同路面接触较均匀，路面磨耗也较小。缺点是排水效果不及抛物线形路拱。直线接抛物线形路拱适用于路面宽度大于 20m 的柔性路面，也可用于交叉口渠化拓宽车道路段。

(二) 路拱横坡度

路拱横坡度主要是考虑路面排水的要求，路拱横坡度大小与路面结构类型、路面宽度、自然降水条件等因素有关。

路拱对排水有利但对行车不利。路拱坡度所产生的水平分力增加了行车的不平稳，同时也给乘客以不舒适的感觉，当车辆在有水或潮湿的路面上制动时还会增加侧向滑移的危险。为此，路拱坡度的确定应以有利于路面排水和保障行车安全平稳为原则。不同类型的路面由于其表面的平整度和透水性不同，路拱坡度也不相同，路面等级越低，表面越粗糙，一般要求路拱坡度越大。沥青混凝土路面与水泥混凝土路面的横坡度通常为1%~2%。

高速公路和一级公路由于其路面较宽，迅速排除路面降水尤为重要，所以当公路处于降雨强度较大的地区时应采用高值，在严重强度降雨地区时，路拱坡度可适当增大。

采用分离式路基的行车道，每侧行车道可设置双向路拱，这样对排除路面积水有利。在降水量不大的地区也可采用单向横坡，并向路基外侧倾斜，但在积雪冻融地区，应设置双向路拱。

土路肩的排水性远低于路面，其横坡度较路面宜增大1.0%~2.0%，硬路肩视具体情况（材料、宽度）可与路面同一横坡，也可稍大于路面。

城市单幅路应根据道路宽度采用单向或双向路拱横坡，多幅路应采用由路中线向两侧的双向路拱横坡。横坡大小应根据路面宽度、路面类型、纵坡及气候条件确定，宜采用1.0%~2.0%。快速路及降雨量大的地区宜采用1.5%~2.0%；严寒积雪地区、透水路面宜采用1.0%~1.5%。保护性路肩横坡度可比路面横坡度加大1.0%。

第三节　道路建筑限界与道路用地

一、道路建筑限界

道路建筑限界，又称道路净空，是为保证道路上各种车辆、行人的正常通行与安全，在一定的高度和宽度范围内不允许有任何障碍物侵入的空间界限。

建筑限界由净高和净宽两部分组成。在横断面设计时，道路交通标志、标牌、护栏、照明灯柱、电杆、行道树、桥墩、桥台等设施的任何部件不能侵入建筑限界之内。

（一）净高

高速公路，一级、二级公路的净空高度应为5.0m；三级、四级公路为4.5m。三级、四级公路的路面类型若设计为中级或低级路面时，考虑到路面面层的改造提高，其净高可预留20cm。同一条公路应采用相同的净高。

当设有加（减）速车道、应急停车带、爬坡车道、慢车道、错车道时，建筑限界应包括相应部分的宽度。八车道及八车道以上的高速公路（整体式），设置左侧硬路肩时，建筑限界应包括相应部分的宽度。桥梁、隧道设置检修道、人行道时，建筑限界应包括相应部分的宽度。检修道、人行道与行车道分开设置时，其净高一般为2.5m。

城市道路最小净高应符合表4-10的规定。对通行无轨电车、有轨电车、双层客车等其他特种车辆的道路，最小净高应满足车辆通行的要求。城市道路设计中应做好与公路以及不同净高要求的道路间的衔接过渡，同时应设置必要的指示、诱导标志及防撞等设施。

表4-10　　　　　城市道路最小净高

道路种类	行驶车辆类型	最小净高/m
机动车道	各种机动车	4.5
	小客车	3.5
非机动车道	自行车、三轮车	2.5
人行道	行人	2.5

（二）净宽

净宽是指在上述规定的净高范围内应保证的宽度，它包括行车带和路肩宽度。

规定的路肩宽度是在净空范围以内的，所以道路上的各种设施（护栏、标志牌等），应该设置在右路肩以外的保护性路肩上，而且必须保证其伸入部分在净高以上。

桥梁、隧道和高架公路为了降低造价须压缩净空，其压缩部分主要体现在侧向宽度上。但在桥梁、隧道中需设置人行道，且当人行道的宽度大于侧向宽度时，则其建筑限界应包括在所增加的宽度内。

各级公路的建筑限界规定如图 4-6 所示。

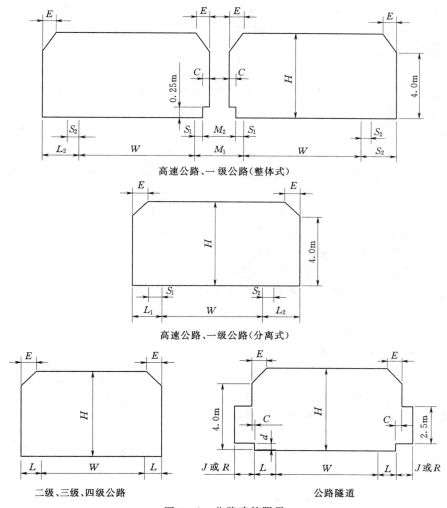

高速公路、一级公路（整体式）

高速公路、一级公路（分离式）

二级、三级、四级公路　　公路隧道

图 4-6　公路建筑限界

W—行车道宽度；C—当设计速度大于 100km/h 时为 0.5m，不大于 100km/h 时为 0.25m；L_1—左侧硬路肩宽度；
L_2—右侧硬路肩宽度；S_1—左侧路缘带宽度；S_2—右侧路缘带宽度；M_1—中间带宽度；M_2—中央分隔带宽度；
J—隧道内检修道宽度；R—隧道内人行道宽度；d—隧道内检修道或人行道高度；E—建筑限界顶角宽度，
当 $L \leqslant 1$m 时，$E=L$；当 $L>1$m，$E=1$m；H—净高；L—侧向宽度，高速公路、一级公路的
侧向宽度为硬路肩宽度（L_1 或 L_2），其他各级公路的侧向宽度为路肩宽度减去 0.25m

81

二、道路用地范围

（一）公路用地范围

公路用地是指为修建、养护公路及其沿线设施而依照国家规定所征用的土地。公路用地是根据国家征用土地的法规征购的。征购土地量是依据路线的技术条件确定的，同时考虑名胜古迹保护和环境保护要求，以及因征用土地对附近工矿企业、农牧业的发展、商业活动、人民生活和社会交往所产生的影响。

修建道路和养护道路以及布置道路的各种设施都需要占用土地，这些土地的征用必须要遵照国家的有关政策办理，既要满足确实因建设需要必须使用的地幅，又要精打细算，充分考虑我国珍贵的土地资源，尽可能从设计和施工等方面节省每一寸土地。

根据《中华人民共和国公路法》的规定，公路用地的具体范围由县级以上人民政府确定。在公路用地范围内，不得修建非路用房屋、开挖渠道及其他设施。

规定的公路用地范围为：

（1）新建公路路堤两侧排水沟外边缘（无排水沟时为路堤或护坡道坡脚）以外，或路堑坡顶截水沟外边缘（无截水沟为坡顶）以外不少于1m的土地为公路用地范围。在有条件的地段，高速公路、一级公路不少于3m，二级公路不少于2m的土地为公路用地范围。

（2）高填深挖路段，可能会因取土、弃土以及在路基的开挖填筑和养护过程中占用更多的土地，加之路基可能产生的沉陷、变形等原因，所以在这种地段应根据计算确定用地范围。

（3）在风沙、雪害及特殊地质地带，应根据需要确定设置防护林，种植固沙植物，安装防沙或防雪栅栏以及设置反压护道等设施所需的用地范围。

（4）公路沿线设施及路用房屋、料场、苗圃等，应在节约用地的原则下，尽量利用荒山或荒坡地，并根据实际需要确定用地范围。

（5）行道树应种植在排水沟或截水沟外侧的公路用地范围内。有条件或根据环保要求种植多行林带的路段，应根据具体情况确定公路用地范围。

（6）改建公路可参考新建公路用地范围规定执行。

（二）城市道路用地范围

城市道路的用地范围是指道路红线以内的范围。道路红线是道路用地与其他建设用地的分界线，红线之间的宽度即道路用地范围，亦可称为道路的总宽度或规划路幅。城市道路红线规划非常重要，通常由城市规划部门来确定。

第四节　路基土石方数量计算及调配

在道路工程中，路基土石方数量很大，它是道路设计和路线方案比较的主要技术经济指标，直接影响到道路建设的造价、工期、用地等。

土石方数量计算与调配的主要任务是计算每千米路段的土石方数量和全线总土石方工程数量，合理调配挖方的利用和填方的来源及运距，为编制工程预（概）算、确定合理的施工方案以及计量支付提供依据。

地面形状是很复杂的，填挖方不是简单的几何体，所以其计算只能是近似的，计算的精确度取决于中桩间距、测绘横断面时采点的密度和计算公式与实际情况的接近程度等。计算时应按工程的要求，在保证使用的前提下力求简化。

一、横断面面积计算

路基填挖的横断面面积是指断面图中原地面线与路基设计线所包围的面积，高于地面线者为填，低于地面线者为挖。实际计算时，两者应分别计算。常用的横断面面积计算方法有积距法、坐标法、几何图形法等。

（一）积距法

积距法的原理是将断面面积垂直划分为若干宽度相等的条块（梯形和三角形），因每一条块的宽度相等，所以在计算面积时，只需要取每个小条块的平均高度乘以条块宽度即可，则横断面面积就等于各小条块面积之和。

如图 4-7 所示，将断面按单位横宽划分为若干个梯形与三角形条块，每个小条块的近似面积为：

$$A_i = bh_i \tag{4-3}$$

则横断面面积：

$$A = bh_1 + bh_2 + bh_3 + \cdots + bh_n = b\sum h_i \tag{4-4}$$

积距法求面积是在实际操作中转化为量取 h_i 的累加值，计算方法简单、迅速。若地面线较顺直，也可以增大 b 的数值，若要进一步提高精度，可增加测量次数最后取其平均值。

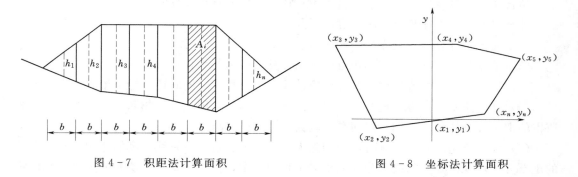

图 4-7 积距法计算面积   图 4-8 坐标法计算面积

（二）坐标法

如图 4-8 所示，若已知断面图上各转折点坐标 (x_i, y_i)，则由解析几何可得断面面积计算公式为：

$$A = \frac{1}{2}\sum_{i=1}^{n}(x_i y_{i+1} - x_{i+1} y_i) \tag{4-5}$$

坐标法的精度较高，适宜于用计算机计算。

（三）几何图形法

当横断面的地面线较规则且横断面面积较大时，可将路基横断面分为几个规则的几何图形分别计算各图形面积后相加得到总面积。

二、土石方数量计算

路基土石方计算工作量较大，加之路基填挖变化的不规则性，要精确计算土石方体积是十分困难的，在工程上通常采用近似方法计算。

（一）平均断面法

若相邻两断面均为填方或挖方且面积大小相近，则可假定断面之间为一棱柱体，采用平均断面法，如图 4-9 所示，其体积的计算公式为：

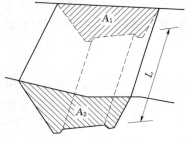

图 4-9 平均断面法

$$V = \frac{1}{2}(A_1 + A_2)L \qquad (4-6)$$

式中　V——体积，即土石方数量，m^3；

　A_1、A_2——相邻两断面的面积，m^2；

　　　L——相邻断面之间的距离，m。

此法计算简易，较为常用，一般称之为"平均断面法"。工程上常采用平均断面法计算，但其精度较差，只有当 A_1、A_2 相差不大时才较准确。

（二）棱台体积法

若 A_1 和 A_2 相差甚大，则与棱台更为接近，可按棱台体计算。其计算公式为：

$$V = \frac{1}{3}(A_1 + A_2)L\left(1 + \frac{\sqrt{m}}{1+m}\right) \qquad (4-7)$$

式中　$m = A_1/A_2$，其中 $A_1 < A_2$。

棱台法的计算精度较高，应尽量采用，特别是用计算机计算时。

计算路基土石方体积时，应注意以下几个问题：

（1）应分别计算填、挖方面积。

（2）填方和挖方的土石方体积也应分别计算，因为其工程造价不同。

（3）换土、挖淤泥或挖台阶等部分应计算挖方工程量，同时还应计算填方工程量。

（4）计算路基填挖方数量时，考虑路面部分的影响，即填方要扣除、挖方要增加路面所占的那一部分体积，特别是路面厚度较大时更不能忽略。

（5）计算路基土石方数量时，应扣除大、中桥及隧道所占路线长度的体积。桥头引道的土石方，可视需要全部或部分列入桥梁工程项目中，但应注意不要遗漏或重复。小桥涵所占的体积一般可不扣除。

（6）路基工程中的挖方按天然密实方体积计算，填方按压实后的体积计算。

三、路基土石方调配

土石方调配的目的是为确定填方用土的来源、挖方弃土的去向，以及计价土石方的数量和运量等。通过调配，合理地解决各路段土石方平衡与利用问题，使从路堑挖出的土石方，在经济合理的调运条件下移挖作填，达到填方有所"取"，挖方有所"用"，避免不必要的路外借土和弃土，以减少占用耕地和降低工程造价。

（一）土石方调配原则

（1）在半填半挖的断面中，应首先考虑在本路段内移挖作填进行横向平衡，多余的土石方再作纵向调配，以减少总的运量。

（2）土石方调配应考虑桥涵位置对施工运输的影响，一般大沟不作跨越运输，同时应注意施工的可能与方便，尽可能避免和减少上坡运土。

（3）为使调配合理，必须根据地形情况和施工条件，选用适当的运输方式，确定合理的经济运距，用以分析工程用土是调运还是外借。

（4）土方调配"移挖作填"固然要考虑经济运距问题，但这不是唯一的指标，还要综合考虑弃方和借方的占地，赔偿青苗损失及对农业生产影响等。

（5）不同的土方和石方应根据工程需要分别进行调配，以保证路基稳定和人工构造物的材料供应。

（6）位于山坡上的回头曲线路段，要优先考虑上下线的土方竖向调运。

（7）土方调配应事先同地方商量，妥善处理。应结合地形、农田规划等选择借土地点，并综合考虑借土还田，整地造田等措施。弃土应不占或少占耕地，在可能条件下宜将弃土平整为可耕地，防止乱弃乱堆，或堵塞河流，损害农田。

（二）土石方调配方法

土石方调配方法有多种，如累积曲线法、调配图法及土石方计算表调配法等。土石方计算表调配法不需绘制累积曲线图与调配图，直接可在土石方表上进行调配，方法简捷，调配清晰，精度符合要求，土石方计算表也可由计算机自动完成，目前多采用此法，其具体调配步骤如下：

（1）土石方调配是在土石方数量计算与复核完毕的基础上进行的，调配前应将可能影响运输调配的桥涵位置、陡坡、大沟等标注在表旁，供调配时参考。

（2）弄清各桩号间路基填挖方情况，并作横向平衡，明确利用、填缺与挖余数量。计算并填写表中"本桩利用"、"填缺"、"挖余"各栏。然后按填挖方分别进行闭合核算：

$$填方＝本桩利用＋填缺$$
$$挖方＝本桩利用＋挖余$$

（3）在作纵向调配前，应根据施工方法及可能采取的运输方式定出合理的经济运距，供土石方调配时参考。

（4）根据填缺挖余分布情况，结合路线纵坡和自然条件，本着技术经济、少占农田的原则，具体拟定调配方案。将毗邻路段的挖余就近纵向调运到填缺内加以利用，并把具体调运方向和数量用箭头标明在纵向利用调配栏中。

（5）经过纵向调配，如果仍有填缺或挖余，则应会同当地政府协商确定借土或弃土地点，然后将借土或弃土的数量和运距分别填注到借方或废方栏内。

（6）土石方调配后，应按下式进行复核检查：

$$横向调运＋纵向调运＋借方＝填方$$
$$横向调运＋纵向调运＋弃方＝挖方$$

（7）本千米调配完毕，应进行本千米合计，总闭合核算除上述以外，还有：

$$（跨千米调入方）＋挖方＋借方＝（跨千米调出方）＋填方＋废方$$

（8）土石方调配一般在本千米内进行，必要时也可跨千米调配，但需将调配的方向及数量分别注明，以免混淆。

（9）每千米土石方数量计算与调配完成后，须汇总列入"路基每千米土石方表"，并进行全线总计与核算。至此，完成全部土石方计算与调配工作。

(三) 关于调配计算的几个问题

1. 平均运距

土方调配的运距，是从挖方体积的重心到填方体积的重心之间的距离。在路线工程中为简化计算起见，这个距离可简单地按挖方断面间距中心至填方断面间距中心的距离计算，称平均运距。

2. 免费运距

土、石方作业包括挖、装、运、卸等工序，在某一特定距离内，只按土、石方数量计价而不计运费，这一特定的距离称为免费运距。施工方法不同，其免费运距也不同，如人工运输的免费运距为 20m，而铲运机运输的免费运距为 100m。

平均运距与免费运距之差为超运运距。在纵向调配时，当其平均运距超过定额规定的免费运距，应按其超运运距计算土石方运量。

3. 经济运距

填方用土来源，一是路上纵向调运，二是就近路外借土。一般情况下，调运路堑挖方来填筑距离较近的路堤还是比较经济的。但如调运距离过长，以至运价超过了在填方附近借土所需的费用时，移挖作填就不如在路堤附近就地借土经济。因此，采用"调"还是"借"，有个限度距离问题，这个限度距离即所谓"经济运距"，其值按下式计算：

$$L_{经} = \frac{B}{T} + L_{免} \qquad (4-8)$$

式中 B——借土单价，元/m³；

T——远运运费单价，元/m³·km；

$L_{免}$——免费运距，km。

由上述可知，经济运距是确定借土或调运的界限，当调运距离小于经济运距时，采取纵向调运是经济的，反之，则可考虑就近借土。

4. 运量

土石方运量为平均运距与所运土石方数量的乘积。调配土石方时，超运运距的运土方另加计运费，故运量应按平均超运运距计。

在工程定额中，人工运输免费运距 20m。人工运输的平均超运运距，按每 10m 为一个运距单位，称之为"级"，即 10m 为一级。当实际的平均运距为 40m 时，则超运运距为 20m，称为二级，其余类推。则有：

$$总运量＝调配(土石方)方数×n$$

$$n = \frac{L - L_{免}}{A} \qquad (4-9)$$

式中 n——平均超运运距单位，四舍五入取整数；

L——土石方调配平均运距，m；

$L_{免}$——免费运距，m；

A——超运运距单位，m，例如人工运输 $A = 10$ m，轻轨运输 $A = 50$m。

5. 计价土石方数量

在土石方计算与调配中，所有挖方无论是"弃"或"调"，均应予计价。对于填方则不然，需按土的来源决定是否计价，如是路外借土，当然要计价，但若是移"挖"作"填"的调配利用方，则不应再计价，否则形成双重计价。因而计价土石方数量为：

$$V_计 = V_挖 + V_借 \qquad (4-10)$$

式中　$V_计$——计价土石方数量，m^3；

　　　$V_挖$——挖方数量，m^3；

　　　$V_借$——借方数量，m^3。

一般工程上所说的土石方总量，实际上是指计价土石方数量。一条公路的土石方总量，一般包括路基工程、排水工程、临时工程、小桥涵工程等项目的土石方数量。对于独立大、中桥梁、长隧道的土石方工程数量应另外计算。

第五节　道路横断面设计成果

一、横断面设计成果

道路横断面设计成果主要包括路基横断面设计图与路基土石方计算表等。

（一）路基横断面设计图

路基横断面设计图是路基每一个中桩的法向剖面图，它反映每个桩位处横断面的尺寸及结构，是路基施工及横断面面积计算的依据，图中应给出地面线与设计线，并标注桩号、施工高度与断面面积。相同的边坡坡度可只在一个断面上标注，挡土墙等圬工构造物可只绘出形状不标注尺寸，边沟也只需绘出形状，如图4-10所示。横断面设计图应按从下到上，从左到右的方式进行布置，一般采用1∶200的比例。

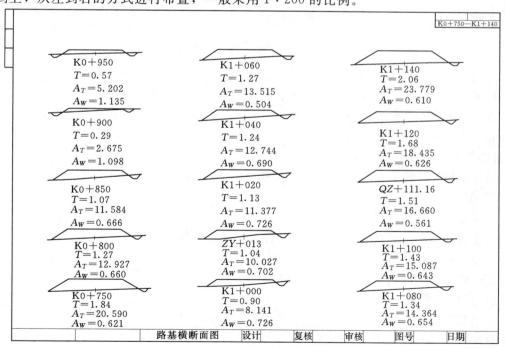

图4-10　路基横断面设计图

87

（二）路基标准横断面图

路基标准横断面图是路基横断面设计图中所出现的所有路基形式的汇总。它示出了所有设计线（包括边坡、边沟、挡墙、护肩等）的形状、比例及尺寸，用以指导施工。公路路基标准横断面如图4-11所示。

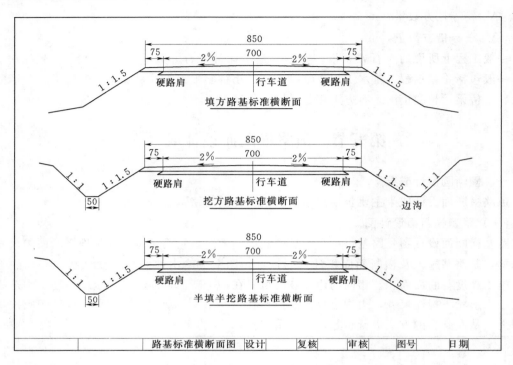

图4-11　路基标准横断面图

（三）路基土石方计算表

路基土石方是道路工程的一项主要工程量，所以在道路设计和路线方案比较中，路基土石方数量的多少是评价道路测设质量的主要技术经济指标之一，也是编制道路施工组织计划和工程概预算的主要依据。路基土石方计算表格式见表4-11。

（四）其他成果

横断面设计完成后，应补充完善在纵断面设计中所填的"路基设计表"。将"边坡"、"边沟"等栏填上。其中"边沟"一栏的"坡度"如不填写，表明沟底纵坡与道路纵坡一致，如果不一致，则需另外填写。

对于特殊情况下的路基（如高填深挖路基、浸河路基、不良地质地段路基等）应单独设计，并绘制特殊路基设计图。图中应出示缘石大样，中央分隔带开口设计图等。

二、横断面设计方法

（一）基本要求

路基是支承路面、形成连续行车道的带状结构物，它既要承受路面传来的车辆荷载，又要承受自然因素的作用。道路横断面设计应按道路等级、服务功能、交通特性，结合周边环境和各种控制条件，在道路用地范围内合理布设。

表 4 - 11

路 基 土 石 方 计 算 表

桩号	横断面面积/m² 挖	填 土	填 石	距离/m	总数量	挖方分类 土 I	II	III	IV	石 V	VI	填方 土	石	本桩利用 土	石	填缺 土	石	挖余 土	石	纵向调配示意图	借方 土	石	弃方 土	石	总运量 土	石	备注
(1)	(2)	(3)	(4)	(5)	(6)	(7)	(8)	(9)	(10)	(11)	(12)	(13)	(14)	(15)	(16)	(17)	(18)	(19)	(20)	(21)	(22)	(23)	(24)	(25)	(26)	(27)	(28)
K0+000	9.16	1.22																									
K0+050	2.44	6.35		50	290	290						189		189				101		101							
K0+100	0.78	20.41		50	80	80						669		80		589				1127	488						
K0+150	0.76	27.66		50	38	38						1202		38		1164				1155	37						
K0+200	0.70	19.98		50	36	36						1191		36		1155				207							
K0+250	10.97			50	292	292						499		292		207											
K0+300	13.27			50	606	606												606									
K0+350	0.72	9.62		50	349	349						240		240				109									
K0+400	0.66	20.23		50	34	34						746		34		712				712							
K0+450	18.52			50	479	479						505		479		26				3 23							
K0+500	30.45			50	1224	1224												1224					96				
K0+550	21.10			50	1288	1288												1288									
K0+600	10.33			50	785	785						183		183				785									
K0+650	0.63	7.35		50	274	274						812		32		780				780							
K0+700	0.64	25.14		50	32	32												91									
				合计	5807	5807						6236		1603		4633		4204			525		96				

路基横断面的设计应满足以下几点：

（1）路基的结构设计应根据使用要求和当地自然条件（包括地质、水文和材料情况），并结合施工条件进行。路基既应有足够的强度和稳定性，又要经济合理。

（2）路基的断面形式和尺寸应根据道路的等级、设计标准和设计任务书的规定以及道路的使用要求，结合具体条件确定。一般路基可参照典型横断面进行设计，特殊路基则应进行单独计算设计。

（3）路基设计应兼顾当地农田基本建设的需要，在取土、弃土坑设置、排水设计等方面应与农田水利、灌溉沟渠等配合，尽量减少废土占地，防止水土流失和淤塞河道。

（二）横断面设计方法与步骤

横断面设计方法俗称"戴帽子"，即在横断面测量所得各桩号的横断面地面线上，按纵断面设计确定的填挖高度和平面设计确定的路基宽度、超高、加宽值，结合当地的地形、地质等自然条件，参考典型横断面图式，逐桩号绘出横断面图。对采用挡土墙、护坡等结构物的路段，所采用结构物应绘于相应的横断面图上，并注明其起讫桩号、圬工种类和断面的尺寸，结构物的尺寸要根据土压力的大小、稳定性验算确定。

1. 公路横断面设计步骤

（1）逐桩绘制横断面地面线。地面线是在现场测绘的，若是纸上定线，可从大比例尺的地形图上内插获得。各断面按桩号在图纸上应从左到右、从下到上顺序排列，横断面图的比例尺一般是 1：200。

（2）绘出设计高程线。从"路基设计表"中抄入路基中心填挖高度，由中桩地面点量出填挖高度，画一条水平线，即为设计高程线。对于设置超高和加宽的曲线路段，还应抄入超高和加宽的相应数据。

（3）绘出路基边坡线及加固设施的断面图。根据现场调查所得来的土壤、地质、水文等资料，参照"标准横断面图"，画出路幅宽度，填或挖的边坡坡线，在需要设置各种支挡工程和防护工程的地方画出该工程结构的断面示意图。

（4）根据综合排水设计，画出路基边沟、截水沟、排灌渠等的位置和断面形式。必要时须注明各部分尺寸。此外，对于取土坑、弃土堆、绿化等也尽可能画出。

（5）分别计算各桩号断面的填方面积（A_T）、挖方面积（A_W），并标注于图上。

上面所介绍的横断面设计方法，仅限于在"标准横断面图"范围以内的那些断面，其操作比较机械，所以形象化地称之为"戴帽子"。对特殊情况下的横断面，则必须按照路基设计原理和方法进行特殊设计，绘图比例尺也应按需要采用。

2. 城市道路横断面设计步骤

（1）绘制各个路段上的远期规划横断面图和近期设计横断面图，即远期和近期的标准断面图。一般采用 1：100 或 1：200 的比例尺。在图上应绘出红线宽度、行车道、人行道、分隔带、绿化带、照明、新建或改建的地下管道等各组成部分的位置和宽度，以及排水方向、横坡坡度等，如图 4-12 所示。

（2）绘制各个中线桩处的现状横断面图。现状横断面图中应包括横向地形、地物、中心桩地面高程、路基路面、横坡坡度、行车道、人行道、边沟等。一般采用 1：100 或 1：200 比例尺，直接在米格纸上绘制横距表示水平距离，纵距表示高程。纵、横坐标通常

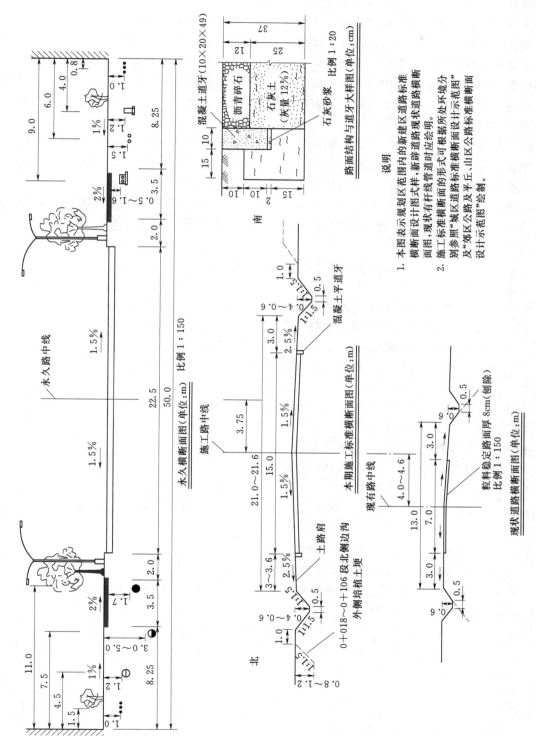

图 4－12　城市道路横断面图

都采用相同的比例尺，这对绘制横断面图和计算土石方数量都方便。但在某些情况下，例如横断面很宽，地面又较平坦时，如水平距离和高程仍采用相同的比例尺，则显示不出地形的变化，此时根据高程变化的程度，横断面图的纵、横坐标可以选用不同的比例尺，以能显示地形的起伏变化为原则。绘制时先在米格纸上定出中心线的位置，然后将中心桩的地面高程和中心桩左右各地形点的高程标出来，连接各点即得现状横断面的地面线，注明桩号和高程。在一张米格纸上可以绘制若干个断面，一般以桩号为序按自下而上和自左而右的顺序布置。

（3）最后在绘出的各个桩号的现状横断面图上标出中心线的设计标高，以相同的比例尺，把设计横断面图（即标准横断面图）画上去。土石方工程量的计算和施工放样，就是以此图作为依据，故也称为施工横断面图。

目前，利用计算机辅助设计已非常普遍，不但可以准确绘制横断面图，还能自动计算横断面面积，大大提高了绘图工作的质量和效率，是横断面设计的理想手段。

思 考 题 及 习 题

4-1　试述公路横断面的组成及布置类型。

4-2　城市道路横断面的组成部分有哪些？

4-3　城市道路横断面的布置类型及特点有哪些？如何选用？

4-4　机动车行车道宽度考虑的因素有哪些？

4-5　试述路肩的类别及作用。

4-6　试述中间带的组成及作用。

4-7　试述路拱横坡的形式及特点。

4-8　试述道路建筑限界的含义及作用。

4-9　试述路基土石方计算的方法与调配原则。

4-10　路基横断面面积如何计算？

4-11　试述平均运距、免费运距、经济运距的概念。经济运距在土石方调配中有何作用？

4-12　简述横断面设计的方法与步骤。

4-13　道路横断面设计的成果主要有哪些？

4-14　某路段三个相邻桩号分别为 K1+250（1 点）、K1+276（2 点）和 K1+300（3 点），计算出横断面面积分别为：$A_{T1}=38.2\text{m}^2$、$A_{T2}=15.2\text{m}^2$、$A_{W2}=16.1\text{m}^2$ 和 $A_{W3}=47.5\text{m}^2$。计算 K1+250—K1+300 路段的填方数量和挖方数量。

第五章 道 路 路 基

 学习目标：

　　了解路基土的类别及工程性质、道路自然区划及其意义；熟悉路基工作区和路基强度指标、路基排水设施、路基防护与加固的基本方法；掌握路基干湿类型及其划分方法、路基的类型与构造、湿软地基加固措施、土质路基施工技术要点。

第一节 概 述

　　路基是路面的基础，它必须具有足够的强度和稳定性，以保证道路在行车荷载和自然因素的综合作用下，具有良好的使用品质。不同的土类、不同的地区条件、不同的湿度状况，都影响到路基土的强度和稳定性。

一、路基土的分类及其工程性质

　　我国道路用土依据土的颗粒组成特征、土的塑性指标和土中有机质存在情况，将土分为巨粒土、粗粒土、细粒土和特殊土四大类，分类总体系如图 5-1 所示。各类土组具有不同的工程性质，在选择其作为路基填筑材料，以及修筑稳定土路面结构层时，应分别采取不同的工程技术措施。

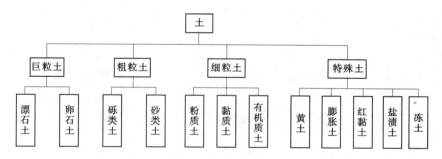

图 5-1 土的分类体系

各土组的主要工程性质如下。

（一）巨粒土

　　巨粒组（＞60mm 的颗粒）质量多于总质量 50％的土称为巨粒土。巨粒土有很高的强度及稳定性，是填筑路基很好的材料。漂石还可用于砌筑边坡。

（二）粗粒土

　　粗粒（0.075～60mm）含量大于 50％的土称粗粒土，其中砾粒组含量大于砂粒组含量的土称砾类土，砾粒组含量不大于砂粒组含量的土称砂类土。

　　砾类土又分为砾、含细粒土砾、细粒土质砾。由于砾类土的粒径较大，内摩擦力亦大，因而强度和稳定性均能满足工程要求，是良好的路基填筑材料。级配良好时，或人工处理后，可用于高级路面的基（垫）层。

砂类土又可分为砂、含细粒土砂（或称砂土）和细粒土质砂（或称砂性土）三种。砂和含细粒土砂无塑性，透水性强，毛细上升高度很小，具有较大的摩擦系数，强度和水稳定性均较好，但由于黏性小，易于松散，压实困难，需用振动法或灌水法才能压实，为克服这一缺点，可添加一些黏质土，以改善其使用质量。细粒土质砂既含有一定数量的粗颗粒，使路基具有足够的强度和水稳性，又含有一定数量的细颗粒，使其具有一定的黏性，不致过分松散。一般遇水干得快，不膨胀，干时有足够的黏结性，扬尘少，容易被压实。因此，细粒土质砂是修筑路基的良好材料。

（三）细粒土

细粒组颗粒（粒径不大于 0.075mm）质量不小于总质量 50％的土为细粒土。根据其塑性指标和土中有机质含量多少可分为粉质土、黏质土、有机质土。

粉质土为最差的筑路材料。它含有较多的粉土粒，干时稍有黏性，但易被压碎，扬尘性大，浸水时很快被湿透，易成稀泥。粉质土的毛细作用强烈，上升速度快，毛细上升高度一般可达 0.9～1.5m。在季节性冰冻地区，水分积聚现象严重，造成严重的冬季冻胀，春融期间出现翻浆，故又称翻浆土。如遇粉质土，特别是在水文条件不良时，应采取一定的措施，改善其工程性质。

黏质土透水性很差，黏聚力大，因而干时坚硬，不易挖掘。它具有较大的可塑性、黏结性和膨胀性，毛细管现象也很显著，用来填筑路基比粉质土好，但不如细粒土质砂。浸水后黏质土能较长时间保持水分，因而承载能力小。对于黏质土如在适当的含水量时加以充分压实和有良好的排水设施，筑成的路基也能获得稳定。

有机质土（如泥炭、腐殖土等）不宜作路基填料，如遇有机质土均应在设计和施工上采取适当措施。

（四）特殊土

特殊土主要包括黄土、膨胀土、红黏土和盐渍土等。黄土属大孔和多孔结构，具有湿陷性；膨胀土受水浸湿发生膨胀，失水则收缩；红黏土失水后体积收缩量较大；盐渍土潮湿时承载力很低。因此，特殊土也不宜作路基填料。

二、道路自然区划

道路自然区划是指根据全国各地气候、水文、地质、地形等条件对公路工程的影响而划分的地理区域。

我国地域辽阔，自然条件复杂，各地气候差异较大，不同地区不同地带的路基水温状况各有特点。为区分不同地理区域自然条件对公路工程影响的差异性，并在路基、路面的设计、施工和养护中采取适当的技术措施和采用合适的设计参数，以保证路基、路面的强度和稳定性，根据道路工程特征相似性原则、地表气候区划差异性原则、自然气候因素既有综合又有主导作用的原则，我国制定了《公路自然区划标准》（JTJ 003—86），将具有相同自然条件的地区归类。

为使自然区划便于在实践中应用，结合我国地理、气候特点，将全国的公路自然区划分为三个等级。

（一）一级区划

一级区划首先将全国划分为多年冻土、季节冻土和全年不冻土三大地带，再根据水热平衡和地理位置，划分为冻土、湿润、干湿过渡、湿热、潮暖、干旱和高寒七个大区——北部多年冻土区（Ⅰ区）、东部温润季冻区（Ⅱ区）、黄土高原干湿过渡区（Ⅲ区）、东南湿热区（Ⅳ区）、西南潮湿区（Ⅴ区）、西北干旱区（Ⅵ区）、青藏高寒区（Ⅶ区）。

七个一级自然区的自然条件差异很大，特点不同，路基路面结构设计的原则和要求也不相同。

1. 北部多年冻土区（Ⅰ区）

此区纬度高、气温低，北部为连续分布多年冻土，南部为岛状分布多年冻土。道路设计原则是维持其冻稳性，防止路基热融沉陷而导致路面破坏。路基设计时宁填勿挖，不轻易挖去覆盖层，露地土质应为冻稳性良好的土或砂砾，必须采用路堑时，应有保证边坡和路基稳定的措施。

2. 东部温润季冻区（Ⅱ区）

此区为我国主要的季节冻土区，冻结深度及其对路基的影响自北至南逐渐减小，冬季冻胀，春季翻浆，形成明显的不利季节。道路设计时应使路基填土高度符合要求，并采取隔温、排水等措施以防止冻胀翻浆。可利用水稳性、冻稳性好的材料做基层，在水文地质不良的路段，可设置排水或防冻垫层，以提高路基路面的整体强度。

3. 黄土高原干湿过渡区（Ⅲ区）

此区为东部温润季冻区向西北干旱区和西南潮湿区的过渡区，以集中分布黄土和黄土状土为其主要特点，地下水位深，土基强度高、稳定性好。路面结构应选择不透水的面层或上封层，以防止雨水下渗造成黄土湿陷。潮湿地段应注意排水以保护路基。

4. 东南湿热区（Ⅳ区）

此区雨量充沛集中，雨型季节性强，台风暴雨多，易造成水毁、冲刷、滑坡等道路病害，路基路面设计中，应加强道路的排水系统。由于气温高、热季长，应注意沥青类面层材料的热稳定性和防透水性。

5. 西南潮湿区（Ⅴ区）

此区为东南湿热区向青藏高寒区的过渡区，部分地区雨期较长，土基较湿，北部和西部新构造强烈，地形高差大，地震病害多。路基路面结构设计的首要任务是保证其湿稳性，对水文不良路段，必须采取措施稳定路基，因山地较多，石料丰富，宜就地取材。

6. 西北干旱区（Ⅵ区）

此区气候干燥，土基强度和道路水文状况较好，路基路面的特殊要求是保证其干稳性。砂石路面经常出现搓板、松散现象，扬尘为主要病害，而灌区和绿区还会冻胀翻浆。结构层应充分利用就近所产的砂砾、石料进行处理，为防止雪水浸入路面，深路堑地段的沥青面层材料应具有良好的防透水性。另外，还应注意风蚀和沙埋的防治。

7. 青藏高寒区（Ⅶ区）

此区海拔高、气温低，分布有高原多年冻土、泥石流和冰川。由于昼夜温差大，日照时间长，沥青老化很快。结构设计应针对自然条件和工程病害，采取措施保证路基的稳定性，除高原冻土地带应维持其冻稳性外，大部分公路路基较低，路面一般采用砂砾结构，材料和强度可满足要求。

（二）二级区划

二级区划仍以气候和地形为主导因素，但具体标志与一级区划有显著差别。二级区划以潮湿系数为主要分区依据，按公路工程的相似性及地表气候的差异，在全国七个一级自然区内又进一步分为 33 个二级区和 19 个副区（亚区），共有 52 个二级自然区，见表 5-1。

表 5-1　　　　　　　　　　　　　　公路自然区划名称表

序号	区划名称	序号	区划名称
Ⅰ	北部多年冻土区	27	Ⅳ₇华南沿海台风区
1	Ⅰ₁连续多年冻土区	28	Ⅳ₇ₐ台湾山地副区
2	Ⅰ₂岛状多年冻土区	29	Ⅳ₇ᵦ海南岛西部润干副区
Ⅱ	东部温润季冻区	30	Ⅳ₇ᵪ南海诸岛副区
3	Ⅱ₁东北东部山地润湿冻区	Ⅴ	西南潮湿区
4	Ⅱ₁ₐ三江平原副区	31	Ⅴ₁秦巴山地润湿区
5	Ⅱ₂东北中部山前平原重冻区	32	Ⅴ₂四川盆地中湿区
6	Ⅱ₂ₐ辽河平原冻融交替副区	33	Ⅴ₂ₐ雅安、乐山过湿副区
7	Ⅱ₃东北西部润干冻区	34	Ⅴ₃三西、贵州山地过湿区
8	Ⅱ₄海滦中冻区	35	Ⅴ₃ₐ滇南、桂西润湿副区
9	Ⅱ₄ₐ冀热山地副区	36	Ⅴ₄川、滇、黔高原干湿交替区
10	Ⅱ₄ᵦ旅大丘陵副区	37	Ⅴ₅滇西横断山地区
11	Ⅱ₅鲁豫轻冻区	38	Ⅴ₅ₐ大理副区
12	Ⅱ₅ₐ山东丘陵副区	Ⅵ	西北干旱区
Ⅲ	黄土高原干湿过渡区	39	Ⅵ₁内蒙古草原中干区
13	Ⅲ₁山西山地、盆地中冻区	40	Ⅵ₁ₐ河套副区
14	Ⅲ₁ₐ雁北张宣副区	41	Ⅵ₂绿洲-荒漠区
15	Ⅲ₂陕北典型黄土高原中冻区	42	Ⅵ₃阿尔泰山地冻土区
16	Ⅲ₂ₐ榆林副区	43	Ⅵ₄天山-界山山地区
17	Ⅲ₃甘东黄土山地区	44	Ⅵ₄ₐ塔城副区
18	Ⅲ₄黄渭间山地、盆地轻冻区	45	Ⅵ₄ᵦ伊犁河谷副区
Ⅳ	东南湿热区	Ⅶ	青藏高寒区
19	Ⅳ₁长江下游平原润湿区	46	Ⅶ₁祈连-昆仑山地区
20	Ⅳ₁ₐ盐城副区	47	Ⅶ₂柴达木荒漠区
21	Ⅳ₂江淮丘陵、山地润湿区	48	Ⅶ₃河源山草原甸区
22	Ⅳ₃长江中游平原中湿区	49	Ⅶ₄羌塘高原冻土区
23	Ⅳ₄浙闽沿海山地中湿区	50	Ⅶ₅川藏高山峡谷区
24	Ⅳ₅江南丘陵过湿区	51	Ⅶ₆藏南高山台地区
25	Ⅳ₆武夷岭山地过湿区	52	Ⅶ₆ₐ拉萨副区
26	Ⅳ₆ₐ武夷副区		

（三）三级区划

三级区划是二级区划的进一步划分。三级区划的方法有两种，一种是按照地貌、水文和土质类型将二级自然区进一步划分为若干类型单元；另一种是继续以水热、地理和地貌等为标志将二级区划细分为若干区域，各地可根据当地的具体情况选用。

三、路基湿度来源与干湿类型

路基的强度与稳定性和路基的干湿状况有密切关系，并在很大程度上影响路面结构设计。为此，在进行路基设计时应严格区分其干湿类型。

（一）路基湿度的来源

路基湿度的来源主要有以下几个方面，如图 5-2 所示。

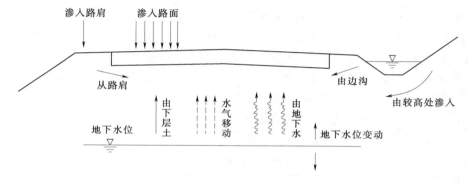

图 5-2 路基湿度来源

（1）大气降水。大气降水通过路面、路肩、边坡和边沟渗入路基。

（2）地面水。边沟的流水、地表径流水因排水不良，形成积水，以毛细水的形式渗入路基。

（3）地下水。路基下面一定范围的地下水，借助毛细作用或温差作用上升到路基内部。

（4）凝结水。在土颗粒空隙中流动的水蒸气，遇冷凝结为水。

（5）薄膜移动水。在土的结构中水以薄膜的形式，从含水量较高处向较低处流动，或由温度较高处向冻结中心周围流动。

路基的湿度除了水的因素以外，另一个重要因素是受当地大地温度的影响。由于湿度和温度变化对路基产生的共同影响称为路基的水温状况。沿路基深度出现较大的温度梯度时，水分在温差的影响下以液态或气态由热处向冷处移动，并积聚在该处。这种现象特别是在季节性冰冻地区尤为严重。

（二）路基干湿类型

路基按其干湿状态不同可分为干燥、中湿、潮湿和过湿四类。为了保证路基路面结构的稳定性，一般要求路基处于干燥或中湿状态。潮湿和过湿状态的路基必须经过处理后方可铺筑路面。

路基干湿类型的划分方法如下。

1. 根据平均稠度划分

我国现行路面设计规范规定，路基的干湿类型可以按实测不利季节路床顶面以下

80cm 深度内土的平均稠度 $\overline{w_c}$ 来确定。每 10cm 土的稠度 w_c 为土的液限 w_L 与土的含水率 w 之差与土的液限 w_L 与塑限 w_P 之差的比值，计算公式如下。

$$w_c = \frac{w_L - w}{w_L - w_P} \qquad (5-1)$$

$$\overline{w_c} = \frac{\sum_{i=1}^{8} w_c}{8} \qquad (5-2)$$

式中　$\overline{w_c}$——土的平均稠度；

　　w_L、w_P——土的液限、塑限；

　　　w——土的天然含水率。

在道路勘测设计中，确定路基的干湿类型需要在现场进行勘查，对于原有公路，按不利季节路床顶面以下 80cm 深度内土的平均稠度确定。具体方法是：在路床顶面以下 80cm 深度内，每 10cm 取土样测定每层的天然含水率、液限及塑限，先按式（5-1）、式（5-2）求算每层土的稠度及路床顶面以下 80cm 深度内土的平均稠度，再与各干湿状态下的分界稠度进行比较，最终确定路基的干湿类型。

干燥、中湿、潮湿和过湿四类干湿类型以分界稠度 w_{c1}、w_{c2} 和 w_{c3} 来划分，但不同自然区划、不同土组的分界稠度是不同的，见表 5-2。

表 5-2　　　　　　　　　各自然区划土基的分界稠度

土组	土质砂				黏质土				粉质土			
自然区划	分 界 稠 度											
	w_{c0}	w_{c1}	w_{c2}	w_{c3}	w_{c0}	w_{c1}	w_{c2}	w_{c3}	w_{c0}	w_{c1}	w_{c2}	w_{c3}
I₁、II₂、III₃ II₁ₐ、II₂ₐ	1.87	1.19	1.05	0.91	1.29/ 1.20	1.20/ 1.12	1.03/ 0.94	0.86/ 0.77	1.12	1.04/ 0.96	0.96/ 0.89	0.81/ 0.73

注　黏性土，分母适用于 II₁、II₂ 区；粉质土，分母适用于 II₂ₐ 区

II₄、II₅	1.87	1.05	0.91	0.78	1.29	1.20	1.03	0.86	1.12	1.04	0.89	0.73
III	2.00	1.19	0.97	0.78					1.20	1.12/ 1.04	0.96/ 0.89	0.81/ 0.73

注　分子适用于粉土地区；分母适用粉质亚黏土地区

IV	1.73	1.32	1.05	0.91	1.20	1.03	0.94	0.77	1.04	0.96	0.89	0.73
V	—	—	—	—	1.20	1.08	0.86	0.77	1.04	0.89	0.81	0.73
VI	2.00	1.19	0.97	0.78	1.29	1.12	0.98	0.86	1.20	1.04	0.89	0.73
VII	2.00	1.32	1.10	0.78	1.29	1.12	0.98	0.86	1.20	1.04	0.89	0.73

注　w_{c0} 为干燥状态路基常见下限稠度。

2. 根据临界高度划分

对于新建道路，路基尚未建成，无法按上述方法现场勘查路基的湿度状况，可以用路

基临界高度作为判别标准。

路基临界高度是指在不利季节，当路基分别处于干燥、中湿或潮湿状态时，路槽底距地下水位或长期地表积水水位的最小高度。路基处于干燥、中湿或潮湿状态时的临界高度分别用 H_1、H_2、H_3 表示，则 H_1 相对应于 w_{c1}，为干燥与中湿状态的分界标准；H_2 相对应于 w_{c2}，为中湿与潮湿状态的分界标准；H_3 相对应于 w_{c3}，为潮湿与过湿状态的分界标准。

若以 H 表示路槽底距地下水位的高度，当 H 变化时（如 H_1、H_2、H_3 位置），土基平均含水率将变化，土的平均稠度亦随之变化，路基的干湿状态也相应地变化，如图 5 - 3 所示。

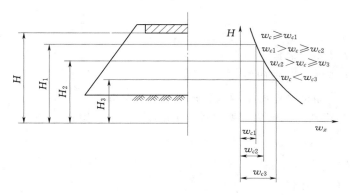

图 5 - 3 路基临界高度与路基干湿类型

在设计新建道路时，如能确定路基临界高度值，则可以此作为判别标准，与路基设计高度作比较，由此确定路基的干湿类型，如表 5 - 3 所示。

表 5 - 3　　　　　　　　　　　　　路基干湿类型与临界高度

路基干湿类型	路基平均稠度 $\overline{w_c}$ 与分界相对稠度的关系	一 般 特 性
干燥	$\overline{w_c} \geqslant w_{c1}$	路基干燥稳定，路面强度和稳定性不受地下水和地表积水影响。路基高度 $H > H_1$
中湿	$w_{c1} > \overline{w_c} \geqslant w_{c2}$	路基上部土层处于地下水或地表积水影响的过渡带区内，路基高度 $H_2 < H \leqslant H_1$
潮湿	$w_{c2} > \overline{w_c} \geqslant w_{c3}$	路基上部土层处于地下水或地表积水毛细影响区内，路基高度 $H_3 < H \leqslant H_2$
过湿	$\overline{w_c} \leqslant w_{c3}$	路基极不稳定、冰冻区春融翻浆，非冰冻区弹簧，路基经处理后方可铺筑路面，路基高度 $H < H_3$

为了保证路基的强度和稳定性不受地下水或地表积水的影响，在设计路基时，要求路基保持干燥或中湿状态，路槽底距地下水或地表积水的距离，要不小于干燥、中湿状态所对应的临界高度。不同土组、不同干湿状态下的临界高度值可按各地区积累的资料确定。

四、路基的力学特性

(一) 路基受力与工作区

1. 路基受力状况

路基在工作过程中，同时承受两种荷载，一种是路面和路基自重引起的静力荷载，另一种是车轮荷载引起的动力荷载。在两种荷载的共同作用下，使路基土处于受力状态。正确的设计应使路基受力在弹性变形范围内，当车辆驶过以后，路基能立即恢复原状，以保证路基的相对稳定，路面不致引起破坏。

假设车轮荷载为圆形均布垂直荷载，路基为一弹性均质半空间体，则：

路基土在车轮荷载作用下所引起的垂直应力 σ_1 可以用公式（5-3）计算。

$$\sigma_1 = K \frac{P}{Z^2} \qquad\qquad (5-3)$$

式中　P——车轮荷载，kN；

　　　K——应力系数，可近似取 0.5；

　　　Z——圆形均布荷载中心下应力作用点的深度，m。

路基土自重在路基内深度为 Z 处所引起的压应力 σ_2 可用式（5-4）计算。

$$\sigma_2 = \gamma Z \qquad\qquad (5-4)$$

式中　γ——土的容重，kN/m³；

　　　Z——应力作用深度，m。

虽然路面材料的重力密度比路基土的密度略大，但是结构层的厚度相对于路基某一深度而言，其差别可以忽略，仍可视为均质土体。

因此，路基内任深度 Z 处的竖向应力 σ_Z 包括车轮荷载所产生的垂直力 σ_1 和土基自重引起的垂直应力 σ_2 两部分，即 $\sigma_Z = \sigma_1 + \sigma_2$。如图 5-4 所示。

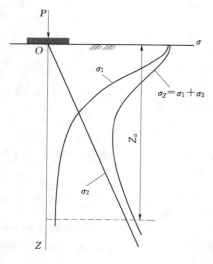

图 5-4　土基应力
分布示意图

2. 路基工作区

根据图 5-4 分析，在路基某一深度 Z_a 处，当车轮荷载所产生的垂直应力与土基自重引起的垂直应力相比所占比例 n 很小，仅为 1/5～1/10 时，该深度 Z_a 范围内的路基称为路基工作区。在工作区范围内的路基，对于支承路面结构和车轮荷载影响较大，在工作区范围以外的路基，影响逐渐减小。

路基工作区深度 Z_a 可用下式计算。

$$Z_a = \sqrt[3]{\frac{KP}{n\gamma}} \qquad\qquad (5-5)$$

式中各符号意义同前。

由公式（5-5）可知，路基工作区随车轮荷载的加大而加深，通常约为 0.9～2.4m。由于路基、路面材料不同，路面材料的强度和刚度比路基要大，路基工作区的深度随路面强度和厚度的增大而减小。因此，要精确计算 Z_a 需将路面厚度当量折算为同性质的路基厚度后，再进行计算。

路基工作区内，土基的强度与稳定性，对于保证路面的强度与稳定，满足行车要求极为重要。因此，对工作区深度范围内的土质选择，路基的压实度应提出较高的要求。

当工作区深度大于路基填土高度时，即 $Z_a > H$ 时，车轮荷载不仅作用于路堤，而且作用于天然地基的上部土层，此时，天然地基上部土层和路堤应同时满足路基工作区的设计要求，均应充分压实。路基填土高度与工作区深度的关系如图 5-5 所示。

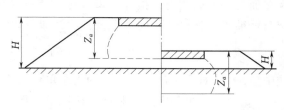

(a) 路堤高度大于 Z_a (b) 路堤高度小于 Z_a

图 5-5 工作区深度与路基填土高度的关系

（二）路基的力学强度指标

路基在外力作用下，将产生变形，路基强度是指路基抵抗外力作用的能力，亦即抵抗变形的能力。在一定应力作用下，变形愈大，路基强度愈低；反之，则表明路基强度愈高。根据土基简化的力学模型以及土体破坏的原因不同，用于表征路基强度的指标主要分以下三种。

1．土基回弹模量

回弹模量是指路基、路面及筑路材料在荷载作用下产生的应力与其相应的回弹应变的比值。

把土基简化为均质的弹性半空间体，用回弹模量表征其应力－应变特性，并作为路基的强度指标。为模拟车轮的作用，通常以圆形承载板压入土基的方法测定其回弹模量。

根据弹性力学原理，以圆形承载板测试土基回弹模量时，计算公式如下。

$$E_0 = \frac{\pi D}{4} \times \frac{\sum p_i}{\sum l_i}(1 - \mu_0^2) \tag{5-6}$$

式中 E_0——土基的回弹模量，MPa；

         p_i——各级荷载下的承载板单位压力，MPa；

         l_i——各级荷载下的承载板回弹弯沉值，cm；

         D——承载板的直径，cm；

         μ_0——土的泊松比，一般取 0.35。

由于承载板测试回弹模量的野外测试速度较慢，因此工程中常用标准汽车作卸载试验，根据测得的回弹弯沉计算土基的回弹模量。

在没有实测资料时，E_0 的取值可参考《公路沥青路面设计规范》（JTGD 50—2006）附录中提供的参考值确定。

2．土基反应模量

用文克勒地基模型描述土基工作状态时，用地基反应模量 K 表征土基的承载力。根据文克勒地基假定，土基顶面任一点的弯沉 l，仅同作用于该点的垂直压力 p 成正比，而同其相邻点处的压力无关。符合这一假定的地基如同由许多各不相连的弹簧所组成，压力 p 与弯沉 l 之比称为地基反应模量 K。

地基反应模量 K 应在现场测定。由于受季节的限制，现场测得的 K 值不能反映地基的最不利状态时，应进行修正，以模拟地基的最不利状态。

　　3. 加州承载比

　　加州承载比（CBR）是早年由美国加利福尼亚州（California）提出的一种评定土基及路面材料承载能力的指标。CBR 通常指标准试件在贯入量为 2.5mm 时所施加的试验荷载与标准碎石材料在相同贯入量时所施加荷载的比值，以百分率表示。即

$$CBR = \frac{p}{p_s} \times 100 \tag{5-7}$$

式中　　p——对应于某一贯入度的土基单位压力，MPa；

　　　　p_s——与土基贯入度相同的标准单位压力，MPa。

　　试验时，用一个端部面积为 19.35cm³ 的标准压头，以 0.127cm/min 的速度压入土中。记录每贯入 0.254cm 时的单位压力，直到总深度达到 1.27cm 为止。

　　以上三项指标，都表征特定力学模型下土基的应力与应变关系。但由于土基是非线弹性体，其强度还随土质、密实度、水温状况及自然条件而变，因此，在应用各项指标进行路面设计或对路基强度进行评价时，必须与路面结构设计方法相配合，把路基路面的设计力学模型与具体条件和要求联系起来。

第二节　路基的类型与构造

　　在良好的地质和水文条件下，填土高度或挖方深度不超过设计规范或技术手册所允许范围的路基为一般路基。通常情况下，一般路基只要结合当地的地形、地质情况，直接选用典型横断面图或设计规定即可进行设计，不必进行个别论证和详细验算。但对于超过规范规定的高填、深挖路基，以及地质和水文等条件特殊的路基，为确保路基具有足够的强度和稳定性，优选出经济合理的横断面，需要进行个别设计和验算。

　　一般路基的设计内容包括：①结合地形条件选择路基断面形式；②确定路基宽度与高度；③确定边坡形状与坡度；④路基排水；⑤边坡防护与加固；⑥附属设施设计等。

一、路基的断面类型

　　为了满足行车要求，路线设计确定的路基标高有些部分高出原地面，需要进行填筑，有些部分低于原地面，需要进行开挖。因此，路基横断面的形式应结合当地地形、地质、水文、填挖高度等情况进行布置。常用的路基典型横断面有路堤、路堑、半路堤半路堑等类型，如图 5-6 所示，各种路基横断面要结合实际地形选用，且应以路基稳定、行车安全、经济适用为前提。

（一）路堤

　　路堤是指高于原地面的填方路基。路堤在结构上分为上路堤和下路堤，上路堤是指路面底面以下 0.80~1.50m 范围内的填方部分；下路堤是指上路堤以下的填方部分。而路面底面以下 80cm 范围内的路基部分，称作路床，路床是路面的基础，直接承受由路面传来的荷载，在结构上分为上路床（0~30cm）及下路床（30~80cm）两层。

　　路堤的形式很多，包括一般路堤、矮路堤、高路堤、挖沟填筑路堤、浸水路堤（沿河路堤）、护脚路堤、吹（填）砂（粉煤灰）路堤等。

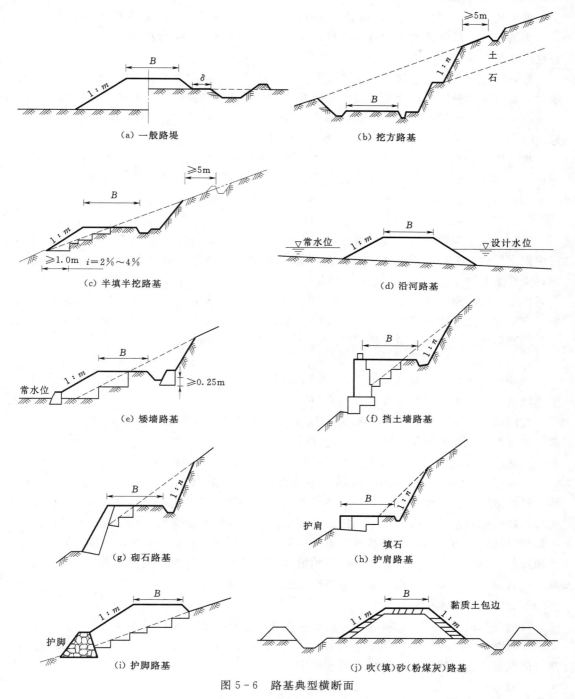

图 5-6 路基典型横断面

　　填土高度小于 1.0m 的路堤称为矮路堤，在填土高度小于 0.5m 时，为保证路基最小填土高度及顺利排水，应设置边沟。

　　填土高度大于 18m（土质）或 20m（石质）的路堤称为高路堤，为保证边坡稳定，应采用台阶式或折线形边坡。

填土高度小于18m（土质）或20m（石质）的路堤为一般路堤，如图5-6（a）所示。

为满足平原区公路填土的需要，将路基两侧或一侧的边沟断面扩大成取土坑的路基称为挖沟填筑路堤。

沿河路堤指桥头引道和河滩路堤，路基的高度要考虑设计洪水位，如图5-6（d）所示。路堤浸水部分边坡，除采用较缓和的坡度外，还可视水流情况采取加固防护措施。

在山区横坡较陡的路段上填筑的路基称为陡坡路堤。当填方坡脚过远，为避免多占耕地或减少拆迁，可采用如图5-6（i）所示的护脚路堤。

吹（填）砂及粉煤灰路堤是指用砂或粉煤灰做填料的路堤。为了保护边坡稳定和植物生长，在填砂（或粉煤灰）路堤边坡表层1～2m用黏质土填筑，路床顶面也可采用0.3～0.5m粗粒土封闭，如图5-6（j）所示。

（二）路堑

路堑是低于原地面的挖方路基，如图5-6（b）所示。路堑段应设置边沟，边沟断面可根据土质情况采用梯形、矩形或三角形等。为拦截和排除上侧地表水，以保证边坡稳定，应在路堑坡顶5m以外设置截水沟。

挖路堑所废弃的土石方，应弃置于下侧坡顶外至少3m处，并作成规则形状的弃土堆。在挖方高度较大或土质变化处，边坡应随之做成折线形或台阶式，以保证稳定。

路堑横断面的形式除全挖式以外，还有台口式和半山洞式。

（三）半填半挖路基

当原地面横坡大，且路基较宽，在一个断面内，需一侧开挖、另一侧填筑时，为半填半挖路基，也称半路堤半路堑，如图5-6（c）所示。

在山坡路段常采用半填半挖断面，以降低工程造价。该断面是路堤和路堑的结合形式，填方部分应按路堤的要求填筑，挖方部分应按路堑的要求设计。

当地面横坡较陡，填土高度不大但坡脚太远不宜填筑时，可采用护肩路基，如图5-6（h）所示。当挖方边坡土质松散易产生碎落时，可采用矮墙路基，如图5-6（e）所示，矮墙路基与护肩路基相似，但外墙的墙面坡度可采用1∶0.3～1∶0.5。当挖方边坡地质不良可能发生滑塌时，可采用挡土墙等支挡工程。当地面横坡太陡，或填土高度较大坡脚难以填筑，可采用砌石路基或挡土墙路基，如图5-6（f）、（g）所示，砌石路基可用干砌片石或浆砌片石支挡构造物，能支挡填方稳定路基，它与挡土墙不同的是，砌体与路基几乎成为一个整体，而挡土墙不依靠路基也能独立稳定。

二、路基的基本构造

路基由宽度、高度和边坡坡度等构成。路基宽度取决于公路技术等级；路基高度取决于路线的纵坡设计及地形；路基边坡坡度取决于土质、地质构造、水文条件及边坡高度，并由边坡稳定性和横断面经济性等因素确定。

（一）路基宽度

路基宽度是在一个横断面上两路肩外缘之间的宽度。各级公路路基宽度为车道宽度与路肩宽度之和，当设有中间带、加（减）速车道、爬坡车道、紧急停车带、错车道等时，应计入这些部分的宽度。

高速公路、一级公路的路基横断面分为整体式和分离式两类。整体式断面包括车道、中间带（中央分隔带及左侧路缘带）、路肩（硬路肩及土路肩）以及紧急停车带、爬坡车道、加（减）速车道等；分离式断面包括车道、路肩（硬路肩及土路肩）以及紧急停车带、爬坡车道、加（减）速车道等。

二级、三级、四级公路的路基横断面包括车道、路肩以及错车道等。二级公路位于中、小城市城乡结合部、混合交通量大的连接线路段，实行快、慢车道分开行驶时，可根据当地经验设置车道或加宽右侧硬路肩。

各级公路的路基宽度见表4-1、表4-2。

（二）路基高度

路基高度与路基强度和稳定性有关，也与工程量的大小密切相关，它既是路线纵断面设计的重点，也是路基设计的重点。

路基高度是路堤的填筑高度或路堑的开挖深度，它是路基设计标高和中桩地面标高的差值。由于路基自然横断面多为倾斜面，所以路基宽度范围内，两侧的高差常有差别，而路基两侧边坡高度是指填方坡脚或挖方坡顶与路基边缘的相对高差，这一高差通常称为边坡高度。当地面横坡度较大时，该边坡高度将严重影响路基的稳定，所以在路基设计时应引起重视。

路基高度的确定，是在路线纵断面设计时，综合考虑路线纵坡要求、路基稳定性和工程经济等因素后确定的。从路基的强度和稳定性要求出发，路基上部土层应处于干燥或中湿状态，并满足最小填土高度的要求。在满足上述条件的情况下，尽量满足"浅挖、低填、缓边坡"的要求。对于高路堤和深路堑，由于土石方数量大，占地多，施工困难，边坡稳定性差，行车不利，应尽量避免使用。矮路堤和浸水路堤，还要考虑排水和设计洪水频率要求。

（三）路基边坡坡度

确定路基边坡坡率，是路基设计的基本任务。为保证路基稳定，路基两侧应做成具有一定坡度的坡面。公路路基边坡坡率，可用边坡高度 H 和边坡宽度 b 之比表示。习惯将高度设为1，边坡坡率一般写成 $1:m$（路堤）或 $1:n$（路堑），如图5-7所示，路堤和路堑的边坡坡率分别为 $1:1.5$ 及 $1:0.5$。在确定边坡坡率时，要根据实际情况，综合考虑路基边坡稳定、国家及地方环保政策、工程造价等因素后合理确定。

路基边坡坡率的大小，主要取决于土质、岩石的性质、水文地质条件及边坡的高度等因素。在陡坡或填挖较大的路段，边坡稳定不仅影响到土石方工程量的大小，也涉及工程施工的难易，而且是路基整体稳定的关键。一般路基的边坡坡度可根据多年工程实践经验和设计规范推荐的数值采用。

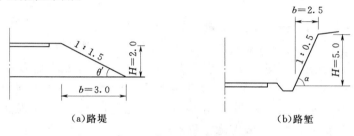

（a）路堤 （b）路堑

图5-7 路基边坡坡度示意图

105

三、路基工程的附属设施

为了确保路基的强度、稳定性和行车安全，除路基结构及排水、防护与加固等主体工程外，与路基工程有关的附属设施还有取土坑、弃土堆、护坡道、碎落台、堆料坪、错车道等。这些附属设施也是路基的组成部分，必须正确合理地设置。

（一）取土坑与弃土堆

将公路沿线挖取土方填筑路基或作为养护材料所留下的整齐土坑，称为取土坑。将开挖路基所废弃的土，按一定的规则形状堆放于公路沿线一定距离内，称为弃土堆。

路基土石方的挖填平衡是公路路线设计的基本原则之一，但往往难以做到完全平衡。土石方数量经过合理调配后，不可避免地在全线还会出现借方和弃方（又称废方）。路基土石方的借或弃，首先要合理选择地点，即确定取土坑或弃土堆的位置。选点时要兼顾土质、数量、用地及运输条件等因素，还必须结合沿线区域规划、因地制宜，综合考虑，维护自然平衡，防止水土流失，做到借之有利、弃之无害。借、弃所形成的取土坑或弃土堆，要求尽量结合当地地形，力争得以充分利用，并注意外形规整，弃堆稳固。对高等级公路或位于城郊附近的干线公路，应尤其注意。

平坦地区，如果用土量较少，可以沿路两侧设置取土坑，与路基排水和农田灌溉相结合。路旁取土坑，如图5-8所示，深度约1.0m或稍大一些，宽度依用土数量和用地允许而定。为防止坑内积水危害路基，当堤顶与坑底高差不足2.0m时，在路基坡脚与坑之间需要设宽度不小于1.0m的护坡平台，坑底设纵横排水坡及相应设施。

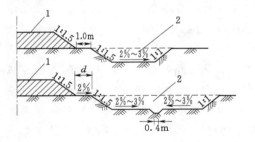

图5-8 路旁取土坑示意图
1—路堤；2—取土坑

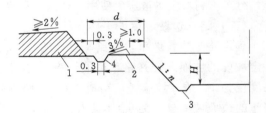

图5-9 弃土堆横断面图（单位：m）
1—弃土堆；2—三角平台；3—边沟；4—截水沟

路基开挖的废方，应尽量加以利用，可用以加宽路基或加固路堤，填补坑洞或路旁洼地，也可兼顾农田水利或基建等所需，不得任意倾倒，做到变废为用，弃而不乱，并采取必要的防护。

废方一般选择路旁低洼地，就近弃堆。当地面横坡缓于1:5时，弃土堆可以设在路堑两侧，地面较陡时，宜设在路基下方。沿河路基爆破后的废石方，往往难以远运，条件许可时可以部分占用河道，但要注意河道压缩后，不致壅水危及上游路基及附近农田等。路旁弃土堆的设置，如图5-9所示，要求堆弃整平，顶面具有适当的横坡，并设置平台、三角土块及排水沟。弃土堆内侧坡脚与路堑坡顶间的距离d与地面土质有关，最小3.0m，最大可按路堑深度加5.0m考虑。积砂或积雪地区的弃土堆，宜有利于防砂防雪，可设在迎风面一侧，并且有足够的距离。

（二）护坡道与碎落台

护坡道是沿原地面或边坡坡面纵向做成的有一定宽度的平台，如图 5-10（a）所示。护坡道是保证路基边坡稳定的措施之一，一般设置在路堤坡脚，如取土坑与坡脚之间或高路堤边坡中部的变坡处。设置目的是加宽边坡横向距离，减少边坡平均坡度，提高边坡整体稳定性。护坡道越宽，越有利于边坡稳定，但工程量也随之增加。根据实践经验，护坡道宽度 d 至少为 1.0m，并随填土高度 h 的增大而增大。一般情况下，$h \leqslant 3.0$m 时，$d=$ 1.0m；$h=3 \sim 6$m 时，$d=2.0$m；$h=6 \sim 12$m 时，$d=2 \sim 4$m。

碎落台通常设置在路堑边坡坡脚与边沟外侧边缘之间，有时也设置在边坡中部，如图 5-10（b）所示，其目的是防止土石碎落物落入边沟。设置碎落台，可供风化碎落土石块积聚，养护时再作定期清除，同时提高了边坡稳定性，并兼有护坡道和视距台（弯道）的作用。碎落台宽度一般为 1.0 ~ 1.5m。

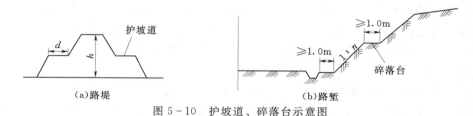

图 5-10　护坡道、碎落台示意图

（三）堆料坪与错车道

二级以下公路，可以就近选择路旁合适地点堆置备用的路面养护矿质材料。同时避免在路肩上堆放路面养护用料。在用地条件许可时，可在路肩外侧或边沟外缘设置堆料坪，其面积可结合地形与材料数量而定，一般每隔 50 ~ 100m 设置一个，其长为 5.0 ~ 8.0m，宽 2.0m 左右，如图 5-11 所示。

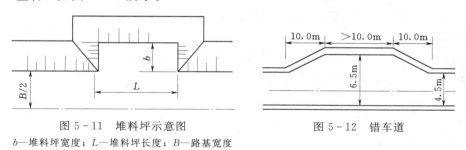

图 5-11　堆料坪示意图
b—堆料坪宽度；L—堆料坪长度；B—路基宽度

图 5-12　错车道

四级公路采用单车道时，路基宽为 4.5m，为了会车安全或紧急避让车辆，应设置错车道。通常应每隔 200 ~ 500m 设置错车道一处，长度不小于 30m，两端各有长为 10m 的出入过渡段，中间 10m 供停车用，如图 5-12 所示。错车道地段的路基宽度一般为 6.5m，应必须在路基设计时加以考虑。

第三节　路　基　排　水

水是危害路基的主要自然因素。路基的沉陷、冲刷、坍塌、翻浆等病害，都不同程度地与地表水和地下水的侵蚀有关。水的作用加剧了路基和路面结构损坏，缩短了它们的使用寿命。因此，路基排水工程对保证公路的使用性能和使用寿命具有重要作用。

路基排水的目的，是拦截路基上方的地面水和地下水，迅速汇集基身内的地面水，把它们导引入顺畅的排水通道，并通过桥涵等将其宣泄到路基的下方。而排引有困难时，也可将地面水拦蓄在坡顶。降落在路基基身范围内的水，则应将其迅速汇集，并引导和宣泄至路基下方，以免停滞在基身范围内浸湿基身而降低基身强度和稳定性。对于路基下方，则应采取措施妥善处理路基上方宣泄下来的水流，防止它们冲刷路基坡脚，危及路基稳定性。

影响路基的水流分为地表水和地下水两大类，与此相适应的路基排水工程设施，相应分为地表排水设施和地下排水设施两大类。

一、路基地表排水设施

常用的路基地表排水设施包括边沟、截水沟、排水沟、跌水与急流槽、拦水带、蒸发池等设施。高速公路、一级公路的辅道，应有自身的地表排水设施。这些排水设施，分别设在路基的不同部位，各自的主要功能、构造形式及布置要求，均有所差异。

（一）边沟

边沟设置在挖方路基路肩外侧及低填方路基坡脚外侧，多与道路中线平行，用以汇集和排除路基范围内和流向路基的少量地面水，以保证路基稳定。平坦地面填方路段的路旁取土坑，常与路基排水设计综合考虑，使之起到边沟的排水作用。由于边沟紧靠路基，通常不允许其他排水沟渠的水流引入。

边沟排水量不大，一般不需要进行水文水力计算，依沿线具体条件，直接选用标准横断面即可。边沟不宜过长，应尽量使沟内水流就近排至路旁自然水沟或低洼地带，必要时增设涵洞，将边沟水引入路基另一侧排出。边沟的纵坡（出水口附近除外）一般与路线纵坡一致。平坡路段，边沟仍应保持0.3%的最小纵坡。边沟出水口的间距，一般地区不宜超过500m，多雨地区不宜超过300m。

边沟横断面有梯形、矩形、三角形及流线型等形式，如图5-13，按公路等级、所需排泄的流量、设置位置和土质或岩质选定。

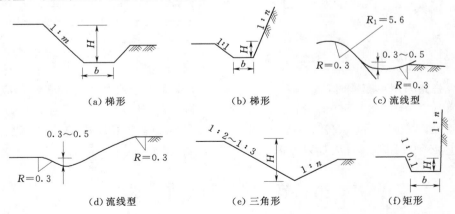

图 5-13 边沟横截面示意图

（二）截水沟

截水沟又称天沟，设置在挖方路基边坡顶以外或山坡路堤的上方的适当位置，用以拦截路基上方流向路基的地面水，减轻边沟的水流负担，保护挖方边坡和填方坡脚不受水流冲刷和损害。降水量较少或坡面坚硬和边坡较低以致冲刷影响不大的地段，可以不设截水沟；反之，如果降水量较多、且暴雨频率较高、山坡覆盖层比较松软、坡面较高、水土流失比较严重的地段，必要时可设置两道或多道截水沟。

截水沟一般采用梯形横断面，边坡坡度为 1：1.0～1：1.5，沟底宽度与沟的深度不宜小于 0.5m。地质或土质条件差有可能产生渗漏或变形时，应采取相应的防护措施。沟底应具有 3% 的纵坡，长度以 200～500m 为宜。

（三）排水沟

排水沟主要用于排除来自边沟、截水沟或其他水源的水流，并将其引至路基范围以外的指定地点。排水沟的布置必须结合地形条件，因势利导，离路基尽可能远些，排水沟应以直线为宜，当必须转向时，尽可能采用大半径（10～20m 以上），徐缓改变方向。排水沟宜短不宜长，一般不超过 500m。排水沟的断面形式一般为梯形，土沟的边坡坡率可取1：1～1：1.5，底宽与沟深均不得小于 0.5m，沟底纵坡以 1%～3% 为宜。当纵坡大于3% 时，应采取加固措施，大于 7% 时，则应改用跌水或急流槽。

（四）跌水与急流槽

跌水和急流槽均为路基排水沟渠的特殊形式，可用于陡坡大于 10%，水头高差大于1.0m 的地段。由于纵坡陡，水流快，冲刷力大，要求跌水与急流槽的结构必须稳固耐久，通常采用浆砌块石或水泥混凝土预制块砌筑，并具有相应的防护加固措施。

跌水指在陡坡或深沟地段设置的沟底为阶梯形、水流呈瀑布跌落式通过的沟槽。跌水有单级和多级之分，沟底有等宽和变宽之别。其断面尺寸必须通过水文、水力计算确定，台阶高度以 0.3～0.5m 为宜，槽底应具有 1%～2% 的纵坡。跌水能在较短的距离内降低水流速度，减少水流能量。

急流槽指在陡坡或深沟地段设置的坡度较陡、水流不离开槽底的沟槽。急流槽的纵坡比跌水的平均纵坡更陡，结构的坚固稳定性要求更高，是山区公路回头曲线、疏通上下线路基排水沟渠出水口的一种常见排水设施。急流槽多用砌石（抹面）和水泥混凝土结构，采用矩形横断面。急流槽主体部分的纵坡，依地形而定，一般可达 1：1.5。槽顶应与两侧斜坡表面齐平，槽深最小 0.2m，槽底宽最小 0.25m，槽底每隔 2.5～5m 应设置一个凸榫，嵌入坡体内 0.3～0.5m 以避免槽体顺坡下滑。槽身较长时宜分段砌筑，每段长约 5～10m，预留伸缩缝，并用防水材料填缝。

（五）拦水带

拦水带是指沿硬路肩外侧或路面外侧边缘设置的用来拦截路面和路肩表面水的堤埂。目的是将路面表面水汇集在拦水带同路肩铺面（或者路肩和部分路面铺面）组成的浅三角形过水断面内，然后通过按一定间距设置的泄水口和急流槽集中排放到路堤坡脚外。对于高速和一级公路，在路堤较高、纵坡较大且土质疏松情况下，虽采用护面防护，仍要选择拦水带和急流槽的排水方式；对于二级及二级以下公路，只有在多雨地区、大纵坡和土质坡面的高路堤才考虑设置拦水带。拦水带一般采用沥青混凝土或水泥混凝土结构，宽为 8

～12cm，高度一般不超过 10～15cm。拦水带泄水口可做成对称式或非对称式的喇叭口，间距一般为 20～50m。

（六）蒸发池

气候干旱、排水困难地段，可利用沿线的集中取土坑或专门开挖的凹坑修筑蒸发池以排除地表水。蒸发池边缘距路基边沟不应小于 5m，面积较大的蒸发池不得小于 20m。蒸发池同边沟或排水沟之间设排水沟相连，池中水位应低于排水沟沟底。池的容量应以一个月内的地表水汇入池中的水量能及时完成渗透和蒸发为依据，但每个池的容量不超过 200～300m³，蓄水深度不应大于 1.5～2.0m。蒸发池的平面形状采用矩形或其他的形状，其设置不应使附近地面形成盐渍化或沼泽化，蒸发池周围可围筑土埂以防止其他水流流入池中。

二、地下排水设施

路基地下排水设施包括暗沟（管）、渗沟、渗井等，其特点是排水量不大，主要以渗流的方式汇集水源，并就近排出路基范围以外。排水设备的类型、设置地点及尺寸应根据工程地质和水文地质条件决定。

（一）暗沟（管）

暗沟（管）又称盲沟，是设在地面以下引导水流的沟渠，主要用于把路基范围内的泉水或渗沟拦截、汇集的水流引到路基范围之外。城市道路、广场上的雨水，也可以通过雨水口将地面水引入地下暗沟，予以排除。

暗沟构造比较简单，可采用浆砌片石砌筑，沟顶设置石盖板，盖板顶面上的填土厚度不应小于 0.5m。也可在沟槽内填满颗粒材料，做成简易盲沟，盲沟顶部和底面一般设有厚度 30cm 以上的不透水层。

如图 5-14 所示在一侧边沟下设置暗沟，用以拦截流向路基的层间水，防止路基边坡滑坍和毛细水上升危及路基的强度与稳定性。图 5-15 所示为路基两侧边沟下均设暗沟，用以降低地下水位，防止毛细水上升到路基工作区范围内，形成水分积聚而造成冻胀和翻浆，或土基过湿而降低强度等。

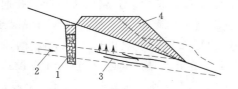

图 5-14 一侧边沟下设置暗沟
1—暗沟；2—层间水；3—毛细水；
4—可能滑坡线

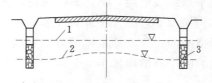

图 5-15 两侧边沟下均设暗沟
1—原地下水；2—降低后的地
下水；3—暗沟

暗沟的纵坡不宜小于 1‰，出水口应高出地表排水沟常水位 0.2m。寒冷地区的暗沟，应作防冻保温处理或将暗沟设在冻结深度以下。

（二）渗沟

采用渗透方式来将地下水汇集于沟内，并通过沟底通道将水排至指定地点，这种地下排水设施称为渗沟，其作用是降低地下水位或拦截并排除流向路基的地下水。

渗沟可分为填石渗沟、洞式渗沟和管式渗沟，如图 5-16 所示。填石渗沟与盲沟相似，但构造更为完善。当地下水流量较大，埋置更深、渗沟较长时，可在沟底设洞或管。

渗沟的埋置深度由地下水的高度（为保证路基或坡体稳定）、地下水位需下降的深度并根据含水层介质的渗透系数等因素综合考虑确定。

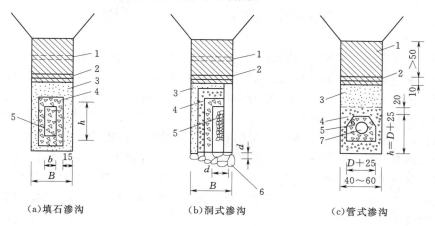

（a）填石渗沟　　　　（b）洞式渗沟　　　　（c）管式渗沟

图 5-16　渗沟构造图（单位：cm）

1—黏土夯实；2—双层反铺草皮；3—粗砂；4—石屑；5—碎石；

6—浆砌片石沟洞；7—预制混凝土管

（三）渗井

渗井属于竖直方向的地下排水设施。当地表水或对路基有影响的浅层地下水较难排除时，距地面不深处有良好的渗水层，且地下水流向背离路基或较深，可设置渗井，穿入透水层中，将路基范围内的上层地下水及少量地面水，引入更深的透水层中去，以排除地面水或降低上层的地下水位。渗井结构如图 5-17 所示。

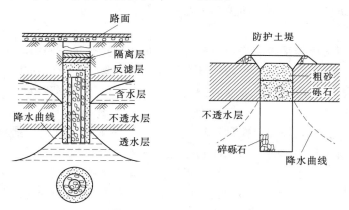

图 5-17　渗井结构图

渗井的平面布置，以及孔径与渗水量，按水力计算而定，一般为直径 1.0～1.5m 的圆柱形，也可为边长为 1.0～1.5m 的方形，井深视地层构造情况而定。井内由中心向四周按层次，分别填入由粗而细的砂石材料，粗料渗水，细料反滤。填充粒料要求筛分冲洗，施工时需用铁皮套筒分隔填入不同粒径的材料，不得粗细材料混杂，以保证渗井达到预期排水效果。渗井施工难度较大，单位渗水面积的造价高，应通过技术经济比较后有条件地选用。

第四节　路基防护与加固

道路结构暴露于自然界，长期受自然因素的作用，在不利水温条件作用下，其物理、力学性质将发生变化。浸水后湿度增大，土的强度降低；岩性差的岩体，在水温变化条件下，加剧风化；路基表面在温差作用下形成胀缩循环，在湿差作用下形成干湿循环，可导致强度衰减和剥蚀；地表水流冲刷，地下水源浸入，使岩土表层失稳，易造成和加剧路基的水毁病害；沿河路堤在水流冲击、淘刷和侵蚀作用下，易遭破坏；湿软地基承载力不足，易导致路基沉陷等。因此，为确保道路结构的强度与稳定性，路基的防护与加固是不可缺少的工程技术措施。作为路基工程的重要组成部分，路基防护与加固工程为保证正常的汽车运输，减少道路灾害，确保行车安全，保持道路与自然环境协调，提高道路使用品质和投资效益都有重要意义。

路基防护与加固方法多种多样，设计、施工中应遵循"因地制宜、就地取材、经济适用、照顾景观"的原则。路基防护与加固设施主要有边坡坡面防护、沿河路堤冲刷防护以及湿软地基加固。

一、坡面防护

坡面防护又称边坡防护，其目的是保证路基边坡表面免受雨水冲刷，减缓温差及湿度变化的影响，从而提高边坡的稳固性、美化路容、增加行车舒适感。坡面防护工程一般不考虑承受坡体的侧压力，故应设置在稳定的边坡上。若承受坡体的侧向土压力，则应设置挡土墙等支挡结构，以保证路基稳定。

常用的坡面防护方式有植物防护和工程防护等。

(一) 植物防护

植物防护适用于比较平缓的稳定土质边坡。可利用植被根系固结表土，调节坡体的温湿状况，确保边坡稳定。同时植物防护具有绿化道路和保护环境的作用。植物防护广泛应用于公路、铁路、河坝等工程的坡面防护，主要有种草、铺草皮和植树等形式。

1. 种草

种草防护法是直接在坡面上播种草籽，经浇水、保湿使之成活。播种通常采用撒播、沟播、喷洒法和植生袋法进行。适用于边坡坡度不陡于 1∶1、坡面径流流速缓慢、坡面冲刷轻微且适宜于草类生长的土质边坡。播种的坡面应平整、密实、湿润。

采用种草防护时，应选择容易生长、根部发达、叶茎低矮或有匍匐茎的多年生草种，最好采用几种草籽混合播种，使之生成一个良好的覆盖层。种草应在温度、湿度较大的季节播种。

2. 铺草皮

铺草皮适用于需要快速绿化，且坡率缓于 1∶1 的土质边坡和严重风化的软质岩石边坡。草皮应选择根系发达、茎矮叶茂及耐旱的草种，而不宜选用喜水草种。草皮铺砌方式可根据边坡坡度与水流流速等，选用平铺（平行于坡面）、水平叠铺、垂直叠铺、倾斜叠铺（与坡面成一定坡角的倾斜叠置）或网格式（采用片石铺砌成方格或拱式边框，方格式框内铺草皮）等，如图 5－18 所示。

铺草皮需预先备料，草皮可就近培育，切成整齐块状，然后移铺在坡面上。铺时应自下而上，并用竹木小桩将草皮钉在坡面上，使之稳固。草皮应随挖随铺，注意相互贴紧。铺草皮时，应将边坡表面挖松整平，并尽可能在春秋季或雨季进行。

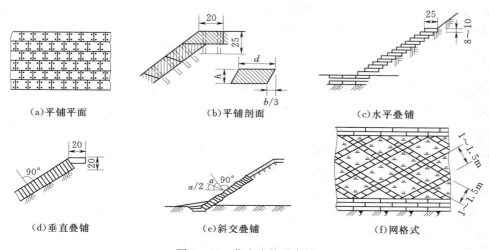

（a）平铺平面　　　　（b）平铺剖面　　　　（c）水平叠铺

（d）垂直叠铺　　　（e）斜交叠铺　　　（f）网格式

图 5－18　草皮防护示意图

3. 植树

植树适用于坡度缓于 1∶1.5 的各种土质边坡和风化极严重的岩石边坡，尤其适用于堤岸边的漫水河滩上，用来降低水流速度，使泥沙淤积，防止水流直接冲刷路堤。植树可以加强路基的稳定性，还有防风、防沙、防雪、美化路容、调节气候等作用。

根据不同的防护要求，可按梅花形、方格形进行条带式或连续式栽植。植树防护宜选用在当地土壤与气候条件下能迅速生长、根系发达、枝叶茂密的树种，用于冲刷防护时宜选用生长很快的杨柳类或不怕水淹的灌木类，公路弯道内侧边坡严禁栽植高大树木。植树防护最好与种草结合使用，使坡面形成一个良好的覆盖层，才能更好地起到防护作用。

（二）工程防护

当不宜使用植物防护或考虑就地取材时，采用砂石、水泥、石灰等矿物材料进行坡面防护是常用的防护形式。

1. 抹面及捶面防护

抹面防护，适于石质挖方坡面，岩石表面易风化，但比较完整，尚未剥落，如页岩、泥沙岩、千枚岩的新坡面。对此应及时予以抹面，以预防风化成害。常用的抹面材料有石灰浆等，其中石灰为胶结料，要求精选。抹面厚度视材料与坡面状况而定，一般 2～10cm，分两次进行，底层抹全厚的 2/3，面层 1/3。操作前，应清理坡面风化层、浮土与松动碎块、填坑补洞，洒水润湿；抹面后，应拍浆、抹平和养护。捶面防护适用于坡度不陡于 1∶0.5 的易冲蚀土质边坡和易风化岩石边坡，常用的捶面材料有三合土、四合土或水泥砂浆等复合材料，厚度一般 10～15cm。

2. 喷浆及喷射混凝土防护

喷浆及喷射混凝土适用于易风化但尚未严重风化、坡面不平整的岩石边坡。对高而陡的边坡、上部岩层较破碎而下部岩层完整的边坡和需大面积防护的边坡，采用此种方法较为适宜。喷护后可在边坡表面形成保护层，从而阻止面层风化，防止边坡剥落与碎落。采用的砂浆强度不应低于 M10，喷浆厚度一般为 5～10cm。喷射混凝土宜采用骨料最大粒径不超过 15cm、强度不低于 C15 的水泥混凝土，厚度宜为 10～15cm。施工前，坡面如有较大裂缝、凹坑时应先嵌补牢固，使坡面平顺整齐，岩体表面要冲洗干净，喷后应加强养护。

3. 填缝防护

填缝的目的是修复岩体内的裂隙以保持岩石边坡的整体性，避免水分渗入岩体缝隙造成病害，适用于质地较硬、不易风化岩石挖方边坡。按缝隙大小和深浅不同，可采用勾缝和灌缝两种形式。对节理裂缝缝多而细的岩体，宜采用勾缝，将水泥砂浆或水泥石灰砂浆嵌入缝中，与岩体牢固结合。对缝隙较大较深的岩体，可采用水泥砂浆灌缝；缝隙又宽又深时，可采用混凝土灌缝。灌缝时要求插捣密实，灌满缝口并抹平。

4. 砌石防护

砌石防护有干砌和浆砌两种，可用于土质或风化岩质路堑或土质路堤边坡的坡面防护，也可用于浸水路堤及排水沟渠作为冲刷防护。

易遭受雨、雪、水流冲刷的较缓土质边坡，风化较重的软质岩石坡，受水流冲刷较轻的河岸和路基，均可采用干砌片石护坡。这些边坡应符合路基边坡稳定要求，坡度一般为 1:1.5～1:2。干砌片石防护有单层铺砌、双层铺砌等形式，流速较大时宜采用网格内铺石的防护。单层铺砌厚度为 0.25～0.35m，双层的上层为 0.25～0.35m，下层为 0.15～0.25m。

当干砌片石护坡效果不好时，或水流速度较大，波浪作用强，有漂浮物冲击时，可采用浆砌片石护坡。其厚度一般为 0.25～0.35m。用于冲刷防护时最小厚度一般不小于 0.35m。浆砌片石护坡较长时，应在每隔 10～15m 处设置沉降缝，缝宽约 2cm，内填沥青麻筋或沥青木板；护坡的中、下部设 10cm×10cm 的矩形或直径为 10cm 的圆形泄水孔。其间距为 2～3m，孔后 0.5m 范围内设置反滤层。

5. 护面墙

护面墙简称护墙，是一种墙体形式的坡面防护，适用于坡度较陡又易风化或较破碎的岩石挖方边坡及坡面易受侵蚀的土质边坡。护面墙应紧贴边坡坡面修建，只承受自重，不承受墙背土侧压力，故要求挖方边坡必须符合极限稳定边坡的要求。护面墙常采用浆砌片石结构，在缺乏石料的地区，也可以采用混凝土结构，墙基要求设置在可靠地基上，在底面做成向内斜的反坡，见图 5-19。

护面墙较高时，应分级修筑，每级 6～10m，每一分级设不小于 1m 的平台，墙背每 4～6m 高设耳墙，耳墙一般宽 0.5～1.0m。沿墙长每 10m 设一条伸缩缝，宽 2cm，填以沥青麻筋。墙身应预留 6cm×6cm 或 10cm×10cm 的泄水孔，并在其后作反滤层。若坡面开挖后形成凹陷，应以石砌圬工填塞平整。

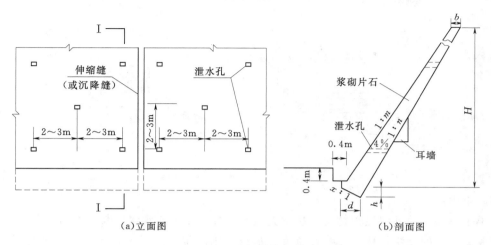

图 5-19 护面墙示意图

二、冲刷防护

冲刷防护与加固主要对沿河滨海路堤、河滩路堤及水泽区路堤，亦包括桥头引道，以及路基边坡的防护堤岸等。此类堤岸常年或季节性浸水，受流水冲刷、拍击和淘洗，造成路堤浸湿、坡角淘空或水位骤降时路基内细粒料流失，致使路基失稳，边坡崩坍。所以堤岸冲刷防护与加固，主要是针对水流的破坏作用而设，起防水治害和加固堤岸双重功效。

冲刷防护措施有两种：一种是加固岸坡的直接防护，如坡面防护、抛石防护、石笼防护等；另一种是改变水流性质的间接防护，主要指导流结构物，如丁坝、顺坝、防洪堤、拦水坝等。

（一）直接防护

直接防护是直接在坡面或坡脚设置防护结构物，以减轻或避免水流的直接冲刷，可采用植物防护、砌石防护、抛石防护、石笼防护或土工模袋及浸水挡土墙等形式。此法直接加固稳定边坡，很少干扰或不干扰原来水流的性质。

植物防护与砌石防护，与坡面防护相近，但要求更高。

当水流速度达到 3.0～5.0m/s，路基经常浸水且水流方向平顺，河床承载力较好，无严重冲刷时，宜采用抛石防护。一般在枯水季节施工，附近盛产大块砾石、卵石以及废石方较多的路段，应优先考虑采用此种方法。缺乏石料的地区可用混凝土预制块代替。抛石垛的边坡坡度，不应陡于抛石浸水后的天然休止角。抛石粒径应大于 0.3m，并小于设计抛石厚度的 1/2。抛石厚度一般为粒径的 3～4 倍，或为最大粒径的 2 倍。

如果缺乏大石块或水流速度达到或超过 5.0m/s 时，可改用石笼防护，如图 5-20 所示。为防铁丝被磨损而破坏，可在石笼内浇灌混凝土，可用钢筋混凝土框架石笼。临时工程可用竹石笼代替。

石笼是用铁丝编织成框架，内填石料，设在坡脚处，以防急流和大风浪破坏堤岸，也可用来加固河床，防止淘刷。铁丝框架可以为箱形或圆形。笼内填石最好为密度大，坚硬未风化的石块，粒径一般为 5～20cm。外层应用大石块并使棱角突出网孔，内层用较小石块填充。石笼应平铺并与坡角线垂直，且堤岸按一端固定，必要时底层各角应用铁棒固定

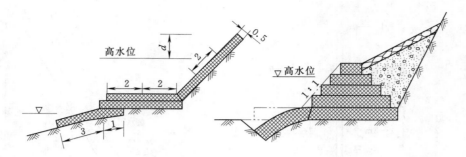

图 5-20 石笼防护（单位：m）

于基底土中。

土工模袋是一种双层织物袋，袋中充填流动性混凝土或水泥砂浆或稀石混凝土，凝固后形成高强度的硬结板块。在峡谷急流、水流冲刷严重、险岸位置经常发生变化的河段，或为防止路基挤占河床时，可采用浆砌片石或混凝土结构的浸水挡土墙防护。

（二）间接防护

间接防护是采用导流与调治构造物，改变水流方向，消除和减缓水流对堤岸直接破坏，同时可减轻堤岸近旁淤积，彻底解除水流对局部堤岸的损害作用，起安全保护作用。

间接防护措施主要有丁坝、顺坝、拦河坝及改河工程等，如图 5-21 所示。

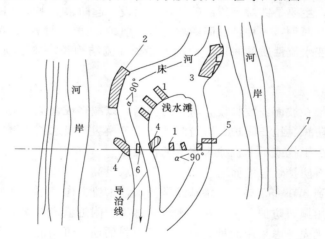

图 5-21 河流导治构造物布置

1—丁坝；2—顺坝；3—格坝；4—导流坝；5—拦水坝；6—桥墩；7—路中线

丁坝也叫挑水坝，是指坝根与岸滩相接，坝头伸向河槽，坝身与水流方向成某一角度，能将水流挑离河岸的结构物。丁坝一般用来束水归槽，改善水流状态，保护河岸。

顺坝为坝根与岸滩相接，坝头大致与堤岸平行的结构物。主要用于导流、束水，调整河道，改变流态，也可称作导流坝、顺水坝。

格坝为建于顺坝与河岸之间，其一端与河岸相连，另一端与顺坝坝身相连的横向导流结构物。格坝的作用是将水流反射入主河床，同时防止洪水溢入顺坝冲刷坝后河床与河岸，并促进其间的淤积。

用于防护堤岸的改河工程，一般限于小型工程，如裁弯取直，挖滩改道，清除孤石等，可在小河的局部河段上进行。

三、湿软地基加固

湿软地基泛指天然含水量过大，孔隙率大，胀缩性高，承载能力低的土质地基，如软土泥沼、湿陷性黄土、松散杂填土、膨胀土等。土是一种松散介质，作为路基本身或其支撑体，明显的缺点就是强度太低，对于湿软路基更是如此。特别是高填路堤，由于其自身荷载较大，在修筑高等级公路时，如果对湿软地基不加处理或处理不当，往往会导致路基失稳或过量沉降。因此，要保持地基稳定，保证地基具有足够的承载能力，不致产生过大沉降变形，就必须对湿软地基进行加固处理。湿软地基处理的方法很多，各种方法有各自特点，可得到不同的效果。

（一）表层处理法

该法是通过排水、敷设或增添材料等办法，提高地表强度，防止地基局部剪切变形，保证施工机械作业，同时尽可能把填土荷载均匀地分布于地基上。属于这类处理方法的有：表层排水法、砂垫层法、敷设材料（土工织物）法、浅层拌和添加剂法等。

（二）换填土层法

当软弱土地基的承载力和变形满足不了设计要求，而软弱土层的厚度又不是很大时，将基础以下处理范围内的软弱土层部分或全部挖去，然后分层置换强度较大、性能稳定、无侵蚀性的材料，如砂、碎石、素土、灰土、炉渣或粉煤灰等，并压（夯、振）实至要求的密实度为止，这种处理方法称为换填土层法。一般全部挖除换填的软土层厚度限于 3m 且局部分布又无硬壳层的地段，而对于厚度大于 3m 的表层软土，则通常采用部分挖除置换处理。

换填土层法适用于淤泥、淤泥质土、湿陷性黄土、素填土、杂填土地基及暗沟、暗塘等的浅层处理。换填土层法原理简单、明晰，施工技术难度小，安全可靠，是浅层地基处理常用方法，包括开挖置换、抛石挤淤、爆破排淤、轻型材料置换等多种具体处理方法。

（三）排水固结法

排水固结法又称预压法，是利用地基土排水固结规律，先在地基中设置砂井（袋装砂井或塑料排水带）等竖向排水体，然后利用建筑物本身重量分级逐渐加载；或在建造前在场地上现行加载预压，使土体中的空隙水排出，逐渐固结，地基发生沉降，同时强度逐步提高的方法。

排水固结法适用于处理各类淤泥、淤泥质土及冲填土等饱和黏性土地基。排水固结法是由排水系统和加压系统两部分共同组合而成。其中，排水系统分竖向排水体（普通砂井、袋装砂井、塑料排水板）和水平排水体（砂垫层）；加压系统有堆载法、真空法、降低地下水位法、电渗法、联合法等。

（四）重锤夯实法

重锤夯实法加固地基，可提高地基表面的强度，其夯击遍数一般以最后两次的平均夯沉量不超过规定值来控制。常用方法为强夯法，亦称为动力固结法，是以 8～12t 的重锤，8～20m 的落距，对土基进行强力夯击，利用冲击波和动应力达到加固软土层的目的。强夯法对土体的作用效果可概括为加密作用、液化作用、固结作用和时效作用。其特点是施工简单、加固效果好、使用经济、适用面广等。可以广泛用于杂填土、碎石土、砂土、黏性土、湿陷性黄土、泥炭和沼泽土。缺点是噪声和振动较大，不宜在人口密集或附近防震要求较高的地点使用。

（五）挤密法

在土基上成孔后，在孔中灌以砂、石、土等材料，捣实而成直径较大的桩体，利用横向挤密作用，使地基土粒彼此挤紧，空隙减少，而且孔被填满和压紧，形成桩体，桩体具有较高的承载能力，群桩的面积约占松散土加固面积的 20%，以致桩和原土组成复合地基，达到加固的目的。挤密法主要有砂石桩、灰土桩、CFG 桩（水泥粉煤灰碎石桩）等。因所用材料、施工方法和加固要求不同，桩径、桩长、桩距及桩体布置各异，加固效果也不相同。

（六）化学加固法

通过气压、液压或电化学的原理，将水泥浆、黏土浆或其他化学浆液，压入、注入、拌入土中，使其与土颗粒胶结成一体，形成强度高、化学稳定性良好的"结石体"，达到对软基加固的目的的，称为化学加固法，又称为胶结法。按化学加固的施工工艺分为灌浆法、高压旋喷法和深层搅拌法等。

灌浆法是利用机械压力将浆液通过注入管，均匀注入地层，浆液以填充和渗透方式，排挤土粒间或石隙中的水分和空气，占据其位置，一定时间后，浆液凝固，使原土层或缝隙固结成整体。此法用途很广，路基中除用于防护坡面和堤岸外，还可用于改善地下工程的开挖条件等。

旋喷法又称化学搅拌成型法，是用钻机钻孔至设计深度后，用高脉冲泵并通过安装在钻杆下端的特殊喷射装置，向土中喷射化学浆液，同时，钻杆以一定速度旋转并逐渐往上提升，高压射流使一定范围内的土体结构破坏，被强制破坏的土体与化学浆液混合，胶结硬化后在土层中形成直径较匀称的圆柱桩体。旋喷的浆液以水泥浆液为主，如果土的渗水性较大或地下水流速较快，为防止浆液流失，浆液中应加速凝剂（如三乙醇胺和氯化钙等）。

深层搅拌法于 20 世纪 40 年代首创于美国，简称 CDM（Cement Deep Mixing）法，是将固化剂（分为水泥类、石灰类、沥青类、化学材料类）注入土中，利用特制的深层搅拌机，在地基深部将固化剂与软土强制拌和，形成加固土，从而提高地基承载力和降低压缩性的地基处理方法。

第五节　土 质 路 基 施 工

路基施工通常是道路工程中最早开工的项目，其内容主要包括施工前的准备工作、修建小型人工构造物、路基基础处理、路基土石方工程施工、路基工程的检查与验收等。

一、路基施工的准备工作

工程单位承接了施工任务以后，便可着手进行施工前的准备工作。施工准备工作千头万绪，涉及面广，必须有计划、有步骤、分阶段进行。准备工作的基本任务是根据工程的特点、进度要求，摸清施工的客观条件，合理安排施工力量，从技术、物资、人力和施工组织等方面为工程施工创造一切必要的条件。施工准备是工程顺利实施的基础和保证,其好坏直接影响到工程的进度、质量和施工方的经济效益,因此必须高度重视,认真对待。

（一）组织准备

组织准备是做好其他准备工作的前提,其主要内容包括建立施工组织机构、组建施工队伍,健全工程管理制度和质量保证体系,明确施工任务并作好各项工作的分工,确定工程应达到的目标等。

我国工程施工已与国际惯例相接轨,工程项目全部按照 FIDIC 合同条件进行施工与监理,施工单位主要实行项目经理负责制,下设各个施工管理机构。施工队伍的组建应根据工程特点、工程量大小和工期要求,确定用工人数和各工种用工比例,必要时应做好培训工作,并与施工劳动作业单位签订劳务合同,实行合同管理。

（二）物质准备

根据工程需要、工程量大小及施工进度要求,应配备足够数量的施工机械、设备及试验检测仪器,施工前应做好量具、器具的检定工作。机械设备要配套选择,要充分发挥机械设备的性能,并保证机械设备的正常操作和使用。

根据施工进度需要,提出材料的需用量计划和加工计划,组织材料采购及分批进场,落实材料堆放或储存的仓储设施。

按照施工安全要求,切实做好防火、防爆工作,准备好各种安全防护和劳动防护用品,并要求全体人员严格按照安全操作规程进行施工。

另外,还应考虑工程临时房屋修建或租赁、办公设备的采购与安排,安装和修建供水、供电及生活必需的设施等。

（三）技术准备

施工前的技术准备工作主要是了解和分析建设工程特点、进度要求,摸清施工的客观条件,做好施工现场的准备工作,编制施工组织设计,合理部署和全面规划施工力量,制订合理的施工方案,确保施工过程连续、均衡、有节奏地进行。

1. 熟悉设计文件及技术交底

施工单位接受工程任务后,应全面熟悉、审核施工图纸、资料和有关文件,领会设计意图,明确工程内容。图纸审核中,着重要解决以下几个问题:设计依据与施工现场的实际情况是否一致;设计中所提出的工程材料、施工工艺的特殊要求,施工单位能否实现和解决;设计能否满足工程质量及安全要求,是否符合国家有关规范和行业标准;施工图纸中土建工程及其他专业工程相互之间有无矛盾,图纸及说明是否齐全;图纸上的尺寸、高程和工程量的计算有无差错、遗漏和矛盾。

在施工人员熟悉设计文件和充分准备的基础上,参加由业主召集,由设计、监理、施工单位参加的设计交底和图纸会审。设计人员向施工单位讲清设计意图和对施工的主要要求,施工单位人员应对图纸和有关问题提出质询,并由设计单位进行逐条答复,对合理化建议按程序进行变更设计和补充设计。

技术交底通常包括施工图纸交底、施工技术交底及安全技术交底等。这项交底工作分别由施工项目技术负责人、单位工程负责人、施工队长、作业班组逐级组织进行,以强调和明确工程难点、技术要点、安全措施,使作业人员掌握要点,明确责任。

2. 施工现场的准备

施工现场的准备主要包括施工测量、场地清理及临时设施准备等几方面。

开工前，建设单位应组织设计、勘测单位向施工单位移交现场测量控制桩、水准点，并形成文件。施工单位应结合实际情况，制定施工测量方案，建立测量控制网、线、点。一般来说，施工前的测量工作主要包括：导线的复测与加密、中线的复测、水准点的复测与增设、路基横断面的检查与补测、路基构造物的详细放样。

划定路界后，即可按照设计文件和有关规定进行施工场地的清理工作。路基施工范围内原有的房屋、道路、沟渠、电力通信设施、给排水管道、坟墓及其他建筑物，均应协助有关部门事先拆迁或改造；对沿线受路基施工影响的危险建筑应予以适当加固；对文物古迹应妥善处理和保护。凡妨碍路基施工和影响行车安全的树木均应在施工前砍伐或移植清理。应对路幅范围内、取土坑的原地面表层腐殖土、表土、草皮等进行清理，填方地段还应按设计要求整平压实，清出的表层土宜充分利用。切实做好场地排水工作，并注意维修排水设施，保证水流通畅，为施工提供方便。

施工单位应根据建设单位提供的资料，组织有关人员对施工现场进行全面深入的调查，应熟悉现场地形、地貌、环境条件。必须在开工前做到"四通一平"，按照交通导行方案设置围挡，导行临时交通，保证施工过程中机具、材料、人员和给养的运送。应保证路基施工影响范围内原有道路、结构物及农田水利等设施的使用功能。

3. 施工组织设计及项目划分

施工组织设计是整个施工的指导性文件，也是其他各项工作的依据。施工组织设计应根据合同文件、设计文件和有关施工的法规、标准、规范、规程及现场实际条件编制，并按其管理程序进行审批。

施工组织设计的内容包括：施工部署、施工方案、保证质量和安全的保障体系与技术措施、施工进度计划、劳动力安排计划、机械设备配备，以及环境保护、交通疏导措施等。

施工前，应根据施工组织设计确定的质量保证计划，确定工程质量控制的单位工程、分部工程、分项工程和检验批，报监理工程师批准后执行，并作为施工质量控制的基础。

4. 开工前的试验

路基工程开工前，承包人必须申办组建经当地政府交通质量监督部门认可的工地试验室。工地试验室领取政府部门颁发的试验室等级证书后，应对拟用的土工、圬工砌体所用的各种原材料、复合材料进行试验检测，以判断材料的合格性。

使用特殊材料作为填料时，应按相关标准作相应试验，必要时还应进行环境影响评估，经批准后方可使用。

5. 铺筑试验路

对高等级道路路堤、填石路堤、土石路堤、特殊地段路堤、特殊材料路堤以及拟采用新技术、新工艺、新材料的路基应铺筑试验路，以取得施工经验，获取施工参数，指导全线施工。试验路段应选择在地质条件、断面形式具有代表性的地段，路段长度不宜小于 100m。

试验路段施工应包括以下内容：①填料试验、检测报告等；②压实工艺主要参数；

③机械组合；④压实机械规格、松铺厚度、碾压遍数、碾压速度；⑤最佳含水量及碾压时含水量允许偏差等；⑥过程质量控制方法、指标；⑦质量评价指标、标准；⑧优化后的施工组织方案及工艺；⑨原始记录、过程记录；⑩对施工设计图的修改建议等。

二、填方路基施工

为保证路堤的强度和稳定性，路堤填筑施工时，必须合理选择填筑方案，做好基底处理，选用良好的填料并充分压实。

（一）基底处理

路堤基底是指路基填料与原地面的接触部分。为使两者紧密结合避免路堤沿基底滑动，需要根据基底的土质、水文、坡度、植被情况和路堤填筑高度采取相应的处理措施。尤其是对于一些特殊的地基，如软土、冻土、膨胀土等，应采用特殊的路基处理技术专门处理。

一般路堤基底的处理通常包括：

（1）伐树、除根、清草作业。

（2）腐殖土清除、换填、压实，厚度一般不小于30cm。

（3）对耕地路段，正式填筑前，要清除有机土、种植土并压实；在深耕地段，必要时还应将松土翻挖、土块打碎，然后回填、整平、压实。

（4）对水田、池塘或洼地，应根据具体情况采取排水疏干、挖除淤泥、打砂桩、抛石或石灰（水泥）等措施。

（5）原地面横向坡度在1：10～1：5时，应清除草皮杂物后再进行填土。原地面横坡陡于1：5时应挖成台阶形，每级台阶宽度不得小于1m，高度宜0.2～0.3m，台阶顶面应向内倾斜。原地面横坡陡于1：2.5时，则应采用护墙或护脚等措施对外坡脚进行特殊处理。

（6）当路基稳定受到地下水影响时，应予拦截或排除，引地下水至路堤基础之外，然后再进行填方的压实。施工排水与降水应保证路基土壤天然结构不受扰动，保证附近建筑物和构筑物的安全。

（7）在路堤填筑范围内，原地面的坑、洞、墓穴等，应用原地的土或砂性土回填、压实，并将地面整平。

（二）填料选择

用于路堤填筑的土料，原则上应就地取材或利用路堑挖方的土壤。对填料总的要求是：具有良好的级配和一定的黏结能力，在一定的压力下易于压实稳定，基本不受水浸软化和冻害影响等。

各类道路用土具有不同的性质，在选择作为路基的填筑材料时，应当根据不同的土类分别采取不同的工程技术措施。应优先选择当地级配较好、强度较高、稳定性好、取土方便、易于压实的粗粒土作为路基填料，严禁采用不符合设计或规范规定的土料作为路基填料，不应使用淤泥、沼泽土、泥炭土、冻土、有机土以及含生活垃圾的土做路基填料。对液限大于50%、塑性指数大于26、可溶盐含量大于5%、700℃有机质烧失量大于8%的土，未经技术处理不得用作路基填料。填方材料的强度（CBR）和最大粒径应符合设计要求，见表5-4。填方中使用房渣土、工业废渣等需经过试验，确认可靠并经建设单位和设计单位同意后方可使用。

表 5 - 4　　　　　　　　　路基填方材料最小强度和最大粒径

填方类型	路床顶面以下深度 /mm	最小强度（CRB）/MPa		填料最大粒径 /mm
		高速公路、一级公路	其他等级公路	
上路床	0～30	8.0	6.0	100
下路床	30～80	5.0	4.0	100
上路堤	80～150	4.0	3.0	150
下路堤	>150	3.0	2.0	150

（三）路堤填筑施工技术要点

（1）路堤填筑方法主要有水平分层填筑、竖向填筑、混合填筑等。应根据施工条件和工程特性选择合理的填筑方式，确保路堤填筑质量。

（2）路基填方高度应按设计标高增加预沉量值。预沉量应根据工程性质、填方高度、填料种类、压实系数和地基情况综合确定。

（3）不同性质的土应分类、分段、分层填筑，不得混填，填土中大于 10cm 的土块应打碎或剔除。

（4）填土应分层进行，下层填土验收合格后，方可进行上层填筑。路基填土宽度每侧应比设计规定宽 50cm。

（5）填筑的路基宜做成双向横坡，一般土质填筑横坡宜为 2％～3％，透水性小的土类填筑横坡宜为 4％。

（6）透水性较大的土壤边坡不宜被透水性较小的土壤所覆盖，受潮湿及冻融影响较小的土壤应填在路基的上部。

（7）在路基宽度内，每层填料的虚铺厚度应视压实机具的功能通过试验确定。人工夯实虚铺厚度应小于 20cm。路基填土中断时，应对已填路基表面土层压实并进行维护。

（8）相邻作业段交界处如不能同时填筑，则先填地段应按 1∶1 坡度分层留好台阶。如能同时填筑，则应分层相互交替搭接，搭接长度不小于 2m。

（9）旧路堤加宽改造时，所用填土应与原路堤填料尽量一致或为透水性好的土。为使新旧路基结合，沿旧路边坡须挖成向内倾斜的阶梯形，分层进行填筑，层层夯实至规定的密实度，台阶宽不应小于 1m，台阶高约 0.5m。

三、挖方路基施工

（一）开挖方法

土方开挖应根据地面坡度、开挖断面、纵向长度及出土方向等因素结合土方调配，选用安全、经济的开挖方案。

土质路堑开挖方法主要有横向全宽挖掘法、纵向挖掘法和混合挖掘法。不论采用何种方法开挖，均应保证施工过程中及竣工后能够顺利排水，随时注意边坡稳定，防止因开挖不当导致塌方。有计划地处理废方，尽可能用于改地造田，保护环境。同时，注意有效扩大工作面，提高生产效率，保证施工安全。

（二）土方路基开挖施工要点

（1）路基开挖前应对沿线土质进行检测。对适用于种植草皮和其他用途的表土应储存于指定地点；对于开挖出的适用材料，应分类开挖，分类使用；对不适用的材料可以做弃土处理。弃土、暂存土均不得妨碍各类地下管线等构筑物的正常使用与维护，且应避开建筑物、围墙、架空线等。严禁占压、损坏、掩埋各种检查井、消火栓等设施。

（2）确保排水通畅。在路堑开挖前应做好排水及降水设施的修建，并根据土质情况做好防渗工作。施工期间应修建临时排水设施，确保施工作业面不积水。临时排水设施应与永久性排水设施相结合，水流不得排入农田、耕地、污染自然水源，也不得引起淤积或冲刷。排水沟渠应从下游向上游开挖，在施工期间排水设施应及时维修清理、保证排水通畅。

（3）应采取措施保证边坡稳定。开挖至边坡线前，应预留一定宽度，预留的宽度应保证刷坡过程中设计边坡线外的土层不受到扰动。开挖时，不论开挖工程量和开挖深度大小，均应自上而下进行，不得乱挖超挖，严禁掏洞开挖。防止因开挖顺序不当而引起边坡失稳崩塌。为保证土质路堑边坡的稳定，应及时设置必要的支挡工程。

（4）路堑开挖主要采用机械化施工。机械开挖作业时，必须避开构筑槽、管线。在距管道边 1m 范围内应采用人工开挖；在距直埋缆线 2m 范围内必须采用人工开挖。

（5）严禁挖掘机等机械在电力架空线路下作业。需在其下作业时，挖掘机、起重机（含吊物、载物）等机械与电力架空线路的最小安全距离应符合规范规定。

（6）施工中遇土质变化需修改施工方案时，应该及时报批。如因冬季或雨季影响，使得挖出的土方不能及时用于填筑路堤时，应按路基季节性施工的有关方法进行处理。如地质情况与原设计不符或地层中夹有易塌方土壤时，应及时办理设计变更。

（7）挖方路基路床顶面终止标高，应考虑因压实而产生的下沉量。挖方路基施工不得超挖或少挖，产生浪费或返工。开挖至零填、路堑路床部分后，应尽快进行路床施工；如不能及时进行，宜在设计路床顶标高以上预留至少 300mm 厚的保护层。

四、路基压实

碾压是路基施工的一个关键工序，只有有效地压实路基填筑料，才能保证路基工程的施工质量。

（一）土基压实机理

路基填土经过开挖、运输、铺装等过程，已变得十分松散，压实的目的就是通过碾压做功，使土壤颗粒重新组合，彼此积压，缩小空隙，形成密实整体，从而使土体的强度增加、稳定性提高，塑性变形、渗透系数、毛细水作用及隔温性能均有明显改善。因此，路堤填料的碾压是道路施工的一个关键工序，也是提高路基强度和稳定性的根本技术措施。

（二）土基压实的影响因素

影响压实效果的因素有内因和外因两个方面。内因是指土体本身的土质和含水量，外因是指压实功能（如机械性能、压实时间、压实遍数、压实速度和铺土厚度）及压实时外界自然和人为的其他因素等。归纳起来，影响压实效果的主要因素有：土的含水量、土的性质、压实功能、铺土厚度、地基或下承层强度、碾压机具和方法等。因此，要保证压实质量，在路基压实环节应掌握以下要领：首要关键是控制好含水量；其次是分层压实时控制好压实厚度；必要时可适当增大压实功能。

（三）路基压实施工技术要点

（1）路堤、路堑均应压实，并均匀稳定。填土路堤必须分层填筑压实，每层表面平整，路拱合适，排水良好。

（2）路基土压实的最佳含水量及最大干密度以及其他指标，应在路基修筑半个月前，在取土地点取具有代表性的土样进行击实试验确定。

（3）应加强对土的含水量检查，填土路堤应严格控制碾压时的最佳含水量。对透水性不良的土料，应控制其含水量在最佳含水量±2%之内。必要时可洒水或晾晒。

（4）严格控制松铺厚度。采用机械压实时，分层最大松铺厚度按土质类别、压实机具功能、压实遍数等，经现场试验确定，但最大松铺厚度不得超过 50cm。填筑至路床顶面最后一层的最小厚度，不应小于 8cm。气温低于 −5℃ 时，每层虚铺厚度应较常温施工规定厚度小 20%～25%。

（5）严格控制路堤几何尺寸和坡度。路堤填土宽度每侧比设计宽度宽出 50cm，压实宽度不得小于设计宽度，压实合格后，最后削坡。

（6）压实作业时，应先行整平，可自路中线向路堤两边整成 2%～4% 的横坡。应先边后中碾压，以便形成路拱，压路机轮外缘距路基边应保持安全距离；先轻后重，以适应逐渐增长的土基强度；先慢后快，以免松土被机械推动。在弯道部分碾压时，应由低到高碾压，以便形成单向超高横坡。前后两次轮迹需重叠 15～20cm。碾压时应特别注意控制均匀压实，以免引起不均匀沉陷。碾压施工中，应无漏压、无死角，压实度应达到要求，且表面应无显著轮迹、翻浆、起皮，波浪等现象。

（7）压实过程中应采取措施保护地下管线、构筑物安全。当管道位于路基范围内时，其沟槽的回填土压实度应符合现行国家标准《给水排水管道工程施工及验收规范》（GB 50268）的有关规定，凡管顶以上 50cm 范围内不得用压路机压实。当管道结构顶面至路床的覆土厚度小于 50cm 时，应对管道结构进行加固。当管道结构顶面至路床的覆土厚度在 50～80cm 时，路基压实过程中应对管道结构采取保护或加固措施。

（8）每一压实层均应检验压实度，合格后才可填筑上一层。否则应查明原因，采取措施补压。检验频率应符合规范的规定，必要时可根据需要增加检验点。

（9）土质路基施工完成后，应按规范要求进行压实度、弯沉值、纵断高程、中线偏位、平整度、宽度、横坡、边坡的检验，并评定施工质量。

（四）土质路基压实标准及检测方法

提高路基的密实度，可以增加土基的强度和稳定性，降低土体的压缩性、透水性和膨胀性，控制水分积聚和侵蚀引起的病害，因此对路基压实标准提出一定要求。我国目前用压实度来表征土基压实的程度，作为控制土基压实的标准。

土基压实度即现场土基压实后实际测算的干密度与室内重型击实试验所测得的最大干密度之比，以百分数表示。

我国公路土质路基的压实度标准见表 5−5，城市道路土质路基的压实度标准见表 5−6。

根据现行施工规范，路基压实度检测可采用灌砂法、灌水法、环刀法及核子密度仪法等。细粒土现场压实度检查可以采用灌砂法或环刀法；粗粒土压实度检查可以采用灌砂法、水袋法。应用核子密度仪时，须经对比试验检验，确认其可靠性。

用灌砂法、灌水法检测压实度时，取土样的底面位置为每一压实层底部。用环刀法试验时，环刀中部处于压实层厚的 1/2 深度。压实度检测频率应符合交通部门或城建部门相关规范的规定。

表 5 - 5　　　　　　　　　　　　公路土质路基的压实度标准

填挖类型		路床顶面以下深度 /m	压实度/%		
			高速公路 一级公路	二级公路	三级、四级公路
路堤	上路床	0~0.30	≥96	≥95	≥94
	下路床	0.30~0.80	≥96	≥95	≥94
	上路堤	0.80~1.50	≥94	≥94	≥93
	下路堤	>1.50	≥93	≥92	≥90
零填及挖方路基		0~0.30	≥96	≥95	≥94
		0.30~0.80	≥96	≥95	—

表 5 - 6　　　　　　　　　　　　城市道路土质路基的压实度标准

填挖类型		路床顶面以下深度 /m	压实度/%		
			快速路、主干路	次干路	支路及其他小路
填方路堤	上路床	0~0.30	≥95	≥93	≥90
	下路床	0.30~0.80	≥95	≥93	≥90
	上路堤	0.80~1.50	≥93	≥90	≥90
	下路堤	>1.50	≥90	≥90	≥87
挖方路基		0~0.30	≥95	≥93	≥90

思 考 题 及 习 题

5-1　试述路基土的分类及性质。

5-2　试述道路自然区划的意义。

5-3　试述路基的干湿类型及确定方法。

5-4　试述路基应力工作区和路基的强度指标有哪些？

5-5　试述路基的断面形式和路基的基本构造。

5-6　路基的排水设施有哪些？

5-7　试述坡面防护及冲刷防护的措施。

5-8　湿软地基加固的方法有哪些？

5-9　路基施工前准备工作主要有哪些基本内容？

5-10　路堤填筑对填料和基底处理有哪些要求？

5-11 路堤填筑施工技术要点有哪些？

5-12 土质路基开挖的施工要点有哪些？

5-13 试述土基压实的影响因素及要领。

5-14 试述土质路基压实施工技术要点。

5-15 试述土质路基压实标准及检测方法。

第六章　路面基层和垫层

 学习目标:

掌握路面基(垫)层的类别、特点、施工工艺;熟悉无机结合料稳定类基层材料的组成设计方法。

基层和垫层是路面的重要组成部分,类型很多。基层主要承受由面层传来的车辆荷载的垂直力,并将其扩散到下面的垫层和土基中。基层分为上基层和底基层,目前常用的有无机结合料稳定类基层与粒料类(碎石类)基层。

垫层根据其作用和选用材料不同,分为透水性垫层和稳定性垫层,其技术要求、施工方法和质量管理应符合对同类材料的(底)基层的规定。

第一节　无机结合料稳定类基层

在经过粉碎的或原状松散的土中掺入一定量的无机结合料(包括水泥、石灰或工业废渣等)和水,经拌和得到的混合料在压实与养护后,其抗压强度符合规定要求的材料称为无机结合料稳定材料。

无机结合料稳定类基层属半刚性基层,主要有水泥稳定土、石灰稳定土及石灰工业废渣稳定土。其作用机理是石灰及水泥中的活性物质与细粒土发生化学反应,或此类活性物质对工业废渣材料起激化作用而胶结、凝固,成为高强度的整体材料,以抵抗外力的作用,结合料的剂量、性质、集料的级配等都会影响此类基层材料的强度。半刚性基层的特点是整体性好、承载力高、水稳性好、抗冻性好,国内外都将其广泛适用于各级道路的基层和底基层结构中。

一、水泥稳定土基层

在经过粉碎的或原状松散的土中掺入适量的水泥和水,经拌和得到的混合料在压实与养护后,当其抗压强度符合规定要求时,称为水泥稳定土。用水泥做结合料,即能稳定细粒土,也可以稳定中粒土和粗粒土。根据所用的土类不同,水泥稳定土可分为水泥土、水泥砂、水泥石屑、水泥稳定碎石、水泥稳定砂砾等。

(一)一般要求

(1)水泥稳定土可适用于各级公路的基层和底基层,但水泥土不得用做二级和二级以上公路高级路面的基层。

(2)水泥剂量以水泥质量占全部粗细土(砾石、砂粒、粉粒和黏粒)的干质量的百分率表示,即水泥剂量=水泥质量/干土质量。

(3)水泥稳定中粒土和粗粒土用做基层时,水泥剂量不宜超过6%。必要时,应首先改善集料的级配，然后用水泥稳定。

（4）水泥稳定土结构层宜在春末和气温较高季节组织施工。施工期的日最低气温应在5℃以上，在有冰冻的地区，应在第一次重冰冻（−5～−3℃）到来之前半个月到一个月完成。

（5）**路拌法施工**时，必须严密组织，采用流水作业法施工，尽可能缩短从加水拌和到碾压终了的延迟时间，此时间不应超过3～4h，并应短于水泥的终凝时间。采用集中厂拌法施工时，延迟时间不应超过2h。

（二）材料

1. 土

凡能被粉碎的土都可用水泥稳定。石渣、石屑、砂砾、碎石土、砾石土等都宜做水泥稳定类基层的材料。碎石或砾石的压碎值对于高速公路和一级公路应不大于30%，对二级和二级以下公路基层应不大于35%，用作底基层时应不大于40%。

对于二级公路以下的一般公路：当用水泥稳定土做底基层时，颗粒最大粒径不应超过53mm（指方孔筛），对于高速公路和一级公路，颗粒最大粒径不应超过37.5mm（指方孔筛）。同时土的均匀系数（土的均匀系数为通过量60%的筛孔尺寸与通过量10%的筛孔尺寸的比值）应大于5，细粒土的液限不应超过40%，塑性指数不应超过17。实际工作中，宜选用均匀系数大于10，塑性指数小于12的土。

有机质含量超过2%的土，必须先用石灰进行处理，闷料一夜后再用水泥稳定。硫酸盐含量超过0.25%的土，不应用水泥稳定。

2. 水泥

普通硅酸盐水泥、矿渣硅酸盐水泥和火山灰质硅酸盐水泥都可用于稳定土，但应选用初凝时间3h以上和终凝时间较长（宜在6h以上）的水泥，不应使用快硬水泥、早强水泥以及已受潮变质的水泥，宜采用标号325级或425级的水泥。

3. 水

凡是饮用的水（含牲畜饮用水）均可用于水泥稳定土施工。

（三）混合料组成设计

混合料的组成设计包括：根据强度标准，通过试验选取合适的土，确定必需的或最佳的水泥剂量和混合料的最佳含水量。

1. 强度标准

水泥稳定土的7天无侧限抗压强度标准应根据公路等级和所在路面结构中的层位确定，见表6-1。

表6-1　　　　　水泥稳定土的抗压强度标准　　　　　单位：MPa

使用层次	高速公路和一级公路	二级和二级以下公路
基层	3～5	2.5～3
底基层	1.5～2.5	1.5～2.0

2. 设计步骤

（1）混合料的制备。制备同一种土样、不同水泥剂量的混合料，一般按下列水泥剂量配制。

水泥稳定土做基层用时，若土类属于中粒土和粗粒土，其水泥剂量可采用3％，4％，5％，6％，7％；塑性指数小于12的土，其水泥剂量可采用5％，7％，8％，9％，11％；其他细粒土，其水泥剂量可采用8％，10％，12％，14％，16％。

水泥稳定土做底基层时，若土类属于中粒土和粗粒土，其水泥剂量可采用3％，4％，5％，6％，7％；塑性指数小于12的土，其水泥剂量可采用4％，5％，6％，7％，8％；其他细粒土，其水泥剂量可采用6％，8％，9％，10％，12％。

（2）确定各种混合料的最佳含水量和最大干密度。至少应做三个不同水泥剂量混合料的击实试验，即最小剂量、中间剂量和最大剂量。其他剂量混合料的最佳含水量和最大干密度可用内插法确定。

（3）制备试件。先按规定压实度分别计算不同水泥剂量的试件应有的干密度，再按最佳含水量和计算得到的干密度制备试件。试件最少数量应按表6-2确定。如试验结果的偏差系数大于表6-2的规定，则应重做试验，并找出原因，加以解决。如不能降低偏差系数，则应增加试件数量。

表6-2　　　　　　　　　　　　水泥稳定土最少试件数量

稳定土类型	试件尺寸（圆柱）/mm	下列偏差系数时试件数量		
		＜10％	10％～15％	15％～20％
细粒土	50×50×50	6	9	—
中粒土	100×100×100	6	9	13
粗粒土	150×150×150	—	9	13

（4）无侧限抗压强度试验。试件在规定温度下保湿养护6d，浸水24h后，进行无侧限抗压强度试验。养护温度在冰冻地区为（20±2）℃，非冰冻地区为（25±2）℃。

（5）强度评定。根据表6-1的强度标准，选择合适的水泥剂量。此剂量试件室内试验结果的抗压强度平均值应符合下式要求。

$$\overline{R} \geqslant R_d/(1-Z_aC_v) \tag{6-1}$$

式中　R_d——设计抗压强度，MPa；

　　　C_v——试验结果的偏差系数（以小数计）；

　　　Z_a——标准正态分布表中随保证率（或置信度 α）而变的系数。高速公路和一级公路应取保证率95％，此时 $Z_a=1.645$；其他等级公路应取保证率90％，此时 $Z_a=1.282$。

考虑室内与施工现场条件的差别，工地实际采用的水泥剂量应比室内试验确定的剂量多，厂拌法施工时应增加0.5％，路拌法施工时应增加1.0％。

（四）施工工艺与质量控制

1. 准备下承层与施工放样

（1）确定每一作业段的合理长度时，必须综合考虑下列因素：水泥的终凝时间；施工季节和气候条件；延缓时间对混合料密度和抗压强度的影响；施工机械的效率和数量；操作的熟练程度；尽量减少接缝。

（2）下承层按有关检验标准进行复检，凡不合格的路段应进行整修，使其达到标准。下承层表面应平整、坚实，具有规定的路拱，没有任何松散和软弱地点。

（3）在下承层（底基层、老路面或土基）上恢复中线，直线段每 15～20m 设一桩，平曲线段每 10～15m 设一桩，并在两侧路肩边缘外设指示桩。在两侧指示桩上用明显标记标出水泥稳定土层边缘的设计高。

2. 拌和与摊铺

混合料应在中心拌和厂拌和，可采用间歇式或连续式拌和设备。所有拌和设备都应按比例（重量比或体积比）加料，配料要准确，其加料方法应便于监理工程师对每盘的配合比进行核实。拌和要均匀，含水量要略大于最佳值，使混合料运到现场摊铺碾压时的含水量不小于最佳值，运距远时，运送混合料的车厢应加覆盖，以防水分损失过多。用平地机或摊铺机按松铺厚度摊铺，摊铺要均匀，如有粗细料离析现象，应以人工或机械补充拌匀。

路拌法施工时应先计算出的每袋水泥的摆放间距，控制好水泥用量，在摊铺并整平的土层上做安放标记。运送且卸除水泥后，用刮板将水泥均匀摊开，并注意使每袋水泥的摊铺面积相等，表面应没有空白位置，也没有水泥过分集中的地点。然后采用专用稳定土拌和机或其他拌和机械先将土和水泥干拌均匀，再加水湿拌，直至混合料色泽一致，没有灰条、灰团和花面，且水分合适和均匀。

3. 整形

混合料在摊铺后，立即用平地机初平和整形。在直线段，平地机由两侧向路中心进行刮平；在平曲线段，平地机由内侧向外侧进行刮平。需要时再返回刮一遍。

对于局部低洼处，应用齿耙将其表层 5cm 以上耙松，并用新拌的混合料进行找平。严禁用薄层水泥混合料找补。每次整形都应达到规定的坡度和路拱，并应特别注意接缝必须顺适平整。

4. 碾压

整型后，当混合料的含水量等于或略大于最佳含水量时，立即用轻型压路机并配合 12t 以上压路机在全宽范围内进行碾压。直线和不设超高的平曲线段，由两侧路肩向路中心均匀碾压；设超高的平曲线段，由内侧路肩向外侧路肩进行碾压。一般需 6～8 遍，直到规定的压实度。碾压时振动轮必须重叠。通常除路面的两侧应多压 2～3 遍以外，其余各部分碾压到的次数尽量相同。

碾压过程中，水泥稳定土的表面应始终保持潮湿，如表层蒸发过快，应尽快泼洒少量的水。如有"弹簧"、松散、起皮等现象，应及时翻开重新拌和（加少量的水泥）或其他方法处理，使其达到质量要求。在碾压过程结束之前，用平地机再终平一次，使其纵向顺适，路拱和标高符合规定要求，终平时应仔细用路拱板校正，必须将高出部分刮除，并扫出路外。

严禁压路机在已完成的或正在碾压的路段上"调头"或急刹车。

5. 接缝处理

当天两工作段的衔接处，应搭接拌和，即先施工的前一段尾部留 5～8m 不进行碾压，待第二段施工时，对前段留下未压部分再加部分水泥，重新拌和，并与第二段一起碾压。

经过拌和、整形的水泥稳定土应在试验确定的延迟时间内完成碾压。

要特别注意每天最后一段末端缝（即工作缝）的处理，工作缝应成直线，而且上下垂直，第二天铺筑时为了使已压成型的稳定边缘不致遭受破坏，应用方木（厚度与其压实后厚度相同）保护，碾压前将方木提出，用混合料回填并整平。

水泥稳定土施工应避免纵向接缝。在必须分两幅施工时，纵缝必须垂直相接，不应斜接。

6. 养护及交通管制

每一段碾压完成并经压实度检查合格后，应立即开始养护。可用潮湿的帆布、麻袋或湿砂等材料覆盖，然后洒水。在整个养护期间都应使水泥稳定碎石层保持潮湿状态，养护结束后，必须将覆盖物清除干净。对于基层，也可采用沥青乳液养护，应在其上撒布适量石屑。养护期不宜少于7d。在养护期间未采用覆盖措施的水泥稳定土层上，除洒水车外，应封闭交通，在采用覆盖措施的水泥稳定土层上不能封闭交通时，应限制重车通行，其他车辆车速不得超过30km/h。

二、石灰稳定土基层

在经过粉碎的或原状松散的土（包括各种粗、中、细粒土）中，掺入适量的石灰和水，经拌和得到的混合料在压实与养护后，当其抗压强度符合规定要求时，称为石灰稳定土。根据所用的土类不同，石灰稳定土可分为石灰土、石灰砂砾土、石灰碎石土。

在土中掺入适量的石灰，并在最佳含水量下拌匀压实，使石灰与土发生一系列的物理、化学作用（主要是离子交换作用、结晶硬化作用、火山灰作用和碳酸化作用），从而使土的性质发生根本的改变。在初期，主要表现为土的结团、塑性降低、最佳含水量增加和最大密实度减少等。后期主要表现为结晶结构的形成，从而提高其板体性、强度和稳定性。

（一）一般要求

（1）石灰稳定土适用于各级公路的底基层，以及二级和二级以下公路的基层，但石灰土不得用做二级公路的基层和二级以下公路高级路面的基层。

（2）石灰剂量以石灰质量占全部粗细土颗粒干质量的百分率表示，即石灰剂量＝石灰质量/干土质量。

（3）石灰稳定土层应在春末和夏季组织施工。施工期的日最低气温应在5℃以上，并应在第一次重冰冻（−5～−3℃）到来之前一个月到一个半月完成。稳定土层宜经历半月以上温暖和热的气候养护。多雨地区，应避免在雨季进行石灰土结构层的施工。

（4）采用石灰稳定土做基层时，必须采取措施防止表面水透入基层，同时应经历一个月以上温暖和热的气候养护。作为沥青路面的基层时，还应采取措施加强基层与面层的连接。

（5）石灰稳定土层施工时，应遵守下列规定：细粒土应尽可能粉碎，土块最大尺寸不应大于15mm；配料必须准确；路拌法施工时，石灰应摊铺均匀；洒水、拌和应均匀；应严格控制基层厚度和高程，其路拱横坡应与面层一致；应在混合料等于或略小于最佳含水量时进行碾压，并达到规定的压实度。

（二）材料

1. 土

（1）塑性指数为15～20的黏性土以及含有一定数量黏性土的中粒土和粗粒土均适宜

于用石灰稳定。无塑性指数的级配砂砾、级配碎石和未筛分碎石，应在添加 15％左右的黏性土后才能用石灰稳定。塑性指数在 10 以下的亚砂土和砂土用石灰稳定时，应采取适当的措施或采用水泥稳定。塑性指数偏大的黏性土，施工中应加强粉碎，其土块最大尺寸不应大于 15mm。

（2）使用石灰稳定土时，应遵守下列规定：

1）石灰稳定土用做高速公路和一级公路的底基层时，颗粒的最大粒径不应超过 37.5mm，用做其他等级公路的底基层时，颗粒的最大粒径不应超过 53mm。

2）石灰稳定土用做基层时，颗粒的最大粒径不应超过 37.5mm。

3）级配碎石、未筛分碎石、砂砾、碎石土、砂砾土、煤矸石和各种粒状矿渣等均适宜用做石灰稳定土的材料。但石灰稳定土中碎石、砂砾或其他粒状材料的含量应在 80％以上，并应具有良好的级配。

4）硫酸盐含量超过 0.8％的土和有机质含量超过 l0％的土不宜用石灰稳定。

（3）石灰稳定土中的碎石或砾石的压碎值对于二级公路基层应不大于 30％，用作二级以下公路底基层时应不大于 35％；对于高速公路和一级公路底基层应不大于 35％；用作二级和二级以下公路底基层时应不大于 40％。

2. 石灰

石灰的技术指标应符合表 6-3 的规定。并注意以下两点：

（1）应尽量缩短石灰的存放时间，如在野外堆放时间较长时，应覆盖防潮设施。

（2）使用等外石灰、贝壳石灰、珊瑚石灰等，应进行试验，如混合料的强度符合标准，方可使用。

表 6-3　　　　　　　　　　　　　石灰的技术指标

项目指标 类别	钙质生石灰			镁质生石灰			钙质消石灰			镁质消石灰		
	等　　级											
	Ⅰ	Ⅱ	Ⅲ	Ⅰ	Ⅱ	Ⅲ	Ⅰ	Ⅱ	Ⅲ	Ⅰ	Ⅱ	Ⅲ
有效钙加氧化镁含量/％	≥85	≥80	≥70	≥80	≥75	≥65	≥65	≥60	≥55	≥60	≥55	≥50
未消化残渣含量（5mm 圆孔筛的筛余）/％	≤7	≤11	≤17	≤10	≤14	≤20	—	—	—	—	—	—
含水量/％	—	—	—	—	—	—	≤4	≤4	≤4	≤4	≤4	≤4
细度　0.71mm 方孔筛的筛余/％	—	—	—	—	—	—	0	≤1	≤1	0	≤1	≤1
细度　0.125mm 方孔筛的累计筛余/％	—	—	—	—	—	—	≤13	≤20		≤13	≤20	
钙镁石灰的分类界限，氧化镁含量/％	≤5			>5			≤4			>4		

注　硅、铝、镁氧化物含量之和大于 5％的生石灰，有效钙加氧化镁含量指标，Ⅰ 等不小于 75％，Ⅱ 等不小于 70％，Ⅲ 等不小于 60％；未消化残渣含量指标与镁质生石灰指标相同。

3. 水

凡是饮用水（含牲畜饮用水）均可用于石灰稳定土施工。

（三）混合料组成设计

石灰稳定土是由土、石灰和水组成的。混合料的组成设计包括：根据强度标准，通过试验选取合适的土，确定必需的或最佳的石灰剂量和混合料的最佳含水量。

1. 石灰稳定土的强度标准

石灰稳定土的强度标准根据相应的公路等级和在路面结构中的层位而定。在规定温度保湿养护 6d、浸水 1d 后无侧限抗压强度标准见表 6-4。

表 6-4   石灰稳定土的抗压强度标准   单位：MPa

使用层次	高速公路和一级公路	二级和二级以下公路
基层	—	≥0.8
底基层	≥0.8	0.5～0.7

注　1. 在低塑性土（塑性指数小于 7）地区，石灰稳定砂砾土和碎石土的 7d 浸水抗压强度应大于 0.5MPa。
　　2. 低限用于塑性指数小于 7 的黏性土，且低限值宜仅用于二级以下公路。高限用于塑性指数大于 7 的黏性土。

2. 混合料的设计步骤

（1）制备同一种土样，不同石灰剂量的石灰土混合料。根据不同的层位，可参照下列石灰剂量进行配制。

石灰土混合料做基层用时，若土类属于砂砾土和碎石土，其石灰剂量可采用 3%，4%，5%，6%，7%；塑性指数小于 12 的黏性土，其石灰剂量可采用 10%，12%，13%，14%，16%；塑性指数大于 12 的黏性土，其石灰剂量可采用 5%，7%，9%，11%，13%。

石灰土混合料做底基层用时，塑性指数小于 12 的黏性土，其石灰剂量可采用 8%，10%，11%，12%，14%；塑性指数大于 12 的黏性土，其石灰剂量可采用 5%，7%，8%，9%，11%。

（2）确定各种混合料的最佳含水量和最大干密度（用重型击实标准试验），至少做三个不同石灰剂量混合料的击实试验，即最小剂量、中间剂量和最大剂量。

（3）按最佳含水量与工地预期达到的压实密度制备试件，进行强度试验时，做平行试验的试件数量应符合规定。

（4）试件在规定温度（北方冰冻地区为（20±2）℃，南方非冰冻地区为（25±2）℃）下保湿养护 6d，浸水 1d，进行无侧限抗压强度试验。根据表 6-4 的强度标准，选定合适的石灰剂量，室内试验结果的平均抗压强度应符合要求。

工地实际采取的石灰剂量应比室内试验确定的剂量多 0.5%～1.0%。

（四）施工工艺与质量控制

1. 准备下承层与施工放样

（1）下承层按有关检验标准进行复检，凡不合格的路段应进行整修，使其达到标准。下承层表面应平整、坚实，具有规定的路拱，没有任何松散和软弱地点。

（2）在下承层（底基层、老路面或土基）上恢复中线，直线段每 15～20m 设一桩，平曲线段每 10～15m 设一桩，并在两侧路肩边缘外设指示桩。在两侧指示桩上用明显标记标出石灰稳定土层边缘的设计高。

2. 备料

（1）备石灰。选择公路两侧宽敞、邻近水源、便于运输且地势较高的场地集中堆放。生石灰应在使用前 7～10d 进行充分消解成消石灰粉，并过 10mm 筛。消石灰粉应尽快使用，不宜存放过久。进场的生石灰块应妥善保管，加棚盖或覆土储存，应尽量缩短生石灰的存放时间。根据石灰稳定土基层厚度和预定的干密度及石灰剂量，计算石灰用量及堆放间距。

（2）备土。石灰土混合料的用土应按照公路土工试验规程进行试验，对于塑性指数小于 15 的黏性土，可视土质情况和机械性能确定是否需要过筛。人工拌和时，应筛除 15mm 以上的土块。采集土前，应先将树根、草皮和杂土清除干净。当分层采集土时，应将土先分层堆放在一场地上，然后从前到后将上下层土一起装车运送到现场，以利土质均匀。根据石灰稳定土基层宽度、厚度和预定的干密度，计算各路段需要的土的数量。

3. 路拌法施工

（1）摊铺。摊铺土料前，应先在土基上洒水湿润，但不应过分潮湿而造成泥泞。用平地机或其他合适的机具将土料按计算用量均匀地摊铺在预定的宽度上，表面应力求平整，并有规定的路拱。摊铺过程中，应将土中超尺寸颗粒及其他杂物清除干净。如黏土过干，应事先洒水闷料，使它的含水量略小于最佳值（一般至少闷料一夜）。施工过程中除了洒水车外，严禁其他车辆在土料层上通行。然后按计算用量摊铺石灰，石灰应摊铺均匀。摊铺完石灰后，应量测石灰土的松铺厚度，并校核石灰用量是否合适。

（2）拌和与洒水。提前确定好合适且配套的拌和机械。拌和机应先将拌和深度调整好，由两侧向中心拌和，每次拌和应重叠 10～20cm，防止漏拌。先干拌一遍，然后视混合料的含水情况，碾压时最佳含水量的要求，考虑拌和后碾压前的蒸发，适当洒水（一般可比最佳含水量大 1% 左右），再进行补充拌和，以达到混合料颜色一致，没有灰条、灰团和花面为止。拌和开始阶段要反复检查拌和深度，防止留有"素土"夹层或切入下承层过深，以免影响混合料的石灰剂量及底部压实。在两工作段的搭接部分，应在前一段拌和后留 5～8m 不进行碾压，待后一段施工时，将前段留下未压部分一起再进行拌和。

洒水要求用喷管式洒水车，并及时检查含水量。洒水车起洒处和另一端"调头"处都应超出拌和段 2m 以上。洒水车不应在正在进行拌和的以及当天计划拌和的路段上"调头"和停留，以防局部水量过大。

4. 厂拌法施工

（1）拌和。石灰稳定土应在中心站用强制式拌和机、双转轴桨叶式拌和机等稳定土拌和设备进行集中拌和。在正式拌制稳定土混合料之前，应先调试所用的拌和设备，使混合料的配比和含水量都达到规定要求。

稳定土混合料正式拌制时，应将土块粉碎，必要时，筛除原土中大于 15mm 的土块。配料要准确，各种材料（石灰、土、加水量）可按重量配比，也可按体积配比，拌和要均匀。加水量要略大于最佳含水量的 1% 左右，使混合料运至现场摊铺后碾压时的含水量能接近最佳含水量。

成品料露天堆放时，应减少临空面（建议堆成圆锥体），并注意防雨水冲刷。对屡遭日光暴晒或受雨淋的料堆表面层材料应在使用前清除。上路摊铺前，应检测混合料中有效成分含量，如达不到要求时，应在运料前加料（消石灰）重拌。成品料运达现场摊铺前应覆盖，以防水分蒸发。

（2）摊铺。应采用稳定土摊铺机或沥青混凝土摊铺机摊铺混合料。在二级、三级、四级公路上，没有摊铺机时，可采用摊铺箱摊铺混合料，也可以用自动平地机摊铺混合料。拌和机与摊铺机的生产能力应互相协调。如拌和机的生产能力较低时，在用摊铺箱摊铺混合料时，应尽量采用最低速度摊铺，减少摊铺机停机待料的情况。用摊铺机摊铺混合料时，不宜中断，如因故中断时间超过 2h，应设置横向接缝。施工中应避免纵向接缝，高速公路和一级公路的基层应分两幅摊铺，宜采用两台摊铺机一前一后相隔约 5～10m 同步向前摊铺混合料，并一起进行碾压。在不能避免纵向接缝的情况下，纵缝必须垂直相接，严禁斜接。

如石灰土层分层摊铺时，应先将下层顶面拉毛，再摊铺上层混合料。石灰土混合料摊铺时的松铺系数应视摊铺机机械类型而异，必要时，可通过试铺碾压求得。

5. 整形

路拌混合料拌和均匀或厂拌混合料运到现场经摊铺达预定的松铺厚度之后，即应进行初整形。在直线段，平地机由两侧向路中进行刮平；在平曲线超高段，平地机由内侧向外侧刮平。初整形的石灰土可用履带拖拉机或轮胎压路机稳压 1～2 遍，再用平地机进行整形，并用上述压实机械再碾压一遍。对局部低洼处，应用齿耙将其表层 5cm 以上耙松，并用新拌的灰土混合料找补平整，再用平地机整形一次。在整形过程中，禁止任何车辆通行。

6. 碾压

混合料表面整形后应立即开始压实，混合料的压实含水量应在最佳含水量±1%范围内，如因整形工序导致表面水分不足，应适当洒水。

直线段由两侧路肩向路中心碾压，超高段由内侧路肩向外侧路肩碾压，碾压时后轮应重叠 1/2 的轮宽，后轮必须超过两段的接缝处。后轮（压实轮）压完路面全宽时，即为一遍。一般需碾压 6～8 遍。压路机碾压速度，头两遍采用 1 档（1.5～1.7km/h）为宜，以后用 2 档（2.0～2.5km/h）。路面两侧应多压 2～3 遍。

碾压过程中，石灰土的表面应始终保持湿润，如表面水分蒸发太快，应及时补充洒水，以防表面开裂。石灰土碾压中如出现"弹簧"、松散、起皮等现象，应及时翻开晾晒或换新混合料重新拌和碾压。在碾压结束之前，用平地机再终平一次，使其纵向顺适、路拱和超高符合设计要求。终平时必须将局部高出部分刮除，并扫出路外。

严禁压路机及其他机械在已完成的或正在碾压的路上"调头"和急刹车，以保证灰土表面不受破坏。如必须在上进行"调头"时，应采取措施（如覆盖 10cm 厚的砂或砂砾）保护"调头"部分的灰土表面，使石灰土表层不受破坏。

7. 养护及交通管制

刚压实成型的石灰土基层，至少在保持潮湿状态下养护 7d。养护方法可视具体情况采用洒水、覆盖砂等。养护期间石灰土表层不应忽干忽湿，每次洒水后应用两轮压路机将表层压实。在养护期间未采用覆盖措施的石灰土基层上，除洒水车外，应封闭交通；在采用覆盖措施的石灰土基层上，不能封闭交通时，应当限制车速不得超过 30km/h。

三、石灰工业废渣稳定土基层

一定数量的石灰和粉煤灰或石灰和煤渣与其他集料相配合，经加水拌和、摊铺、碾压及养护后得到的混合料，当其抗压强度符合规定的要求时，称石灰工业废渣稳定土。因所用材料不同，石灰工业废渣稳定土可分为又分为二灰（石灰粉煤灰）、二灰土、二灰砂、二灰级配碎石、二灰级配砾石、石灰煤渣土、石灰煤渣集料。

石灰工业废渣稳定土具有以下优点：水硬性、缓凝性、强度高、稳定性好，成板体、且强度随龄期不断增加，抗水、抗冻、抗裂性好，而且收缩性小，适应各种气候环境和水文地质条件等。各地可根据当地的实践经验选用。

（一）一般要求

（1）石灰工业废渣稳定土可适用于各级公路的基层和底基层，但二灰、二灰土和二灰砂不应用做二级和二级以上公路高级路面的基层。

（2）石灰工业废渣稳定土宜在春末和夏季组织施工。施工期的日最低气温应在 5℃ 以上，并应在第一次重冰冻（−5～−3℃）到来之前一个月到一个半月完成。

（3）石灰工业废渣混合料采用质量配合比计算。采用石灰粉煤灰土做基层或底基层时，石灰与粉煤灰的比例，可用 1：2～1：4（对于粉土，以 1：2 为宜），石灰粉煤灰与细粒土的比例可以是 30：70～90：10。采用二灰级配集料做基层时，石灰与粉煤灰的比例可用 1：2～1：4，石灰粉煤灰与集料的比应是 20：80～15：85。

采用石灰煤渣做基层或底基层时，石灰与煤渣的比例，可以用 20：80～15：85。采用石灰煤渣土做基层或底基层时，石灰与煤渣的比例，可选用 1：1～1：4，石灰煤渣与细粒土的比例可以是 1：1～1：4，混合料中石灰不应少于 10%，或通过试验选取强度较高的配合比。采用石灰煤渣集料做基层或底基层时，石灰∶煤渣∶集料可选用（7～9）∶（26～23）∶（67～58）。

（4）为提高石灰工业废渣的早期强度，可外加 1%～2% 的水泥。

（5）石灰工业废渣稳定土结构层施工时，应遵守下列规定：配料应准确；摊铺应均匀；洒水、拌和应均匀；应严格控制基层厚度和高程，其路拱横坡应与面层一致；应在混合料处于或略大于最佳含水量时进行碾压，直到达到规定的压实度。

（二）材料

1. 石灰

石灰工业废渣稳定土所用石灰质量应符合Ⅲ级消石灰或Ⅲ级生石灰的技术指标，应尽量缩短石灰的存放时间。如存放时间较长，应采取覆盖封存措施，妥善保管。

有效钙含量在 20% 以上的等外石灰、贝壳石灰、珊瑚石灰、电石渣等，当其混合料的强度通过试验符合标准时可以应用。

2. 粉煤灰

粉煤灰中 SiO_2、Al_2O_3 和 Fe_2O_3 的总含量应大于 70%，粉煤灰的烧失量不应超过 20%；粉煤灰的比表面积宜大于 2500mm^2/g（或 90% 通过 0.3mm 筛孔，70% 通过

0.075mm 筛孔）。干粉煤灰和湿粉煤灰都可以应用。湿粉煤灰的含水量不宜超过 35%。

3. 煤渣

煤渣的最大粒径不应大于 30mm，颗粒组成宜有一定级配，且不宜含杂质。

4. 土

（1）宜采用塑性指数 12～20 的黏性土（亚黏土），土块的最大粒径不应大于 15mm。有机质含量超过 10% 的土不宜选用。

（2）二灰稳定的中粒土和粗粒土不宜含有塑性指数的土。

（3）用于二级及二级以下公路的二灰稳定土应符合下列要求：二灰稳定土用做底基层时，石料颗粒的最大粒径不应超过 53mm；二灰稳定土用做基层时，石料颗粒的最大粒径不应超过 37.5mm；碎石、砾石或其他粒状材料的质量宜占 80% 以上，并符合规定的级配范围。

（4）用于高速公路和一级公路的二灰稳定土应符合下列要求：二灰稳定土用做底基层时，土中碎石、砾石颗粒的最大粒径不应超过 37.5mm。各种细粒土、中粒土和粗粒土都可用二灰稳定后用做底基层；二灰稳定土用做基层时，二灰的质量应占 15%，最多不超过 20%，石料颗粒的最大粒径不应超过 31.5mm，其颗粒组成宜符合规定的级配范围，粒径小于 0.075mm 的颗粒含量宜接近 0。对所用的砾石或碎石，应预先筛分成 3～4 个不同粒级，然后再配成颗粒组成符合规定级配范围的混合料。

（5）碎石或砾石的压碎值对于高速公路和一级公路基层应不大于 30%，用作底基层时应不大于 35%；对二级和二级以下公路基层应不大于 35%，用作底基层时应不大于 40%。

5. 水

凡饮用水（含牲畜饮用水）均可使用。

（三）混合料组成设计

石灰工业废渣混合料的组成设计内容包括：根据强度标准，通过试验选取适宜稳定的土；确定石灰与粉煤灰或石灰与煤渣的比例；确定石灰粉煤灰或石灰煤渣与土的比例（均为质量比）；确定混合料的最佳含水量。

1. 石灰工业废渣稳定土的强度标准

石灰工业废渣稳定土在规定温度保湿养护 6d、浸水 1d 后无侧限抗压强度标准如表 6-5 所示。

表 6-5　　　　　　　　　石灰工业废渣稳定土的抗压强度标准　　　　　　　　　　单位：MPa

使用层次	高速公路和一级公路	二级和二级以下公路
基层	0.8～1.1	0.6～0.8
底基层	≥0.6	≥0.5

2. 混合料的设计步骤

石灰粉煤灰混合料的设计步骤如下。

（1）制备不同比例的石灰粉煤灰混合料（如 10∶90，15∶85，20∶80，25∶75，30∶70，35∶65，40∶60，45∶55 和 50∶50），确定其各自的最佳含水量和最大干密度，确定同一龄期和同一压实度试件的抗压强度，选用强度最大的石灰粉煤灰比例。

（2）根据以上所选二灰比例，制备同一种土样 4～5 种不同配合比的二灰土或二灰级配集料。

（3）确定各种二灰土或二灰级配集料的最佳含水量和最大干密度（用重型击实试验）。

（4）按规定达到的压实度，分别计算不同配合比时二灰土或二灰级配集料试件应有的干密度。

（5）按最佳含水量和计算所得的干密度制备试件。进行强度试验时，做平行试验的试件数量应符合规定。

（6）试件在规定温度下保湿养护 6d，浸水 1d 后，进行无侧限抗压强度试验。计算试验结果的平均值和偏差系数。

（7）根据表 6-5 的强度标准，选定混合料的配合比，室内试验结果的平均抗压强度应符合要求。

石灰煤渣混合料的设计可参照以上石灰粉煤灰混合料的设计步骤。

（四）施工工艺与质量控制

1. 准备下承层与施工放样

（1）下承层按有关检验标准进行复检，凡不合格的路段应进行整修，使其达到标准。下承层表面应平整、坚实，具有规定的路拱，没有任何松散和软弱地点。

（2）在下承层（底基层、老路面或土基）上恢复中线，直线段每 15～20m 设一桩，平曲线段每 10～15m 设一桩，并在两侧路肩边缘外设指示桩。在两侧指示桩上用明显标记标出二灰稳定土层边缘的设计高。

2. 备料

（1）应选用质量合格的石灰、粉煤灰和集料，并使料堆表面保持湿润，或者覆盖。

（2）计算材料用量。根据各路段石灰工业废渣稳定土层的宽度、厚度及预定的干密度，计算各路段需要的干混合料质量；根据混合料的配合比、材料的含水量以及所用运料车辆的吨位，计算各种材料每车料的堆放距离。

（3）培路肩。如路肩用料与石灰工业废渣稳定土层用料不同，应采取培肩措施，先将两侧路肩培好，路肩料层的压实厚度应与稳定土层的压实厚度相同。在路肩上，每隔 5～10m 应交错开挖临时泄水沟。

（4）在预定堆料的下承层上，在堆料前应先洒水，使其表面湿润。

3. 拌和

石灰工业废渣混合料可以在中心站用多种机械进行集中拌和，也可用路拌机械或人工在现场进行分批集中拌和。对于高速公路和一级公路，应采用专用稳定土集中厂拌机械拌制混合料；对于二级和二级以下公路，可采用路拌法施工。

集中拌和时，应符合下列要求：土块最大尺寸不应大于 15mm，粉煤灰块不应大于 12mm，且 9.5mm 和 2.36mm 筛孔的通过量应分别大于 95％和 75％；不同粒级的砾石或碎石以及细集料都应分开堆放；石灰、粉煤灰和细集料都应有覆盖，防止雨淋过湿；配料应准确，拌和应均匀；混合料的含水量应略大于最佳含水量，使混合料运到现场摊铺后碾压时的含水量能接近最佳值。

4. 运输

混合料采用自卸汽车进行运输。拌成混合料的堆放时间不宜超过 24h，宜在当天将拌成的混合料运送到铺筑现场，不应将拌成的混合料长时间堆放。二灰碎石混合料集中拌和比较均匀，但在运输和装卸过程中容易产生离析现象，施工中应采取措施加以改善。应根据运距配备足够的车辆保证摊铺机连续施工，从而保证基层的平整度。当运距较远时，应加盖篷布，晴天可防止水分散失，雨天可防止淋湿混合料。

5. 摊铺

摊铺作业采用摊铺机组合，单幅全宽成梯队联合进行摊铺。摊铺过程应连续，摊铺机匀速行驶，尽可能减少手工操作，不得随意变换速度或中途停顿，以防止造成混合料离析和水分散失。

若局部混合料出现明显离析、表面不平整及摊铺机熨平板后部出现明显拖痕时，应按现场技术人员要求用刮平器进行找补刮平。找补时不得扬锹远抛，刮平时应轻重一致。

6. 整形

路拌混合料或厂拌混合料运到现场经摊铺达预定的松铺厚度之后，即应进行初整形。在直线段，平地机由两侧向路中进行刮平；在平曲线超高段，平地机由内侧向外侧刮平。初整形的混合料可用履带拖拉机或轮胎压路机稳压 1～2 遍，以暴露潜在的不平整。再用平地机进行整形，并用上述压实机械再碾压一遍。对局部低洼处，应用齿耙将其表层 5cm 以上耙松，并用新拌的二灰土混合料找补平整，再用平地机整形一次。在整形过程中，必须禁止任何车辆通行。

7. 碾压

石灰粉煤灰是混合料中的主要结合料，在压实时黏性很小，甚至没有黏性，所以轮胎压路机和振动压路机是最适宜的压实工具。稳压过程中随时用 3m 直尺检查平整度，低洼处人工挖松并填补混合料，最后用胶轮赶光。

实践证明，石灰粉煤灰粒料混合料容易达到较高的压实度，石灰粉煤灰土混合料不容易达到较高的压实度。用 12～15t 平面钢轮压路机碾压时，压实厚度不宜超过 15～18cm，用重型压路机特别是羊角碾碾压时，压实厚度不宜超过 20～25cm 以上。

石灰粉煤灰底基层分层施工时，下层碾压完毕后，可以立即铺筑上一层。

8. 养护及交通管制

碾压完成后的第二天或第三天开始养护，每天洒水次数视天气而定，应保持表面潮湿。对二灰稳定粗、中粒土的基层，也可用沥青乳液和沥青下封层进行养护，养护期一般为 7d。二灰层宜采用泡水养护法，养护期为 14d。在养护期间，除洒水车外，应封闭交通。

对二灰集料基层，养护结束后，宜先让施工车辆慢速通行 7～10d，磨去表面的二灰薄层，或用带钢丝刷的机械扫去表面的二灰薄层。清扫和冲洗干净后再喷洒透层或黏层沥青。其后宜撒 5～10mm 的小碎（砾）石，均匀撒布约 60%～70% 的面积 [如喷洒的透层沥青能透入基层，当运料车辆和面层混合料摊铺机在上行驶不会破坏沥青膜时，可以不撒小碎（砾）石]。然后应尽早铺筑沥青面层的底面层。

在清扫干净的基层上，也可先做下封层，防止基层干缩开裂，同时保护基层免受施工车辆破坏。宜在铺设下封层后的10~30d内开始铺筑沥青面层的底面层。如为水泥混凝土面层，也不宜让基层长期暴晒，以免开裂。

第二节 碎石类基层

碎石类基层属柔性基层，按其强度形成原理不同又分为嵌锁型和级配型两类。嵌锁型基层的强度主要依靠碎石颗粒间的嵌锁和摩阻作用所形成的内摩阻力，而颗粒之间的黏结力是次要的，这种结构层的强度主要取决于碎石的强度、形状、尺寸的均匀性、表面粗糙度和施工压实度。级配型基层的强度和稳定性取决于内摩阻力和黏结力的大小，它的强度大小和稳定性好坏很大程度上取决于集料的类型、集料颗粒大小、级配、混合料中0.5mm以下细料的含量和塑性指数，同时，还与密实度有很大关系。嵌锁型基层的代表结构主要为填隙碎石；级配型基层主要有级配碎石、级配砾石等。碎石类基（垫）层目前在工程中应用比较广泛。

一、填隙碎石基层

用单一尺寸的粗碎石作主骨料，形成嵌锁结构，起承受和传递车轮荷载的作用，用石屑做填隙料，填满碎石间的空隙，增加密实度和稳定性，这种结构层称为填隙碎石。填隙碎石基层骨料是采用较为单一的石料，其强度的形成主要依靠粗碎石间的嵌挤锁结作用。

（一）基本要求

（1）填隙碎石可用于各等级公路的底基层和二级以下公路的基层。

（2）填隙碎石每层压实厚度为碎石最大粒径的1.5~2.0倍，即10~12cm。

（3）缺乏石屑时，可以添加细粒砂或粗砂等细集料，但是其技术性能不如石屑。

（4）填隙碎石用作基层时，碎石的最大粒径不应超过53mm；用作底基层时，碎石的最大粒径不应超过63mm。粗碎石可用具有一定强度的各种岩石或漂石轧制，但漂石的粒径应为粗碎石最大粒径的3倍以上；也可以用稳定的矿渣轧制，矿渣的干密度和质量应比较均匀，其干密度不得小于960kg/m³。材料中的扁平、长条和软弱颗粒的含量不应超过15%。粗碎石的压碎值用作基层时不大于26%，用作底基层时不大于30%。

（5）填隙碎石、粗碎石和填隙料的颗粒组成应符合规范要求。

（6）填隙碎石施工时，细集料应干燥，应采用振动压路机进行碾压。碾压后基层的固体体积率应不小于85%，底基层的固体体积率应不小于83%。

（二）施工工艺与质量控制

填隙碎石基层的施工分干法和湿法两种，干法施工的填隙碎石特别适合干旱缺水地区。碎石材料摊铺后，不洒水或少洒水，依靠压实嵌锁成型的称为干压碎石。为便于压实，可在终压前充分洒水，以降低碎石颗粒间的摩擦力，而碾压过程中所产生的石粉与水形成的石粉浆还具有黏结作用，这种做法称作水结碎石。

1. 干法施工

（1）准备工作。下承层表面应平整、坚实、具有规定的拱度，达到规定的压实度，满足强度和稳定性要求。在下承层上恢复中线，做好施工放样。

依据各路段基层或底基层的宽度、厚度及松铺系数，计算各路段所需要的粗碎石数量。根据运料车辆的车厢体积，计算每车料的堆放距离。填隙料的用量约为粗碎石重量的30%～40%。

（2）运输、摊铺粗碎石和初压。碎石装车时，应控制每车料的数量基本相等，卸料距离应严格掌握，料堆每隔一定距离应留一缺口。用平地机或其他合适的机具将粗碎石均匀地摊铺在预定宽度上，松铺系数为1.2～1.3，力求表面平整，并具有规定的拱度，同时检查松铺材料厚度，控制设计标高，满足要求后进行初压。

初压粗碎石用8t两轮压路机碾压3～4遍。使粗碎石稳定就位，在第一遍碾压后应再次找平。初压终了时，表面应平整，并具有要求的拱度和纵坡。

（3）摊铺填隙料和碾压。

1）撒铺填隙料。用石屑撒布机或类似的设备将干填隙料均匀地撒铺在已压稳的粗碎石上，松铺厚厚度2.5～3.0cm。必要时，用人工或机械扫匀。

2）碾压。用振动压路机慢速碾压，将全部填隙料振入碎石孔隙中。如没有振动压路机可用重型振动板。在路面两侧应多压2～3遍。

3）再次撒铺填隙料。将干的填隙料用石屑撒布机或类似的设备撒铺在粗碎石层上，松铺厚度2.0～2.5cm，用人工或机械扫匀。

4）再次碾压。用振动压路机将填隙料振压入粗碎石间孔隙中。振压过程中对局部填隙料不足之处，用人工进行找补。局部多余的填隙料应扫除。

5）振动压路机再次碾压后，如表面仍有未填满的孔隙，则还需补撒填隙料，用振动压路机继续振压，直到全部孔隙被填满为止。同时将局部多余的填隙料铲除或扫除，填隙料不应在粗碎石表面自成一层，表面必须见到粗碎石。如在填隙碎石层上铺筑沥青面层，应使粗碎石棱角外露3～5mm。

（4）终压。填隙碎石表面孔隙全部填满后，用12～15t三轮压路机再碾压1～2遍。在碾压过程中不应有任何蠕动现象。碾压之前宜在表面先洒少量水。

填隙碎石基层未洒透层沥青或未铺封层时，禁止开放交通。

2. 湿法施工

（1）在粗碎石表面用填隙料将孔隙全部填满前的施工程序与干法相同。

（2）在粗碎石孔隙填满后，立即用洒水车洒水，直到饱和。

（3）用12～15t三轮压路机跟在洒水车后面进行碾压。在碾压过程中，将湿填隙料继续扫入所出现的孔隙中，需要时再添加新的填隙料。洒水和碾压应一直进行到细集料和水形成粉砂浆为止。粉砂浆应有足够的数量，以填塞全部孔隙，并在压路机前形成微波纹状。

（4）碾压完成的路段需留出一段时间让水分蒸发。结构层变干后，表面多余的细料以及任何自成一薄层的细料覆盖层，都应扫除干净。

（5）如果设计厚度超过一层铺筑厚度，需分层铺筑时，应待结构层变干后，在上面再摊铺第二层粗碎石，施工工序同前。

二、级配碎（砾）石基层

粗、中、小碎石（或砾石）和石屑（或砂）各占一定比例的混合料，当其颗粒组成符合规定的密实级配要求时，称为级配碎（砾）石，是由最佳级配原理修筑的基层。级配碎石可用于各级公路的基层和底基层，也可以用作较薄沥青层与半刚性基层之间的中间层。级配砾石可用于轻交通的二级和二级以下公路的基层以及各级公路的底基层。

（一）基本要求

（1）当级配砾石用做二级及二级以下公路的基层时，其最大粒径应控制在 37.5mm 以内；当级配碎石用做高速公路和一级公路的基层以及半刚性路面的中间层时，其最大粒径宜控制在 31.5mm 以下。

（2）当级配砾石用做基层时，其最大粒径不应超过 37.5mm，当级配碎石用做底基层时，其最大粒径不应超过 53mm。

（3）碎（砾）石中细长扁平颗粒的含量不应超过 20%。碎石中不应有黏土块、植物等有害杂质。

（4）级配碎石或级配碎砾石用作基层时，所用石料的压碎值高速公路和一级公路应不大于 26%，二级公路不大于 30%，二级以下公路不大于 35%；用作底基层时高速公路和一级公路不大于 30%，二级公路不大于 35%，二级以下公路不大于 40%。

（5）级配碎（砾）石施工时，应遵守下列规定：颗粒组成应是圆滑曲线；配料必须准确；塑性指数应符合规定；混合料必须拌和均匀，没有粗细颗粒离析现象；应使用 12t 以上三轮压路机碾压，每层的压实厚度不应超过 15～18cm，用重型振动压路机和轮胎压路机碾压时，每层的压实厚度可达 20cm。

（二）施工工艺与质量控制

级配碎（砾）石一般采用路拌法施工，高等级公路的基层宜采用集中厂拌法施工。

1. 准备下承层和施工放样

下承层表面应平整，坚实，具有一定的路拱，没有任何松散材料和软弱地方，强度和稳定性满足要求。下承层必须用 12～15t 的三轮或等效压路机进行碾压检验，发现过松散、低坑、搓板或过湿"弹簧"现象，应采取填补、耙松洒水碾压、挖开凉晒、换土、掺石灰、掺集料等措施进行处理。

恢复中线，并在两侧设指示桩。逐个断面进行高程测量，并在指示桩上标记结构层的设计高度。

2. 备料

选择符合质量要求的集料，按照级配碎（砾）石规定的级配组成计算不同粒级碎石和石屑的配合比。级配碎石及级配碎砾石颗粒范围和技术指标应符合规范的规定。

根据各路段基层或底基层的宽度、厚度及预定的干密度，计算各段需要的不同粒级碎石和石屑的数量，并计算每车料的堆放距离。

3. 运输和摊铺集料

集料装车时，应控制每车料的数量基本相等，同一料场的路段，运输应由远到近按计算的间距堆放，卸料距离应严格掌握，避免料过多或不够。堆放的时间不宜过长，料堆间隔一定距离应留缺口以排水。

应事先通过试验确定松铺系数，一般人工摊铺混合料时，其松铺系数为 1.40～1.50，机械摊铺宜为 1.25～1.35。每层摊铺虚厚不宜超过 30cm。

路拌法施工时，应先将主要集料按计算用量运到路上，用平地机均匀摊铺后，再将另外的材料运到其上面均匀摊铺。摊铺碎石每层应按虚铺厚度一次铺齐,颗粒分布应均匀,厚度一致,路拱合适,不得多次找补。

4. 拌和及整形

对于级配碎石,应采用稳定土拌和机拌和,最少2遍,拌和深度直到级配碎石层底,在最后一遍拌和之前,必要时先用多铧犁紧贴底面翻拌一遍。

若没有稳定土拌和机,可用平地机进行拌和,也可用拖拉机牵引多铧犁进行。平地机拌和时,先用平地机将铺好石屑的碎石翻拌,使石屑均匀地分布于碎石料中,再拌和5~6遍,拌和过程中用洒水车洒足所需的水分。用多铧犁与圆盘耙配合拌和时,用多铧犁在前面翻拌,圆盘耙跟在后面拌和,即边翻边耙,共翻耙4~6遍,拌和过程中用洒水车洒足所需的水分。拌和结束时,混合料的含水量应均匀,并比最佳含水量大1%左右,且不应出现离析现象。

用平地机整平,具有一定的路拱之后,用拖拉机、平地机或轮胎压路机快速初压一遍,以暴露潜在的不平整,再用平地机整平和整形。

5. 碾压与养护

整形后,当混合料的含水量等于或略大于最佳含水量时,立即用12t以上的三轮压路机、振动压路机或轮胎压路机进行碾压。直线和不设超高的平曲线段,应由两侧向中心碾压;设超高的平曲线段,应由内侧向外侧碾压。碾压时,后轮应重叠1/2轮宽,并应超过两段的接缝处,一般需碾压6~8遍。碾压中有过压现象的部位,应进行还填处理。

碎石压实后及成活中应适量洒水,视压实碎石的缝隙情况撒布嵌缝料。宜采用12t以上的压路机碾压成活,碾压至缝隙嵌挤应密实、稳定,表面平整,轮迹小于5mm。未铺装上层前,对已成活的碎石基层应保持养护,不得开放交通。

6. 接缝处理

两作业段的衔接处,应搭接拌和。第一段拌和后,留5~8m不进行碾压,第二段施工时,前段留下的未压部分与第二段一起拌和整平后进行碾压。

应避免纵向接缝。在必须分两幅铺筑时,纵缝应搭接拌和。前一幅全宽碾压密实,在后一幅拌和时,应将相邻的前幅边缘部约30cm搭接拌和,整平后一起碾压密实。

思 考 题 及 习 题

6-1 试述路面基(垫)层的分类及特点。

6-2 试述水泥稳定土、石灰稳定土、二灰稳定土的基本概念。

6-3 试述水泥稳定土基层的材料要求及混合料组成设计方法。

6-4 试述水泥稳定土基层厂拌法施工工艺及施工要点。

6-5 试述石灰稳定土基层的强度形成原理。

6-6 试述石灰稳定土基层路拌法的施工程序及施工要点。

6-7 试述石灰粉煤灰稳定土基层的施工技术要点。

6-8 试述级配碎石基层的施工工艺及注意事项。

6-9 试述填隙碎石基层的施工工艺及注意事项。

第七章 沥青路面

 学习目标:

熟悉沥青路面的特性与分类、沥青路面结构组合的原则、对沥青路面材料的要求;掌握热拌沥青混合料路面的施工工艺与施工要点;了解沥青贯入式、沥青表面处治路面施工的方法和程序。

第一节　沥青路面分类与损坏形式

沥青路面是用沥青材料作结合料黏结矿料修筑面层与各类基层和垫层所组成的路面结构。沥青面层中所使用的沥青结合料,增强了矿料间的黏结力,提高了混合料的强度和稳定性,使路面的使用质量和耐久性都得到提高。沥青路面属柔性路面,具有表面平整、无接缝、行车舒适、耐磨、振动小、噪声低、施工期短、养护维修简便、适宜于分期修建等优点,因而得到越来越广泛的应用。

一、沥青路面的分类

(一)按强度构成原理可将沥青路面分为密实和嵌挤两大类

密实类沥青路面要求矿料的级配按最大密实原则设计,颗粒尺寸多样,其强度和稳定性主要取决于混合料的黏聚力和内摩阻力。密实类沥青路面按其空隙率的大小可分为闭式和开式两种:闭式混合料中含有较多粒径小于 0.5mm 的细集料和 0.075mm 的矿料颗粒,空隙率小于 6%,混合料致密而耐久,但热稳定性较差;开式混合料中粒径小于 0.5mm 的矿料颗粒含量较少,空隙率大于 6%,其热稳定性较好。

嵌挤类沥青路面要求采用颗粒尺寸较为均一的矿料,路面的强度和稳定性主要取决于骨料颗粒之间相互嵌挤所产生的内摩阻力,而黏聚力较小,只起次要的作用。按嵌挤原则修筑的沥青路面,其热稳定性较好,但因空隙率大、易渗水,因而耐久性较差。

(二)按施工工艺不同可将沥青路面分为层铺法、路拌法和厂拌法三类

层铺法是用分层洒布沥青和矿料,然后碾压成型的修筑路面的施工方法。其主要优点是工艺和设备简便、功效较高、施工进度快、造价较低。其缺点是路面成型期较长,需要经过炎热季节行车碾压之后路面方能成型。用这种方法修筑的沥青路面有沥青表面处治和沥青贯入式两种。

路拌法是在路上用人工或机械将矿料和沥青材料通过就地拌和,摊铺和压实而成的沥青面层。此类面层所用的矿料为碎(砾)石者称为路拌沥青碎(砾)石;所用的矿料为土者则称为路拌沥青稳定土。路拌沥青面层中沥青材料的分布比层铺法均匀,可以缩短路面的成型期。但因所用的矿料为冷料,需使用黏稠度较低的沥青材料,故混合料的强度较低。

厂拌法是将规定级配的矿料和沥青材料在工厂用专用设备加热拌和,并在规定时间内

送到工地摊铺碾压而成的沥青路面。矿料中细颗粒含量少，不含或含少量矿粉，混合料为开级配的（空隙率达6%～12%），称为厂拌沥青碎石；若矿料中含有矿粉，混合料是按最佳密实级配配制的（空隙率6%以下）称为沥青混凝土。厂拌法按混合料铺筑时温度的不同，又可分为热拌热铺和热拌冷铺两种。热拌热铺是混合料在专用设备加热拌和后立即趁热运到路上摊铺压实。如果混合料加热拌和后储存一段时间后再在常温下运到路上摊铺压实，即为热拌冷铺。厂拌法所用矿料经过精选，级配准确，且为热料拌和，沥青黏稠度高，用量准确，因而混合料质量高，使用寿命长，但修建费用也较高。

（三）按沥青路面的技术特性可将沥青路面分为沥青混凝土、沥青碎石、沥青贯入式、沥青表面处治等类型

1. 沥青混凝土路面

沥青混凝土路面是指用不同粒径的碎石、天然砂或矿粉和沥青按比例在拌和机中热拌所得的混合料作面层的路面，其面层可由单层、双层或三层沥青混合料组成，这种混合料的矿料部分具有严格的级配要求，若矿料中含有矿粉，混合料是按最密实级配配制的（空隙率小于6%）。各层混合料的组成设计应根据层厚和层位、气温和降雨量等气候条件、交通量和交通组成等因素确定，以满足对沥青面层使用功能的要求。沥青混凝土适用于各级公路，设计时可按不同等级的公路来选用不同厚度的沥青层。

2. 沥青碎石路面

由几种不同的矿料（所用矿料为开级配），掺有少量矿粉或不加矿粉，用沥青作结合料按一定比例均匀拌和的混合料（空隙率大于6%），经摊铺压实成型的路面称为沥青碎石路面。用沥青碎石作面层的路面，沥青碎石的配合比设计应根据实践经验和马歇尔实验的结果，并通过施工前的试拌试铺确定。沥青碎石有时也用作联结层。乳化沥青碎石混合料是由乳化沥青和矿料在常温下拌和而成，适用于做三级、四级公路的沥青面层、二级公路养护罩面以及各级公路的调平层。

3. 沥青贯入式路面

沥青贯入式路面是指在初步压实的碎石（或轧制砾石）上，分层浇洒沥青、撒布嵌缝料，并经碾压而成的面层结构，厚度宜为4～8cm。当采用乳化沥青时称为乳化沥青贯入式路面，其厚度通常宜为4～5cm。沥青贯入式路面可用于三级、四级公路面层或特殊情况。

4. 沥青表面处治路面

沥青表面处治路面是指用沥青和集料按层铺法或拌和法铺筑而成的厚度不超过3cm的沥青路面。当采用乳化沥青时，称为乳化沥青表面处治路面。其主要作用是构成磨耗层，保护结构层免受行车破坏，作沥青面层或基层的封面，起到封闭表面、防止地表水渗透到基层及土基、提高平整度、增强抗滑性能、改善行车条件、延长路面使用寿命的作用。沥青表面处治适用于三级、四级公路的面层、旧沥青面层上加铺薄层罩面或抗滑层、磨耗层等。当沥青表处用于面层时，可分为单层、双层、三层。单层表处厚度为1.0～1.5cm；双层表处厚度为1.5～2.5cm；三层表处厚度为2.5～3.0cm。

目前，一些新型沥青路面，如沥青玛蹄脂碎石混合料（SMA）路面、大粒径沥青混凝土（LSAM）、多碎石沥青混凝土路面（SAC）、RCC-AC复合式路面、再生沥青混凝土（RAP）等，在我国的道路建设中也得到越来越多的应用。

二、沥青路面的损坏形式

沥青路面在行车荷载的反复作用和自然因素的不断影响下，会逐渐出现破坏而失去原有的工作性能。由于环境、材料构成、结构层组合、荷载、施工及养护等条件的差异，损坏形式多种多样。综合分析沥青路面的损坏原因、危害性及对使用性能的影响，其损坏模式基本上可分为三大类型：裂缝类—路面结构的整体性受到破坏，如纵向或横向裂缝，网状裂缝等；变形类—路表面的形状改变，如沉陷、车辙、搓板、推移和拥起等；表面功能性损坏类—如剥落、松散、坑槽和泛油等。

（一）沉陷

沉陷是指路面在荷载作用下，其表面产生较大的凹陷变形，有时凹陷两侧伴有隆起现象出现。路基由于不良的水文条件或翻浆而过于湿软，通过路面传递给路基的轮载应力超过了土的抗剪强度，在车轮作用下表面产生较大的凹陷变形即沉陷，当沉陷严重时，超过了结构的变形能力，在结构层受拉区产生开裂而形成以纵向为主的裂缝，并有可能逐渐发展成网裂。造成路面沉陷的主要原因是路基土的压缩。

（二）车辙

车辙是指在行车轮迹带处出现的纵向带状凹陷。车辙通常伴随着侧向隆起，这是路面长期使用下荷载多次重复作用的结果，属于累积永久变形，一般较两侧路面凹陷 10～20mm。累积变形量与荷载大小、重复作用次数、结构层类型及土基的性质有关。一方面，车辙的出现，在后期常常伴随着裂缝产生；另一方面，出现裂缝的路面，其车辙形成的速率将大大加快。车辙是高等级沥青路面的主要破坏形式之一。因为这类路面的使用寿命较长，即使每一次行车荷载作用产生的残余变形量很小，而多次重复作用累积起来的残余变形总和也将会相当可观，特别是在高温和重载情况下，其塑性变形量足以影响车辆的正常行驶。

（三）推移和拥起

当沥青路面受到较大的水平荷载作用时（例如经常启动或制动路段及弯道，坡度变化处等），路面表面可能出现推移和拥起。这是由于沥青路面材料在温度较高时，抗剪强度下降，当车轮荷载引起的垂直力和水平力的综合作用，使结构层内产生的剪应力或拉应力超过材料的抗剪或抗拉强度。此外也与行驶车轮的冲击、振动有关。

（四）疲劳开裂

裂缝是沥青路面最主要的一种破坏类型，上述各种变形常常伴随有裂缝产生。疲劳开裂是指路面无显著的永久变形情况下出现的裂缝。往往最初在荷载作用部位开始形成细而短的横向开裂，继而逐渐扩展成网状，开裂的宽度和范围也逐渐扩大。随着裂缝的出现，水分沿裂缝侵入基层、垫层和路基，使之变软而产生较大的弯沉，进而加速裂缝的发展。初始裂缝的出现，是路面材料疲劳破坏的反映，通常是由于沥青结构层受车轮荷载的反复弯曲作用，使结构层底面产生的拉应变（或拉应力）超过材料的疲劳强度，底面便开裂，并逐渐向表面发展。稳定类整体性基层因刚度较其下卧层大很多，也会产生疲劳开裂而导致面层破坏。产生疲劳开裂的原因与重复应变（或应力）大小和路面的环境因素有关。

（五）低温缩裂

路面结构中采用某些整体性结构层在低温（通常为负温度）时由于面层材料收缩受阻而产生较大的拉应力，当它超过材料相应条件下的抗拉强度时便产生开裂。由于路面的纵向尺度远大于横向，低温收缩时侧向约束不大，故这种开裂一般为横向间隔性的裂缝，初期并不影响行车，但在水分不断侵蚀下，严重时会逐渐发展为网状裂缝。在冰冻地区，沥青面层和用无机结合料稳定的整体性基层，冬季可能出现这种开裂。

（六）泛油

面层混合料中沥青含量偏多或空隙率太小（<3%）时，沥青会在夏季高温天气下受行车荷载的作用而溢出路表面，形成一层有光泽的沥青膜，称为泛油。路表水侵入面层内部并长期滞留在沥青层底部，在行车荷载的反复作用和动压水冲刷下，集料表面的沥青膜剥落成为自由沥青，并在水的作用下被迫向上部迁移，也会导致面层上部泛油而底部松散的沥青迁移现象。路面泛油不仅会造成路面滑溜，对行车安全构成严重威胁，还会改变上、下面层混合料中的沥青含量和空隙率，导致沥青面层的低温抗裂性能、抗疲劳性能降低。

（七）松散和坑槽

由于面层材料组合不当或施工质量原因，结合料含量太少或黏结力不足，使面层混合料的集料间失去黏结而成片散开，称为松散。松散的材料被车轮后的真空吸力及风、雨等原因带离路面，便形成大小不等的坑槽。路面网裂后期，碎块被行车荷载继续碾碎并被带离路面，也会形成坑槽。

第二节　沥青路面结构组合

沥青路面是多层次结构物，其结构组合设计必须考虑道路所在区域的水文地质、气候特点、道路等级与使用要求、交通量及其交通组成等因素，结合当地实践经验，合理选择各结构层次及组成材料，使整个路面结构能在设计使用年限内承受行车荷载和环境因素的共同作用，同时又能发挥各结构层次的最大效能。

一、沥青路面结构组合设计原则

（一）根据道路的交通等级及交通繁重程度选择面层类型

路面结构在设计年限内承担交通荷载的繁重程度以交通等级来划分。在路面结构设计时，有必要根据实际情况，在考虑道路等级的同时，也考虑交通等级的影响。我国《公路沥青路面设计规范》（JTG D50—2006）规定：可按设计年限内一个车道上的累计当量轴次 N_e（次/车道）或按每车道、每日平均大型客车及中型以上的各种货车交通量［辆/（d·车道）］来划分等级，并取两种方法得出的较高交通等级作为沥青路面设计交通等级。公路各交通等级的划分标准见表 7-1。

表 7-1　　　　　　　　　公 路 交 通 等 级 划 分

交通等级	BZZ-100 累计标准轴次 N_e（次/车道）	大客车及中型以上的各种货车交通量 /［辆/（d·车道）］
轻交通	$<3\times10^6$	<600
中等交通	$3\times10^6 \sim 1.2\times10^7$	$600\sim1500$
重交通	$1.2\times10^7 \sim 2.5\times10^7$	$1500\sim3000$
特重交通	$>2.5\times10^7$	>3000

考虑不同的道路等级和使用要求、交通量及交通组成情况可选择不同的沥青面层类型。各级公路沥青面层所选类型见表7-2。

表 7-2 各级公路沥青面层类型的选择

公路等级	面 层 类 型
高速公路、一级公路	热拌沥青混凝土
二级公路	热拌沥青混凝土、热拌沥青碎石混合料、沥青贯入式
三级公路	热拌沥青混凝土、热拌沥青碎石混合料、沥青贯入式、冷拌沥青碎石混合料、沥青表面处治
四级公路	热拌沥青混凝土、沥青表面处治、冷拌沥青碎石混合料

（二）充分发挥基层的功能要求

面层以下各层在进行路面结构组合时，应使材料的工作性能得到充分发挥。基层、底基层设计应贯彻就地取材、就近取材的原则，认真做好当地材料的调查，根据交通量及其组成、气候条件、筑路材料以及路基水文状况等因素，选择技术可靠、经济合理的结构。基层是主要承受竖向应力的承重层，它要有足够的强度、刚度和水稳定性。常用的基层类型有无机结合料稳定集料类、粒料、沥青混合料、贫混凝土等材料。底基层设置在基层之下，是起次要承重作用的结构层。底基层应充分利用沿线地方材料，可采用无机结合料稳定细粒土类或粒料类等。

根据基层类型不同，沥青路面结构可组合成四种典型结构形式：①半刚性基层沥青路面（在半刚性基层上设有较薄的沥青面层结构）；②柔性基层路面（沥青路面各结构层由沥青混合料、沥青贯入碎石、冷拌沥青混合料、级配碎石或砂砾等柔性材料层组成，是无半刚性材料层的结构类型）；③刚性基层沥青路面（采用贫混凝土、混凝土基层等的沥青路面）；④混合基层沥青路面（在半刚性或刚性材料层与沥青面层之间设置柔性基层的路面结构）。

（三）考虑当地水温状况的不利影响

如何保证沥青路面的水稳性，是路面结构层选择与组合需要解决的重要问题。在潮湿和某些中湿路段上修筑沥青路面时，由于沥青面层不透气，使路基和基层中水份蒸发的通路被隔断，因而凝结在临近表层的粒料层内，使该处的湿度增大。如果粒料层材料中含泥量多（如泥结碎石、级配碎石），尤其是当塑性指数较大时，便会因发软而导致损坏。所以沥青面层下的基层一般应选择水稳性好的材料，严格控制基层内的细料含量。在潮湿路段及中湿路段应采用水稳性好并透水性好的基层，如沥青贯入碎石或砾石等。为防止雨雪下渗，浸入基层、土基，沥青面层应选用密级配沥青混合料。当采用排水基层时，其下均应设防水层，并设置结构内部的排水系统，将雨水排除路基外。

在季节性冰冻地区，当冻深较大，路基土为易冻胀土时，还要考虑冻胀和翻浆的危害。在这种路段上，路面结构应设置防止冻胀和翻浆的垫层。路面总厚度的确定，除满足强度要求外，还应满足防冻厚度的要求，避免在路基内出现较厚的聚冰带，防止产生路面开裂和过量的不均匀冻胀。防冻的厚度与路基潮湿类型、路基土类、道路冻深以及路面结构层材料的热物性有关。路面防冻最小厚度应根据经验及试验观测确定，公路沥青路面最小防冻厚度见表 7－3。若结构层总厚度小于最小防冻厚度，应通过加设垫层补足其差值以达到表列要求。垫层可用水稳定性好的地方材料（如砂砾）或隔温性好的材料（如炉渣）等。

表 7－3　　　　　　　　　　　　　路面最小防冻厚度　　　　　　　　　　　　单位：cm

路基干湿类型	道路冻深	黏性土、细亚砂土			粉性土		
		砂石类	稳定土类	工业废料类	砂石类	稳定土类	工业废料类
中湿	50～100	40～45	35～40	30～35	45～50	40～45	30～40
	100～150	45～50	40～45	35～40	50～60	45～50	40～45
	150～200	50～60	45～55	40～50	60～70	50～60	45～50
	＞200	60～70	55～65	40～50	70～75	60～70	50～65
潮湿	60～100	45～55	45～55	35～45	50～60	45～55	40～50
	100～150	55～65	50～55	45～50	60～70	55～65	45～55
	150～200	60～70	55～65	50～55	70～80	65～70	60～65
	＞200	70～80	65～75	55～70	80～100	70～90	65～80

注　1. 对潮湿系数小于 0.5 的地区，Ⅱ、Ⅲ、Ⅳ区等干旱区防冻厚度应比表中值减少 15％～20％。

　　2. 对Ⅱ区砂性土路基防冻厚度应相应减少 5％～10％。

要使路面具有足够的整体强度和良好的使用性能，还应保证路基具有一定的抗变形能力和水稳定性。单纯加强或增厚面层或基层，既达不到良好的效果，同时也不经济。稳定路基最主要的是加强排水和达到要求的压实度。在路基水文条件较差的潮湿路段，应采用低剂量石灰稳定路基上层土，或者加设垫层疏干，或隔离路基上层的水系，扩散由路面传下的应力，便于基层的修筑。

（四）按各结构层的应力分布特性组合路面层次

路面在垂直力的作用下，内部产生的应力和应变随深度向下而递减。水平力作用产生的应力、应变，随深度递减的速率更快。因此，对各层材料强度和刚度的要求也可随深度的增大而相应降低。路面各结构层如按强度、刚度自上而下递减的方式组合，则既能充分发挥各结构层材料的性能，又能充分利用当地材料降低造价。

采用上述递减规律组合路面结构层次时，一旦上、下两层的相对刚度比过大时，上层底面将出现较大的弯拉应力（或弯拉应变）。此值只要超过上层材料抗拉强度（或抗拉应变）时，上层便产生开裂。因此沥青路面相邻结构层材料的模量比对路面结构的应力分布有显著影响，是合理确定结构层层数、选定适宜结构层材料的重要考虑因素。根据应力分析和设计经验，对半刚性基层沥青路面结构组合设计时，基层与沥青面层的模量比宜在1.5～3.0 之间；基层与底基层的模量比不宜大于 3.0；底基层与土基的模量比宜在 2.5～12.5 之间。

（五）考虑各结构层本身的特点及相邻层次之间的相互联系

各结构层材料具有各自的特性，在组合时应注意相邻层次的相互影响，采取措施限制或消除所产生的不利影响。例如，在冰冻地区和气候干燥地区，在半刚性基层上修建面层时，由于基层材料的低温开裂，会导致面层相应地出现反射裂缝。此时，可选用骨架密实

149

型半刚性基层，并严格控制细料含量、结合料剂量、含水量；或采用混合式沥青路面结构；还可以在半刚性基层上设置改性沥青应力吸收膜或应力吸收层。又如，在潮湿的粉土或黏性土路基上，不宜直接铺筑碎（砾）石等颗粒类材料。必要时，可在路基顶面设土工布隔离层，以防止细粒土掺杂而污染基层或导致路面变形过大加快损坏。

为了保证路面结构的整体性和结构层之间应力传递的连续性，避免产生滑移，应尽量使结构层之间结合紧密稳定。可采取如下措施：各沥青层之间应设黏层，黏层沥青可用乳化沥青、改性乳化沥青或热沥青，洒布数量宜为 0.3～0.6kg/m²；各种基层上应浇洒透层沥青，透层沥青应具有良好的渗透性能，可用液体沥青（稀释沥青）、乳化沥青等；在半刚性基层上应设下封层，为了保护基层不被施工车辆破坏，利于半刚性材料养护，同时也为了防止雨水下渗到基层以下结构层内；新、旧沥青之间，沥青层与旧水泥混凝土板之间应洒布黏层沥青，宜用热沥青或改性乳化沥青、改性沥青；拓宽路面时，新、旧路面接茬处，宜喷涂黏结沥青；双层式半刚性材料基层宜采取连续摊铺、碾压工艺，增强层间结合，以形成整体。

（六）按材料的规格及施工条件等因素确定结构层层厚和层数

路面设计时，各沥青层的厚度应与混合料的公称最大粒径相匹配，一般沥青层的最小压实厚度不宜小于混合料公称最大粒径的 2.5～3.0 倍，对断级配或以粗集料为主的嵌挤型级配的沥青混合料，其单层压实最小厚度不宜小于公称最大粒径的 2.5 倍，以利于碾压密实，提高其耐久性、水稳性。我国《公路沥青路面设计规范》（JTG D50—2006）建议沥青混合料结构层的最小压实厚度与适宜厚度见表 7-4。

表 7-4　　　　　　沥青混合料结构层的最小压实厚度与适宜厚度

沥青混合料类型	公称最大粒径 /mm	最小压实厚度 /mm	适宜厚度 /mm
砂粒式沥青混凝土	4.75	10	15～25
细粒式沥青混凝土	9.5	20	20～25
	13.2	30	30～40
中粒式沥青混凝土	16.0	40	40～60
	19.0	50	60～80
粗粒式沥青混凝土	26.5	60	70～100
粗粒式大粒径沥青碎石	26.5	70	80～120
	31.5	90	100～150
特粗式大粒径沥青碎石	37.5	100	120～150

基层、底基层应根据交通量大小、材料力学性能和扩散应力的效果，充分发挥压实机具的功能以及有利于施工等因素选择各结构层的厚度。为便于施工组织、管理，各结构层的材料不宜频繁发生变化。各种结构层压实最小厚度与适宜厚度宜符合表 7-5 的要求。

表 7－5　　　　　　　　各种结构层压实最小厚度与适宜厚度

结构层类型	压实最小厚度 /mm	适宜厚度 /mm
上拌下贯沥青碎石	60	60～80
贯入式沥青碎石	40	40～80
沥青表面处治	10	10～30
水泥稳定类	150①	180～200
石灰稳定类	150①	180～200
石灰粉煤灰稳定类	150①	180～200
贫混凝土	150	180～240
级配碎石	80	100～200
级配砾石	80	100～200
泥结碎石	80	100～150
填隙碎石	100	100～120

① 为半刚性基层补强的最小厚度。半刚性材料基层、底基层的一层压实厚度宜为180～200mm，并不得分层铺筑小于15cm的薄层，对半刚性材料的上基层厚度不宜小于180mm。

　　为方便施工，路面结构层的层数不宜过多。同时，各结构层的适宜厚度应按压实机具所能达到的效果选定。适宜的结构层厚度需结合材料供应、施工工艺等因素确定，从强度要求和造价考虑，宜自上而下由薄到厚。

　　总之，应遵循就地取材、分期修建和因地制宜的原则，参照上述几方面的组合原则及方法，并利用当地已有路面的修建和使用经验，拟定出若干个既满足交通要求又经济合理的结构层组合方案，并通过分析比较，优先选用便于机械化施工和质量管理的方案，做到技术先进，经济合理。

二、典型沥青路面结构组合实例

　　沥青路面结构层主要由面层、基层、底基层、垫层等组成。现介绍几种典型沥青路面结构组合。

（一）典型沥青路面结构组合图例

　　典型半刚性基层沥青路面和典型柔性基层沥青路面结构如图7－1和图7－2所示。

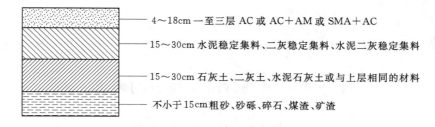

　　　　　　　　— 4～18cm 一至三层 AC 或 AC＋AM 或 SMA＋AC

　　　　　　　　— 15～30cm 水泥稳定集料、二灰稳定集料、水泥二灰稳定集料

　　　　　　　　— 15～30cm 石灰土、二灰土、水泥石灰土或与上层相同的材料

　　　　　　　　— 不小于15cm粗砂、砂砾、碎石、煤渣、矿渣

图 7－1　典型半刚性基层沥青路面

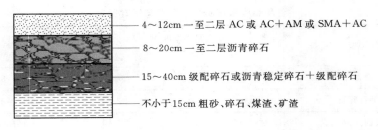

图 7-2 典型柔性基层沥青路面

（二）典型高速公路沥青路面组合方案

典型高速公路沥青路面组合方案见表 7-6。

表 7-6　　　　　　　　　　高速公路沥青路面结构组合方案

厚度/cm	材料类型	适 用 条 件
4	AK-13A	适用于多雨地区，中等交通及重交通高速公路
6	AC-20 I	
8	AC-25 I	
设计	水泥稳定碎石	
设计	二灰土	
4	SMA-13	适用于多雨地区，重及特重交通高速公路
6	AC-20 I	
8	AC-25 I	
设计	水泥稳定碎石	
设计	二灰土	
4	AK-13A	适用于降雨量较少，二灰质优价廉地区，中等交通及重交通高速公路
6	AC-20 I	
8	AC-25 I	
设计	二灰稳定碎石	
设计	二灰土	
4	SMA-13	适用于降雨量较少，二灰质优价廉地区，重及特重交通高速公路
6	AC-20 I	
8	AC-25 I	
设计	水泥稳定碎石	
设计	二灰土	

第三节　对沥青路面材料的要求

沥青路面材料主要包括沥青、粗集料、细集料、填料等。沥青路面使用的各种材料运至现场后必须取样进行质量检验，经评定合格方可使用。

一、沥青材料

沥青类路面通常采用的沥青材料有道路石油沥青、煤沥青、液体石油沥青、乳化沥青、改性沥青等。沥青标号的选择应根据公路等级、气候条件、交通量及其组成、面层结构及层位、施工工艺等因素，并结合当地的使用经验，经技术论证后确定。

（一）道路石油沥青

道路石油沥青是沥青混合料组成材料中的胶结材料，它的性能直接影响沥青路面的使用品质和寿命。道路石油沥青分三个等级，分别适应于不同等级的公路和不同的结构层次。道路石油沥青分级及适用范围见表 7-7。

表 7-7 道路石油沥青分级及适用范围

沥青等级	适 用 范 围
A 级沥青	各个等级的公路，适用于任何场合和层次
B 级沥青	高速公路、一级公路沥青下面层及以下的层次，二级及二级以下公路的各个层次；用作改性沥青、乳化沥青、改性乳化沥青、稀释沥青的基质沥青
C 级沥青	三级及三级以下公路的各个层次

道路石油沥青按针入度平均值划分为 160 号、130 号、110 号、90 号、70 号、50 号、30 号共七个标号，不同标号道路石油沥青的质量应符合规范规定的技术要求。

通常在不同的气候地区，选用的沥青标号有差异。对高速公路、一级公路，夏季温度高、高温持续时间长、重载交通、山区及丘陵区上坡路段、服务区、停车场等行车速度慢的路段，尤其是汽车荷载剪应力大的层次，宜采用稠度大、60℃黏度大的沥青，也可提高高温气候分区的温度水平选用沥青等级；对冬季寒冷的地区或交通量小的公路、旅游公路宜选用稠度小、低温延度大的沥青；对温度日温差、年温差大的地区宜注意选用针入度指数大的沥青。当高温要求与低温要求发生矛盾时应优先考虑满足高温性能的要求。

路面各层可采用相同标号的沥青，也可采用不同标号的沥青。通常面层的上层宜用较稠的沥青，下层或连接层宜采用较稀的沥青。

当缺乏所需标号的沥青时，可采用不同标号掺配的调和沥青，其掺配比例由试验决定。掺配时必须混合均匀，掺配后的混合料应符合规范规定的技术要求。

沥青必须按品种、标号分开存放。除长期不使用的沥青可放在自然温度下存储外，沥青在储罐中的储存温度不宜低于 130℃，并不得高于 170℃。桶装沥青应直立堆放，加盖苫布。

道路石油沥青在储运、使用及存放过程中应有良好的防水措施，避免雨水或加热管道蒸汽进入沥青中。

（二）乳化沥青

乳化沥青在常温下具有较好的流动性，可以在常温下进行喷洒、贯入或拌和摊铺，现场无需加热，简化了施工程序，既保护环境，又节约了资源。乳化沥青按乳化剂不同，分为三大类：阳离子乳化沥青、阴离子乳化沥青、非离子乳化沥青。按其施工中破乳速度的快慢又分为快裂、中裂、慢裂等几种。乳化沥青的品种及适用范围见表 7-8。

表 7 - 8 乳化沥青品种及适用范围

分　类	品种及代号	适用范围
阳离子乳化沥青	PC - 1	沥青表处、贯入式路面及下封层用
	PC - 2	透层油及基层养护用
	PC - 3	黏层油用
	BC - 1	稀浆封层或冷拌沥青混合料用
阴离子乳化沥青	PA - 1	沥青表处、贯入式路面及下封层用
	PA - 2	透层油及基层养护用
	PA - 3	黏层油用
	BA - 1	稀浆封层或冷拌沥青混合料用
非离子乳化沥青	PN - 2	透层油用
	BN - 1	与水泥稳定集料同时使用（基层路拌或再生）

注　P 为喷洒型，B 为拌和型，C、A、N 分别表示阳离子、阴离子、非离子乳化沥青。

乳化沥青适用于沥青表面处治路面、沥青贯入式路面、冷拌沥青混合料路面，也用于修补裂缝，喷洒透层、黏层与封层等。道路用乳化沥青的质量应符合规范的规定。

乳化沥青类型根据集料品种及使用条件选择。阳离子乳化沥青可适用于各种集料品种，阴离子乳化沥青适用于碱性石料。乳化沥青的破乳速度、黏度宜根据用途与施工方法选择。一般用于拌和法施工时，采用较大的稠度；用于喷洒法施工，采用较小的稠度。在高温条件下宜采用黏度较大的乳化沥青，寒冷条件下宜使用黏度较小的乳化沥青。

制备乳化沥青用的基质沥青，对高速公路和一级公路，宜符合道路石油沥青 A、B 级沥青的要求，其他情况可采用 C 级沥青。乳化沥青可利用胶体磨或匀油机等乳化机械在沥青拌和厂现场制备，乳化剂用量宜为沥青质量的 0.3%～0.8%。制备现场乳化沥青的温度应通过试验确定。乳化沥青制成后应及时使用，宜存放在立式罐中，并保持适当搅拌。储存期以不离析、不冻结、不破乳为度。

（三）液体石油沥青

液体石油沥青适用于透层、黏层及拌制冷拌沥青混合料。液体石油沥青分快凝、中凝、慢凝几种，可根据使用目的与场所选用，其质量应符合"道路用液体石油沥青技术要求"的规定。

液体石油沥青宜采用针入度较大的石油沥青，使用前按先加热沥青后加稀释剂的顺序，掺配煤油或轻柴油，经适当的搅拌、稀释制成。掺配比例根据使用要求由试验确定。液体石油沥青在制作、储存、使用的全过程中必须通风良好，并有专人负责，确保安全。基质沥青的加热温度严禁超过 140℃，液体沥青的储存温度不得高于 50℃。

（四）煤沥青

根据黏度不同，煤沥青可分为 T - 1～T - 9 共九个等级。各种等级公路的各种基层上的透层，宜采用 T - 1 或 T - 2 级，其他等级不合喷洒要求时可适当稀释使用；三级及三级以下的公路铺筑表面处治或贯入式沥青路面，宜采用 T - 5、T - 6 或 T - 7 级；热拌沥青混合料路面严禁采用煤沥青。使用煤沥青时，可与道路石油沥青、乳化沥青混合使用，以改善渗透性。

道路用煤沥青的标号根据气候条件、施工温度、使用目的选用，道路用煤沥青的质量应符合规范要求"道路用煤沥青技术要求"的规定。

煤沥青使用期间在储油池或沥青罐中储存的温度宜为 70～90℃，并应避免长期储存。经较长时间存放的煤沥青在使用前应抽样检验，质量不符合要求者不得使用。

（五）改性沥青

对于气候恶劣，重载、超载严重、交通量特别大的路段，采用普通的道路石油沥青已经不能满足使用要求时，可以使用改性沥青。使用改性沥青通常对于改善沥青路面的使用品质有明显的效果。

按照改性沥青中的聚合物改性剂不同，改性沥青可以分为：SBS 类（Ⅰ类）、SBR 类（Ⅱ类）、EVA 和 PE 类（Ⅲ类）。道路用各类聚合物改性沥青的质量应符合规范的技术要求。当使用其他聚合物及复合改性沥青时，可通过试验研究制定相应的技术要求。

改性沥青宜在固定式工厂或在现场设厂集中制作，也可在拌和厂现场边制造边使用，改性沥青的加工温度不宜超过 180℃。

现场制造的改性沥青宜随配随用。需作短时间保存或运送到附近的工地时，使用前必须搅拌均匀，在不发生离析的状态下使用。工厂制作的成品改性沥青到达施工现场后存储在改性沥青罐中，改性沥青罐中必须加设搅拌设备并进行搅拌，使用前改性沥青必须搅拌均匀。在施工过程中应定期取样检验产品质量，发现离析等质量不符要求的改性沥青不得使用。

二、粗集料

粗集料是指在集料中粒径大于 2.36mm 的那部分材料，在沥青混合料中起到主要骨架作用。沥青层用粗集料包括碎石、破碎砾石、筛选砾石、钢渣、矿渣等，但高速公路和一级公路不得使用筛选砾石和矿渣。粗集料必须由具有生产许可证的采石场生产或施工单位自行加工。

粗集料应洁净、干燥、表面粗糙，形状接近立方体，具有足够的强度和耐磨性能。粗集料质量应符合表 7-9 的规定。

表 7-9 沥青混合料用粗集料质量技术要求

指 标	高速公路及一级公路		其他等级公路
	表面层	其他层次	
石料压碎值/%	≤26	≤28	≤30
洛杉矶磨耗损失/%	≤28	≤30	≤35
表观相对密度/(t/m³)	≥2.60	≥2.50	≥2.45
吸水率/%	≤2.0	≤3.0	≤3.0
坚固性/%	≤12	≤12	—
针片状颗粒含量（混合料）/%	≤15	≤18	≤20
水洗法小于 0.075mm 颗粒含量/%	≤1	≤1	≤1
软石含量/%	≤3	≤5	≤5

当单一规格集料的质量指标达不到表中要求，而按照集料配比计算的质量指标符合要求时，工程上允许使用。对受热易变质的集料（如花岗岩、玄武岩、石灰岩等），最好对其烘干后的质量进行检验。沥青混合料用粗集料的粒径规格应符合表7-10的规定。

表7-10　　　　　　　　　　沥青混合料用粗集料的粒径规格

规格名称	公称粒径/mm	通过下列筛孔（mm）的质量百分率/%												
		106	75	63	53	37.5	31.5	26.5	19.0	13.2	9.5	4.75	2.36	0.6
S1	40～75	100	90～100	—	—	0～15	—	0～5						
S2	40～60		100	90～100	—	0～15	—	0～5						
S3	30～60		100	90～100	—	—	0～15	—	0～5					
S4	25～50			100	90～100	—	0～15	—	0～5					
S5	20～40				100	90～100	—	—	0～15	—	0～5			
S6	15～30					100	90～100	—	—	0～15	—	0～5		
S7	10～30					100	90～100	—		0～15	—	0～5		
S8	10～25						100	90～100	—	0～15	—	0～5		
S9	10～20							100	90～100	—	0～15	0～5		
S10	10～15								100	90～100	0～15	0～5		
S11	5～15								100	90～100	40～70	0～15	0～5	
S12	5～10									100	90～100	0～15	0～5	
S13	3～10									100	90～100	40～70	0～20	0～5
S14	3～5										100	90～100	0～15	0～3

粗集料与沥青的黏附性应符合表7-11的要求，当使用不符要求的粗集料时，宜掺加消石灰、水泥或用饱和石灰水处理后使用，必要时可同时在沥青中掺加耐热、耐水、长期性能好的抗剥落剂，也可采用改性沥青等措施，使沥青混合料的水稳定性检验达到要求。外加剂的掺加剂量由沥青混合料的水稳定性检验确定。

表7-11　　　　　　　粗集料与沥青的黏附性、磨光值技术要求

雨量气候区		1（潮湿区）	2（湿润区）	3（半干区）	4（干旱区）
年降雨量/mm		＞1000	1000～500	500～250	＜250
粗集料的磨光值（PSV）：高速公路、一级公路表面层		≥42	≥40	≥38	≥36
粗集料与沥青的黏附性	高速公路、一级公路表面层	≥5	≥4	≥4	≥3
	高速公路、一级公路的其他层次及其他等级公路的各个层次	≥4	≥4	≥3	≥3

高速公路、一级公路沥青路面的表面层（或磨耗层）粗集料的磨光值应符合表7-11的要求。除SMA、OGFC路面外，允许在硬质粗集料中掺加部分较小粒径的磨光值达不到要求的粗集料，其最大掺加比例由磨光值试验确定。

破碎后的粗集料在符合质量技术要求的前提下，表面粗糙，具有较多的凹凸平面，能吸附较多的沥青结合料，能提高混合料的耐久性。也就是说，粗集料的破碎状况，直接影响其与沥青黏附后的路用性能。《公路沥青路面施工技术规范》（JTG D 50—2006）规定，破碎砾石应采用粒径大于 50mm、含泥量不大于 1% 的砾石轧制，破碎砾石的破碎面应符合表 7-12 的要求。

表 7-12　　　　　　　　　　　　　粗集料对破碎面的要求

路面部位或混合料类型		具有一定数量破碎面颗粒的含量/%	
		1 个破碎面	2 个或 2 个以上破碎面
沥青路面表面层	高速公路、一级公路	≥100	≥90
	其他等级公路	≥80	≥60
沥青路面中下面层、基层	高速公路、一级公路	≥90	≥80
	其他等级公路	≥70	≥50
SMA 混合料		≥100	≥90
贯入式路面		≥80	≥60

三、细集料

细集料是指在集料中粒径小于 2.36mm 的骨料，在沥青混合料中主要起骨架和填充粗骨料空隙的作用。沥青路面的细集料包括天然砂、机制砂、石屑。细集料必须由具有生产许可证的采石场、采砂场生产。细集料应洁净、干燥、无风化、无杂质，并有适当的颗粒级配，其质量应符合表 7-13 的规定。

细集料的洁净程度，天然砂以小于 0.075mm 含量的百分数表示，石屑和机制砂以砂当量（适用于 0～4.75mm）或亚甲蓝值（适用于 0～2.36mm 或 0～0.15mm）表示。

表 7-13　　　　　　　　　　　　沥青混合料用细集料质量要求

项　　目	高速公路、一级公路	其他等级公路
表观相对密度/（t/m³）	≥2.50	≥2.45
坚固性（大于 0.3mm 部分）/%	≥12	—
含泥量（小于 0.075mm 的含量）/%	≤3	≤5
砂当量/%	≥60	≥50
亚甲蓝值/（g/kg）	≤25	—
棱角性（流动时间）/s	≥30	

采用河砂或海砂等天然砂作细集料时，通常宜采用粗、中砂，其规格应符合表 7-14 的规定，砂的含泥量超过规定时应水洗后使用，海砂中的贝壳类材料必须筛除。热拌密级配沥青混合料中天然砂的用量通常不宜超过集料总量的 20%，SMA 和 OGFC 混合料不宜使用天然砂。

石屑是采石场破碎石料时通过 4.75mm 或 2.36mm 的筛下部分，其规格应符合表 7-15 的要求。采石场在生产石屑的过程中应具备抽吸设备，高速公路和一级公路的沥青混合料，宜将 S14 与 S16 组合使用，S15 可在沥青稳定碎石基层或其他等级公路中使用。

表 7 – 14 沥青混合料用天然砂规格

筛孔尺寸 /mm	通过各孔筛的质量百分率/%		
	粗砂	中砂	细砂
9.5	100	100	100
4.75	90～100	90～100	90～100
2.36	65～95	75～90	85～100
1.18	35～65	50～90	75～100
0.6	15～30	30～60	60～84
0.3	5～20	8～30	15～45
0.15	0～10	0～10	0～10
0.075	0～5	0～5	0～5

表 7 – 15 沥青混合料用机制砂或石屑规格

规格	公称粒径 /mm	水洗法通过各筛孔的质量百分率/%							
		9.5	4.75	2.36	1.18	0.6	0.3	0.15	0.075
S15	0～5	100	90～100	60～90	40～75	20～55	7～40	2～20	0～10
S16	0～3	—	100	80～100	50～80	25～60	8～45	0～25	0～15

四、填料

粒径小于 0.075mm 的材料称为填料。沥青混合料的填料必须采用石灰岩或岩浆岩中的强基性岩石等憎水性石料经磨细得到的矿粉，原石料中的泥土杂质应除净。矿粉应干燥、洁净，能自由地从矿粉仓流出，其质量应符合表 7 – 16 的技术要求。

表 7 – 16 沥青混合料用矿粉质量要求

项 目		高速公路、一级公路	其他等级公路
表观相对密度/(t/m³)		≥2.50	≥2.45
含水量/%		≤1	≤1
粒度范围	小于 0.6mm /%	100	100
	小于 0.15mm/%	90～100	90～100
	小于 0.075mm/%	75～100	70～100
外观		无团粒结块	
亲水系数		<1	
塑性指数/%		<4	
加热安定性		实测记录	

当沥青用量足以形成薄膜并充分黏附在矿粉颗粒表面时，沥青胶浆具有最优的黏结力，因此矿粉的用量要适量，且矿粉的粒度范围要符合要求，尤其是 0.075mm 以下材料含量的限制要求应提高，但小于 0.005mm 部分含量不宜过多，否则宜成团结块。

拌和机的粉尘可作为矿粉的一部分回收使用。但每盘用量不得超过填料总量的 25%，掺有粉尘填料的塑性指数不得大于 4%。粉煤灰作为填料使用时，用量不得超过填料总量的 50%，粉煤灰的烧失量应小于 12%，与矿粉混合后的塑性指数应小于 4%，其余质量要求与矿粉相同。高速公路、一级公路的沥青面层不宜采用粉煤灰作填料。

五、纤维稳定剂

在沥青混合料中掺加的纤维稳定剂宜选用木质素纤维、矿物纤维等。木质素纤维的质量应符合表 7-17 的技术要求。

表 7-17　　　　　　　　　　木质素纤维质量技术要求

项　　目	指　　标	试验方法
纤维长度/mm	≤6	水溶液用显微镜观测
灰分含量/%	18±5	高温 590～600℃ 燃烧后测定残留物
pH 值	7.5±1.0	水溶液用 pH 试纸或 pH 计测定
吸油率	不小于纤维质量的 5 倍	用煤油浸泡后放在筛上经振敲后称量
含水率（以质量计）/%	≤5	105℃烘箱烘 2h 后冷却称量

纤维应在 250℃ 的干拌温度不变质、不发脆，使用纤维必须符合环保要求，不危害身体健康。纤维必须在混合料拌和过程中能充分分散均匀。矿物纤维宜采用玄武岩等矿石制造，易影响环境及造成人体伤害的石棉纤维不宜直接使用。

纤维应存放在室内或有棚盖的地方，松散纤维在运输及使用过程中应避免受潮，不结团。纤维稳定剂的掺加比例以沥青混合料总量的质量百分率计算，通常情况下用于 SMA 路面的木质素纤维不宜低于 0.3%，矿物纤维不宜低于 0.4%，必要时可适当增加纤维用量。

第四节　沥青路面施工

一、热拌沥青混合料路面施工

热拌沥青混合料包括沥青混凝土、沥青碎石等，适用于各种等级道路的沥青面层。高速公路、一级公路和城市快速路、主干路的沥青面层的上面层、中面层及下面层应采用沥青混凝土混合料铺筑，沥青碎石混合料仅适用于过渡层及整平层。其他等级道路的沥青面层的上面层宜采用沥青混凝土混合料铺筑。

热拌沥青混合料（HMA）的种类按集料公称最大粒径、矿料级配、空隙率划分见表 7-18。应按工程要求选择适宜的混合料规格、品种。

应根据面层厚度和沥青混合料的种类、组成、施工季节，确定铺筑层次及各分层厚度。各层沥青混合料应满足所在层位的功能性要求，便于施工，不得离析。各层应连续施工并联结成一体。沥青混合料面层不得在雨、雪天气及环境最高温度低于 5℃ 时施工。当风力在 6 级及以上时，不应进行沥青混合料施工。当采用旧路面作为基层加铺沥青混合料面层时，应对原有路面进行处理、整平或补强，并符合设计要求及有关规定。旧路面整治处理中刨除与铣刨产生的废旧沥青混合料应集中回收，实现再生利用。

表 7 - 18   热 拌 沥 青 混 合 料 种 类

| 混合料类型 | 密级配 | | | 开级配 | | 半开级配 | 公称最大粒径/mm | 最大粒径/mm |
| | 连续级配 | | 间断级配 | 间断级配 | | | | |
	沥青混凝土	沥青稳定碎石	沥青玛蹄脂碎石	排水式沥青磨耗层	排水式沥青碎石基层	沥青碎石		
特粗式	—	ATB—40	—	—	ATPB—40	—	37.5	53.0
粗粒式	—	ATB—30	—	—	ATPB—30	—	31.5	37.5
	AC—25	ATB—25	—	—	ATPB—25	—	26.5	31.5
中粒式	AC—20	—	SMA—20	—	—	AM—20	19.0	26.5
	AC—16	—	SMA—16	OGFC—16	—	AM—16	16.0	19.0
细粒式	AC—13	—	SMA—13	OGFC—13	—	AM—13	13.2	16.0
	AC—10	—	SMA—10	OGFC—10	—	AM—10	9.5	13.2
砂粒式	AC—5	—	—	—	—	—	4.75	9.5
设计空隙率/%	3～5	3～6	3～4	>18	>18	6～12	—	—

（一）准备工作

施工前的准备工作主要有选定原材料、机械选型与配套、沥青混合料配合比设计、修筑试验路段、下承层准备等内容。

1. 原材料选择及混合料配合比设计

宜根据公路等级、材料供应、气候及交通条件等情况选用符合沥青路面技术要求的沥青、粗集料、细集料、填料等，并进行配合比设计。

沥青混合料配合比设计包括目标配合比设计、生产配合比设计、生产配合比验证三个阶段，宜采用马歇尔试验配合比设计方法。沥青混合料技术要求应符合规范的规定，并有良好的施工性能。

对用于高速公路和一级公路的公称最大粒径等于或小于 19mm 的密级配沥青混合料（AC）及 SMA、OGFC 混合料需在配合比设计的基础上进行各种使用性能检验（动稳定度、水稳定性、渗水试验等），不符要求的沥青混合料，必须更换材料或重新进行配合比设计。

2. 施工机械检查

沥青混合料拌和设备在开始运转前要进行一次全面检查，确定搅拌器内有无积存余料、冷料运输机是否运转正常。

洒油车应检查油泵系统、洒油管道、量油表、保温设备等有无故障，校核其洒油量。

矿料撒铺车应检查其传动和液压调整系统，确定撒铺每一种规格矿料时应控制的间隙和行驶速度。

摊铺机应检查其规格和主要机械性能，如振捣板、振动器、熨平板、螺旋摊铺器、离合器、刮板送料器、料斗闸门、厚度调节器、自动找平装置等是否正常。

压路机应检查其规格和主要机械性能（如转向、启动、振动、倒退、停驶等方面的能力）及滚筒表面的磨损情况。

3. 修筑试验路段

沥青路面大面积施工前，为了获得具有指导性的重要技术参数，采用计划使用的机械设备和混合料配合比铺筑试验段。通过试验段的修筑，确定下列参数：

(1) 确定合理的施工机械、数量及组合方式（根据各种施工机械相匹配的原则）。

(2) 确定拌和机的上料速度、拌和数量与时间、拌和温度等操作工艺。

(3) 确定透层沥青的标号与用量、喷洒方式、喷洒温度。

(4) 确定摊铺机的摊铺温度、摊铺速度、摊铺宽度、自动找平方式等操作工艺。

(5) 确定压实机械的合理组合、碾压温度、碾压速度及碾压遍数等压实工艺。

(6) 确定松铺厚度和接缝方法等。

(7) 确定施工产量及作业段的长度，制定施工进度计划。

(8) 确定施工组织及管理体系、人员、通信联络及指挥方式。

4. 下承层准备

铺筑沥青层前，应检查基层或下卧沥青层的质量，并做好施工现场的测量放样工作。不符要求时不得铺筑沥青面层。旧沥青路面或下卧层已被污染时，必须清洗或经铣刨处理后方可铺筑沥青混合料。

(二) 沥青混合料的拌制

1. 材料供给

堆料场储存的集料数量应为平均日用量的 5 倍以上，而且应加以遮盖，以防雨水浸湿。各种集料必须分隔储存，储存地点要求干净，无垃圾、尘土等杂物。料场地面应经过硬化处理，并具有完备的排水设施。

细集料和沥青储量应为平均日用量的 2 倍以上，储存的细集料，必须遮盖，不得浸水，否则影响矿料配合比精度和拌和机生产效率。

2. 拌制

沥青混合料必须在沥青拌和厂（场、站）采用拌和机械拌制，拌和厂的设置必须符合国家有关环境保护、消防、安全等规定。其设备可采用间歇式拌和机或连续式拌和机。各类拌和机均有防止矿粉飞扬散失的密封及除尘设备，并有检测拌和温度的装置，连续式拌和机还应具备根据材料含水量变化调整矿料上料比例、速度、沥青用量的装置。

高速公路和一级公路宜采用间歇式拌和机拌和，并且配备能够逐盘采集、打印各个传感器测定的材料用量和沥青混合料拌和量、拌和温度等参数的相应计算机设备。连续式拌和机使用的集料必须稳定不变，当一项工程从多处进料、来源或质量不稳时，不得采用连续式拌和机。间歇式拌和设备工艺流程如图 7-3 所示。

拌和后的沥青混合料应均匀一致，无花白、离析和结团成块等现象。应每班抽样做沥青混合料性能、矿料级配组成和沥青用量检验。沥青混合料出厂时应逐车检测其重量和温度，记录出厂时间，签发运料单。

石油沥青加工及沥青混合料施工温度应根据沥青标号及黏度、气候条件、铺装层的厚度确定。沥青混合料的施工温度应符合表 7-19 的要求。

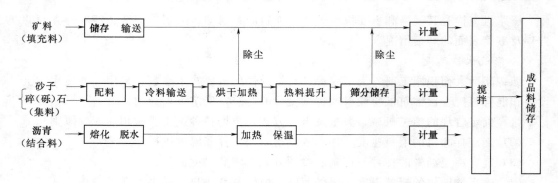

图 7-3 间歇式拌和设备工艺流程图

表 7-19   热拌沥青混合料的施工温度   单位：℃

施工工序		石油沥青的标号			
		50 号	70 号	90 号	110 号
沥青加热温度		160～170	155～165	150～160	145～155
矿料加热温度	间隙式拌和机	集料加热温度比沥青温度高 10～30			
	连续式拌和机	矿料加热温度比沥青温度高 5～10			
沥青混合料出料温度		150～170	145～165	140～160	135～155
混合料仓温度		储料过程中温度降低不超过 10			
混合料废弃温度，高于		200	195	190	185
运输到现场温度，不低于		150	145	140	135
混合料摊铺温度，不低于	正常施工	140	135	130	125
	低温施工	160	150	140	135
开始碾压的混合料内部温度，不低于	正常施工	135	130	125	120
	低温施工	150	145	135	130
碾压终了的表面温度，不低于	钢轮压路机	80	70	65	60
	轮胎压路机	85	80	75	70
	振动压路机	75	70	60	55
开放交通的路表温度，不高于		50	50	50	45

注 1. 沥青混合料的施工温度采用具有金属探测针的插入式数显温度计测量。表面温度可采用表面接触式温度计测定。当采用红外线温度计测量表面温度时，应进行标定。

    2. 表中未列入的 130 号、160 号及沥青的施工温度由试验确定。

（三）沥青混合料的运输

运输车辆的数量和总运输能力应该较拌和机生产能力和摊铺速度有所富余，施工过程中摊铺机前方应有运料车在等候卸料。对高速公路和一级公路开始摊铺时等候卸料的运料车不宜少于 5 辆。

运料车车厢应该清扫干净，车厢侧板和底板可涂一层薄的油水（柴油和水的比例为1∶3），但不能有余液积聚在车厢底部，以防止混合料与车厢板黏结。将混合料从拌和厂运到摊铺现场，必须用篷布覆盖，以保温、防雨、防污染。拌和机向运料车上料时，应多次挪动汽车位置，平衡装料，以减少粗细集料的离析现象。

混合料运到摊铺地点后应凭运料单接收，检查拌和料的质量及温度，若不符合施工规范规定的施工温度要求，或已经结成团块，或遭雨淋的混合料不得铺筑在道路上。

（四）沥青混合料摊铺

1. 自卸汽车供料

经测沥青混合料的温度符合要求后，第一辆自卸车缓慢后退到摊铺机前 100～300mm 处，挂空挡等候，摊铺机起步向前接触自卸车，并推动自卸车前进，同时自卸车向摊铺机受料斗中缓缓卸料直到受料斗中料满即停止卸料，并应尽早卸完立即离开。第二辆自卸车后退到离摊铺机 200～300mm 时即停止并挂空挡，摊铺机继续前进摊铺混合料，接触第二辆运料车并推动料车前进，第二辆运料车立即向摊铺机受料斗缓缓卸料。应用这种方式能够保持摊铺机匀速不间断地摊铺沥青混合料。

2. 摊铺机作业

（1）摊铺方式。热拌沥青混合料应采用沥青摊铺机摊铺，其工艺流程如图 7-4 所示。采用多幅摊铺时，先从横坡较低处开铺。各条摊铺带的宽度最好相同，以节省重新接宽熨平板的时间（液压伸缩式调宽较省时）。当使用单机进行不同宽度的多次摊铺时，应尽可能先摊铺较窄的那一条，以减少拆接板宽次数。铺筑高速公路和一级公路沥青混合料时，一台摊铺机的铺筑宽度不宜超过 6m（双车道）至 7.5m（三车道以上），通常宜采用两台或更多台数的摊铺机前后错开 10～20m，呈梯队方式同步摊铺，两幅之间应有 30～60mm 左右的搭接，并躲开车道轮迹带，上、下层的搭接位置宜错开 200mm 以上。在摊铺过程中应及时调整摊铺宽度，特别在有预制块路缘石的情况下应避免路缘石内侧混合料不足现象。

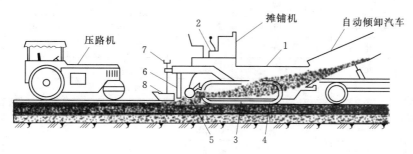

图 7-4 沥青混合料摊铺工艺流程示意图

1—料斗；2—驾驶台；3—送料器；4—履带；5—螺旋摊铺器；6—振捣器；7—厚度调节杆；8—摊平板

（2）松铺系数。沥青混合料的松铺系数应根据混合料类型由试铺试压确定，也可按表 7-20 确定。摊铺过程中应随时检查摊铺层厚度及路拱、横坡，不合要求时应视情况及时调整。

表 7-20　　　　　　　　　　沥青混合料的松铺系数

种　　类	机械摊铺	人工摊铺
沥青混凝土混合料	1.15～1.35	1.25～1.50
沥青碎石混合料	1.15～1.30	1.20～1.30

（3）摊铺机操作。在摊铺机就位并调整完毕后，就要做好摊铺机和熨平板的预热、保温工作。目的是减少熨平板及其附件与混合料的温差，从而保证摊铺层的强度和表面的平整度。

每天开始施工之前 0.5～1.0h 或临时停工后再工作时，均应使预热熨平板不低于100℃。熨平板的预热温度应与混合料温度接近，若过热，除了易使熨平板本身变形和加速磨损以外，还会使铺层表面沥青焦化和拉沟；若过低混合料将会冷黏在板底，这些黏附的混合料随板向前移动时，会拉裂铺层表面，形成沟槽和裂纹。

根据摊铺速度，将螺旋摊铺器调整到一个稳定的速度均衡地转动，其两侧保持不少于送料器 2/3 高度的混合料，以减少混合料在摊铺过程中的离析。

摊铺机速度应控制在 2～6m/min 的范围内，对改性沥青混合料及沥青玛蹄脂碎石（SMA）混合料宜放慢至 1～3m/min。摊铺机必须缓慢、均匀、连续不间断地摊铺，并不得随意变换速度或中途停顿。

摊铺机应采用自动找平方式。下面层或基层宜采用一侧钢丝绳引导的高程控制方式；表面层宜采用摊铺层前后保持相同高差的雪橇式摊铺厚度控制方式；中面层根据情况选用找平方式。

（4）沥青路面的摊铺温度。根据铺筑层厚度、气温、风速及下卧层表面温度，其最低摊铺温度应符合表 7-21 的要求。每天施工开始阶段宜采用较高温度的混合料。寒冷季节遇大风降温，不能保证迅速压实时不得铺筑沥青混合料。

表 7-21　　沥青混合料的最低摊铺温度

下卧层的表面温度/℃	相应于下列不同摊铺层厚度的最低摊铺温度/℃					
	普通沥青混合料			改性沥青混合料或 SMA 沥青混合料		
	<50mm	50～80mm	>80mm	<50mm	50～80mm	>80mm
<5	不允许	不允许	140	不允许	不允许	不允许
5～10	不允许	140	135	不允许	不允许	不允许
10～15	145	138	132	165	155	150
15～20	140	135	130	158	150	145
20～25	138	132	128	153	147	143
25～30	132	130	126	147	145	141
>30	130	128	124	145	140	139

（五）沥青混合料的压实

合理的碾压不仅能使沥青面层达到较高的密实度，而且具有良好的平整度。沥青混合料的密实度越大，空隙率就越小，其稳定度、抗拉强度和劲度就愈大，因而其疲劳寿命也越长，在使用过程中产生的压缩变形也就越小，抗车辙能力愈强。压实是沥青面层施工的最后一道工序，也是保证沥青混合料的质量、物理力学性质和功能特性符合设计要求的重要环节。

1. 碾压机械的选型与组合

用于沥青面层碾压的压路机主要有静作用光轮压路机、轮胎压路机、振动压路机和组合式压路机。结合工程实际，选择压路机种类、大小和数量时，应考虑摊铺机的生产效率、混合料的特性、摊铺厚度、施工现场的具体条件等因素。

摊铺机的生产率决定了需要压实的能力，从而影响了压路机数量的选用，而混合料的特性则为选择压路机的大小、最佳频率和振幅提供了依据。选择压路机频率和振幅应与摊铺层厚度相适应，摊铺层厚度小于 60mm，最好使用振幅为 0.35～0.6mm 的中小型振动压路机（2～6t）；厚度大于 100mm，最好使用高振幅的大中型振动压路机（6～10t）。压实机械的选择必须考虑施工现场的具体情况，若有陡坡、转弯的路段还应考虑压路机操作的机动灵活性。

2. 碾压程序及一般要求

沥青混合料碾压要有专人负责，并在开工前对压路机司机进行培训交底，每天应在正式开铺之前，全面作好压路机加油、加水、维修、调试等准备工作，严禁压路机在新铺沥青路面上停车、加油、加水。当确实必需时，应在头一天施工的路段上以及在桥涵顶面处进行，但在加油时严禁将油滴洒在沥青路面上。

压路机应以慢而均匀的速度碾压，压路机的碾压速度应符合规范规定。压路机的碾压路线及碾压方向不应突然改变而导致混合料推移。碾压区的长度应大体稳定，两端的折返位置应随摊铺机前进而推进，横向不得在相同的断面上。

沥青混合料面层碾压通常分为初压、复压和终压三个阶段：

（1）初压。初压又称为稳压，是压实的基础，其目的是整平、稳定混合料，同时为复压创造有利条件。初压应紧跟混合料摊铺后在较高温度下进行，为了保持一定温度，要求在较短的初压长度范围内的表面尽快压实。

由于混合料在摊铺机的熨平板前已经过初步整形压实，而且刚摊铺的混合料温度较高，常在 140℃ 左右。因此，只需较小的压实功就可以达到较好的稳定压实效果。通常采用轻型（6～8t）钢筒式或关闭振动装置的振动压路机慢速而均匀的碾压 1～2 遍即可。压路机从外侧向中心碾压，相邻碾压带应重叠 1/3～1/2 轮宽，最后碾压路中心部分，压完全幅为一遍。碾压时不得出现推移、发裂，如果有所发生，应检查原因并及时采取补救措施。初压后检查平整度、路拱，必要时予以适当的修补甚至返工。

（2）复压。复压的目的是使混合料密实、稳定、成型，是压实的主要阶段。复压应在较高的温度下并紧跟初压后面进行，且不得随意停顿。压实段的总长度不宜超过 60～80m，复压期间的温度不应低于 120～130℃。

复压宜采用重型轮胎压路机（16t 以上）、振动压路机（用振动压实）或钢筒式压路机，也可用组合式压路机、双轮振动压路机和轮胎压路机一起进行碾压。碾压方式与初压基本相同，碾压遍数参照铺筑试验段时所得的结果确定，通常不少于 4～6 遍。对路面边缘、加宽及港湾式停车带等大型压路机难于碾压的部位，宜采用小型振动压路机或振动夯板作补充碾压。

（3）终压。终压是消除轮迹、缺陷和保证面层有较好平整度的最后一步，应紧跟复压后进行（如经复压后已无明显轮迹时可免去终压）。它既要消除复压过程中遗留的缺陷，又要保证路面的平整度。所以要求沥青混合料在较高但又不能过高的温度下结束碾压。终压时可选用双轮钢筒式压路机或关闭振动的振动压路机，碾压遍数不宜少于 2 遍，直至无

165

明显轮迹为止。

（六）接缝处理

沥青路面的施工必须接缝紧密、连接平顺，不得产生明显的接缝离析。接缝处理不好，易使接缝处凹凸不平，或由于压实度不够和结合强度不足而产生裂纹。因此，接缝处理的好坏直接影响路面质量。接缝施工应用 3m 直尺检查，确保平整度符合要求。

1. 纵向接缝

纵向接缝有热接缝和冷接缝两种。

热接缝施工一般是使用两台以上摊铺机成梯队同步摊铺沥青混合料，两台摊铺机前后距离宜为 10～20m，此时相邻两条摊铺带的混合料在高温状态下相接。施工中应将已摊铺部分留下 100～200mm 宽暂不碾压，作为后续部分的基准面，然后作跨缝碾压以消除缝迹。

冷接缝是由于设备配备以及场地条件等限制，不可避免形成的。施工中宜加设挡板或加设切刀切齐，也可在混合料尚未完全冷却前用镐刨除边缘留下毛茬的方式，但不宜在冷却后采用切割机作纵向切缝。加铺另半幅前应涂洒少量沥青，重叠在已铺层上 50～100mm，再铲走铺在前半幅上面的混合料，碾压时由边向中碾压留下 100～150mm，再跨缝挤紧压实。或者先在已压实路面上行走碾压新铺层 150mm 左右，然后压实新铺部分。

上、下层的纵缝应错开 15cm（热接缝）或 30～40cm（冷接缝）以上。

2. 横向接缝

横向接缝通常指每天的工作缝或由于摊铺中断时间较长后再开始摊铺的接缝。横向接缝通常采用平接缝和斜接缝的形式。平接缝容易保证平整，但连续性较差，宜在此开裂；斜接缝则不易搭接好，容易形成接头跳车。

高速公路和一级公路的表面层横向接缝应采用垂直的平接缝，以下各层可采用自然碾压的斜接缝，沥青层较厚时也可作阶梯形接缝。其他等级公路的各层均可采用斜接缝。横向接缝的几种形式见图 7-5。

斜接缝的搭接长度与层厚有关，宜为 0.4～0.8m。搭接处应洒少量沥青，混合料中的粗集料颗粒应予剔除，并补上细料，搭接平整，充分压实。阶梯形接缝的台阶经铣刨而成，并洒黏层沥青，搭接长度不宜小于 3m。

图 7-5　横向接缝的几种形式

平接缝宜趁尚未冷透时用凿岩机或人工垂直刨除端部层厚不足的部分，使工作缝成直角连接。当采用切割机制作平接缝时，宜在铺设当天混合料冷却但尚未结硬时进行。刨除或切割不得损伤下层路面。切割时留下的泥水必须冲洗干净，待干燥后涂刷黏层油。铺筑新混合料接头应使接茬软化，压路机先进行横向碾压，再纵向碾压成为一体，充分压实，连接平顺。

相邻两幅及上、下铺层的横向接缝均应错位 1m 以上。

（七）开放交通

热拌沥青混合料路面应待摊铺层完全自然冷却，混合料表面温度低于 50℃后，方可开放交通。需要提早开放交通时，可洒水冷却降低混合料温度。铺筑好的沥青层应严格控制交通，做好保护，保持整洁，不得造成污染，严禁在沥青层上堆放施工产生的土或杂物，严禁在已铺沥青层上制作水泥砂浆。

沥青混合料的施工质量管理应主要着重于材料与设备检查、混合料配合比、拌和质量控制、摊铺与碾压质量控制、施工温度控制等几个方面。同时，应按《公路工程质量检验评定标准》（JTG F80/1—2004）的要求进行检查验收，以评定工程质量。热拌沥青混合料路面的实测项目主要有压实度、平整度、弯沉值、渗水系数、抗滑指标（摩擦系数、构造深度）、厚度、中线平面偏位、纵断高程、宽度、横坡等。

二、透层、黏层、封层

（一）透层施工

透层是指为使沥青面层与非沥青材料基层结合良好，在基层表面上喷洒乳化沥青或液体沥青而形成的渗入基层表面一定深度的薄层。

透层是沥青面层和非沥青材料基层的连接层，其主要作用可以归结为：有效地增强沥青面层与基层之间的黏结力；封闭基层表面的孔隙，减少水分的渗透，防止水分对地基的影响；防止基层对铺筑面层沥青的吸收；临时性保护基层表面，防止恶劣气候及轻交通对基层形成破坏。

施工中应根据基层类型选择渗透性好的液体沥青、乳化沥青做透层油。透层油的规格应符合表 7-22 的规定。用作透层油的基质沥青的针入度不宜小于 100。液体沥青的黏度应通过调节稀释剂的品种和掺量经试验确定。透层油的用量与渗透深度宜通过试洒确定，不宜超出表 7-22 的规定。

表 7-22　　　　　　　　　沥青路面透层油的规格和用量

用途	液体沥青		乳化沥青	
	规格	用量/(L/m²)	规格	用量/(L/m²)
无机结合料粒料基层	AL（M）-1、2 或 3 AL（S）-1、2 或 3	1.0～2.3	PC-2 PA-2	1.0～2.0
半刚性基层	AL（M）-1 或 2 AL（S）-1 或 2	0.6～1.5	PC-2 PA-2	0.7～1.5

注　表中用量是指包括稀释剂和水分等在内的液体沥青、乳化沥青的总量，乳化沥青中的残留物含量是以 50% 为基准。

透层施工技术要点包括：

（1）各类沥青混合料面层的基层表面应喷洒透层油，在透层油完全渗透入基层后方可铺筑面层。

（2）在半刚性基层上喷洒透层沥青时，透层沥青应在基层碾压成形后表面变干燥，但尚未硬化的情况下喷洒。喷洒时应对基层表面进行清扫，保持基层表面清洁，并遮挡防护路缘石及人工构造物避免污染。

（3）喷洒透层沥青时基层表面温度不得低于10℃，在风力大于5级及以上，影响喷洒效果或即将降雨时，不得喷洒透层沥青。

（4）透层油宜采用沥青洒布车或手动沥青洒布机喷洒。洒布设备喷洒喷嘴应与透层沥青匹配，喷洒应呈雾状，洒布管高度应使同一地点接受2～3个喷油嘴喷洒的沥青。

（5）透层油应洒布均匀，有花白遗漏应人工补洒，喷洒过量的应立即撒布石屑或砂吸油，必要时作适当碾压。

（6）在基层上喷洒透层沥青后，应禁止车辆通行直到透层沥青干燥，防止行人、车辆对透层沥青产生破坏。在透层干燥之前，必须有车辆通行的情况下，应在透层表面铺洒适量的石屑或粗砂。

（7）透层油洒布后的养护时间应根据透层油的品种和气候条件由试验确定。液体沥青中的稀释剂全部挥发或乳化沥青水分蒸发后，应及时铺筑沥青混合料面层。

（二）黏层施工

在沥青路面施工时，为增加沥青层与沥青层之间、沥青层与水泥混凝土底层之间的黏结力而在底层表面喷洒的沥青材料薄层称为黏层。

双层式或多层式热拌热铺沥青混合料面层，上、下层间铺筑间隔期较长，已铺层面受污染时，或在水泥混凝土路面、沥青稳定碎石基层、旧沥青路面层上加铺沥青混合料层时，应在既有结构和路缘石、检查井等构筑物与沥青混合料的连接面喷洒黏层油。

黏层油宜采用快裂或中裂乳化沥青、改性乳化沥青，也可采用快、中凝液体石油沥青，其规格和用量应符合表7-23的规定。所使用的基质沥青标号宜与主层沥青混合料相同。

表 7-23　　　　　　　　　　　沥青路面黏层油的规格和用量

下卧层类型	液体沥青		乳化沥青	
	规格	用量/(L/m²)	规格	用量/(L/m²)
新建沥青层或旧沥青路面	AL(R)-3～AL(R)-6 AL(M)-3～AL(M)-6	0.3～0.5	PC-3 PA-3	0.3～0.6
水泥混凝土	AL(M)-3～AL(M)-6 AL(S)-3～AL(S)-6	0.2～0.4	PC-3 PA-3	0.3～0.5

注　表中用量是指包括稀释剂和水分等在内的液体沥青、乳化沥青的总量，乳化沥青中的残留物含量以50%为基准。

黏层油品种和用量应根据下卧层的类型通过试洒确定，并应符合表7-23的规定。当黏层油上铺筑薄层大孔隙排水路面时，黏层油的用量宜增加到0.6～1.0L/m²。沥青层间兼做封层的黏层油宜采用改性沥青或改性乳化沥青，其用量不宜少于1.0L/m²。

黏层施工技术要点包括：

（1）黏层油宜在摊铺面层当天洒布。在施工黏层之前，应对施工的下层表面进行清扫并保持干净。

（2）在施工现场温度低于10℃或底层表面潮湿时，不得喷洒黏层沥青。

（3）黏层沥青应采用沥青洒布车喷洒并选择合适的喷嘴、喷布速度和喷洒量。对喷洒不到的地方，应由熟练的工人操作，均匀喷布，保证黏结面有黏层沥青。

（4）喷洒黏层之后，应禁止运输车辆和其他车辆及行人通行，并在黏层沥青微干后尽快铺筑上层材料，若黏层采用乳化沥青应经破乳、初凝、固化成型后或稀释沥青中的稀释剂基本挥发完后方可铺筑沥青面层，确保黏层不受污染。

（三）封层施工

封层是为了封闭表面空隙，防止水分浸入沥青面层或基层而铺筑的有一定厚度的沥青混合料薄层。其中铺筑在沥青面层表面的称为上封层，铺筑在沥青面层下面、基层表面的称为下封层。

下列情况应铺设上封层：①沥青面层的空隙较大，透水严重的情况；②出现裂缝或已修补的旧沥青路面；③需加铺磨耗层改善抗滑性能的旧沥青路面；④需加铺磨耗层的新建沥青路面。

下列情况应铺设下封层：①位于多雨地区且沥青面层空隙较大，渗水严重；②在铺筑基层后，不能及时铺筑沥青面层，且须开放交通的。

上封层和下封层可采用拌和法或层铺法的单层式沥青表面处治，也可采用乳化沥青稀浆封层。封层的施工技术要点如下：

（1）在封层施工之前，应清洁基层表面，确保基层表面无灰尘，避免封层油膜被捻起。旧路面铺筑封层前应先修补坑槽、整平路面。

（2）封层施工的最低温度不得低于10℃，严禁在雨季施工。

（3）封层油宜采用改性沥青或改性乳化沥青。集料质地坚硬、耐磨、洁净、粒径级配应符合要求。

（4）层铺法施工时，沥青应洒布均匀、不露白，封层应不透水。

（5）用沥青表面处治铺筑封层时，其材料规格、用量及施工工艺，应符合规范规定。

（6）用于稀浆封层的混合料其配合比应经设计、试验，符合要求后方可使用。

（7）乳化沥青稀浆封层混合料的拌制、摊铺及成型应满足施工技术规范的要求。

（8）稀浆封层铺筑后，必须待乳液破乳、水分蒸发、干燥成型后方可开放交通。

三、层铺法沥青路面施工

（一）沥青贯入式

沥青贯入式面层是在初步压实的碎石上，分层浇洒沥青、撒布嵌缝料，或再在上部铺筑热拌沥青混合料封层，经压实而成的沥青面层。沥青贯入式路面适用于三级及三级以下公路、城镇次干路以下道路，也可作为沥青路面的连接层或基层。厚度宜采用4～8cm，但乳化沥青贯入式的厚度不宜超过5cm。沥青贯入式是一种多孔隙结构。为了防止表面水的渗入，增强水稳定性，沥青贯入式路面必须加封层处理，但作道路基层或联结层时，可不撒表面封层料。

沥青贯入式面层宜在干燥和较热的季节施工，并宜在日最高温度低于15℃到来以前半个月结束，沥青贯入式面层严禁冬期施工。施工前应将基层清扫干净，并对路缘石、检查井等采取防止沥青污染的措施。各工序应紧密衔接，当日的作业段宜当日完成。

沥青贯入式面层材料规格和用量宜按表7-24的规定选用。主层集料的最大粒径宜与贯入层厚度相当，采用乳化沥青时，主层集料的最大粒径可采用厚度的0.8～0.85倍。各层集料必须保持干燥、洁净，集料应选择有棱角、嵌挤性好的坚硬石料；当使用破碎砾石时，具有一个破碎面的颗粒应大于80%，两个或两个以上破碎面的颗粒应大于60%。沥青材料宜选道路用B级沥青或由其配制的快裂喷洒型阳离子乳化沥青（PC-1）或阴离子乳化沥青（PA-1）。喷洒沥青宜在3级（含）风以下进行。沥青或乳化沥青的浇洒温度应根据沥青标号及气温情况选择。

表 7-24　　　　　　　　　　　　沥青贯入式面层材料规格和用量

沥青品种	石 油 沥 青					
厚度/cm	4		5		6	
规格和用量	规格	用量	规格	用量	规格	用量
封层料/(m³/1000m²)	S14	3～5	S14	3～5	S13(S14)	4～6
第三遍沥青/(kg/m²)		1.0～1.2		1.0～1.2		1.0～1.2
第二遍嵌缝料/(m³/1000m²)	S12	6～7	S11(S10)	10～12	S11(S10)	10～12
第二遍沥青/(kg/m²)		1.6～1.8		1.6～2.0		2.0～2.2
第一遍嵌缝料/(m³/1000m²)	S10(S9)	12～14	S8	16～18	S8(S6)	16～18
第一遍沥青/(kg/m²)		1.8～2.1		2.4～2.6		2.8～3.0
主层石料/(m³/1000m²)	S5	45～50	S4	55～60	S3(S2)	66～76
沥青总用量/(kg/m²)	4.4～5.1		5.2～5.8		5.8～6.4	

沥青品种	石 油 沥 青				乳 化 沥 青	
厚度/cm	7		8		4	5
规格和用量	规格	用量	规格	用量	规格	用量	规格	用量
封层料/(m³/1000m²)	S13(S14)	4～6	S13(S14)	4～6	S14	4～6	S14	4～6
第五遍沥青/(kg/m²)								0.8～1.0
第四遍嵌缝料/(m³/1000m²)							S14	5～6
第四遍沥青/(kg/m²)						0.8～1.0		1.2～1.4
第三遍嵌缝料/(m³/1000m²)					S14	5～6	S12	7～9
第三遍沥青/(kg/m²)		1.0～1.2		1.0～1.2		1.4～1.6		1.5～1.7
第二遍嵌缝料/(m³/1000m²)	S10(S11)	11～13	S10(S11)	11～13	S12	7～8	S10	9～11
第二遍沥青/(kg/m²)		2.4～2.6		2.6～2.8		1.6～1.8		1.6～1.8
第一遍嵌缝料/(m³/1000m²)	S6(S8)	18～20	S6(S8)	20～22	S9	12～14	S8	10～12
第一遍沥青/(kg/m²)		3.3～3.5		4.0～4.2		2.2～2.4		2.6～2.8
主层石料/(m³/1000m²)	S3	80～90	S1(S2)	95～100	S5	40～45	S4	50～55
沥青总用量/(kg/m²)	6.7～7.3		7.6～8.2		6.0～6.8		7.5～8.5	

注　1. 煤沥青贯入式的沥青用量可较石油沥青用量增加15%～20%。

2. 表中乳化沥青用量指乳液的用量，适用于乳液浓度约为60%的情况。

3. 在高寒地区及干旱风沙大的地区，可超出高限，再增加5%～10%。

沥青贯入式路面采用层铺法施工，其施工技术要点如下。

（1）摊铺主层集料。撒布时应避免颗粒大小不均，松铺系数约为1.25～1.30，具体取值经试铺实测确定，边撒布边检查路拱及平整度，铺筑后严禁车辆通行。

（2）初压。主层集料撒布后，应采用6～8t的轻型钢筒式压路机进行初压，碾压速度宜为2km/h，轮迹重叠约30cm，自路两侧边缘逐渐移向路中心碾压。碾压一遍后检验路拱和纵向坡度，当不符合要求时应调整找平后再压。然后再用 10～20t 压路机进行碾压，每次轮迹重叠 1/2 以上，宜碾压 4～6 遍，直至主层集料嵌挤稳定，无显著轮迹为止。

（3）浇撒第一层沥青。主层集料碾压完毕后，应立即浇洒第一层沥青。采用乳化沥青贯入时，为防止乳液下漏过多，可在主层集料碾压完成后，先撒布一部分上层嵌缝料，再浇撒主层沥青。

（4）撒布第一层嵌缝料。主层沥青浇洒完成后，应立即撒布第一层嵌缝料，嵌缝料撒铺后立即扫匀，不足处应找补。当使用乳化沥青时，石料撒布必须在乳液破乳前完成。

（5）碾压第一层嵌缝料。嵌缝料扫匀后应立即用 8～12t 钢筒式压路机进行碾压，轮迹应重叠轮宽的 1/2 左右，宜碾压 4～6 遍。碾压时应随压随扫，并应使嵌缝料均匀嵌入。至压实度符合设计要求、平整度符合规定为止。当气温较高使碾压过程中发生较大推移现象时，应立即停止碾压，待气温稍低时再继续碾压。压实过程中严禁车辆通行。

（6）按上述方法浇洒第二层沥青、撒布第二层嵌缝料并完成碾压后，再浇洒第三层沥青，并撒布封层料。

（7）终压。宜采用 6～8t 压路机最后碾压 2～4 遍。

（8）开放交通和初期养护。沥青贯入式面层终碾后即可开放交通，且应设专人指挥交通，面层完全成型前，行车速度不得超过 20km/h。通过有序开放交通，以使面层全部宽度均匀密实。开放交通后发现泛油时，应撒嵌缝料处理。

（二）沥青表面处治

沥青表面处治是指用沥青和集料按层铺法或拌和法施工，厚度不超过 3cm 的一种薄层面层，适用于低等级道路的沥青面层、各级施工便道以及在旧路面上加铺罩面层、抗滑层或磨耗层等，其主要作用是抵抗车轮磨耗，增强抗滑和防水能力，提高平整度，改善路面的行车条件。

沥青表面处治按浇洒沥青和撒布集料的遍数不同，分为单层式、双层式、三层式。单层式厚度为 1.0～1.5cm；双层式厚度为 1.5～2.5cm；三层式厚度为 2.5～3.0cm。沥青表面处治的集料最大粒径应与处治层的厚度相等。沥青表面处治面层使用的材料规格及用量宜按表 7-25 选用，并应适当地环境条件。

表 7-25　　　　　　　　沥青表面处治材料规格和用量

沥青种类	类型	厚度/cm	集料						沥青或乳液用量/(kg/m²)			
			第一层		第二层		第三层		第一次	第二次	第三次	合计用量
			规格	用量/(m³/1000m²)	规格	用量/(m³/1000m²)	规格	用量/(m³/1000m²)				
石油沥青	单层	1.0	S12	7～9					1.0～1.2			1.0～1.2
		1.5	S10	12～14					1.4～1.6			1.4～1.6
	双层	1.5	S10	12～14	S12	7～8			1.4～1.6	1.0～1.2		2.4～2.8
		2.0	S9	16～18	S12	7～8			1.6～1.8	1.0～1.2		2.6～3.0
		2.5	S8	18～20	S12	7～8			1.8～2.0	1.0～1.2		2.8～3.2
	三层	2.5	S8	18～20	S10	12～14	S12	7～8	1.6～1.8	1.2～1.4	1.0～1.2	3.8～4.4
		3.0	S6	20～22	S10	12～14	S12	7～8	1.8～2.0	1.2～1.4	1.0～1.2	4.0～4.6

续表

沥青种类	类型	厚度/cm	集料						沥青或乳液用量/(kg/m²)			
			第一层		第二层		第三层		第一次	第二次	第三次	合计用量
			规格	用量/(m³/1000m²)	规格	用量/(m³/1000m²)	规格	用量/(m³/1000m²)				
乳化沥青	单层	0.5	S14	7～9					0.9～1.0			0.9～1.0
	双层	1.0	S12	9～11	S14	4～6			1.8～2.0	1.0～1.2		2.8～3.2
	三层	3.0	S6	20～22	S10	9～11	S12 S14	4～6 3.5～4.5	2.0～2.2	1.8～2.0	1.0～1.2	4.5～5.4

注 1. 煤沥青表面处治的量可较石油沥青用量增加 15%～20%。

2. 表中乳化沥青的乳液用量适用于乳液沥青用量约为 60%的情况。

3. 在高寒地区及干旱、风沙大的地区，可超出高限，再增加 5%～10%。

沥青表面处治面层宜选择在干燥和较热的季节施工，并在日最高温度低于 15℃到来之前半个月及雨季前结束。沥青表面处治严禁冬期施工。

层铺法沥青表面处治施工，一般采用"先油后料"的方法，即先洒布一层沥青，后撒铺一层集料并碾压。双层式沥青表面处治结构层的施工工艺及技术要点如下：

（1）清扫基层。在表面处治层施工前，应将路面基层清扫干净，使基层的矿料大部分外露，并保持干燥。对有坑槽、不平整的路段应先修补使其平整，若基层整体强度不足，则应先予以补强。

（2）撒布第一层沥青。在清扫干净的碎石或砾石路面层铺筑沥青表面处治面层时，应喷洒透层油。在旧沥青路面、水泥混凝土路面、块石路面上铺筑沥青表面处治面层时，可在第一层沥青用量中增加 10%～20%，不再另洒透层油或黏层油。

在透层沥青充分渗透以后，应按要求的数量浇撒第一层沥青。宜采用沥青撒布车喷撒沥青，应保持稳定速度和喷洒量，撒布宽度范围内喷洒应均匀。浇洒中出现空白或缺边时，应立即用人工补洒，有积聚时应予刮除，以免日后产生松散、拥包和推挤等病害。前后两段喷洒的接茬应搭接良好，分幅浇洒时，纵向搭接宽度宜为 100～150mm，撒布各层沥青的搭接缝应错开。洒油时，对道路人工构造物及各种管井盖座、侧平石、路缘石等外露部分以及人行道道面等，应设防污染遮盖。沥青的浇洒温度应根据施工气温及沥青标号来选择，石油沥青宜为 130～170℃，乳化沥青乳液温度不宜超过 60℃。沥青浇洒的长度应与集料撒布机的能力相协调，以避免沥青浇洒后等待较长时间才撒布集料。

（3）撒布第一层主集料并碾压。第一层集料撒布应在浇洒主层沥青后立即进行，可采用集料撒布机或人工撒布。应按规定用量一次撒足，要撒铺均匀，全面覆盖，不应有集料重叠或漏空现象，局部有缺料或过多处，应及时进行人工找补或扫除。前幅路面浇洒沥青后，应在两幅搭接处暂留 100～150mm 宽度不撒石料，待后幅浇洒沥青后一起撒布集料。每个作业段长度应根据施工能力确定，并在当天完成。

撒布一段集料后（不必等全段撒铺完），应立即用 6～8t 钢筒双轮压路机碾压，碾压时每次轮迹应重叠约 300mm，从路两边逐渐向路中心碾压，宜碾压 3～4 遍。碾压速度开始不宜超过 2km/h，以后可适当增加。

（4）第二层的施工方法和要求与第一层相同，但可采用 8～10t 压路机。

（5）交通控制与初期养护。沥青表面处治在碾压结束后即可开放交通，但在通车初期应设专人指挥交通或设路障控制车辆行驶的路线，路面完全成型前应禁止车辆快速行驶（不超过 20km/h），使路面整个幅宽都能获得均匀碾压，加速处治层稳定成型。

沥青表面处治施工后应进行初期养护。当有泛油时，应在泛油处补撒嵌缝料，嵌缝料应与最后一层石料规格相同，并应扫匀。当有过多的浮动集料时，应扫出路面，并不得搓动已经黏着在位的集料。

单层式和三层式沥青表面处治的施工程序与双层式相同，仅需相应地减少或增加一次洒布沥青、撒布集料和碾压工序。

第五节　其他沥青路面简介

一、沥青玛蹄脂碎石（SMA）

为了克服日益严重的车辙，减少路面的磨耗，公路工作者对沥青混合料的配合比进行调整，增大粗集料的比例，添加纤维稳定剂，形成了 SMA（Stone Mustic Asphalt 简称 SMA）结构的初形。1984 年德国交通部门正式制定了一个 SMA 路面的设计及施工规范，SMA 路面结构形式基本得以完善。沥青玛蹄脂碎石混合料是一种以沥青、矿粉及纤维稳定剂组成的沥青玛蹄脂结合料，填充于间断级配的矿料骨架中所形成的沥青混合料。其组成特征主要包括两个方面：含量较多的粗集料互相嵌锁组成高稳定性（抗变形能力强）的结构骨架；细集料矿粉、沥青和纤维稳定剂组成的沥青玛蹄脂将骨架胶结一起，并填充骨架空隙，使混合料有较好的柔性及耐久性。SMA 的结构组成可概括为"三多一少"，即：粗集料多、矿粉多、沥青多、细集料少。

沥青玛蹄脂碎石混合料是当前国际上公认的一种抗变形能力强，耐久性较好的沥青面层混合料。由于粗集料的良好嵌挤，混合料有非常好的高温抗车辙能力，同时由于沥青玛蹄脂的黏结作用，低温变形性能和水稳定性也有较多的改善。添加纤维稳定剂，使沥青结合料保持高黏度，其摊铺和压实效果较好。间断级配在表面形成大孔隙，构造深度大，抗滑性能好。同时混合料的空隙又很小，耐老化性能及耐久性都很好，从而全面提高了沥青混合料的路面性能。适用于高速公路、一级公路作抗滑表层使用，其厚度在 3.5～4cm。

二、多碎石沥青混凝土（SAC）

随着车流量的增大以及大量超载车辆的出现，我国传统的沥青混凝土面层（AC）受到严峻考验。要想使较大流量的车辆安全、舒适又高速地通行，就要求沥青面层不但要有较大的摩擦系数，而且要有较深的表面构造深度。构造深度反映了路面表面的纹理深度，它是路面抗滑性能的一项重要指标。构造深度大，表示车辆高速行驶时轮隙下路表水可迅速排出，防止水漂现象。水漂现象是高速行车产生噪声、溅水，影响司机视线的主要因素。近年来的研究成果表明，沥青面层的抗滑性能来源于面层沥青混合料的配合比，主要由骨料的粗细及级配形式决定。

多碎石沥青混合料是采用较多的粗碎石形成骨架，沥青砂胶填充骨架中的孔隙并使骨架胶合在一起而形成的沥青混合料形式。具体组成为：粗集料含量 69%～78%，矿粉 6%～10%，油石比 5%左右。经几条高等公路的实践证明，多碎石沥青混凝土面层既能提供较深的表面构造，又具有传统Ⅰ型沥青混凝土那样的较小空隙和较小透水性，同时还具有Ⅱ型沥青混凝土较好的抗形变能力和表面构造深度。换言之，多碎石沥青混凝土既同时具有传统Ⅰ型、Ⅱ型沥青混凝土的优点，又避免了两种传统沥青混凝土结构形式的不足，而且不增加工程造价。自 1988 年沙庆林院士首次提出了多碎石沥青混凝土的理论以来，多碎石沥青混凝土已在我国众多的高速公路上得到应用，并得到了良好的使用效果。

三、大粒径沥青混凝土（LSAM）

通常所说的大粒径沥青混合料（Large－Stone Asphalt Mixes，简称 LSAM）一般是指含有矿料的最大粒径在 25～63mm 之间的热拌热铺沥青混合料，该类混合料是为重交通荷载而开发的，粗集料嵌锁成骨架，细集料填充空隙而构成密实型或骨架空隙型结构，以抵抗较大的永久变形。LSAM 广泛应用于柔性基层，其上的细集料表面层在保证必需的铺筑厚度和压实性的前提下，应当尽可能减薄其厚度，以便最大限度地发挥 LSAM 的能力。LSAM 的铺筑厚度一般为粒径的 2.5 倍，或者为最大公称粒径 3 倍。当 LSAM 集料的最大粒径为 38mm 时，路面厚度通常为 9.6～10cm，LSAM 集料的最大粒径为 53mm 时，路面厚度通常为 11～13cm。

大量研究成果和实践证明：级配良好的 LSAM 粗级配可以发挥抵抗较大塑性变形的能力，不但具有良好的抗车辙功能，而且提高了铺筑路面的高温稳定性。特别对于低速、重车路段，需要的持荷时间较长时，设计良好的 LSAM 与传统沥青混凝土相比，显示出十分明显的抗永久变形的作用。大粒径集料的增多和矿粉用量的减少，使得在不减少沥青层厚度的前提下，节省沥青用量，当工程量庞大时尤见成效，从而降低工程造价。若机械性能允许，可一次性摊铺较大的厚度，节省 1 倍甚至 4 倍的铺设时间，从而缩短施工工期。另外，沥青层内部储温能力高，热量不易散失，利于寒冷季节施工，延长施工期。

四、土工合成材料加筋沥青混凝土路面

土工合成材料是以人工合成的聚合物为原料制成的各种类型产品，主要有无纺土工布（非织造针刺土工织物）、编织土工布（织造土工织物）、土工网、土工格栅、土工膜、玻璃纤维网（玻纤格栅）、多功能土工格栅等。

在面层下部或底面合理采用适合的土工合成材料，既可提高面层的抗裂、防渗性能，还可以提高对基层或路基承载能力的发挥作用，不仅能够在不增加施工难度的前提下相对节省造价，而且将有效延长维修周期，减轻破损程度。

为了减少或延缓新建道路基层（因干缩作用）或旧路面（各种拉应力作用）的已有裂缝向新铺面层反射，可以选用非织造针刺土工织物、玻纤网。这两类土工合成材料对提高面层的耐久性、防止早期破坏都有不可替代的作用，而不能仅将其看成一种短期、临时、紧急抢救的被动工程措施。如果路基和基层的实际承载能力不能满足轮轴荷载和交通量的要求而需要补强，也可采用适合的土工合成材料统一解决，可考虑采用高强轻质塑料单、双向土工格栅等。如果路基和基层同时存在有渗水、翻浆、沉陷等病害，也可采用相应的加筋复合土工膜解决，以达到防渗、排水、加筋、隔离等要求。把土工合成材料引入沥青混凝土路面还可以达到延长维修期的目的，这在经济效果上将更显优越性。

五、RCC‐AC复合式路面

沥青路面作为一种高级路面被广泛应用于公路与城市道路，但随着沥青价格的不断上涨，沥青路面投资增加，这直接影响了道路建设的可持续发展。因此，在水泥混凝土路面上加铺沥青层，即修筑水泥混凝土与沥青混凝土复合式路面结构，不仅可减少沥青用量（与柔性路面相比），而且可弥补刚性路面的不足。由垫层、基层、碾压水泥混凝土板及板上沥青混凝土层所组成的路面称为RCC‐AC复合式路面。RCC厚度由公路等级、交通级别、轴载累计作用次数和自然因素等通过计算确定，一般为22~26cm，最小厚度为20cm。AC层的厚度应根据其功能来决定。根据长安大学王秉纲、胡长顺等人的课题试验路研究结论，建议AC层厚度为：高速公路、一级公路不小于5cm；二级公路不小于4cm；三级、四级公路不小于3cm。

RCC是一种含水率低，通过振动碾压施工工艺达到高密度、高强度的水泥混凝土。其材料的干硬性特点和碾压成型的施工工艺特点，使碾压混凝土路面具有节约水泥、收缩小、施工速度快、强度高、开放交通早等技术经济上的优势。但RCC路面平整度差，难以形成粗糙面，在汽车高速行驶时抗滑性能下降较快。修筑RCC‐AC复合式路面，能有效解决RCC的平整度、抗滑性、耐磨性等方面的不足。RCC‐AC复合式路面结构层中，沥青混凝土层在一定厚度范围内可改善行车的舒适性。另外，随着沥青混凝土厚度的增加，下层RCC板的平整度可适当放宽，这样也便于不同类型RCC路面的施工。同时，这种新型路面结构对下层的RCC材料要求也可以适当放宽，如可掺入适量粉煤灰或用低标号水泥、地方非规格集料等材料，并可不考虑其抗滑、耐磨性能，从而降低工程造价。RCC‐AC复合式路面结构中，沥青层可大大缓和行车对路面板的冲击，在设计上可使板厚减薄，而且只要在结构设计上处理好接缝问题，则能减少以往路面板接缝处板下冲蚀、唧泥、脱空甚至断裂、错台等病害。RCC‐AC复合式路面结构，刚中有柔，以刚为主，大大改善路面的使用性能，无论从经济、技术还是使用性能等方面都优于单一柔性或刚性路面结构，随着研究的不断深入和施工技术的进一步完善，这种路面结构将成为我国重要的公路路面结构形式。

六、再生沥青混凝土路面（RAP）

道路建设需要消耗大量的筑路材料，道路养护产生大量的废旧路面材料。将废旧路面材料再生循环应用于道路建设和养护，变废为宝，可以避免废弃材料堆放对土地的占用和对环境的污染，可以减少对石料、沥青需求，对合理利用资源、保护生态环境和降低工程造价具有极其重大的意义。

沥青路面再生利用包括厂拌热再生、就地热再生、厂拌冷再生、就地冷再生四类技术，它们具有不同的适用范围，应用时应根据工程实际情况选择最适宜的再生技术种类。

厂拌热再生是将回收沥青路面材料（RAP）运至沥青拌和厂（站），经破碎、筛分，以一定的比例与新集料、新沥青、再生剂（必要时）等拌制成热拌再生混合料铺筑路面的技术。厂拌热再生技术成熟，技术难度小，适用范围广，可用于所有路面面层，质量控制比较简单，是目前应用最为广泛的再生技术。但是，厂拌热再生的回收沥青路面材料（RAP）掺配比例相对较低。

就地热再生是采用专用的就地热再生设备，对沥青路面进行加热、铣刨，就地掺入一定数量的新沥青、新沥青混合料、再生剂等，经热态拌和、摊铺、碾压等工序，一次性实现对表面一定深度范围内的旧沥青混凝土路面再生的技术。它可以分为复拌再生、加铺再生两种。复拌再生是将旧沥青路面加热、铣刨，就地掺加一定数量的再生剂、新沥青、新沥青混合料，经热态拌和、摊铺、压实成型。掺加的新沥青混合料比例一般控制在30%以内。加铺再生是将旧沥青路面加热、铣刨，就地掺加一定数量的新沥青混合料、再生剂，拌和形成再生混合料，利用再生复拌机的第一熨平板摊铺再生混合料，利用再生复拌机的第二熨平板同时将新沥青混合料摊铺于再生混合料之上，两层一起压实成型。就地热再生实现了回收沥青路面材料（RAP）的全部再生利用，但是它的再生深度有限（一般为20～50mm），适用于浅层轻微病害沥青路面表面层的就地再生利用，可修正旧路面的级配组成和表面破坏。沥青路面就地热再生无法除去已经不合适进行再生的混合料，级配调整幅度有限。此外，就地热再生需使用一系列设备，如预热机、加热机、翻松机、拌和机、摊铺机和压路机，形成系列就地热再生施工机组，设备投资比较大。就地热再生技术的适用范围较窄，一般只推荐用于路面的预防性养护。

厂拌冷再生是将回收沥青路面材料（RAP）运至拌和厂（场、站），经破碎、筛分，以一定的比例与新集料、沥青类再生结合料、活性填料（水泥、石灰等）、水进行常温拌和，常温铺筑形成路面结构层的沥青路面再生技术。厂拌冷再生混合料性能较好，对回收沥青路面材料（RAP）质量要求较低，适用范围较广，一般不能直接用作表面层。

就地冷再生是采用专用的就地冷再生设备，对沥青路面进行现场冷铣刨，破碎和筛分（必要时），掺入一定数量的新集料、再生结合料、活性填料（水泥、石灰等）、水，经过常温拌和、摊铺、碾压等工序，一次性实现旧沥青路面再生的技术，它包括沥青层就地冷再生和全厚（深）式就地冷再生两种方式。仅对沥青材料层进行就地冷再生称为沥青层就地冷再生；再生层既包括沥青材料层又包括非沥青材料层的，称为全厚（深）式就地冷再生。就地冷再生施工简化了施工程序，施工速度快，冷再生机组可以处于同一条车道内，不影响另一条车道车辆通行，可进行开放式施工，特别适用于交通量较大或路面较窄的道路的施工。就地冷再生实现了回收沥青路面材料（RAP）的全部再生利用，对回收沥青路面材料（RAP）质量要求较低，价格便宜，一般不能直接用作表面层。

七、冷铺超薄复合改性沥青混凝土路面

稀浆封层产生于20世纪30年代的德国，它最初是将细砂、矿料、黏土组成的混合料与水分及直馏沥青充分拌和后摊铺于普通公路路面上。20世纪80年代后期引入我国，现在的改性稀浆封层，是在制备乳化沥青时加入聚合物弹性体和添加剂，制成改性的慢裂快凝乳化沥青，在常温状态下，按设计的原材料配合比拌和后，摊铺于路面上。冷铺超薄复合改性沥青混凝土路面技术，是一种集沥青混凝土和稀浆封层技术优点为一体的新型路面结构形式。

与其他普通沥青路面相比，这项新技术在加工材料和运作程序上都做了改进，除了可以满足交通量大、重载负荷的交通行车要求以及施工简便、平整度好外，它的黏结性能也得以提高，通过拌和以后，沥青浆渗透到旧路面下，新老路面黏结性能比较好，避免因行车而发生推移；采用沥青混凝土配合比增加矿粉用料，结构层密实度高，避免雨水渗透，防水性好。这项技术的应用，既可增强路面的低温变形能力和高温稳定性，又可延长道路

使用寿命，其造价也大幅降低。

思 考 题 及 习 题

7-1 试述沥青路面的基本特性与分类。

7-2 沥青路面的损坏形式有哪些？

7-3 试述沥青路面结构组合原则。

7-4 沥青路面的交通等级如何划分？

7-5 试述沥青路面厚度设计步骤。

7-6 试述透层、黏层、封层施工技术要点。

7-7 试述沥青路面对常用材料的基本要求。

7-8 试述热拌沥青混合料路面的施工程序。

7-9 试述沥青混合料压实的阶段及要点。

7-10 沥青路面接缝施工应注意哪些问题？

7-11 试述沥青贯入式的适用范围及施工技术要点。

7-12 试述沥青表层处治路面的施工程序。

第八章 水泥混凝土路面

 学习目标：

掌握水泥混凝土路面结构、施工方法及质量控制要求；熟悉水泥混凝土路面接缝构造；了解水泥混凝土路面的分类及特点、水泥混凝土路面损坏形式。

第一节 水泥混凝土路面分类与特点

水泥混凝土路面是以水泥与水合成的水泥浆为胶结料，以碎（砾）石为骨料，砂为填料，加适当的掺和料及外加剂，拌和成水泥混凝土混合料铺筑而成的高等级路面。经过一段时间的养护，能达到很高的强度与耐久性。

一、水泥混凝土路面分类

水泥混凝土路面属于刚性路面。根据材料的要求、组成及施工工艺的不同，水泥混凝土路面有普通混凝土、碾压混凝土、钢筋混凝土、连续配筋混凝土、钢纤维混凝土和装配式混凝土等多种形式。

（一）普通混凝土

目前采用最广泛的是就地浇筑的普通混凝土路面。普通混凝土又称有接缝素混凝土，是指仅在接缝处和一些局部范围（如角隅、边缘）内配置钢筋的水泥混凝土面层。这是目前应用最为广泛的一种面层类型。混凝土面层通常采用等厚断面，其厚度多变动于18～30cm，视轴载大小和作用次数以及混凝土强度而定。面层通常采用整体（整层）式浇筑；面层较厚时，也可采用双层浇筑方式。面层由纵向和横向接缝划分为矩形板块。

（二）碾压混凝土

这是一种采用不同方法施工的普通混凝土。它不是在混合料内部振捣密实成型，而是采用类似于水泥稳定粒料基层的施工方法铺筑，通过路碾压实成型。这类面层具有不需专用的混凝土铺面机械施工，完工后可以较早地开放交通（如7d或14d），还可以采用粉煤灰掺代水泥而降低造价的优势。碾压混凝土面层目前主要用于行车速度不太高的道路、停车场或停机坪的面层；或者用作下面层，在其上面铺筑高强的普通混凝土、钢纤维混凝土或沥青混凝土薄面层，而形成复合式面层。

（三）钢筋混凝土

这是一种为防止混凝土面层板产生的裂缝缝隙张开而在板内配置纵向和横向钢筋的混凝土面层。通常，它仅在下述情况下采用：①板的长度较大，如6m以上；②板下埋有沟、管、线等地下设施或者路基可能产生不均匀沉降而使板开裂；③板的平面形状不规则或板内开设孔口等。钢筋混凝土路面由于板的长度大，接缝缝隙宽，因而在横缝内应设置传力杆以提供相邻板的传荷能力。

（四）连续配筋混凝土

这种路面除了在邻近构造物处或与其他路面交接处设置胀缝，以及视施工需要设置施工缝外，在路段长度内不设横缝，并配置纵向连续钢筋和横向钢筋。连续配筋混凝土面层的厚度为普通混凝土面层厚度的 0.8～0.9 倍。这类面层由于钢筋用量大，造价高，一般仅用于高速公路和交通繁重的道路或加铺已损坏的旧混凝土路面。

（五）钢纤维混凝土

在混凝土中掺入一些低碳钢、不锈钢纤维或其他纤维（如塑料纤维、纤维网等），即成为一种均匀而多向配筋的混凝土。在混凝土中掺拌钢纤维，可以提高混凝土的韧度和强度，减少其收缩量。钢纤维可以采用不同方式制造，如钢丝截断法、薄钢板剪切法、熔抽法和钢坯铣削法，由此得到不同形状和横截面的纤维。钢纤维混凝土在抗疲劳、抗冲击和防裂缝方面性能优异，但由于钢纤维混凝土的造价高，因而这类面层主要用于设计标高受到限制的旧混凝土路面上的加铺层，或者用作复合式混凝土面层的上面层。

（六）装配式混凝土

装配式混凝土路面是在工厂中把混凝土预制成板块，然后运至工地现场装配而成。预制混凝土面板可以全年生产，不受气候影响，混凝土质量容易保证，而且施工进度快，维修方便快捷。因此，装配式混凝土较适用于城市道路、厂矿道路、大型基建场地、停车站场和软弱土基上的路面。但由于其接缝多，整体性差，容易引起行车颠簸跳动，因而在公路上一般不宜采用。

二、水泥混凝土路面的特点

与其他类型路面相比，水泥混凝土路面具有以下优点。

（1）强度高。混凝土路面具有很高的抗压强度和较高的抗弯拉强度以及抗磨耗能力。

（2）稳定性好。混凝土路面的水稳性、热稳性均较好，特别是它的强度能随着时间的延长而逐渐提高，不存在沥青路面的"老化"现象。

（3）耐久性好。由于混凝土路面的强度和稳定性好，所以它经久耐用，一般能使用 20～40 年，而且它能通行包括履带式车辆等在内的各种运输工具。

（4）有利于夜间行车。混凝土路面色泽鲜明，能见度好，对夜间行车有利。

但是，混凝土路面也存在一些缺点，主要有以下几方面。

（1）对水泥和水的需要量大。修筑 0.2m 厚、7m 宽的混凝土路面，每 1km 要耗费约 400～500t 水泥和约 250t 水，另外还需要大量养护用水。

（2）有接缝。由于材料的特性，一般混凝土路面要设置许多接缝，这些接缝不但增加施工和养护的复杂性，而且容易引起行车跳动，影响行车的舒适性；接缝又是路面的薄弱点，如处理不当，将导致路面板边和板角处破坏。

（3）开放交通较迟。一般混凝土路面完工后，要经过 28d 的潮湿养护，才能开放交通，如需提早开放交通，则需采取特殊措施。

（4）修复困难。混凝土路面损坏后，开挖很困难，修补工作量也大，且影响交通，这会对有地下管线的城市道路带来较大的困难。

第二节 水泥混凝土路面结构和损坏形式

一、水泥混凝土路面结构

水泥混凝土路面结构，由面层、基层、垫层、路基（路床）、路肩结构和排水设施等部分组成，如图8-1所示。

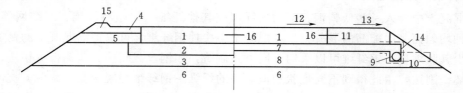

图8-1 水泥混凝土路面结构

1—面层；2—基层；3—垫层；4—沥青路肩面层；5—路肩基层；6—路床；7—排水基层；8—不透水基层（或反滤层）；9—纵向集水沟和集水管；10—横向排水管；11—混凝土路肩面层；12—路面横坡；13—路肩横坡；14—反滤织物；15—拦水带；16—拉杆

（一）面层

水泥混凝土面层直接承受行车荷载和环境（温度和湿度）因素的作用，因此水泥混凝土面层应具有足够的强度、耐久性、表面抗滑性，并要求平整、耐磨。

水泥混凝土面层的厚度，一般在180～300mm范围内，视轴载大小和作用次数以及混凝土强度而定，表8-1为普通水泥混凝土面层厚度参考范围，通常采用等厚断面。混凝土面层的弯拉强度在4.0～5.0MPa范围内。面层由横向和纵向接缝划分为矩形板块，如图8-2所示，面层板的长宽比不宜超过1.3，其平面尺寸通常不超过25m²。纵缝的位置通常按车道宽度在3.0～4.5m范围内确定，缝内设拉杆。横缝间距一般采用4～6m，当交通繁重时，缝内设传力杆。混凝土路面板通常采用整层浇筑，面层较厚时，也可分为两层（双层）浇筑。

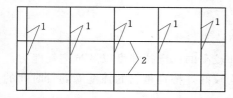

图8-2 混凝土板的分块与接缝
1—横缝；2—纵缝

表8-1　　　　　　　　　普通水泥混凝土面层厚度参考范围

交通等级	公路等级	变异水平等级	面层厚度/mm
特重	高速	低	≥260
	一级	中	≥250
		低	≥240
	二级	中	
重	高速	低	240～270
	一级	中	230～260
		低	220～250
	二级	中	

交通等级	公路等级	变异水平等级	面层厚度/mm
中等	二级	高	210～240
		中	200～230
	三级、四级	高	
		中	200～220
轻	三级、四级	高	≤230
		中	≤210

　　为保证混凝土路面的抗滑性能，路面表面构造应采用刻槽、压槽、拉槽或拉毛等方法制作。混凝土面板的抗滑能力用构造深度作为评价指标，构造深度在使用初期应满足表8-2的要求。

表8-2　　　　　　　各级公路水泥混凝土面层的表面构造深度要求　　　　　　单位：mm

公路等级	高速公路、一级公路	二级、三级、四级公路
一般路段	0.70～1.10	0.50～1.00
特殊路段	0.80～1.20	0.60～1.10

注　1. 特殊路段：对于高速公路和一级公路系指立交、平交或变速车道等处，对其他等级公路系指急弯、陡坡、交叉口或集镇附近。

　　2. 年降雨量600mm以下的地区，表列数值可适当降低。

（二）基层和垫层

1. 基层

　　由于混凝土面层的刚度大，路面结构的承载能力主要由混凝土面层提供，对基层的强度要求不高。混凝土面层下设置基层的目的包括以下几方面。

　　（1）防唧泥。混凝土面层如直接放在路基上，会由于路基上塑性变形量大，细料含量多和抗冲刷能力低而极易产生唧泥现象。铺设基层后，可减轻直至消除唧泥的产生。但未经处治的砂砾基层，其细料含量和塑性指数不能太高，否则仍会产生唧泥。

　　（2）防冰冻。在季节性冰冻地区，用对冰冻不敏感的粒状多孔材料铺筑基层，可以减少路基冰冻的危害作用。

　　（3）减小路基顶面的压应力，并缓和路基不均匀变形对面层的影响。

　　（4）防水。在湿软土基上，铺筑开级配粒料基层，可以排除从路表面渗入面层板下的水分以及隔断地下毛细水上升。

　　（5）为面层施工（如立侧模，运送混凝土混合料等）提供方便。

　　（6）提高路面结构的承载能力，延长路面的使用寿命。

　　因此，除非土基本身是良好级配的砂砾类土，而且是良好排水条件的轻交通道路之外，都应设置基层。同时，基层应具有足够的强度和稳定性，且断面正确，表面平整。理论计算和实践都已证明，采用整体性好（具有较高的弹性模量，如贫混凝土、沥青混凝土、水泥稳定碎石、石灰粉煤灰稳定碎石等）的材料修筑基层，可以确保混凝土路面良好的使用特性，延长路面的使用寿命。因为如果基层出现较大的塑性变形累积（主要在接缝附近），面层将与之脱空，支撑条件恶化，从而增加板的应力。同时，若基层材料中含有过多的细料，还将促使唧泥和错台等病害产生。

基层可以选用粒料、石灰粉煤灰稳定粒料、水泥稳定粒料、碾压混凝土或贫混凝土和沥青稳定粒料。基层类型按照交通等级，参照表 8-3 选用，各类基层厚度的适宜范围见表 8-4。基层的宽度应比混凝土面层每侧至少宽出 300～650mm，以满足立模和摊铺机械施工操作的要求。路肩采用混凝土面层，其厚度与行车道面层相同时，基层宜与路基同宽。

表 8-3   适宜各交通等级的基层类型

交通等级	基 层 类 型
特重	贫混凝土、碾压混凝土或沥青混凝土基层
重交通	水泥稳定粒料或沥青稳定碎石基层
中等或轻交通	水泥稳定粒料、石灰粉煤灰稳定粒料或级配粒料基层

表 8-4   各类基层厚度的适宜范围

基层类型	厚度的范围/mm
贫混凝土或碾压混凝土基层	120～200
水泥或石灰粉煤灰稳定粒料基层	150～250
沥青混凝土基层	40～60
沥青稳定碎石基层	80～100
级配粒料基层	150～200
多孔隙水泥稳定碎石排水基层	100～140
沥青稳定碎石排水基层	80～100

2. 垫层

垫层主要设置在温度和湿度状况不良的路段上，以减轻路基不均匀变形对路面结构的影响。通常在下述情况下，需在基层下设置垫层。

（1）季节性冰冻地区，为防止或减轻路基不均匀冻胀而对混凝土面层产生不利影响，当路面总厚度小于最小防冻厚度要求时，其差值应以垫层厚度补足，最小防冻厚度见表 8-5。

表 8-5   水泥混凝土路面最小防冻厚度

干湿类型	路基土质	当地最大冰冻深度/m			
		0.50～1.00	1.01～1.50	1.51～2.00	＞2.00
中湿路基	低、中、高液限黏土	0.30～0.50	0.40～0.60	0.50～0.70	0.60～0.95
	粉土，粉质低、中液限黏土	0.40～0.60	0.50～0.70	0.60～0.85	0.70～1.10
潮湿路基	低、中、高液限黏土	0.40～0.60	0.50～0.70	0.60～0.90	0.75～1.20
	粉土，粉质低、中液限黏土	0.45～0.70	0.55～0.80	0.70～1.00	0.80～1.30

注 1. 冰冻小或填方路段，或者基、垫层为隔温性能良好的材料，可采用低值；冰冻深度大或填挖方及地下水位高的路段，或者基、垫层为隔温性能稍差的材料，应采用高值。
2. 冰冻深度小于 0.5m 地区，一般不考虑结构层的防冻厚度。

（2）水文地质条件不良的土质路堑，路床土湿度较大时，可设置排水垫层，以疏干路床土。

（3）路基可能产生不均匀沉降或不均匀变形时，可加设半刚性垫层，以缓解不均匀沉降或变形对混凝土面层的影响。

防冻和排水垫层材料可选用砂、砂砾等颗粒材料。半刚性垫层可采用无机结合料稳定粒料或土。垫层最小厚度为 150mm，宽度与路基同宽。

（三）路基

通过混凝土路面结构传到土基顶面的荷载应力很小，一般不超过 0.07MPa，但路基出现不均匀变形时，会使混凝土面板在荷载作用下产生过大的弯拉应力，从而导致混凝土面板的断裂。因此，路基应稳定、密实、均质，不均匀变形小，为混凝土路面结构提供均匀的支撑。为控制路基的不均匀变形，通常需在地基、填料、压实等方面采取相应的措施。

（1）对软弱地基可采用各种排水固结或强夯压实等措施进行加固处理，以减少工后沉降量和不均匀沉降量；局部路段路基土质不良或含水量过高时，可全部或部分挖除软土层，然后换好土分层回填，换土厚度不宜小于 80cm；路基土的含水量较大时，可采用无机结合料对土基进行稳定处理，砂性土用水泥进行稳定处理效果较好，粉质土和黏质土用石灰或磨细生石灰进行稳定处理效果较佳。

（2）选用优质填料如粗粒土、不易冻胀土等，合理安排填筑顺序。土质较差的细粒土填在下层，上层用优质填料，以避免或减轻冻胀和收缩引起的不均匀变形。

（3）严格控制路基压实度，使其达到公路路基设计、施工规范的要求。

（4）在地下水位较高时，尽可能提高路基设计标高，加深边沟，以增加路床顶面离地下水位的距离。也可设置地下排水设施，拦截浅水层中流向路基的渗流水，或降低地下水位等措施。

（四）路肩和路面排水

1. 路肩

路肩铺面结构应具有一定的承载能力，其结构层组合和材料的选用应与行车道路面相协调，并保证路面结构中水的排除。路肩的面层可以采用水泥混凝土或沥青混合料。

水泥混凝土路肩面层的厚度通常采用与行车道面层等厚，其基层宜与行车道基层相同，路肩面层混凝土的组成和强度要求也与行车道面层相同。路肩面层板采用与路面面板相同的横缝间距，行车道面层内的横缝设置传力杆时，路肩面层内也相应设置传力杆，但间距可大些（如 500～750mm）；混凝土路肩与行车道面层间的纵向接缝，可采用平缝或企口缝形式，并通过拉杆与路面面层相连结，以防止路肩面板外移而使纵缝缝隙张开。

路肩沥青面层宜选用密实型沥青混合料。其基层可选用无机结合料稳定粒料或级配粒料。行车道路面结构不设内部排水设施时，沥青面层和不透水基层的总厚度不宜超过行车道面层的厚度，基层下应选用透水性粒料填筑。

2. 路面排水

混凝土路表面的水，通过行车道路面和路肩的横坡向两侧排流。行车道路面设置双向或单向横坡，坡度为 1%～2%，路肩的横坡比路面的横坡值大 1%～2%。

通过混凝土面层接缝和裂缝渗入路面结构内部的自由水，可设置路面边缘或排水基层排水系统，排向路基以外。路面边缘排水系统是在路面边缘设置纵向集水沟和集水管，并间隔一定距离设置横向排水管。集水沟采用透水性材料，汇集路面、基层和路肩界面处的渗入水，并渗流入集水管，而后通过横向排水管排出路基。排水基层是在面层下设置由透水性材料修筑的基层，并在基层边缘设置纵向集水沟和集水管，汇集排水基层内渗流水，通过横向排水管排出路基。排水基层下需设置反滤层或不透水层，以避免路基土进入而引起堵塞。

二、水泥混凝土路面的损坏形式

水泥混凝土路面在使用过程中会在行车荷载和环境因素单独或综合作用下出现各种损坏，这些损坏具有不同的形态和成因，并对混凝土路面产生不同的影响。混凝土路面的损坏可分为断裂、竖向变形、接缝损坏和表层损坏四大类。

（一）断裂类

混凝土板出现纵向、横向、斜向或板角的拉断或折断裂缝，这是混凝土面层最常见的病害。裂缝初现时，缝隙较小，断裂的混凝土板块具有一定的传荷能力，但随着裂缝的发展，裂缝逐渐交叉而使面层板破碎成碎块。造成裂缝的原因是混凝土板内产生的应力超出了混凝土的强度。温度和湿度收缩变形或翘曲变形受到约束而产生的应力，行车荷载反复作用产生的应力都可能导致混凝土路面板出现开裂。另外，混凝土路面板太薄、轮载过重、板的平面尺寸过大、地基不均匀沉降或过量塑性变形使板底脱空失去支撑、施工养护期间收缩应力过大等，也可使混凝土路面板断裂。断裂的出现，破坏了板的整体性，使混凝土路面板承载能力降低。因而，断裂可视为水泥混凝土路面结构破坏的临界状态。

（二）竖向变形类

竖向变形类是由于地基软弱或填土压实不足而出现的路基沉降变形，或者由于季节性冰冻地区的路基冻胀，混凝土面层板出现沉陷或隆起。如果变形是均匀的，对混凝土板的结构完整性影响不大，但会降低行车舒适性。但如果有不均匀变形，则除了降低行车舒适性外，还会使混凝土路面板出现开裂。

（三）接缝损坏类

接缝损坏类包括接缝挤碎、填缝料损坏或丧失、唧泥和板底脱空、错台、拱起等病害。

（1）唧泥。唧泥是车辆行经接缝或裂缝时，由缝内喷溅出稀泥浆的现象。唧泥常发生在雨天或雨后。在轮载的重复作用下，板边缘或角隅下的基层由于塑性变形累积而同混凝土面板脱离，或者基层的细颗粒在水的作用下强度降低，当水分沿缝隙下渗而积聚在脱空的间隙内或细颗粒土中，在车辆荷载作用下积水形成水压，使水和细颗粒土形成的泥浆从缝隙中喷溅出来。唧泥的出现，使路面板边缘部分逐渐形成脱空区，随荷载重复作用次数的增加，脱空区逐渐增大，最终使板出现断裂。

（2）错台。错台是指接缝两侧出现的竖向相对位移。当胀缝下部填缝板与上部缝槽未能对齐，或胀缝两侧混凝土壁面不垂直，使缝旁两板在伸胀挤压过程中，会上下错位而形成错台。横缝处传荷能力不足，或唧泥发生过程中，使基层材料在高压水的作用下冲积到后方板的板底脱空区内，使该板抬高，形成两板间高度差。当交通量或地基承载力在横向各块板上分布不均匀，各块板沉陷不一致时，纵缝处也会产生错台现象。错台的出现，降低了行车的平稳性和舒适性。

（3）拱起。混凝土路面在热膨胀受到约束时，横缝两侧的数块板会突然出现向上拱起，并伴随出现板块的横向断裂。板的拱起主要是由于板收缩时接缝缝隙张开，填缝料失效，硬物嵌入缝隙，致使板受热膨胀时产生较大的热压应力，从而出现这种纵向屈曲失稳现象。采用膨胀性较大的石料作粗骨料，容易引起板块拱起。

（4）接缝挤碎。接缝挤碎是指邻近横向和纵向两侧的数十厘米宽度内，路面板因热胀时受到阻碍，产生较高的热压应力而挤压成碎块。这主要是由于胀缝内的传力杆排列不正或不能滑动，或者缝隙内落入硬物所致。

（5）填缝料损坏。接缝内无填料、填料破损、缝内混杂砂石均称为填缝料损坏。填缝料损坏主要是由于填缝料脆裂、老化、挤出及与板边脱离造成。质量较差的填缝料，在短时间内就会发生填缝料损坏的现象。

（四）表层损坏类

这类损坏局限于混凝土板的表层，包括起皮、剥落、麻面、露骨、坑槽、孔洞、松散、磨光等。

（1）板面起皮、剥落。水泥混凝土路面表层上下脱开，这种板面浅层内所发生的病害称为起皮。距接缝 400mm 宽度内的板边，板角 400mm 半径内不垂直贯通板的破碎现象称为剥落。起皮主要是施工过程中水灰比过大或因混凝土施工时表面砂浆有泌水现象所致。这主要是由混凝土强度不足，缝内进入杂物所引起的。

（2）坑槽、孔洞。水泥混凝土路面板表面有局部破损，形成一定深度的洞穴称为孔洞。面层骨料局部脱落而产生的长槽称为坑槽。孔洞和坑槽的形成主要是由于砂石材料含泥量过大，混凝土内有泥土或杂物所致。

（3）麻面、露骨。水泥混凝土表面结合料磨失，成片或成段呈现过度的粗糙面称为麻面。路面混凝土保护层脱落形成骨料裸露称为露骨。麻面主要是由于混凝土施工时遇雨所致。露骨则主要是混凝土表面灰浆不足，泌水提浆造成混凝土路面表面强度降低。

（4）松散。水泥混凝土路面由于结合料不足或失效，成片或成段的呈现过度的粗糙和砂石材料分离的现象称为松散。松散主要是由于砂石含泥量较大，水泥质量较差或用量较少，或混凝土强度不足引起的。

（5）磨光。水泥混凝土路面磨成光面，其摩擦系数已下降到极限值以下，磨光的主要原因是由于水泥路面水泥砂浆层强度低和水泥等原材料耐磨性差造成的。

第三节　接缝构造与补强钢筋

一、接缝构造

接缝是混凝土路面板的重要构造部位，也是容易产生病害的薄弱部位。混凝土路面既要设置接缝，又要尽量减少接缝数量，并且从接缝构造上保持两侧面板的整体性，以提高传荷能力，保证混凝土面板下路基与基层的正常工作条件。混凝土路面的接缝按照几何部位，分为横向接缝和纵向接缝。纵缝平行于行车方向，横缝一般垂直于纵缝，且纵缝两侧的横缝不得互相错位。

（一）横向接缝

按照作用不同，横向接缝分为横向缩缝、胀缝和横向施工缝。

1. 横向缩缝

设置缩缝是为了减小由于伸缩和翘曲变形受到约束而产生的应力，从而避免混凝土板产生不规则裂缝。

（1）缩缝构造。横向缩缝一般采用假缝形式，包括设传力杆假缝型和不设传力杆假缝型，其构造如图 8－3（a）、（b）所示。横向缩缝顶部应锯切槽口，深度约为面层厚度的 1/5～1/4，宽度为 3～8mm，一般在混凝土浇筑后，达到一定抗压强度时，用切缝机切割，或在混凝土浇筑时振入嵌缝条而形成。缝内填灌缝料，如沥青玛蹄脂、乳化沥青等。高速公路的横向缩缝槽口宜增设深 20mm、宽 6～10mm 的浅槽口，其构造如图 8－4 所示。

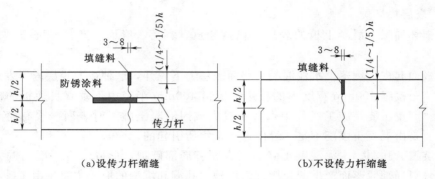

图 8－3　横向缩缝构造（尺寸单位：mm）

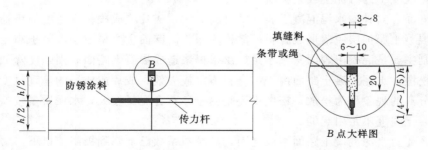

图 8－4　浅槽口构造（尺寸单位：mm）

（2）缩缝布置。缩缝间距大小直接影响板内温度应力、接缝缝隙宽度和接缝传荷能力。一般取 4～6m（即板长）。板越厚、基层顶面的回弹模量越小，横缝间距可取大值。横向缩缝可等间距或变间距布置，采用假缝形式。特重和重交通公路、收费广场以及邻近胀缝或自由端部的 3 条缩缝，应采用设传力杆假缝形式。

2. 胀缝

胀缝是为保证混凝土路面板在温度升高时能部分伸张，从而避免路面板在温度较高时，产生拱胀和折断破坏。胀缝具有其他接缝的所有功能，但设置和维护困难，应尽量少设。

（1）胀缝构造。胀缝构造如图 8-5 所示。胀缝处混凝土板完全断开，缝壁垂直，缝宽 20mm，下部设弹性材料填缝板，上部填灌缝料，板厚中央设可滑动的传力杆。

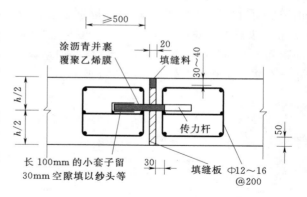

图 8-5 胀缝构造（尺寸单位：mm）

（2）胀缝布置。胀缝应尽量少设或不设。但在邻近桥梁或其他固定构造物处或与其他道路相交处应设置胀缝。设置的胀缝条数，视膨胀量大小而定。低温浇筑混凝土面层或选用膨胀性高的集料时，宜酌情确定是否设置胀缝。

3. 横向施工缝

混凝土路面每天完工或因下雨、机械故障等原因不能继续施工时，需设置施工缝，其位置最好设在胀缝、缩缝处。设在胀缝处的施工缝，其构造与胀缝相同；设在缩缝处的施工缝，采用设传力杆平缝型，其构造如图 8-6（a）所示。遇有困难需设在缩缝之间时，施工缝采用设拉杆企口缝型，其构造如图 8-6（b）所示。

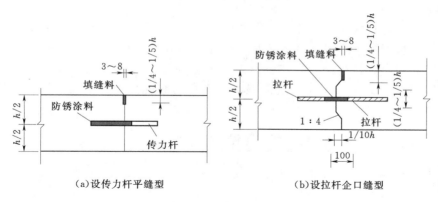

（a）设传力杆平缝型　　　　　　　（b）设拉杆企口缝型

图 8-6 横向施工缝构造（尺寸单位：mm）

（二）纵向接缝

1. 纵向施工缝

一次铺筑宽度小于路面宽度时，设置纵向施工缝。纵向施工缝采用平缝形式，上部锯切槽口，深度为 30～40mm，宽度为 3～8mm，槽内灌塞填缝料，板厚中央设拉杆，不仅防止接缝错开，也具有传递荷载的能力。其构造如图 8-7（a）所示。

2. 纵向缩缝

一次铺筑宽度大于 4.5m 时，设置纵向缩缝。纵向缩缝采用假缝形式，上部锯切槽口的深度大于施工缝的槽口深度。采用粒料基层时，槽口深度应为板厚的 1/3；采用半刚性基层时，槽口深度为板厚的 2/5。其构造如图 8-7（b）所示。

纵缝间距通常按车道宽度确定。但带有路缘带的高速公路和一级公路，板宽可按车道和路缘带的宽度确定。路面宽为 9m 的二级公路，板宽可按路面宽的 1/2（4.5m）确定。

由于板块过宽易产生纵向断裂，特别是在旧路加宽或半填半挖的路段上，一般不超过4.5m。纵缝应与路中线平行。在路面等宽的路段内或路面变宽路段的等宽部分，纵缝的间距和形式应保持一致。路面变宽段的加宽部分与等宽部分之间，以纵向施工缝隔开。加宽板在变宽段起终点处的宽度不应小于1m。

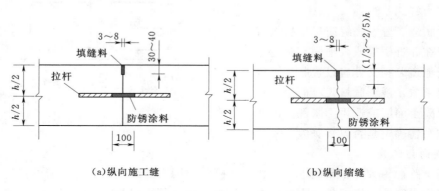

（a）纵向施工缝　　　　　　（b）纵向缩缝

图 8-7　纵缝构造（尺寸单位：mm）

（三）拉杆和传力杆

1. 拉杆

拉杆是为了防止板块横向位移而设置在纵缝处的钢筋。拉杆采用螺纹钢筋，设在板厚的中央，并应对拉杆中部 10cm 范围内进行防锈处理。拉杆的尺寸和间距按表 8-6 选用。施工布设时，拉杆间距按横向接缝的实际位置予以调整，最外侧的拉杆距横向接缝的距离不少于 100mm。连续配筋混凝土面层的纵缝拉杆可由板内横向钢筋延伸穿过接缝代替。

表 8-6　　　　　　　　　　　　拉杆直径、长度和间距

面层厚度/mm	到自由边或未设拉杆纵缝的距离/mm					
	3000	3500	3750	4500	6000	7500
200~250	14×700×900	14×700×800	14×700×700	14×700×600	14×700×500	14×700×400
≥260	16×800×800	16×800×700	16×800×600	16×800×500	16×800×400	16×800×300

注　拉杆直径、长度和间距的数字为直径×长度×间距。

2. 传力杆

设置传力杆的目的是为了保证接缝的传荷能力和路面的平整度，防止错台等病害的产生。传力杆主要用于横向接缝，采用光面钢筋。对胀缝或缩缝，传力杆均采用相同的间距和尺寸，其尺寸和间距按表 8-7 选用。对设在缩缝处的传力杆，其长度的一半再加 50mm，应涂以沥青或加塑料套，涂沥青端宜在相邻板中交错布置；对设在胀缝处的传力杆，尚应在涂沥青一端加一套子，内留 30mm 的空隙，填以纱头或泡沫塑料。套子端在相邻板中交错布置。其最外侧的传力杆距纵向接缝或自由边的距离一般 150~250mm。

表 8-7　　　　　　　　　　　　　　　传 力 杆 尺 寸 和 间 距　　　　　　　　　　　　单位：mm

面层厚度	传力杆直径	传力杆最小长度	传力杆最大间距
220	28	400	300
240	30	400	300
260	32	450	300
280	32～34	450	300
≥300	34～36	500	300

（四）接缝材料及技术要求

接缝材料按使用性能分接缝板和填缝料两类。

胀缝接缝板应选用能适应混凝土板膨胀与收缩，且施工时不变形、复原率高和耐久性好的材料。高速公路和一级公路选用泡沫橡胶板、沥青纤维板；其他等级公路选用木材类或纤维类板。

接缝填料应选用与混凝土接缝槽壁黏结力强、回弹性好、适应混凝土板收缩、不溶于水、不渗水、高温时不流淌、低温时不脆裂、耐老化的材料。填缝料按施工温度分加热施工式和常温施工式两类。加热施工式填缝料主要有沥青橡胶类、聚氯乙烯胶泥、沥青马蹄脂等；常温施工式填缝料主要有聚氨酯胶泥类、氯丁橡胶类、乳化沥青橡胶类等。

（五）交叉口接缝布设

两条道路正交时，各条道路宜保持本身纵缝的连贯，而相交路段内各条道路的横缝位置应按相对道路的纵缝间距作相应变动，保证两条道路的纵横缝垂直相交，互不错位。两条道路斜交时，主要道路宜保持纵缝的连贯，而相交路段内的横缝位置应按次要道路的纵缝间距作相应变动，保证与次要道路的纵缝相连接。相交道路弯道加宽部分的接缝布置，应不出现或少出现错缝和锐角板。

在次要道路弯道加宽段起终点断面处的横向接缝，应采用胀缝形式。膨胀量大时，应在直线段连续布置 2～3 条胀缝。

（六）端部处理

混凝土路面与固定构造物相衔接的胀缝无法设置传力杆时，可在毗邻构造物的板端部内配置双层钢筋网；或在长度约为 6～10 倍板厚的范围内逐渐将板厚增加 20%。

混凝土路面与桥梁相接，桥头设有搭板时，应在搭板与混凝土面层板之间设置长 6～10m 的钢筋混凝土面层过渡板。后者与搭板间的横缝采用设拉杆平缝形式，与混凝土面层间的横缝采用设传力杆胀缝形式。膨胀量大时，应连续设置 2～3 条设传力杆胀缝。当桥梁为斜交时，钢筋混凝土板的锐角部分应采用钢筋网补强。桥头未设搭板时，宜在混凝土面层与桥台之间设置长 10～15m 的钢筋混凝土面层板，或设置由混凝土预制块面层或沥青面层铺筑的过渡段，其长度不小于 8m。

混凝土路面与沥青路面相接时，其间应设置至少 3m 长的过渡段。过渡段的路面采用两种路面呈阶梯状叠合布置，其下面铺设的变厚度混凝土过渡板的厚度不得小于 200mm。过渡板与混凝土面层相接处的接缝内设置直径 25mm、长 700mm、间距 400mm 的拉杆。混凝土面层毗邻该接缝的 1～2 条横向接缝应设置胀缝。

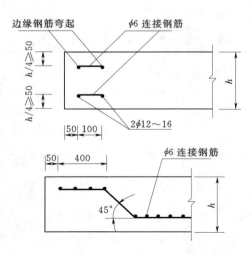

图 8-8 边缘钢筋布置（尺寸单位：mm）

二、补强钢筋

混凝土面板纵、横自由边边缘下的基础，当有可能产生较大的变形时，宜在板边缘加设补强钢筋，角隅处加设角偶钢筋。

（一）板边补强

混凝土面板边缘部分的补强，一般选用 2 根直径为 12~16mm 的螺纹钢筋，布设在板的下部，距板底一般为板厚的 1/4，且不应小于 50mm，间距为 100mm，钢筋保护层的最小厚度不应小于 50mm，钢筋两端向上弯起，如图 8-8 所示。

（二）角隅补强

承受特重交通的胀缝、施工缝和自由边的面层角隅及锐角面层角隅，宜配置角隅钢筋。通常选用 2 根直径为 12~16mm 的螺纹钢筋，布设在板的上部，距板顶不应小于 50mm，距板边为 100mm，如图 8-9 所示。

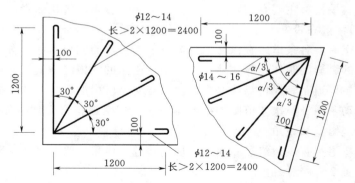

图 8-9 角隅钢筋布置（尺寸单位：mm）

第四节 水泥混凝土路面施工

水泥混凝土路面施工应根据合同和设计文件、施工现场所处的气候、水文、地形等环境条件，选择满足质量指标要求且性能稳定的原材料，合理确定混合料配合比，选定先进、实用的施工工艺，配备相应的机械设备，进行详细的施工组织设计，建立完备的质量保证体系。

一、施工准备工作

在混凝土路面施工之前，必须做好以下几方面准备工作。

（一）精心做好施工组织工作

开工前，建设单位应组织设计、施工、监理单位进行技术交底。

施工单位应根据设计图纸、合同文件、摊铺方式、机械设备、施工条件等确定混凝土路面施工工艺流程、施工方案，进行详细的施工组织设计。

开工前，施工单位应对施工、试验、机械、管理等岗位的技术人员和各工种技术工人进行培训，未经培训的人员不得单独上岗操作。

施工单位应根据设计文件，测量校核平面和高程控制桩，复测和恢复路面中心、边缘全部基本标桩，测量精确度应满足相应规范的规定。

施工工地应建立具备相应资质的现场试验室，能够对原材料、配合比和路面质量进行检测和控制，提供符合交工检验、竣工验收和计量支付要求的自检结果。

（二）搅拌场设置

根据施工路线长短和运输工具的配备情况选择拌和场地。搅拌场宜设置在摊铺路段的中间位置。搅拌场内部布置应满足原材料储运、混凝土运输、供水、供电、钢筋加工等使用要求，并尽量紧凑，减少占地。砂石料场应作硬化处理，并应做到排水通畅。

（三）摊铺前材料与设备检查

应根据路面施工进度安排，保证及时地供给符合技术指标规定的各种原材料，不合格原材料不得进场。不同等级、厂牌、品种、出厂日期的水泥不得混存、混用。出厂期超过三个月或受潮的水泥，必须经过试验，合格后方可使用。所有原材料进出场应进行称量、登记、保管或签发。

施工前必须对机械设备、测量仪器、基准线或模板、机具工具及各种试验仪器等进行全面地检查、调试、校核、标定、维修和保养。主要施工机械的易损零部件应有适量储备。

（四）混凝土配合比设计

开工前，工地实验室应对计划使用的原材料进行质量检验和混凝土配合比优选，搅拌站经试运转，确认合格。混凝土的配合比设计应满足弯拉强度、工作性、耐久性、经济性等各项技术要求。

（五）铺筑试验路段

使用滑模、轨道、碾压、三辊轴机组机械施工的二级及其以上公路混凝土路面工程，在正式摊铺混凝土路面前，均必须铺筑试验路段。试验路段长度不应短于 200m，高速公路、一级公路宜在主线路面以外进行试铺。试验路段分为试拌及试铺两个阶段，试拌检验适宜摊铺的搅拌楼拌和参数，试铺检验主要机械、辅助施工机械的性能、生产能力及路面摊铺工艺和质量。

（六）基层检查与修整

混凝土面板铺筑前，应对基层进行全面检查，基层的宽度、路拱、标高、压实度及表面平整度均应符合质量要求。当基层产生纵横向断裂、隆起或碾坏时，应采取有效措施彻底修复。

摊铺混凝土前，基层表面应洒水润湿，以免混凝土底部的水分被干燥的基层吸去，变得疏松以致产生细裂缝。

二、模板架设与钢筋安装

（一）模板架设与拆除

对于轨道摊铺机、三辊轴机组、小型机具三种固定模板施工方法而言，路面的模板、

191

架设、检验及拆除等环节很重要。模板不仅是路面摊铺的几何基准，而且是铺筑设备作业的支撑条件，它与路面几何线形、顺直度、厚度、平整度及其稳定度等指标密切相关。

混凝土路面的施工模板应采用刚度足够的槽钢、轨模或钢制边侧模板。钢模板的高度应为面板设计厚度，模板长度宜为3～5m。钢模板应直顺、平整，每1m设置1处支撑装置。木模板直线部分板厚不宜小于5cm，每0.8～1m设1处支撑装置；弯道部分板厚宜为1.5～3cm，每0.5～0.8m设1处支撑装置，模板与混凝土接触面及模板顶面应刨光。模板制作允许偏差应符合规范规定。曲线路段应采用短模板，每块模板中点应安装在曲线切点上。需设置拉杆时，模板应设拉杆插入孔。横向施工缝端模板应按设计规定的传力杆直径和间距设置传力杆插入孔和定位套管。模板或轨模数量应根据施工进度和施工气温确定，并应满足拆模周期内周转需要，一般不宜小于3～5d摊铺的需要。

支模前应核对路面标高、面板分块、胀缝和构造物位置。模板应安装稳固、顺直、平整、无扭曲，相邻模板连接应紧密平顺，不得有底部漏浆、前后错茬、高低错台等现象。模板应保证在摊铺、振实、整平设备的负载行进、冲击和振动时不发生位移。严禁在基层上挖槽，嵌入安装模板，使用轨道摊铺机应采用专用钢制轨模。模板安装检验合格后，与混凝土拌和物接触的表面应涂脱模剂或隔离剂，接头应粘贴胶带或塑料薄膜等密封。

当混凝土抗压强度不小于8.0MPa时方可拆模。适宜的拆模时间与施工时当地昼夜平均气温和所用水泥品种有关。拆模不得损坏板边、板角和传力杆、拉杆周围的混凝土，也不得造成传力杆和拉杆松动或变形。

（二）钢筋安装

钢筋安装前应检查其原材料品种、规格与加工质量，确认符合设计规定。

钢筋网、角隅钢筋等安装应牢固、位置准确。钢筋安装后应进行检查，合格后方可使用。传力杆安装应牢固，位置准确。胀缝传力杆应与胀缝板一起安装。

钢筋加工及加工允许偏差应符合施工规范的规定。

三、混凝土拌和物搅拌和运输

（一）搅拌设备与拌和技术要求

搅拌场生产能力与容量必须与路面上的机械铺筑能力匹配，密切配合，形成具有计划摊铺能力的系统。

采用滑模、轨道、三辊轴机组摊铺时，搅拌场配置的混凝土总拌和生产能力可按摊铺宽度、面板厚度、摊铺速度等参数计算，并按总拌和能力确定所要求的搅拌楼数量和型号。不同摊铺方式所要求的搅拌楼最小生产容量应满足规定。

每台搅拌楼应配备齐全，自动供料、称量、计量、砂石料含水率反馈控制、有外加剂加入装置和计算机控制自动配料操作系统和打印设备。每台搅拌楼还应配齐生产所必需的外置设备：3～4个砂石料仓；1～2个外加剂池；3～4个水泥及粉煤灰罐仓。使用袋装水泥时应配备拆包和水泥输送设备。应优先选配间歇式搅拌楼，也可使用连续式搅拌楼。搅拌场应配备适量装载机或推土机供应砂石料。

每台搅拌楼在投入生产前，必须进行标定和试拌。在标定有效期满或搅拌楼搬迁安装后，均应重新标定。施工中应每15d校验一次搅拌楼计量精确度。当搅拌楼计量精确度不满足规定要求时，应分析原因，排除故障，以确保拌和计量精确度。采用计算机自动控制系统的搅拌楼时，应使用自动配料生产，并按需要打印每天（周、旬、月）对应路面摊铺桩号的混凝土配料统计数据及偏差。

混凝土混合料搅拌时应满足相关规范要求，应根据拌和物的黏聚性、均质性及强度稳定性试拌确定最佳拌和时间，每盘最长总搅拌时间宜为 80～120s。外加剂宜稀释成溶液，均匀加入进行搅拌。拌和物出料温度应符合施工要求，宜控制在 10～35℃。并应测定原材料温度、拌和物的温度、坍落度损失率和凝结时间等。混凝土拌和物应搅拌均匀，有生料、干料、离析或外加剂、粉煤灰成团现象的非均质拌和物严禁用于路面摊铺。

（二）运输车辆及运输要求

与机械摊铺系统配套的运输车数量应满足要求。应根据施工进度、运量、运距及路况，选配车型和车辆总数。总运力应比总拌和能力略有富余，以确保新拌混凝土在规定时间内运到摊铺现场。

可选配车况优良、载重量 5～20t 的自卸车，自卸车后挡板应关闭紧密，保证运输时不漏浆撒料，车厢板应平整光滑。按施工运距或施工路面结构选择需要配置车型，远距离运输或摊铺钢筋混凝土路面及桥面时，宜选配混凝土罐车。

运输到现场的拌和物必须具有适宜摊铺的工作性。不同摊铺工艺的混凝土拌和物从搅拌机出料到运输、铺筑完毕的允许最长时间应符合规范规定。不满足时应通过试验，加大缓凝剂或保塑剂的剂量。

运输混凝土的车辆装料前，应清洁车厢（罐），洒水润壁，排干积水。装料时，自卸车应挪动车位，防止离析。搅拌楼卸料落差不应大于 2m。混凝土运输过程中应防止漏浆、漏料和污染路面，且途中不得随意耽搁。自卸车运输应减小颠簸，防止拌和物离析。车辆起步和停车应平稳。超过规定摊铺允许最长时间的混凝土不得用于路面摊铺。混凝土一旦在车内停留超过初凝时间，应采取紧急措施处置，严禁混凝土硬化在车厢（罐）内。烈日、大风、雨天和低温天远距离运输时，自卸车应遮盖混凝土，罐车宜加保温隔热套。

四、混凝土面层铺筑

（一）滑模摊铺机铺筑

滑模摊铺机取消侧模，两侧设置有随摊铺机移动的固定滑模，可以沿设在基层上的基准线自动转向和自动找平，一次性完成布料、振动密实、成型、表面修整等工序。可铺筑不同厚度和不同宽度的各类混凝土路面，它具有施工速度快、自动化程度高、施工质量好的特点，在道路工程施工中得到越来越广泛的应用。

滑模摊铺路面时，可配备 1 台挖掘机或装载机辅助布料。滑模摊铺系统机械配套宜符合要求。滑模摊铺水泥混凝土路面的施工基准设置，当前宜采用基准线方式。

滑模摊铺机首次摊铺路面，应挂线对其铺筑位置、几何参数和机架水平度进行调整和校准，正确无误后，方可开始摊铺。在开始摊铺的 5m 内，应在铺筑行进中对摊铺出的路面标高、边缘厚度、中线、横坡度等参数进行复核测量，控制所摊铺路面的精确度。操作滑模摊铺机应缓慢、匀速、连续不间断地作业。应随时调整松方高度板以控制进料位置。应根据混凝土的稠度大小，随时调整摊铺的振捣频率或速度。应视路面设计要求配置一侧或双侧打纵缝拉杆的机械装置，或配置拉杆自动插入装置。滑模摊铺过程中应采用自动抹平板装置进行抹面，对少量局部麻面和明显缺料的部位，应在挤压板后或搓平梁前补充适量拌和物，由搓平梁或抹平板机械修整。

（二）轨道摊铺机铺筑

轨道摊铺是较高技术层次的水泥混凝土路面铺筑方式，其优点是可以倒车反复做路面，缺点是轨模板过重，安装劳动强度大。从路面大型机械化施工的发展趋势来看，轨道摊铺机铺筑方式有被滑模摊铺机取代的趋势。

应根据路面车道数或设计宽度等技术参数选择轨道摊铺机的类型。采用轨道摊铺机铺筑时，最小摊铺宽度不宜小于 3.75m。轨道摊铺机按布料方式不同，可选用刮板式、箱式和螺旋式。当施工钢筋混凝土面层时，宜选用两台箱型轨道摊铺机分两层两次布料，下层混凝土的布料长度应根据钢筋网片长度和混凝土凝结时间确定，且不宜超过 20m。坍落度宜控制在 20～40mm，并以此控制不同坍落度时的松铺系数。轨道摊铺机应配备振捣棒组，振捣方式有斜插连续拖行和间歇垂直插入两种，当面板厚度超过 15cm、坍落度小于30mm 时，必须插入振捣。轨道摊铺机应配备振动板或振动梁对混凝土表面进行振捣和修整，经振捣棒组振实的混凝土，宜使用振动板振动提浆，并密实饰面，提浆厚度宜控制在（4±1）mm。应及时清理因整平推挤到路面边缘的余料，以保证整平精度和整平机械在轨道上的作业行驶。轨道摊铺机上宜配备纵向或斜向抹平板。纵向抹平板随轨道摊铺机作业行进，可左右贴表面滑动并完成表面修整；斜向修整抹平板作业时，抹平板沿斜向左右滑动，同时随机身行进，完成表面修整。

（三）三辊轴机组铺筑

三辊轴机组施工是对小型机具改进的技术，其施工工艺的机械化程度适中，设备投入少，技术容易掌握，主要用于中、低等级道路水泥混凝土路面的施工或路面断板、碎裂等局部板块的返修改建。三辊轴机械的操作较简单，但对技术和管理的要求较高。为达到路面平整度及耐磨性要求，需要特别加强模板安装质量、布料控制及摊铺整平的质量。

三辊轴整平机的主要技术参数应符合规定，辊轴直径应与摊铺层厚度匹配。三辊轴机组铺筑混凝土面板时，必须同时配备一台安装插入式振捣棒组的排式振捣机，振捣棒的直径宜为 50～100mm，间距不应大于其有效工作半径的 1.5 倍，并不大于 500mm。插入式振捣棒组的振动频率可在 50～200Hz 之间选择，当面板厚度较大且坍落度较低时，宜使用 100Hz 以上的高频振捣棒。当一次摊铺双车道路面时应配备纵缝拉杆插入机，并配有插入深度控制和拉杆间距调整装置。

在摊铺宽度范围内，应分多堆均匀布料。布料应与摊铺速度相适应，不适应时应配备适当的布料机械，布料的松铺系数应根据混凝土拌和物的坍落度和路面横坡大小确定。混凝土拌和物布料长度大于 10m 时，可开始振捣作业。振捣有间歇插入振实与连续拖行振实两种。密排振捣棒组间歇插入振实时，每次移动距离不宜超过振捣棒有效作用半径的1.5 倍，并不得大于 500mm，振捣时间宜为 15～30s。排式振捣机连续拖行振实时，作业速度宜控制在 4m/min 以内，且应匀速缓慢、连续不断地振捣行进。其作业速度以拌和物表面不露粗集料，液化表面不再冒气泡并泛出水泥浆为准。设有纵缝拉杆的混凝土面层，应及时安装纵缝拉杆。三辊轴整平机按作业单元分段整平，作业单元长度宜为 20～30m，振捣机振实与三辊轴整平两道工序之间的时间间隔不宜超过 15min。三辊轴滚压振实料位高差宜高于模板顶面 5～20mm，应有专人处理轴前料位的高低情况，过高时，应辅以人工铲除，轴下有间隙时，应及时补料。三辊轴整平机在一个作业单元长度内，应采用前进振动、后退静滚方式作业，宜分别2~3遍，最佳滚压遍数应根据经验或试铺确定。滚压完成后，将振动辊轴抬离模板，用整平轴前后静滚整平，直到平整度符合要求，表面砂浆厚度均匀为止。

（四）人工小型机具铺筑

小型机具性能应稳定可靠，操作简易，维修方便，机具配套应与工程规模、施工进度相适应。一般小型机具施工不宜在高等级道路应用。

混凝土拌和物摊铺前，应对模板的位置、支撑稳固情况及传力杆、拉杆的安设等进行全面检查。修复破损基层，并洒水润湿，以免混凝土底部的水分被干燥的基层吸去，变得疏松以致产生细裂缝。用厚度标尺板全面检测板厚与设计值相符，方可开始摊铺。

混凝土摊铺应与钢筋网、传力杆及边缘角隅钢筋的安放相配合。专人指挥自卸车尽量准确卸料，因为小型机具的布料大多使用人工，卸料不到位时的摊铺劳动强度极大。人工布料应用铁锹反扣，严禁抛掷和搂耙。人工摊铺混凝土拌和物的坍落度应控制在5~20mm之间，拌和物松铺系数宜控制在1.10~1.25之间。

在待振横断面上，每车道路面应使用2根振捣棒，组成横向振捣棒组，沿横断面连续振捣密实，并应注意路面板底、内部和边角处不得欠振或漏振。振捣棒在每一处的持续时间，应以拌和物全面振动液化，表面不再冒气泡和泛水泥浆为限，不宜过振，也不宜少于30s。振捣棒的移动间距不宜大于500mm，至模板边缘的距离不宜大于200mm。应避免碰撞模板、钢筋、传力杆和拉杆。振捣棒插入深度宜离基层30~50mm，振捣棒应轻插慢提，不得猛插快拔，严禁推行和拖拉振捣棒在拌和物中振捣。振捣时，应辅以人工补料，应随时检查振实效果、模板、拉杆、传力杆和钢筋网的移位、变形、松动、漏浆等情况，并及时纠正。

在振捣棒已完成振实的部位，可使用振动板纵横交错两遍全面提浆振实，每车道路面应配备1块振动板。振动板移位时，应重叠100~200mm，振动板在一个位置的持续振捣时间不应少于15s。振动板须由两人提拉振捣和移位，不得自由放置或长时间持续振动，振捣器行进速度应均匀一致。振动板振捣中，缺料的部位，应辅以人工补料找平。

每车道路面宜使用1根振动梁。振动梁应垂直路面中线沿纵向拖行，往返2~3遍，使表面泛浆均匀平整。在振动梁拖振整平过程中，缺料处应使用混凝土拌和物填补，不得用纯砂浆填补，料多的部位应铲除。

整平饰面包括滚杠提浆整平、抹面机压浆整平饰面、精整饰面三道工序。振动梁振实后，应拖动滚杠往返2~3遍提浆整平。拖滚后的表面宜采用叶片式或圆盘式抹面机往返2~3遍压实整平饰面。在抹面机完成作业后，应进行清边整缝，清除黏浆，修补缺边、掉角。精整饰面后的面板表面应无抹面印痕，致密均匀，无露骨，平整度应达到规定要求。

小型机具施工的混凝土路面，应优先采用在拌和物中掺外加剂，无掺外加剂条件时，应使用真空脱水工艺，真空脱水工艺不适宜板厚超过24cm的混凝土面板，吸水时间（min）宜为板厚（cm）的1~1.5倍。脱水前，应检查真空泵空载真空度不小于0.08MPa，并检查吸管、吸垫连接后的密封性，同时应检查随机工具和修补材料是否齐备。吸垫铺放应采取卷放，避免皱折，边缘应重叠已脱水的面板 50～100mm。开机脱水后，真空度应逐渐升高并保持稳定，最大真空度不宜超过 0.085MPa。脱水量应经过脱水试验确定，剩余单位用水量和水灰比应符合规定要求。

五、接缝施工

普通混凝土路面、钢筋混凝土路面、钢纤维混凝土路面，无论采用滑模、轨道、三辊轴机组或小型机具哪种工艺施工，其接缝的设置和施工方式都是相同的。混凝土路面的接缝筑做是混凝土路面设计、施工和使用性能优劣的关键技术和最大难点。接缝施工效果的优劣，是水泥混凝土路面使用性能好坏和使用寿命长短的决定性要素，应精心组织，高度重视。

（一）纵缝

当一次铺筑宽度小于路面总宽度时，应设纵向施工缝，其位置应避开轮迹，并与车道线重合或靠近，构造可采用加拉杆平缝型。上部应锯切槽口，深度宜为 30～40mm，宽度宜为 3～8mm，槽内应灌塞填缝料。采用固定模板施工方式时，应在振实过程中，从侧模预留孔中插入拉杆。采用滑模施工时，纵向施工缝的中间拉杆可用摊铺机自动拉杆装置插入，分前插与后插两种。

当一次铺筑宽度大于 4.5m 时，应采用假缝拉杆型纵向缩缝，纵缝位置应按车道宽度设置，并在摊铺过程中以专用的拉杆插入装置插入拉杆。纵向缩缝采用假缝形式，锯切的槽口深度应大于施工缝的槽口深度。采用粒料基层时，槽口深度应为板厚的 1/3；采用半刚性基层时，槽口深度应为板厚的 2/5。

插入的侧向拉杆应牢固，不得松动、碰撞或拔出。若发现拉杆松脱或漏插，应在横向相邻路面摊铺前，钻孔重新植入。植入拉杆前，在钻好的孔中填入锚固剂，然后打入拉杆，保证锚固牢固。当发现拉杆可能被拔出时，宜进行拉杆拔出力（握裹力）检验。

（二）横向缩缝

普通混凝土路面的横向缩缝宜按等间距布置，对于不得已必须在接近构造物部位的路面上调整缩缝间距时，其最大板长不宜大于 6.0m，最小板长不宜小于板宽。

高等级道路、特重和重交通道路、收费广场以及邻近胀缝或自由端部的 3 条缩缝，应采用设传力杆假缝形式，其他情况可采用不设传力杆假缝形式。

传力杆设置方式有两种：一是用滑模摊铺机配备的传力杆自动插入装置在摊铺时置入，并在路侧缩缝切割位置作标记；二是使用前置钢筋支架法施工，摊铺之前应在基层表面放样，传力杆应准确定位，并用钢钎锚固。后者传力杆设置精确度有保证，但没有布料机的情况下，影响摊铺速度，且投资增大。使用传力杆自动插入装置时，最大坍落度不得大于 50mm，在过稀的料中，传力杆有可能因自重移位，最小坍落度不宜小于 10mm，过硬的路面，整机重量不足以将整排传力杆振压到位。传力杆插入造成的上部破损缺陷应进行修复。

横向缩缝均应采用切缝法施工，宜在水泥混凝土强度达到设计强度 25%～30% 时进行。设有传力杆的缩缝，切缝深度不应小于 1/3 板厚，最浅不小于 70mm；无传力杆缩缝的切缝深度应为 1/4 板厚，最浅不得小于 60mm。为便于填灌及保持填缝料的性能，切缝宽度应控制在 4～6mm，锯片厚度不宜小于 4mm。

（三）胀缝

普通混凝土路面的胀缝应设置胀缝补强钢筋支架、胀缝板和传力杆。钢筋混凝土和钢纤维混凝土路面可不设钢筋支架。胀缝宽度宜为20mm。传力杆一半以上长度的表面应涂防黏涂层，端部应戴活动套帽，套帽材料与尺寸应符合规范要求。胀缝板应与路中心线垂直，与缝壁垂直，缝隙宽度一致，缝中完全不连浆。

胀缝应采用前置钢筋支架法施工，也可采用预留一块面板，高温时再铺封。前置法施工，应预先加工、安装和固定胀缝钢筋支架，并在使用手持振捣棒振实胀缝板两侧的混凝土后再摊铺。胀缝施工的技术关键有两方面：一是保证钢筋支架和胀缝板准确定位，使机械或人工摊铺时不推移，支架不弯曲，胀缝板不倾斜，要求支架和胀缝板坚实固定；二是胀缝板上部临时软嵌（20～25）mm×20mm的木条，整平表面，保持均匀缝宽和边角完好性，直到填缝，剔除木条，再黏胀缝橡胶条或填缝。胀缝板应连续贯通整个路面板宽度。

六、抗滑构造施工

水泥混凝土路面抗滑构造是确保行车安全的技术措施。尤其是高等级道路，设计行车速度较高，抗滑构造指标不足时，路表面在雨天容易打滑，对行车很不安全，极易出现交通事故。

各交通等级混凝土面层竣工时的表面抗滑技术要求应符合相关规定。抗滑构造深度 TD，采用铺砂法量测。构造深度应均匀，不损坏构造边棱，耐磨抗冻，不影响路面和桥面的平整度。

（一）拉毛处理

摊铺完毕或精整平表面后，宜使用钢支架拖挂1～3层叠合麻布、帆布或棉布，洒水湿润后作拉毛处理。布片接触路面的长度以0.7～1.5m为宜，细度模数偏大的粗砂，拖行长度取小值；砂较细时，取大值。人工修整表面时，宜使用木抹。用钢抹修整过的光面，必须再拉毛处理，以恢复细观抗滑构造。

（二）塑性拉槽

当日施工进度超过500m，抗滑沟槽制作宜选用拉毛机械施工。没有拉毛机时，可采用人工拉槽方式。在混凝土表面泌水完毕20～30min内应及时进行拉槽。拉槽深度应为2～4mm，槽宽3～5mm，每耙之间距离与槽间距15～25mm。可采用等间距或非等间距抗滑槽，考虑减小噪声，宜采用后者。衔接间距应保持一致，槽深基本均匀。

（三）硬刻槽

特重和重交通混凝土路面宜采用硬刻槽，凡使用真空吸水或圆盘、叶片式抹面机精平后的混凝土路面、钢纤维混凝土路面必须采用硬刻槽方式制作抗滑沟槽。硬刻槽机有普通手推式、支架式及自行式三种。刻槽方法也有等间距和不等间距两种。为降低噪声宜采用非等间距刻槽，尺寸宜为：槽深3～5mm，槽宽3mm，槽间距在12～24mm之间随机调整。对路面结冰地区，硬刻槽的形状宜使用上宽6mm，下窄3mm的梯形槽，目的是向上分散结冰冻胀力，保持槽口的完好性。硬刻槽机重量宜重不宜轻，一次刻槽最小宽度不应小于500mm，硬刻槽时不应掉边角，亦不得中途抬起或改变方向，并保证硬刻槽到面板边缘。抗压强度达到40%后可开始硬刻槽，并宜在两周内完成。硬刻槽后应随即冲洗干净路面，并恢复路面的养护。

一般路段可采用横向槽或纵向槽。对于一些安全性要求较高或以降噪要求为主的特殊路段，如弯道、减小噪音路段，可优先使用纵向槽。纵向槽的侧向力系数大，安全性高，噪音小。

年降雨量小于 250mm 的干旱地区的混凝土路面，可不拉毛和刻槽；年降雨量 250～500mm 的地区，当合成坡度小于 3％时，可不拉毛和刻槽。高寒和寒冷地区的水泥混凝土路面的停车带边板和收费站广场，为提高抗（盐）冻耐久性可不作抗滑沟槽。

七、混凝土路面养护与填缝

（一）养护

混凝土路面铺筑完成或软作抗滑构造完毕后应立即开始养护。可选用保湿法和塑料薄膜覆盖等方法养护。气温较高时，养护不宜少于 14d；低温时，养护期不宜少于 21d。

使用土工毡、土工布、麻袋、草袋、草帘等覆盖物保湿养护，所有的保湿覆盖材料均必须及时洒水，保证覆盖材料下部的混凝土路面表面始终处于潮湿状态，并由此确定每天的洒水遍数。混凝土路面可以采用覆盖保温保湿养护膜或塑料薄膜养护，其养护的初始时间，以不压坏细观抗滑构造为准。薄膜厚度应合适，宽度应大于覆盖面 600mm。两条薄膜对接时，搭接宽度不应小于 400mm，养护期间应始终保持薄膜完整盖满。昼夜温差大于 10℃ 以上的地区或日平均温度不大于 5℃ 的低温施工混凝土路面时，应采取保温保湿养护措施，防止发生裂缝和断板。

（二）填缝

水泥混凝土路面接缝在混凝土养护期满后必须及时填缝。为了提高面板防水密封性、板间嵌锁和荷载传递能力，需满足以下技术要求：在填缝前应彻底清洗缝槽，清除接缝中砂石、灰浆等杂物。应按设计要求选择填缝料，并根据填料品种制定工艺技术措施。浇注填缝料必须在缝槽干燥状态下进行，填缝料应与混凝土缝壁黏附紧密，不得缺失、开裂和渗水。填缝必须饱满、均匀、厚度一致并连续贯通，填缝料的充满度应根据施工季节而定，常温施工应与路面平，冬期施工，宜略低于板面。

混凝土板在养护期间和填缝前，严禁人、畜、车辆通行，在达到设计强度 40％，撤除养护覆盖物后，行人方可通行。在确需行人、车辆横穿平面道口时，在路面养护期间，应搭建临时便桥。在面层混凝土弯拉强度达到设计强度且填缝完成前，不得开放交通。

八、特殊季节施工要求

水泥混凝土路面施工质量受环境气候影响很大。在混凝土铺筑期间，应加强与气象部门的联系，掌握气象条件变化，做好防范准备。遇有影响混凝土路面施工质量的天气时，应暂停施工或采取必要的防范措施，制定特殊气候的施工方案。

混凝土路面施工如遇下述条件之一者，必须停工：现场降雨；风力大于 6 级，风速在 10.8m/s 以上的强风天气；现场气温高于 40℃ 或拌和物摊铺温度高于 35℃；连续 5 昼夜平均气温低于 -5℃，或最低气温低于 -15℃ 时。

（一）雨期施工

各地区的防汛期，宜作为雨期施工的控制期。雨期施工应充分利用地形与排水设施，做好防雨和排水工作。施工中应采取集中工力、设备，分段流水、快速施工，不宜全线展开。雨后应及时检查工程主体及现场环境，发现雨患、水毁必须及时采取处理措施。

搅拌楼的水泥和粉煤灰罐仓顶部通气口、料斗及不得遇水部位应有防潮、防水覆盖措施，砂石料堆应防雨覆盖。根据天气变化情况及时测定砂石含水量，准确控制混合料的水灰比。雨天运输混凝土时，车辆必须采取防雨措施。施工前应准备好防雨棚等防雨设施。施工中遇雨时，应立即停止铺筑混凝土路面，并紧急使用防雨篷、塑料布或塑料薄膜等覆盖尚未硬化的混凝土路面。并使用防雨设施完成对已铺筑混凝土的振实成型。被阵雨轻微冲刷过的路面，视平整度和抗滑构造破坏情况，采用硬刻槽或先磨平再刻槽的方式处理；对被暴雨冲刷后，路面平整度严重劣化或损坏的部位，应尽早铲除重铺。

（二）冬期施工

当施工现场环境日平均气温连续 5d 稳定低于 5℃或最低环境气温低于−3℃时，应视为进入冬期施工。

水泥混凝土面层施工冬期应符合下列规定：应选用水化总热量大的 R 型水泥或单位水泥用量较多的 32.5 级水泥，不宜掺粉煤灰。对搅拌物中掺加的早强剂、防冻剂应经优选确定。采用加热水或砂石料拌制混凝土，应依据混凝土出料温度要求，经热工计算，确定水与粗细集料加热温度。水温不得高于 80℃，砂石温度不宜高于 50℃。搅拌机出料温度不得低于 10℃，摊铺混凝土温度不应低于 5℃。养护期应加强保温，保湿覆盖，混凝土面层最低温度不应低于 5℃。覆盖保温保湿养护天数不得少于 28d。养护期应经常检查保温、保湿隔离膜，保持其完好。并应按规定检测气温与混凝土面层温度。当面层混凝土弯拉强度未达到 1MPa 或抗压强度未达到 5MPa 时。必须采取防止混凝土受冻的措施，严禁混凝土受冻。

（三）高温季节施工

施工现场的气温高于 30℃，拌和物摊铺温度在 30～35℃，同时，空气相对湿度小于80％时，混凝土路面和桥面的施工应按高温季节施工的规定进行。

高温天铺筑混凝土路面和桥面应采取下列措施：当现场气温不小于 30℃时，应避开中午高温时段施工。砂石料堆应设遮阳篷；抽用地下冷水或采用冰屑水拌和；拌和物中宜加允许最大掺量的粉煤灰或磨细矿渣，但不宜掺硅灰。拌和物中应掺足够剂量的缓凝剂、高温缓凝剂、保塑剂或缓凝（高效）减水剂等。自卸车上的混凝土拌和物应加遮盖。应加快施工各环节的衔接，尽量压缩搅拌、运输、摊铺、饰面等各工艺环节所耗费的时间。可使用防雨篷作防晒遮阴篷，在每日气温最高和日照最强烈时段遮阴。高温天气施工时，混凝土拌和物的出料温度不宜超过 35℃。在采用覆盖保湿养护时，应加强洒水，并保持足够的湿度。切缝应视混凝土强度的增长情况或按 250 温度小时［温度与时间（单位为小时）的乘积为 250］计，宜比常温施工适当提早切缝，以防止断板。

思 考 题 及 习 题

8-1 试述水泥混凝土路面的分类及特点。

8-2 试述水泥混凝土路面结构组合。

8-3 试述水泥混凝土路面的破坏类型及成因。

8-4 水泥混凝土路面的接缝有哪些类型？构造上有什么不同？

8-5 试述拉杆与传力杆的作用。

8-6 试述对水泥混凝土路面接缝材料的技术要求。

8-7 水泥混凝土路面施工准备工作有哪些？

8-8 试述水泥混凝土路面混合料搅拌与运输的要求。

8-9 试述滑模摊铺机施工时，铺筑作业技术要领。

8-10 小型机具铺筑混凝土路面时，摊铺与振捣的要求是什么？

8-11 试述水泥混凝土路面抗滑构造施工的意义。

8-12 水泥混凝土路面养护的方法有哪些？

8-13 水泥混凝土路面特殊季节施工有哪些规定？

第九章 桥梁工程概述

 学习目标：

掌握桥梁分类和术语名称、桥梁纵横断面的设计内容；熟悉桥梁的基本组成及各部分的作用、桥梁总体设计要求；了解桥梁的重要性及国内外桥梁的发展概况。

第一节 桥梁在交通事业中的地位和国内外桥梁发展概况

一、桥梁在交通事业中的地位

桥梁不仅是一个国家文化的象征，更是生产发展和科学进步的写照。四通八达的现代化交通，对于加强全国各族人民的团结，发展国民经济，促进文化交流和巩固国防等方面，都具有非常重要的作用。在公路、铁路、城市和农村道路交通及水利等建设中，为了跨越各种障碍（如河流、沟谷或其他线路时）必须修建各种类型的桥梁与涵洞，因此桥涵又成了陆路交通中的重要组成部分。在数量上，即使地形不复杂的地段，路线上一般也有 2～3 座/km 桥涵。在经济上，桥涵的造价一般占到公路总造价的 10%～20%。在国防上，桥梁是交通运输的咽喉，在需要高度快速、机动的现代战争中具有非常重要的地位。另外，桥涵施工也比较复杂，特别是在现代高等级公路以及城市高架道路的修建中，桥梁不仅在工程规模上十分巨大，而且往往也是保证全线早日通车的关键。因此，正确合理地进行桥涵设计与施工，对于加快施工进度，节约材料、降低工程费用，保证施工质量和公路的正常营运，都有着极其重要的意义。

二、我国桥梁建设的发展概况

我国历史悠久，是世界文明古国之一，我国的桥梁建筑在历史上取得了辉煌的成就。古代的桥梁不仅数量惊人，而且类型也丰富多彩，几乎包括了所有近代桥梁中的最主要形式。建桥所用的材料大都是木、石、藤、竹之类的天然材料。

根据史料记载，在距今约 3000 年的周文王时期，我国就已在宽阔的渭河上架过大型浮桥。汉唐以后，浮桥的运用日趋普遍。公元 35 年东汉光武帝时，在今宜昌和宜都之间，出现了长江上第一座浮桥。以后，因战时需要，在黄河、长江上曾架设过浮桥不下数十次。在春秋战国时期，以木桩为墩柱，上置木梁、石梁的多孔桩柱式桥梁已遍布黄河流域等地区。

近代的大跨径吊桥和斜拉桥也是由古代的藤、竹吊桥发展而来的。在唐朝中期，我国已发展到用铁链建造吊桥，而西方在 16 世纪才开始建造铁链吊桥，比我国晚了近千年。我国保留至今的尚有跨长约 100m 的四川泸定县大渡河铁索桥（1706 年，图 9-1）和跨径 61m、全长 340m 之余的举世闻名的安澜竹索桥（1803 年）。

几千年来，修建较多的古代桥梁要推石桥为首。在秦汉时期，我国已广泛修建石梁桥。世界上现在保存着的最长、工程最艰巨的石梁桥，就是我国于 1053～1059 年在福建泉州建造的万安桥，也称洛阳桥。此桥长达 800m 之余，共 47 孔。1240 年建造并保存至今的福建漳州虎渡桥总长约 335m，某些石梁长达 23.7m，沿宽度用 3 根石梁组成，每根宽 1.7m，高 1.9m，自重达 200t。据历史记载，这些巨大石梁是利用潮水涨落浮运架设的，足见我国古代建造桥梁的技术何等高超。

图 9-1　四川省泸定县大渡河铁索桥（1706 年）

图 9-2　河北省赵县赵州桥（605 年）

富有民族风格的古代石拱桥技术，以其精巧的结构和丰富多姿的造型驰名中外，河北省赵县的赵州桥（又称安济桥，建于 605 年）就是我国古代石拱桥的杰出代表，如图 9-2 所示。该桥在隋大业初年（605 年左右）由李春创建，是一座空腹式的圆弧形石拱桥，全桥长 50.82m，净跨 37.02m，宽 9m，拱矢高度 7.23m。在拱圈两端各设两个跨度不等的腹拱，这样既能减轻桥身的自重、节省材料、又便于排洪、增加美观。赵州桥采用纵向并列砌筑，将主拱圈分为 28 圈，每圈由 43 块拱石组成，每块拱石重 1t 左右，用石灰浆砌筑。其设计构思和工艺的精巧，在我国古代桥梁中首屈一指。据对世界桥梁的考证，像这样的敞肩拱桥，欧洲到 19 世纪中叶才出现，比我国晚了 1200 年。赵州桥的雕塑艺术，包括栏板、望柱和锁口石等，其上狮像龙兽形态逼真，琢工精致秀丽，不愧为文物宝库中的艺术珍品。

除赵州桥外，我国著名的石拱桥还有很多，如北京永定河上的卢沟桥、颐和园内的玉带桥和十七孔桥、苏州的枫桥等。我国石拱桥的建造艺术在明朝时曾流传到日本等国，促进了与世界各国人民的文化交流，增进了友谊。

在我国古代桥梁建筑中，尚值得一提的是建于 1169 年的广东潮安县横跨韩江的湘子桥，又名广济桥。此桥全长 517.95m，总共 20 个墩台 19 孔，上部结构有石拱、石梁、木梁等多种形式，还有用 18 条浮船组成的长达 97.30m 的开合式浮桥。设置浮桥的目的，一方面可适应大型商船和上游木排的通过，另一方面也避免了过多的桥墩阻塞河道，以致加剧桥基冲刷而造成水害。这座世界上最早的开合式桥，其结构类型之多，施工条件之困难，工程历时之久，都是古代建桥史上所罕见的。此桥自隋代修复后，历经天灾人祸，始终安如磐石，立于惊涛骇浪之中。新中国成立后又对其进行了改建和扩建，使这座古桥重新焕发了青春。

20 世纪 30 年代，我国著名桥梁专家茅以升主持设计并组织修建了钱塘江公路铁路两用大桥（图9-3），成为中国铁路桥梁史上的一个里程碑。桥长1453m，分引桥和正桥两个部分，正桥16孔，跨距65.84m，桥墩15座。下层为单线铁路，上层为双车道公路，宽6.1m，两侧人行道各1.52m。桥下距水面有10m空间，可以畅通轮船，在铁路和公路桥之间，有10.7m高的M形钢架，承托公路桥面，既分承了运载的重力，又凝聚了桥身的承应力，结构巧妙，雄伟壮观。建设中，他采用"射水法"、"沉箱法"、"浮运法"等措

图9-3　杭州钱塘江大桥

施，解决了建桥中的一个个技术难题，保证了大桥工程的进展。大桥建成未及3个月，日军铁蹄踏上北岸桥头，国民党军队下令炸毁，直至抗战胜利后修复通车。钱塘江大桥是我国第一座现代化大桥，在我国桥梁工程史上树立了一座不朽的丰碑。

　　1949年新中国成立后，在建国初期修复并加固了大量旧桥，随后在第一、二个五年计划期间，修建了不少重要桥梁，取得了迅速的发展。20世纪50～60年代新修订了桥梁设计规程，编制了桥梁标准设计图纸和设计计算手册，培养并形成了一支强大的桥梁工程设计与施工队伍。

　　1957年，第一座长江大桥——武汉长江大桥的胜利建成，既结束了我国万里长江无桥的历史状况，又标志着我国建造大跨度钢桥的现代化桥梁技术水平提高到新的起点。大桥正桥为三联（3×128m）的连续钢桁梁，下层双线铁路，上层公路桥面宽18m，两侧各设2.25m人行道，包括引桥全桥总长1670.4m。大型钢桥的架设和制造，深水管柱基础的施工等，对发展我国现代桥梁技术开创了新路。1969年又胜利建造了举世瞩目的南京长江大桥，如图9-4所示，这是我国自行设计、制造、施工，并使用国产高强钢材的现代化大型桥梁。上层为公路桥，下层为双线铁路，包括引桥在内，铁路桥梁全长6772m，公路桥全长4598m。桥址处水深流急，河床地质极为复杂，大桥桥墩基础的施

图9-4　南京长江大桥

工非常困难。南京长江大桥的建成，不仅显示出我国的钢桥建设已经接近了世界先进水平，也代表着我国桥梁建设史上又一个重要的里程碑。

　　在20世纪50年代左右，我国拱桥的发展建设进入了全盛时期。1958—1960年期间，我国因地制宜，就地取材，修建了大量经济美观的石拱桥。目前，已经建成的世界跨度最大的石拱桥是于1999年底建成的主跨为146m的山西晋城丹河新桥。世界最大跨度的混凝土拱桥，当属1997年建成的重庆万县长江大桥，主跨为420m，其主拱圈是采用劲性骨架法进行施工的。上海的卢浦大桥主跨550m，为中承式钢箱拱桥，是世界第一钢拱桥。

钢筋混凝土与预应力混凝土的梁式桥，在我国也获得了很大的发展。对于中小跨径的梁桥（跨径在 6～25m），已广泛采用配置低合金钢筋的装配式钢筋混凝土板式或 T 形梁式的定型设计，它不但经济适用，而且施工方便，能加快建桥速度。我国装配式预应力混凝土简支梁桥的标准设计，跨径达 40m。1976 年建成的河南洛阳黄河公路大桥，跨径为50m，全长达 3.4km。1997 年建成的主跨为 270m 的广东虎门大桥辅航道桥是中国跨度最大的预应力混凝土梁桥，跨度排名居世界第三位。

　　预应力混凝土的斜拉桥以其结构合理、跨越能力大、用材指标低和外形美观而获得迅速发展。目前我国的主跨超过 600m 的钢梁斜拉桥主要有：2000 年建成的江苏南京长江二桥，主跨为 628m；武汉白沙洲长江大桥，主跨为 618m；福建青州闽江大桥，主跨为605m；1993 年建成的上海杨浦大桥，主跨为 602m。

　　悬索桥的跨越能力在各类桥型中是最大的。我国于 1999 年 9 月建成通车的江阴长江大桥，主跨为 1385m，是中国第一座跨度超过千米的钢箱梁悬索桥，世界排名第四。该桥在沉井、地下连续墙、锚碇、拉索工程施工中创造的经验，推动了我国悬索桥施工技术的进一步发展。我国香港的青马大桥，全长 2.16km，主跨为 1377m，为公铁两用双层悬索桥，是香港 21 世纪标志性建筑。它把传统的造桥技术升华至极高的水平，宏伟的结构令人赞叹，在世界 171 项工程大赛中荣获"建筑业奥斯卡奖"。

　　2008 年 5 月通车运营的杭州湾跨海大桥是一座横跨中国杭州湾海域的跨海大桥，北起嘉兴市海盐郑家埭，跨越宽阔的杭州湾海域后止于宁波市慈溪水路湾，大桥全长36km，比连接巴林与沙特的法赫德国王大桥还长 11km。杭州湾跨海大桥建设首次引入了景观设计概念，借助"长桥卧波"的美学理念，呈现 S 形曲线，具有较高的观赏性、游览性。大桥建成后缩短宁波至上海间的陆路距离 120 余 km，从而大大缓解已经拥挤不堪的沪杭甬高速公路的压力，形成以上海为中心的江浙沪两小时交通圈。

　　由此可见，我国在建筑材料、结构设计理论与软件工程（包括 CAD 技术）、研究分析与科学实验、预应力混凝土技术、钢桥制造拼装技术、深水基础工程、施工技术与方法、施工机具与管理等方面，基本上都已经接近或达到国际先进水平。

三、国外桥梁建设的发展概况

　　纵观世界桥梁建筑发展的历史，它与社会生产力的发展、工业水平的提高、施工技术的进步、力学理论的进展、计算能力的提高等方面都有关系，其中与建筑材料的革新能力最为密切。

　　17 世纪中期以前，建筑材料基本上只限于土、石、砖、木等，采用的结构也较简单。

　　17 世纪 70 年代开始使用生铁，19 世纪开始使用熟铁建造桥梁与房屋，由于这些材料的自身缺陷，土木工程的发展仍然受到限制。

　　19 世纪中期，钢材的出现开始了土木工程的第一次飞跃。随后又产生了高强度钢材、钢丝，于是钢结构得到蓬勃的发展。结构的跨度也不断扩大，以至能修建几百米直至几千米以上特大跨度的跨海大桥。

　　20 世纪初，钢筋混凝土的广泛应用及至 30 年代开始兴起的预应力混凝土技术，大大提高了混凝土结构的抗裂性能、刚度和承载能力，实现了土木工程的第二次飞跃。

　　世界上各国的桥梁工作者始终在寻求结构构造合理、造价更经济、跨越能力更大的桥梁形式，以推动桥梁工程的发展。

1998年4月竣工的日本明石海峡大桥是日本神户和濑户内海中大岛淡路岛之间明石海峡上的一座大跨径悬索桥，主跨为1991m，是当前世界同类桥梁之首，其桥塔高度也为世界之冠。两桥塔矗立于海面以上约300m。桥塔下基岩为花岗岩，埋置很深，均距海平面150m以上。

1986年建成的加拿大安纳西斯桥是世界上较大的斜拉桥，主跨为465m，桥宽32m。桥塔采用钢筋混凝土结构，塔高154.3m，主梁采用混凝土桥面板与钢梁组合结构。日本多多罗桥于1999年竣工，主跨达890m。

1977年建成的奥地利的阿尔姆桥，主跨为76m，是世界上最大的预应力混凝土简支梁桥。加拿大的魁北克桥属于世界著名的跨度最长的悬臂桁架梁桥，桥的主跨为548.6m，全长为853.6m。

世界上最长的拱、梁组合钢桥首推美国的弗莱蒙特桥，它是三跨连续加劲拱桥，主跨382.6m，双层桥面。该桥主跨中央275.2m的结构部分重约6000t，采用一次提升架设。

前南斯拉夫克罗地区的克拉克1号桥，桥跨390m，是世界上除万县长江大桥外的跨度第二大的钢筋混凝土拱桥，拱肋为单箱三室截面，采用悬臂拼装法施工，中室先行拼装合龙，再拼装两侧边室，于1980年建成。

世界上最高的大桥——法国米约大桥，于2004年12月正式投入使用，它是斜拉索式的长桥。尽管全长达2.46km，但只用7个桥墩支撑，其中2、3号桥墩分别高达245m和220m，是世界上最高的两个桥墩。如果算上桥墩上方用于支撑斜拉索的桥塔，最高的一个桥墩达到343m，桥面距地面270m，桥面的高速公路成为连接巴黎和地中海地区的重要纽带。英国总设计师诺曼·福斯特将大桥桥面结构设计成三角形，以有效减少风阻。米约大桥超越了高321m的美国科罗拉多州皇家峡谷大桥而成为世界第一高桥，令全世界叹为观止。

纵观桥梁建设的发展趋势，可以看到世界桥梁建设必将迎来更大规模的建设高潮，同时对桥梁技术的发展方向将提出更新的要求。

第二节 桥梁的组成和分类

道路路线遇到江河湖泊、山谷深沟以及其他线路（铁路或公路）等障碍时，为了保持道路的连续性，就需要建造专门的人工构造物——桥梁来跨越障碍。下面先熟悉桥梁的基本组成部分以及桥梁的分类情况。

一、桥梁的组成

桥梁由5个"大部件"与5个"小部件"组成。

（一）5个"大部件"

5个"大部件"是指桥梁承受汽车或其他作用的桥跨上部结构与下部结构，它们是桥梁安全性的保证。

1. 桥跨结构（或称桥孔结构、上部结构）

如图9-5所示，桥跨结构是路线遇到障碍（如江河、山谷或其他路线等）中断时，跨越这类障碍的结构物。它的作用是承受车辆荷载，并通过支座传递给桥梁墩台。

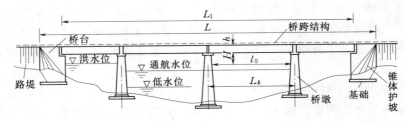

图 9-5　桥梁的基本组成

2. 支座系统

它的作用是支承上部结构并传递荷载给桥梁墩台。支座系统应保证上部结构在荷载、温度变化或其他因素作用下的位移功能。

3. 桥墩

桥墩是在河中或岸上支承两侧桥跨上部结构的建筑物。

4. 桥台

桥台设在桥的两端，一端与路堤相接，防止路堤滑塌；另一端则支承桥跨上部结构的端部。为保护桥台和路堤填土，桥台两侧常需做一些防护工程。

5. 墩台基础

基础是保证桥梁墩台安全并将荷载传至地基的结构物。基础工程在整个桥梁工程施工中是比较困难的部分，而且常常需要在水中施工，因而遇到的问题也很复杂。

前两个部件是桥梁上部结构，后 3 个部件是桥梁下部结构。

（二）5 个"小部件"

5 个"小部件"是直接与桥梁服务功能有关的部件，过去总称为桥面构造。在桥梁设计中往往不够重视，因而使得桥梁服务质量低下、外观粗糙。在现代化工业发展水平的基础上，人类的文明水平也极大提高，人们对桥梁行车的舒适性和结构物的观赏水平要求越来越高。因而国际上在桥梁设计中很重视"五小部件"，这不仅是"外观包装"，而且是服务功能的大问题。目前，国内桥梁设计工程师也愈来愈感受到"五小部件"的重要性。

1. 桥面铺装（或称行车道铺装）

桥面铺装的平整、耐磨、不翘曲、不渗水是保证行车舒适的关键，特别在钢箱梁上铺设沥青路面的技术要求甚严。

2. 排水防水系统

排水防水系统应保证能迅速排除桥面积水，并使渗水的可能性降至最小限度。此外，城市桥梁排水系统应保证桥下无滴水和结构上无漏水现象。

3. 栏杆（或防撞栏杆）

它既是保证安全的构造措施，又是利于观赏的最佳装饰件。

4. 伸缩缝

位于桥跨上部结构之间或桥跨上部结构与桥台端墙之间，以保证结构在各种因素作用下的变位。为使桥面上行车顺适、不颠簸，桥面上要设置伸缩缝构造。尤其是大桥或城市桥的伸缩缝，不仅要结构牢固，外观光洁，而且要经常扫除掉入伸缩缝中的垃圾泥土，以保证它的正常使用。

5. 灯光照明

在现代城市中，大跨径桥梁通常是一个城市的标志性建筑，大都装置了灯光照明系统，是城市夜景的重要组成部分。

二、桥梁的主要尺寸和术语名称

水位：河流中的水位是随着季节而变化的，枯水季节的最低水位称为低水位；洪峰季节河流中的最高水位称为高水位。桥梁设计中按规定的设计洪水频率计算所得的高水位称为设计洪水位；在各级航道中，能保持航船正常航行的水位称为通航水位（包括设计最高通航水位和设计最低通航水位）。

净跨径：对于梁式桥是指设计洪水位线上相邻两个桥墩（或桥台）之间的净距，用 l_0 表示，如图 9-5 所示；对于拱式桥是指每孔拱跨两个拱脚截面最低点之间的水平距离，如图 9-6 所示。

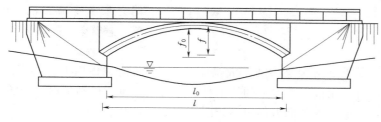

图 9-6 拱桥的跨径

总跨径：是多孔桥梁中各孔净跨径的总和，也称桥梁孔径（$\sum l_0$）。它反映了桥下宣泄洪水的能力。

计算跨径：对于设有支座的桥梁是指桥跨结构相邻两个支座中线之间的距离，用 l 表示；对于拱式桥是指每孔拱跨两个拱脚截面形心点之间的水平距离。桥跨结构的力学计算是以 l 为基准的。

标准跨径（L_k）：对于梁式桥是指相邻两桥墩中线之间的距离或桥墩中心至桥台台背前缘之间的距离；对于拱式桥就是指净跨径。

桥梁全长：简称桥长，对于有桥台的桥梁，桥长为两岸桥台翼墙尾端之间的距离；对于无桥台的桥梁，桥长为桥面行车道长度，用 L 表示，见图 9-5。

桥梁高度：简称桥高，是指桥面与低水位之间的高差或为桥面与桥下线路路面之间的距离。桥高在某种程度上反映了桥梁施工的难易程度。

桥下净空高度：是指设计洪水位或计算通航水位至桥跨结构最下缘之间的距离，用 H 表示。它应保证能安全排洪，并不得小于对该河流通航所规定的净空高度。

建筑高度：是指桥上行车路面（或轨顶）标高至桥跨结构最下缘之间的距离，容许建筑高度是指公路（或铁路）定线中所确定的桥面（或轨顶）标高对通航净空顶部标高之差。

净矢高：是指拱顶截面下缘至拱脚截面下缘最低点之连线的垂直距离，以 f_0 表示。

计算矢高：是指拱顶截面形心至拱脚截面形心之连线的垂直距离，以 f 表示。

矢跨比：是指拱桥中拱圈（拱肋）的计算矢高 f 与计算跨径 l 之比（f/l），也称拱矢度。它是反映拱桥受力特性的一个重要指标。

桥面净空：是指桥梁行车道、人行道上方应保持的空间界限。公路、铁路和城市桥梁对桥面净空都有相应的规定。

三、桥梁的分类

（一）桥梁按受力体系分类

按受力体系可分为梁式桥、拱式桥和悬索桥三大基本体系。梁式桥以受弯为主；拱式桥以受压为主；悬索桥以受拉为主。由三大基本体系相互组合，派生出在受力上也具有组合特征的多种桥梁，如钢架桥和斜拉桥等。

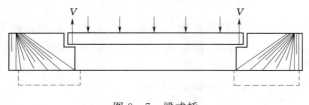

图9-7 梁式桥

1. 梁式桥

梁式桥是一种在竖向荷载作用下无水平反力的结构，如图9-7所示。梁作为主要承重结构，是以它的抗弯能力来承受荷载的。梁可分为简支梁、悬臂梁、固端梁和连续梁等。

2. 拱式桥

拱式桥的主要承重结构是拱肋（或拱圈），在竖向荷载作用下，拱圈既要承受压力，也要承受弯矩，可采用抗压能力强的圬工材料来修建。拱式体系的墩、台除了承受竖向压力和弯矩以外，还承受水平推力作用，如图9-8所示。

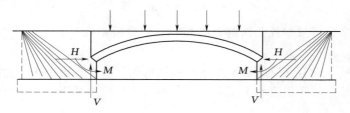

图9-8 拱式桥

3. 刚架桥

刚架桥是介于梁桥与拱桥之间的一种结构体系，它是由受弯的上部梁（或板）结构与承压的下部桩柱（或墩）整体组合在一起的结构。由于梁与柱是刚性连接，梁因柱的抗弯刚度而得到卸载作用。整个体系是压弯结构，也是推力结构。刚架可分为直腿刚架和斜腿刚架。

刚架的桥下净空比拱桥大，在同样净空下可修建较小的跨径，如图9-9所示。

4. 悬索桥

传统的悬索桥均用悬挂在两边塔架上的强大缆索作为主要承重结构。在竖向荷载作用下，通过吊杆使缆索承受很大的拉力，通常都需要在两岸桥台的后方修筑非常巨大的锚碇结构，如图9-10所示。悬索桥也是具

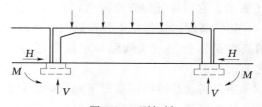

图9-9 刚架桥

有水平反力（拉力）的结构。悬索桥的跨越能力在各类桥梁中是最大的，但结构的刚度差，整个悬索桥的发展历史也是争取刚度的历史。

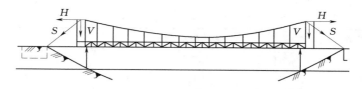

图 9－10 悬索桥

5. 组合体系

（1）梁、拱组合体系。这类体系有系杆拱、桁架拱、多跨拱梁结构等，它们是利用梁的受弯与拱的承压特点组成复合结构。其中梁、拱都是主要承重结构，两者相互配合、共同受力，如图 9－11 所示。

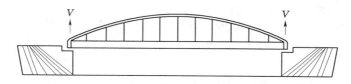

图 9－11 系杆拱桥

（2）斜拉桥。斜拉桥也是一种主梁与斜缆相组合的组合体系，如图 9－12 所示。悬挂在塔柱上的被张紧的斜缆将主梁吊住，使主梁像多点弹性支承的连续梁一样工作，这样既发挥了高强材料的作用，又显著减小了主梁截面，使结构自重减轻而能跨越很大的跨径。

图 9－12 斜拉桥

（二）桥梁的其他分类

（1）按用途来划分，有公路桥、铁路桥、公铁两用桥、农桥（或机耕道桥）、人行桥、水运桥（或渡槽）、管线桥等。

（2）按照主要承重结构所用的材料划分，有圬工桥（包括砖、石、混凝土桥）、钢筋混凝土桥、预应力混凝土桥、钢桥和木桥等。

（3）按桥梁全长和跨径的不同划分，有特大桥、大桥、中桥、小桥和涵洞，见表 9－1。

（4）按跨越障碍性质划分，有跨河桥、立交桥、高架桥和栈桥。高架桥一般指跨越深沟峡谷以替代高路堤的桥梁以及在城市道路中跨越道路的桥梁。

（5）按桥跨结构的平面布置划分，有正交桥、斜交桥和弯桥。

（6）按上部结构的行车道位置划分，有上承式桥、中承式桥和下承式桥。

（7）按照桥梁的可移动性划分，有固定桥和活动桥，活动桥包括开启桥、升降桥、旋转桥和浮桥。

表 9－1　　　　　　　　　　　　　桥梁涵洞分类　　　　　　　　　　　　　单位：m

桥涵分类	多孔跨径总长 L	单孔跨径 L_k
特大桥	$L>1000$	$L_k<150$
大桥	$100 \leq L \leq 1000$	$40 \leq L_k \leq 150$
中桥	$30<L<100$	$20 \leq L_k<40$
小桥	$8 \leq L \leq 30$	$5 \leq L_k<20$
涵洞	—	$L_k<5$

注　1. 单孔跨径系指标准跨径。
　　2. 梁式桥、板式桥的多孔跨径总长为多孔标准跨径的总长；拱式桥为两岸桥台起拱线间的距离；其他形式桥梁为桥面系行车道长度。
　　3. 管涵及箱涵不论管径或跨径大小、孔数多少，均称为涵洞。
　　4. 标准跨径：梁式桥、板式桥以两桥墩中线之间桥中心线长度或桥墩中线与桥台台背前缘线之间桥中心线长度为准；拱式桥和涵洞以净跨径为准。

第三节　桥梁的总体规划与设计

一、桥梁的总体规划设计及其要求

（一）设计基本要求

1. 使用上的要求

桥梁设计要求能保证行车的畅通、舒适和安全。既能满足当前的需要，又能照顾今后的发展；既需满足交通运输本身的需要，也要考虑到支援农业、满足农田排灌的需要。通航河流上的桥梁应满足航运的要求。靠近城市、村镇、铁路及水利设施的桥梁还应结合有关方面的要求考虑综合利用。桥梁还应考虑战备，适应国防的要求。

2. 经济上的要求

桥梁设计方案必须进行技术经济比较，一般来说，应使桥梁的造价最低，材料消耗最少。然而，也不能只按建筑造价作为全面衡量桥梁经济性的指标，还要考虑到桥梁的使用年限、养护和维修费用等因素。

3. 设计上的要求

整个结构及各部分构件在制造、运输安装和使用过程中应具有足够强度、刚度、稳定性和耐久性，应积极采用新结构、新技术、新材料、新工艺。

4. 施工上的要求

桥梁结构应便于制造和架设，应尽量采用先进的工艺技术和施工机械，以利于加快施工速度，保证工程质量和施工安全。

5. 美观上的要求

一座桥梁应具有优美的外形，应与周围的景观相协调。城市桥梁和游览地区的桥梁可较多考虑建筑艺术上的要求。合理的结构布局和轮廓是美观的主要因素，决不应片面地把美观理解为豪华的细部装饰。

6. 环保上的要求

桥梁设计必须考虑环境保护和可持续发展的要求，应从桥位选择、桥跨布置、基础方案、墩身外形、上部结构施工方法、施工组织设计等方面考虑环保要求，采取必要的工程控制措施，建立环境监测系统，将不利影响减至最小。施工完成后，遭受施工破坏的植被应进行恢复或对桥梁周边景观进一步美化。

（二）野外勘测与调查

（1）调查桥梁的使用任务，既要调查桥上的交通种类和行车、行人的交通量及增长率，从而确定桥梁的荷载等级和行车道、人行道宽度，又要调查桥上有无需要通过的各类管线（如电力线、电话线、水管、煤气管等），以便设置专门的构造装置。

（2）测量桥位附近的地形，绘制地形图供设计和施工使用。

（3）探测桥位的地质情况，包括土壤的分层标高、物理力学性能、地下水等，并将钻探所得资料绘成地质剖面图。对于所遇到的地质不良现象，如滑坡、断层、溶洞、裂缝等，应详加注明。

（4）调查和测量河流的水文情况，包括调查河道性质（如河床及两岸的冲刷和淤积、河道的自然变迁等），收集和分析历年的洪水资料，测量河床断面，调查河槽各部分的形态标志和粗糙率等。通过计算确定各种特征水位、流速、流量等，与航运部门协商确定通航水位和通航净空，了解河流上有关水利设施对新建桥梁的影响。

（5）调查当地建筑材料（砂、石料等）的来源，水泥、钢材的供应情况以及水陆交通的运输情况。

（6）调查了解施工单位的技术水平、施工机械等装备情况以及施工现场的动力设备和电力供应情况。

（7）调查和收集有关气象资料，包括气温、雨量及风速（或台风影响）等情况。

（8）调查新建桥位上、下游有无老桥，其桥型布置和使用情况等。

很明显，选择桥位就需要一定的地形、地质和水文等资料，而对于所选定的桥位，又需要进一步为桥梁设计提供更为详尽的依据资料。因此，以上各项工作往往是互相渗透、交错进行的。

（三）设计程序

我国桥梁建设的程序一般采用两阶段设计，即初步设计和施工图设计。对于技术简单、方案明确的小桥，可以采用一阶段设计，即施工图设计，以扩大的初步设计来包含两阶段设计的主要内容；对于技术复杂、又缺乏经验的建筑项目或特大桥、互通式立体交叉、隧道等，必要时采用三阶段设计，即初步设计、技术设计和施工图设计。

两阶段设计时，桥梁设计的第一阶段是编制设计文件。在这一阶段设计中，主要是选择桥位，拟定桥梁结构形式和初步尺寸，进行方案比较，编制最佳方案的材料用量和造价，然后报请上级单位审批。在初步设计的技术文件中，应提供必要的文字说明、图表资料、设计和施工方案、工程数量、主要建筑材料指标以及设计概算。这些资料作为控制建设项目投资和以后编制施工预算的依据。

桥梁设计的第二阶段是编制施工图。在这一阶段设计中，主要是根据已批准的初步设计中所规定的修建原则、技术方案、总投资额等，进一步进行具体的技术设计。在施工图设计中，应提出必要的说明和适应施工需要的图表，并编制施工组织设计文件和施工预算。在施工图设计中，必须对桥梁各部分构件进行强度、刚度和稳定性等方面的验算，并绘出详细的结构构造图纸。

三阶段设计时，技术设计应根据批准的初步设计和补充初测资料（或定测资料）编制，施工图设计应根据批准的技术设计和定测（或补充定测）资料编制。

采用三阶段设计时，初步设计编制设计概算，技术设计编制修正概算，施工图设计编制施工图概算。

二、桥梁的纵横断面和平面布置

（一）桥梁纵断面设计

桥梁纵断面设计包括确定桥梁的总跨径、桥梁的分孔、桥道的标高、桥上和桥头引道的纵坡等。

1. 桥梁的总跨径

桥梁总跨径一般根据水文计算确定。其基本原则是：在桥梁的整个使用年限内，应保证设计洪水能顺利宣泄；河流中可能出现的流冰和船只、排筏等能顺利通过；避免因过分压缩河床而引起河道和河岸的不利变迁；避免因桥前壅水而淹没农田、房屋、村镇和其他公共设施等。对于桥梁结构本身来说，应避免因总跨径缩短而引起的河床过度冲刷对浅埋基础带来不利的影响。

在某些情况下，为了降低工程造价，可以在不超过允许的桥前壅水和规范规定的允许最大冲刷系数的前提条件下，适当增大桥下冲刷，以缩短总跨长。例如，对于深埋基础，一般允许稍大一点的冲刷系数，使总跨径能适当减小；对于平原区稳定的宽河段，流速较小，漂流物也较少，主河槽也较大时，可以对河滩的浅水流区段作较大的压缩但必须慎重的校核，压缩后的桥梁壅水不得危及河滩路堤以及附近农田和建筑物。

2. 桥梁的分孔

对于一座较长的桥梁，应当分成若干孔，但孔径划分的大小不仅会影响到使用效果和施工难易等，而且在很大程度上会影响到桥梁的总造价。例如，采用的跨径越大，孔数越少，固然可以降低墩台的造价，但却会使上部结构的造价增高；反之，则上部结构的造价虽然降低了，但墩台的造价却又有所提高。因此，在满足上述使用和技术要求的前提下，通常采用最经济的分孔方式，也就是使上下部结构的总造价趋于最低。设计要求如下：

（1）对于通航河流，分孔时首先应满足桥下的通航要求，桥梁的通航孔应布置在航行最方便的河域。对于变迁性河流，根据具体条件，应多设几个通航孔。

（2）对于平原区宽阔河流上的桥梁，通常在主河槽部分需要布置较大的通航孔，而在两侧浅滩部分按经济跨径进行分孔。

（3）对于在山区深谷、水深流急的江河上，或在水库上建桥时，为了减少中间桥墩，应加大跨径。如果条件允许，甚至可以采用特大跨径的单孔跨越。

（4）对于采用连续体系的多孔桥梁，应从结构的受力特性考虑，使边孔与中孔的跨中弯矩接近相等，合理地确定相邻跨之间的比例。

（5）对于河流中存在不利的地质段，如岩石破碎带、裂隙、溶洞等，在布孔时，为了使桥基避开这些区段，可以适当加大跨径。

（6）跨径的选择还与施工能力有关，有时选择较大的跨径虽然在技术经济上是合理的，但由于缺乏足够的施工技术能力和机械设备，也不得不放弃而改用较小跨径。

（7）位于城市的桥梁还应从与城市周围环境及已建桥梁相协调的角度出发，进行合理的布孔。

总之，大、中桥梁的分孔是一个相当复杂的问题，必须根据使用要求、桥位所处的地形和环境、河床地质、水文等具体情况，通过技术经济等方面的分析比较，才能做出比较完美的设计方案。

3. 桥道的标高

对于跨河桥梁，桥道的标高应满足桥下排洪和通航的要求，对于跨线桥，则应确保桥下安全行车。在平原区建桥时，桥道标高抬高往往伴随着桥头引道路堤土方量的显著增加。在修建城市桥梁时，桥梁过高会使两端引道的延伸影响市容，或者需要设置立体交叉或高架栈桥，这必然导致造价提高。因此，应根据设计洪水位、桥下通航（或通车）净空等需要，并结合桥型、跨径等一起考虑，以确定合理的桥道标高。在有些情况下，桥道标高在路线纵断面设计中已作了规定。下面介绍确定桥道标高的有关问题。

（1）为了保证桥下流水净空，对于梁桥，梁底一般应比设计洪水水位（包括壅水和浪高）至少高出 0.5m，高出最高流冰水位 0.75m。支座应至少高出设计洪水水位 0.25m，至少高出最高洪水水位 0.50m，如图 9-13 所示。如果支座部分有围护隔水则可不受此限制。

图 9-13　桥梁纵断面规划图

对于无铰拱桥，允许设计洪水水位淹没拱脚，但淹没深度一般不超过拱圈矢高的2/3，如图 9-14 所示。在任何情况下，拱顶底面应高出设计洪水水位 1.0m，拱脚的起拱线应至少高出最高流冰水位 0.25m。

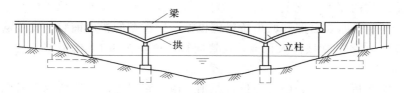

图 9-14　拱桥桥下净空图

当河流中有形成流冰阻塞的危险或有漂浮物通过时，桥下净空应按当地具体情况确定。对于有淤积的河床，桥下净空应适当加高。

（2）在通航及通行木筏的河流上，桥梁必须设置保证桥下安全通航的通航孔。在此情况下，桥跨结构下缘的标高应高于通航净空高度。所谓通航净空，就是在桥孔中垂直于流水方向所规定的空间界限（如图 9-13 所示的多边形），任何结构构件和航运设施均不得伸入其内。

（3）在设计跨越线路（铁路或公路）的立体交叉时，桥跨结构的标高应高于规定的线路净空高度。对于公路所需的净空尺寸，参见桥梁横断面设计内容，铁路的净空尺寸可查阅《铁路桥涵设计基本规范》（TB 10002.1—2005）。

桥道标高确定后，就可根据两端桥头的地形和线路要求设计桥梁的纵断面。一般将桥梁的纵断面设计成具有单向或双向坡度的桥梁，既利于交通，美观效果好，又便于桥面排水（对于不太长的小桥，可以做成平坡桥）。

4. 桥上及桥头引道的纵坡

对于大、中桥梁，为了有利于桥面排水和降低桥头引道路堤高度，通常把桥面做成从桥的中间向桥头两端倾斜的双向纵坡。桥上纵坡不宜大于 4%，桥头引道纵坡不宜大于 5%。位于市镇混合交通繁忙处的桥梁，桥上纵坡和桥头引道纵坡均不得大于 3%。桥上或桥头引道的纵坡发生变更的地方均应按规定设置竖曲线。

（二）桥梁横断面设计

桥梁横断面的设计，主要取决于桥面的宽度和不同桥跨结构横截面的形式。桥面宽度决定于行车和行人的交通量，为保证桥梁的服务水平，桥面宽度应当与所在路线的路基宽度保持一致。《公路工程技术标准》（JTG B01—2003）中规定了各级公路桥面净空限界，如图 4-6 所示。在建筑限界内，不得有任何部件侵入。桥面横断面设计中的行车道宽度、中间带宽度等可以分别按表 4-3 至表 4-6 的规定选取。

桥上人行道的设置应根据实际需要而定。人行道的宽度为 0.75m 或 1m，大于 1m 时按 0.5m 的倍数增加。一条自行车道的宽度为 1m，当单独设置自行车道时，一般不应少于两条自行车道的宽度。不设人行道和自行车道的桥梁可根据具体情况设置栏杆和安全带；与路基同宽的小桥和涵洞可仅设缘石或栏杆；漫水桥不设人行道，但可设置护栏。

城市桥梁以及位于大、中城市近郊的公路桥梁的桥面净空尺寸应结合城市实际交通量和今后发展的要求来确定。在弯道上的桥梁应按路线要求予以加宽。

人行道及安全带应高出行车道路面至少 0.20~0.25m，对于具有 2% 以上纵坡并高速行车的现代化桥梁，最好应高出行车道路面 0.30~0.35m，以确保行人和行车的安全。

对于相同桥面净宽的上承式桥和下承式桥的横断面的布置，根据结构布置上的需要，下承式桥承重结构的宽度要比上承式桥的大，而其建筑高度应比上承式桥的小。

为了利于桥面排水，公路和城市桥梁应根据不同类型的桥面铺装，设置从桥面中央倾向两侧的 1.5%~3% 的横坡。人行道宜设置向行车道倾斜的 1% 的横坡。

（三）平面布置

公路上的特大桥、大桥、中桥桥位，原则上服从路线走向。路桥综合考虑，应尽量选择在河流顺直、水流稳定、地质稳定的河段上。

思 考 题 及 习 题

9-1　桥梁在交通建设中的地位如何？

9-2　桥梁由哪几部分组成？它们的作用各是什么？

9-3　桥梁的主要术语名称有哪些?

9-4　对于不同的桥型,计算跨径、标准跨径、净跨径都是怎样确定的?

9-5　试述桥梁高度、桥下净空高度、建筑高度和容许建筑高度的区别。

9-6　试述梁桥、拱桥、悬索桥的主要受力特点。

9-7　桥涵是如何按跨径大小划分的?

9-8　桥梁总体设计应满足哪些基本要求?

9-9　桥梁设计的外业工作需搜集哪些资料?

9-10　试述桥梁设计的程序及各阶段的主要内容。

9-11　如何确定跨河桥梁的总跨径?怎样进行分孔?

9-12　确定桥面总宽时应考虑哪些因素?

第十章 桥梁上的作用

 学习目标：

熟悉桥梁上作用的含义、类型及确定方法；了解桥梁作用效应组合的方式和内容。

作用是指施加在结构上的一组集中力或分布力，或引起结构外加变形或约束变形的原因，前者称为直接作用，也称为荷载，后者称为间接作用，如地震、结构不均匀沉降等，它们产生的效应与结构本身的特征有关。作用的种类、形式和大小的选定是桥梁计算工作中的主要部分，它关系到桥梁结构在其设计使用期限内的安全系数和桥梁建设费用的合理投资。

我国交通部颁布的《公路桥涵设计通用规范》（JTG D60—2004）中，将公路桥梁上的作用分为永久作用、可变作用和偶然作用三大类，见表 10-1。

表 10-1 作 用 的 分 类

序号	作用分类	作 用 名 称
1	永久作用	结构重力（包括结构附加重力）
2		预加力
3		土的重力
4		土侧压力
5		混凝土收缩及徐变作用
6		水的浮力
7		基础变位作用
8	可变作用	汽车荷载
9		汽车冲击力
10		汽车离心力
11		汽车引起的土侧压力
12		人群荷载
13		汽车制动力
14		风荷载
15		流水压力
16		冰压力
17		温度（均匀温度和梯度温度）作用
18		支座摩阻力
19	偶然作用	地震作用
20		船舶或漂流物的撞击作用
21		汽车撞击作用

第一节 永 久 作 用

永久作用是指在结构使用期内，其量值不随时间变化，或其变化值与平均值相比可以忽略不计的作用。永久作用包括结构重力、预加力、土的重力、土侧压力、混凝土收缩及徐变作用、水的浮力和基础变位作用。

一、结构重力

结构物的重力及桥面铺装、附属设备等外加重力均属结构重力，结构自重可按结构构件的设计尺寸与材料的重力密度进行计算确定。桥梁结构的自重往往占全部设计荷载的大部分，采用轻质高强材料对减轻桥梁自重、增大跨越能力有着重要的意义。

二、预加力

对于预应力混凝土结构，预加力在结构进行正常使用极限状态设计和使用阶段构件应力计算时，应作为永久作用计算其主、次效应，计算时应考虑相应阶段的预应力损失，但不计由于预加力偏心距增大引起的附加效应。在设计结构承载能力极限状态时，预加应力不作为作用，而将预应力钢筋作为结构抗力的一部分，但在超静定结构中，仍需计算预加力引起的次效应。

三、土压力

作用在墩台上的土重力、土侧压力可参照《公路桥涵设计通用规范》（JTG D60—2004）中的规定进行计算。

在验算桥墩、台以及挡土墙倾覆和滑动稳定性时，其前侧地面以下不受冲刷部分土的侧压力，可按静土压力计算。计算作用于桥台后的主动土压力的标准值，一般应区别考虑台后有车辆作用和台后无车辆作用等不同的作用情况。

四、水的浮力

当基础底面位于透水性地基上时，验算墩台的稳定性，应采用设计水位浮力，而验算地基应力时，仅考虑低水位时的浮力或不考虑水的浮力。当基础嵌入不透水性地基上时，不考虑水的浮力。当不能确定地基是否透水时，应以透水和不透水两种情况分别与其他作用组合，取其最不利者。

作用在桩基承台底面的浮力，应考虑全部底面积。对于桩嵌入不透水地基并灌注混凝土封闭的情况，不应考虑桩的浮力，在计算承台底面浮力时，应扣除桩的截面面积。

五、混凝土收缩及徐变作用

对于超静定的混凝土结构及组合梁桥等，均应考虑混凝土的收缩和徐变影响，混凝土收缩应变和徐变系数可按《公路钢筋混凝土及预应力混凝土桥涵设计规范》（JTG D62—2004）中的规定进行计算。混凝土收缩影响可作为相应于温度的降低考虑，徐变影响可假定混凝土应力与徐变变形之间为线性关系。计算圬工拱圈的收缩作用效应时，如果考虑徐变影响，则作用效应可乘以 0.45 的折减系数。

第二节 可 变 作 用

可变作用是指在结构使用期内，其量值随时间变化，且其变化值与平均值相比不可忽略的作用。可变作用包括汽车荷载、汽车冲击力、汽车离心力、汽车引起的土侧压力、人群荷载、汽车制动力、风荷载、流水压力、冰压力、温度（均匀温度和梯度温度）作用、支座摩阻力。

一、汽车荷载

公路桥涵设计时，将汽车荷载分为公路—Ⅰ级和公路—Ⅱ级两个等级，其荷载等级的确定参照表 10-2。

表 10-2   **各级公路桥涵的汽车荷载等级**

公路等级	高速公路	一级公路	二级公路	三级公路	四级公路
汽车荷载等级	公路—Ⅰ	公路—Ⅰ	公路—Ⅱ	公路—Ⅱ	公路—Ⅱ

汽车荷载由车道荷载和车辆荷载组成，车道荷载由均布荷载和集中荷载组成。桥梁结构的整体计算采用车道荷载；桥梁结构的局部加载、涵洞、桥台和挡土墙土压力等的计算，则采用车辆荷载。车道荷载与车辆荷载的作用不得叠加。

二级公路为干线公路且当重型车辆多时，其桥涵的设计可采用公路—Ⅰ级汽车荷载。

四级公路上重型车辆少时，其桥涵设计所采用的公路—Ⅱ级车道荷载的效应可乘以 0.8 的折减系数，车辆荷载的效应可乘以 0.7 的折减系数。

（一）车道荷载

车道荷载由均布荷载和集中荷载组成，其计算图式如图 10-1 所示。

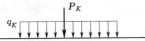

图 10-1   车道荷载的计算图式

（1）公路—Ⅰ级车道荷载的均布荷载标准值为 $q_K = 10.5\text{kN/m}^2$；集中荷载标准值 P_K 按以下规定选取：

桥涵计算跨径不大于 5m 时，$P_K = 180\text{kN}$；桥涵计算跨径不小于 50m 时，$P_K = 360\text{kN}$；桥涵计算跨径在 5～50m 之间时，P_K 值按直线内插求得。计算剪力效应时，集中荷载标准值 P_K 应乘以 1.2 的系数。

（2）公路—Ⅱ级车道荷载的均布荷载标准值 q_K 和集中荷载标准值 P_K，为公路—Ⅰ级车道荷载的 0.75 倍。

（3）车道荷载的均布荷载标准值，应满布于使结构产生最不利效应的同号影响线上，集中荷载标准值只作用于相应影响线中一个最大影响线峰值处。

（二）车辆荷载

公路—Ⅰ级和公路—Ⅱ级汽车荷载采用相同的车辆荷载标准值。车辆荷载布置如图 10-2 所示，其主要技术指标见表 10-3。

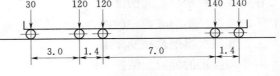

立面布置

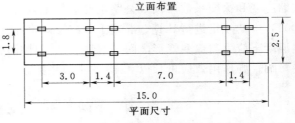

平面尺寸

图 10-2   车辆荷载布置（单位：轴重 kN；长度 m）

表 10 - 3 车辆荷载主要技术指标

项　目	单位	技术指标	项　目	单位	技术指标
车辆重力标准值	kN	550	轮距	m	1.8
前轴重力标准值	kN	30	前轮着地宽度及长度	m	0.3×0.2
中轴重力标准值	kN	2×120	中、后轮着地宽度及长度	m	0.6×0.2
后轴重力标准值	kN	2×140	车辆外形尺寸（长×宽）	m	15×2.5
轴距	m	3+1.4+7+1.4			

（三）车道荷载的横向布置、设计车道数及荷载效应的折减

（1）车辆荷载横向分布系数应按设计车道数如图 10 - 3 所示布置车辆荷载进行计算。

（2）桥涵设计车道数应符合表 10 - 4 的规定。多车道桥梁上的汽车荷载应考虑多车道折减。当桥涵设计车道数不小于 2 时，由汽车荷载产生的效应按表 10 - 5 规定的多车道折减系数进行折减，但折减后的效应不得小于 2 条设计车道的荷载效应。

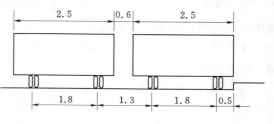

图 10 - 3 车辆荷载横向布置（单位：m）

表 10 - 4 桥 涵 设 计 车 道 数

桥面宽度 W/m		桥涵设计车道数
车辆单向行驶时	车辆双向行驶时	
$W<7.0$	—	1
$7.0 \leqslant W<10.5$	$6.0 \leqslant W<14.0$	2
$10.5 \leqslant W<14.0$	—	3
$14.0 \leqslant W<17.5$	$14.0 \leqslant W<21.0$	4
$17.5 \leqslant W<21.0$	—	5
$21.0 \leqslant W<24.5$	$21.0 \leqslant W<28.0$	6
$24.5 \leqslant W<28.0$	—	7
$28.0 \leqslant W<31.5$	$28.0 \leqslant W<35.0$	8

表 10 - 5 多车道横向折减系数

设计车道数/条	2	3	4	5	6	7	8
横向折减系数	1.00	0.78	0.67	0.60	0.55	0.52	0.50

（3）大跨径桥梁上的汽车荷载应考虑纵向折减。当桥梁计算跨径大于 150m 时，应按表 10 - 6 规定的纵向折减系数考虑车道荷载的纵向折减。桥梁为多跨连续结构时，整个结构应按最大计算跨径的纵向折减系数进行折减。

表 10-6　　　　　　　　　　　　荷载纵向折减系数

计算跨径 L_0/m	纵向折减系数	计算跨径 L_0/m	纵向折减系数
$150<L_0<400$	0.97	$800\leqslant L_0<1000$	0.94
$400\leqslant L_0<600$	0.96	$L_0\geqslant 1000$	0.93
$600\leqslant L_0<800$	0.95		

二、汽车冲击力

汽车以一定速度在桥上行驶，由于桥面不平整、车轮不圆以及发动机抖动等原因，会使桥梁结构产生振动，致使桥梁产生的应力与变形比相应的静载引起的应力与变形要大。这种由于荷载的动力作用使桥梁发生振动，而造成内力加大的现象称为冲击作用。

对于钢桥、钢筋混凝土及预应力混凝土桥、圬工拱桥等上部构造和钢支座、板式橡胶支座、盆式橡胶支座及钢筋混凝土柱式墩台，应计算汽车的冲击作用。填料厚度（包括路面厚度）等于或大于 0.5m 的拱桥、涵洞以及重力式墩台，不计冲击力，支座的冲击力按相应的桥梁取用。

汽车荷载的冲击力标准值为汽车荷载标准值乘以冲击系数 μ，冲击系数 μ 可按下式计算：

当 $f<1.5\text{Hz}$ 时，$\mu=0.05$；

当 $1.5\text{Hz}\leqslant f\leqslant 14\text{Hz}$ 时，$\mu=0.1767\ln f-0.0157$；

当 $f>14\text{Hz}$ 时，$\mu=0.45$。

其中 f 为结构基频（Hz），也叫自振频率，宜用有限元方法计算确定。

汽车荷载的局部加载及在 T 梁、箱梁悬臂板上的冲击系数 $(1+\mu)$ 采用 1.3。

三、汽车离心力

当弯道桥的半径不大于 250m 时，应计算汽车荷载的离心力。离心力 H 为车辆荷载 P（不计冲击力）乘以离心力系数 C，即：

$$H=CP \tag{10-1}$$

离心力系数按下式计算：

$$C=\frac{V^2}{127R} \tag{10-2}$$

式中　V——设计速度，应按桥梁所在路线设计速度采用，km/h；

　　　R——曲线半径，m。

在计算多车道的离心力时，车辆荷载标准值应乘以多车道作用的横向折减系数，离心力的着力点在桥面以上 1.2m（为计算简便也可移至桥面上，不计由此引起的力矩）。

四、汽车制动力

汽车制动力是车辆在制动时，为克服车辆的惯性力而在路面与车辆之间发生的滑动摩擦力。汽车荷载制动力可按下列规定计算和分配。

汽车制动力按同向行驶的汽车荷载（不计冲击力）计算，并按照以使桥梁墩台产生最不利纵向力的加载长度进行纵向折减。

一个设计车道的汽车制动力标准值按照规定的车道荷载标准值在加载长度上计算的总

重力的 10% 计算，但公路—Ⅰ级汽车荷载的制动力标准值不得小于 165kN；公路—Ⅱ级汽车荷载的制动力标准值不得小于 90kN。同向行驶双车道的汽车荷载制动力为一个设计车道制动力标准值的两倍；同向行驶三车道的汽车荷载制动力为一个设计车道制动力标准值的 2.34 倍；同向行驶四车道的汽车荷载制动力为一个设计车道的 2.68 倍。

制动力的着力点在桥面以上 1.2m 处，计算墩台时，可移至支座铰中心或支座底面上。计算刚构桥、拱桥时，制动力的着力点可移至桥面上，但不计因此而产生的竖向力和力矩。

设有板式橡胶支座的简支梁、连续桥面简支梁或连续梁排架式柔性墩台，应根据支座与墩台的抗推刚度的刚度集成情况分配和传递制动力。

设有板式橡胶支座的简支梁刚性墩台，按单跨两端的板式橡胶支座的抗推刚度分配制动力。

设有固定支座、活动支座（滚动或摆动支座、聚四氟乙烯板支座）的刚性墩台传递的制动力，按表 10-7 采用。每个活动支座传递的制动力，其值不应大于其摩阻力，当大于摩阻力时，按摩阻力计算。

表 10-7 　　　　　　　　　刚性墩台各种支座传递的制动力

桥梁墩台及支座类型		应计的制动力	符号说明
简支梁桥台	固定支座	T_1	
	聚四氟乙烯板支座	$0.30\,T_1$	
	滚动（或摆动）支座	$0.25\,T_1$	T_1—加载长度为计算跨径时的制动力；
简支梁桥墩	两个固定支座	T_2	T_2—加载长度为相邻两跨计算跨径之和时的制动力；
	一个固定支座，一个活动支座	注	T_3—加载长度为一联长度的制动力
	两个聚四氟乙烯板支座	$0.30\,T_2$	
	两个滚动（或摆动）支座	$0.25\,T_2$	
连续梁桥墩	固定支座	T_3	
	聚四氟乙烯板支座	$0.30\,T_3$	
	滚动（或摆动）支座	$0.25\,T_3$	

注　固定支座按照 T_4 计算，活动支座按 $0.30T_5$（聚四氟乙烯板支座）计算或 $0.25T_5$（滚动或摆动支座）计算，T_4 和 T_5 分别为与固定支座或活动支座相应的单跨跨径的制动力，桥墩承受的制动力为上述固定支座与活动支座传递的制动力之和。

五、汽车引起的土侧压力

汽车荷载引起的土侧压力采用车辆荷载加载，并可按下列规定计算。

（1）车辆荷载在桥台或挡土墙后填土的破坏棱体上引起的土侧压力，可换算成等代均布土层厚度 h(m) 计算。

（2）计算涵洞顶上车辆荷载引起的竖向土压力时，车轮按其着地面积的边缘向下作 30°角扩散分布。当几个车轮的压力扩散线相重叠时，扩散面积以最外边的扩散线为准。

六、人群荷载

设有人行道的桥梁，应同时计入人行道上的人群荷载。

当桥梁跨径不大于 50m 时，人群荷载标准值为 3.0kN/m²；当桥梁跨径不小于 150m

时，人群荷载标准值为 2.5kN/m²；桥涵计算跨径在 50～150m 之间时，可采用直线内插求得。对于跨径不等的连续结构，采用最大计算跨径的人群荷载标准值。城镇郊区行人密集地区的公路桥梁，人群荷载标准值采用上述规定值的 1.15 倍。专用人行桥梁，人群荷载标准值为 3.5kN/m²。

人群荷载在横向应布置在人行道的净宽度内，在纵向应施加于使结构产生最不利荷载效应的区段内。

人行道板（局部构件）可以一块板为单元，按标准值 4.0kN/m² 的均布荷载计算。

计算人行道栏杆时，作用在栏杆立柱顶上的水平推力标准值取 0.75kN/m；作用在栏杆扶手上的竖向力标准值取 1.0kN/m。

七、其他可变荷载

风荷载、流水压力、冰压力、支座摩阻力、温度作用的计算参见《公路桥涵设计通用规范》（JTG D60—2004）及《公路钢筋混凝土及预应力混凝土桥涵设计规范》（JTG D62—2004）。

第三节 偶 然 作 用

偶然作用指在结构使用期内，出现的概率很小，但一旦出现其值很大且持续时间很短的作用。偶然作用包括地震作用、船舶或漂流物的撞击作用、汽车撞击作用。

一、地震作用

地震作用主要是指地震时强烈的地面运动引起的结构惯性力。地震作用的强弱不仅与地震时地面运动的强烈程度有关，还与结构的动力特性（频率与振型）有关。地震作用的强弱用地震动峰值加速度系数表示。

地震动峰值加速度等于 $0.10g$、$0.15g$、$0.20g$、$0.30g$ 地区的公路桥涵，应进行抗震设计。

地震动峰值加速度不小于 $0.40g$ 的地区的公路桥涵，应进行专门的抗震研究和设计。

地震动峰值加速度不大于 $0.05g$ 的地区的公路桥涵，除有特殊要求者外，可采用简易设防。

做过地震小区划分的地区，应按主管部门审批后的地震动参数进行抗震设计。

公路桥梁地震作用的计算及结构的设计，应符合现行《公路工程抗震规范》（JTG B02—2013）和《公路桥梁抗震设计细则》（JTG/T B02—01—2008）的规定。

二、船舶或漂流物的撞击作用

位于通航河流或有漂浮物的河流中的桥梁墩台，设计时应考虑船只或漂流物的撞击力。当无实测资料时，可参照《公路桥涵设计通用规范》（JTG D60—2004）附录中的规定进行计算。

三、汽车撞击作用

桥梁结构必要时可考虑汽车的撞击作用。汽车撞击力标准值在车辆行驶方向取 1000kN，在车辆行驶垂直方向取 500kN，两个方向的撞击力不同时考虑，撞击力作用于行车道以上 1.2m 处，直接分布于撞击涉及的构件上。

对于设有防撞设施的结构构件，可视防撞设施的防撞能力，对汽车撞击力标准值予以折减，但折减后的汽车撞击力标准值不应低于上述规定值的1/6。

高速公路上桥梁的防撞护栏应满足《工程及沿线设施设计通用规范》（JTG D80—2006）的有关规定。

第四节　作用效应组合

结构上几种作用分别产生的效应的随机叠加称为作用效应组合。

公路桥涵结构设计应考虑结构上可能同时出现的作用，按承载能力极限状态和正常使用极限状态进行作用效应组合，取其最不利效应组合进行设计，进行作用效应组合时应注意：

（1）只有在结构上可能同时出现的作用，才考虑进行效应组合。当结构或结构构件需做不同受力方向的验算时，则应以不同方向的最不利的作用效应进行组合。

（2）当可变作用的出现对结构或结构构件产生有利影响时，该作用不应参与组合。实际不可能同时出现的作用或同时参与组合概率很小的作用，按表10-8规定不考虑其作用效应的组合。

表10-8　　　　　　　　　　可变作用不同时的组合

编　号	作用名称	不与该作用同时参与组合的作用编号
13	汽车制动力	15, 16, 18
15	流水压力	13, 16
16	冰压力	13, 15
18	支座摩阻力	13

（3）施工阶段作用效应的组合，应按计算需要及结构所处条件而定，结构上的施工人员和施工机具设备均应作为临时荷载加以考虑。组合式桥梁，当把底梁作为施工支撑时，作用效应宜分两个阶段组合，底梁受荷为第一个阶段，组合梁受荷为第二个阶段。

（4）多个偶然作用不同时参与组合。

一、按承载能力极限状态设计时作用效应组合

公路桥涵结构按承载能力极限状态设计时，应采用以下两种作用效应组合。

（1）基本组合。永久作用的设计值效应与可变作用设计值效应相组合。

（2）偶然组合。永久作用标准值效应与可变作用某种代表值效应及一种偶然作用标准值效应相组合。偶然作用的效应分项系数取1.0，与偶然作用同时出现的可变作用，可根据观测资料和工程经验取用适当的代表值。地震作用标准值及其表达式按现行《公路工程抗震规范》（JTG B02—2013）和《公路桥梁抗震设计细则》（JTG/T B02—01—2008）规定采用。

二、按正常使用极限状态设计时作用效应组合

公路桥涵结构按正常使用极限状态设计时，应根据不同的设计要求，采用以下两种效应组合。

223

（1）作用短期效应组合。永久作用标准值效应与可变作用频遇值效应相组合。

（2）作用长期效应组合。永久作用标准值效应与可变作用准永久值效应相组合。

思 考 题 及 习 题

10-1　简述桥梁作用的分类及其含义。

10-2　公路桥梁汽车荷载分为哪几个等级？汽车荷载由哪几种荷载组成？桥梁结构的整体计算和局部计算分别采用何种汽车荷载？

10-3　桥梁可变作用包括哪些作用？

10-4　桥梁偶然作用包括哪些作用？

10-5　什么是作用效应组合？公路桥涵结构按正常使用极限状态设计时，采用哪两种效应组合？

第十一章 桥面布置与构造

 学习目标：

了解桥面部分的一般构造及桥面的布置方式；熟悉桥面铺装的类型及方法、桥面防水排水的措施、桥面伸缩装置的类型及特点、桥梁人行道的设置形式。

桥面部分，通常包括桥面铺装、防水和排水设施、伸缩装置、人行道（或安全带）、缘石、栏杆和照明灯具等构造，如图 11-1 所示。桥面构造直接与车辆、行人接触，虽然不是主要承重结构，但它对桥梁功能的正常发挥，对主要构件的保护，对车辆行人的安全以及桥梁的美观等都十分重要。因此，应对桥面构造的设计和施工给予足够的重视。

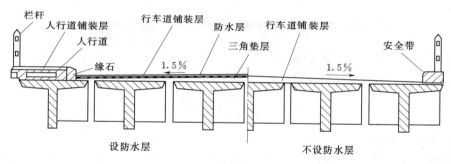

图 11-1 桥面部分的一般构造

第一节 桥 面 布 置

桥面布置应在桥梁的总体设计中考虑，根据道路的等级、桥梁的宽度、行车要求等条件确定。桥面的布置方式，主要有双向车道布置、分车道布置和双层桥面布置。

一、双向车道布置

双向车道布置是指行车道的上下行交通布置在同一桥面上。在桥面上，上下行交通由划线分隔，没有明显界限，桥梁上也允许机动车与非机动车同时通过，同样也采用划线分隔。由于在桥梁上同时存在上下行机动车辆与非机动车，因此车辆在桥梁上行驶速度只能是低速或中速，在交通量较大的路段，往往会造成交通滞流状态。

二、分车道布置

行车道的上下行交通，在桥梁上按分隔设置式进行布置。因而上下行交通互不干扰，可提高行车速度，便于交通管理。但是在桥面布置上要增加一些附属设施，桥面的宽度相应要加宽些。

分车道布置可在桥面上设置分隔带，用以分隔上下行车辆，如图 11-2 所示。也可以采用分离式主梁布置，在主梁间设置分隔带，如图 11-3 所示。分车道布置除对上下行交通分隔外，也可将机动车与非机动车道分隔、行车道与人行道分隔。这种布置方式可提高行车速度，便于交通管理。

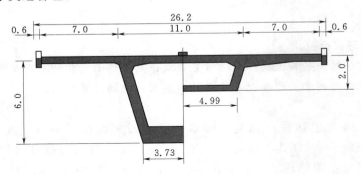

图 11-2　分车道桥面布置（单位：m）

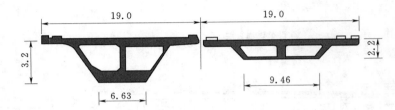

图 11-3　分离式主梁布置（单位：m）

三、双层桥面布置

　　双层桥面布置即桥梁结构在空间上可提供两个不在同一平面上的桥面构造，如图 11-4 所示。双层桥面布置可以使不同的交通严格分道行驶，提高了车辆和行人的通行能力，便于交通管理。同时，在满足同样交通要求时，可以充分利用桥梁净空，减小桥梁宽度，缩短引桥长度，达到较好的经济效益。

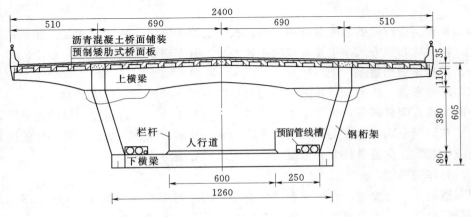

图 11-4　双层桥面布置（单位：cm）

第二节 桥 面 铺 装

桥面铺装也称行车道铺装，其作用是保护桥面板不受车辆轮胎（或履带）的直接磨耗，防止主梁遭受雨水的侵蚀，并能对车辆轮重的集中荷载起一定的分散作用。因此，桥面铺装应具有抗车辙、行车舒适、抗滑、不透水、刚度好和与桥面板结合良好等特点。

一、桥面纵、横坡设置

为迅速排出桥面雨水，防止或减少雨水对铺装层的渗透，桥面应设置纵、横坡，以便保护行车道板，延长桥梁使用寿命。

桥面纵坡一般都做成双向纵坡，坡度不超过 3% 为宜。

桥面横坡一般将桥面铺装层的表面沿横向设置成双向横坡，坡度为 1.5%～2.0%。

行车道桥面通常采用抛物线形横坡，人行道则用直线形。

二、桥面铺装的类型

钢筋混凝土和预应力混凝土梁桥的桥面铺装，目前使用下列几种类型。

（一）普通水泥混凝土或沥青混凝土铺装

在非严寒地区的小跨径桥上，通常桥面内可不做专门的防水层，而直接在桥面上铺筑 5～8cm 的普通水泥混凝土或沥青混凝土铺装层。铺装层的混凝土强度等级一般不低于桥面板混凝土强度等级且不低于 C40，在铺筑时要求有较好的密实度。为了防滑和减弱光线的反射，最好将混凝土做成粗糙表面。混凝土铺装的造价低，耐磨性能好，适合于重载交通，但其养护期比沥青混凝土铺装长，日后修补也较麻烦。沥青混凝土铺装的重量较轻，维修养护也较方便，铺筑完成后很快就能通车运营。桥上的沥青混凝土铺装可以做成单层式（5～8cm）或双层式（下面层 4～5cm，上面层 3～4cm）。

（二）防水混凝土铺装

对位于非冰冻地区的桥梁需做适当的防水时，可在桥面板上铺筑 8～10cm 厚的防水混凝土作为铺装层。防水混凝土的强度等级一般不低于桥面板混凝土的强度等级，其上一般可不另设面层，但为延长桥面的使用年限，宜在上面铺筑 2cm 厚的沥青表面处治，作为可修补的磨耗层。

（三）具有贴式防水层的水泥混凝土或沥青混凝土铺装

在防水程度要求高或在桥面板位于结构受拉区而可能出现裂纹的桥梁上，往往采用柔性的贴式防水层。贴式防水层设在低强度等级混凝土三角垫层上面，其做法是：先在垫层上用水泥砂浆抹平，待硬化后在其上涂一层热沥青底层，随即贴上一层油毛毡（或麻袋布、玻璃纤维织物等），上面再涂一层沥青胶砂，贴一层油毛毡，最后再涂一层沥青胶砂。通常这种所谓"三油两毡"的防水层厚度约为 1～2cm。为了保护贴式防水层不致因铺筑和翻修路面而受到损坏，在防水层上需用厚约 4cm、标号不低于 C20 的细骨料混凝土作为保护层，等它达到足够强度后再铺筑沥青混凝土或水泥混凝土桥面铺装。由于这种防水层的造价高，施工也麻烦费时，故应根据建桥地区的气候条件、桥梁的重要性等，在技术和经济上经充分考虑后再采用。

此外，国外也曾使用环氧树脂涂层来达到抗磨耗、防水和减轻桥梁恒载的作用，这种铺装层的厚度通常为 0.3～1.0cm。为保证其与桥面板牢固结合，涂抹前应将混凝土板面清刷干净。

第三节　桥面防水排水设施

为了保障桥面行车畅通、安全，防止桥面结构受降水侵蚀，应设置完善的桥面防水和排水设施。

一、防水层的设置

桥面的防水层，设置在行车道铺装层下边，它将透过铺装层渗下的雨水汇集到排水设备（泄水管）排出。对于防水程度要求高，或桥面板位于结构受拉区可能出现裂纹的混凝土梁式桥上，应在铺装内设置防水层，如图 11-5 所示。

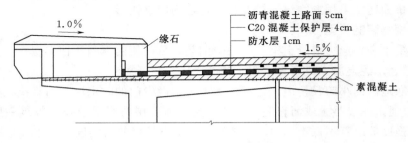

图 11-5　防水层的设置

防水层主要有以下三种类型：

（1）沥青涂胶下封层。即洒布薄层沥青或改性沥青，其上铺一层砂，经碾压形成。

（2）涂刷高分子聚合物涂料。常用的有聚氨酯胶泥、环氧树脂、阳离子乳化沥青和氯丁胶乳等。

（3）铺装沥青或改性沥青防水卷材和浸渍沥青的无纺土工布等。

设计时应选用便于施工、坚固耐久、质量稳定的防水材料。

当采用柔性防水层（使用卷材）时，为了增强桥面铺装的抗裂性，应在其上的混凝土铺装层或垫层中铺设 $\phi 3 \sim \phi 6$ 的钢筋网，网格尺寸为 15cm×15cm 或 20cm×20cm。

无专门防水层时，应采用防水混凝土铺装或加强排水和养护。

二、排水设施的设置

为了迅速排除桥面积水，防止雨水积滞于桥面并渗入梁体而影响桥梁的耐久性，在桥梁设计时要有一个完整的排水系统，除采取在桥面上设置纵横坡排水之外，常常还需设置一定数量的泄水管。

通常当桥面纵坡大于 2‰ 而桥长小于 50m 时，桥上可以不设泄水管，为防止雨水冲刷引道路基，可在引道路基两侧设置流水槽。当桥面纵坡大于 2‰ 而桥长大于 50m 时，宜在桥上每隔 12～15m 设置一个泄水管；当桥面纵坡小于 2‰ 时，应每隔 6～8m 设置一个泄水管。泄水管的过水面积通常为每平方米桥面不少于 2～3cm²。

泄水管可以沿行车道两侧左右对称排列，也可交错排列，其离缘石的距离为 20～50cm。泄水管也可布置在人行道下面，为此需要在人行道块件（或缘石部分）上留出横向进水孔，并在泄水管周围（除了朝向桥面的一侧外）设置相应的集水槽。对于跨线桥和城市桥梁，最好像建筑物那样设置完善的排水管道，以便将雨水排至地面阴沟或下水道内。

目前，梁式桥上常用的泄水管有金属泄水管、钢筋混凝土泄水管、横向排水管道几种形式。

（一）金属泄水管

如图 11-6 所示为一种构造比较完备的铸铁泄水管，适用于具有防水层的铺装结构。泄水管的内径一般为 10～15cm，管子下端应伸出行车道板底面以下 15～20cm，以防渗湿主梁梁肋表面。安装泄水管时，与防水层的接合处要做得特别仔细，防水层的边缘要紧贴在管子顶缘与泄水漏斗之间，以便防水层的渗水能通过漏斗上的过水孔流入管内。这种铸铁泄水管使用效果好，但结构较为复杂，根据具体情况，可以作简化改进，例如采用钢管和钢板的焊接构造等。

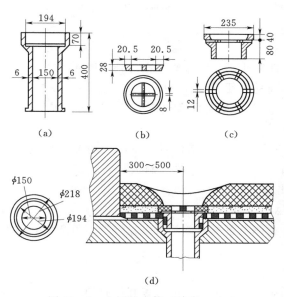

图 11-6 金属泄水管（单位：mm）

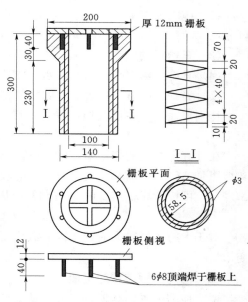

图 11-7 钢筋混凝土泄水管（单位：mm）

（二）钢筋混凝土泄水管

如图 11-7 所示为钢筋混凝土的泄水管构造，它适用于不设专门防水层而采用防水混凝土桥面铺装的桥梁上。在预制钢筋混凝土泄水管时，可将金属栅板直接作钢筋混凝土管的端模板，以使焊于板上的短钢筋锚固于混凝土中。这种预制的泄水管构造比较简单，可以节省钢材。

（三）横向排水管道

对于一些降雨量较少地区而又不设人行道的小跨径桥梁，有时为了简化构造和节省材料，可以直接在行车道两侧的安全带或缘石上预留横向孔道，用铁管

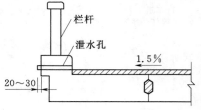

图 11-8 横向泄水孔道构造
（单位：mm）

或塑料管将水排出桥外（图 11-8）。管的下缘应略低于行车道铺装表面，末端应伸出桥外 2～3cm。这种排水方法构造简单，但因孔道坡度平缓，易于堵塞。

第四节　桥面伸缩装置

一、伸缩缝的作用及基本要求

桥梁桥面伸缩缝是为适应桥梁结构的变形，在桥梁结构物每一联的梁端之间以及梁端与桥台台背之间设置的能自由变形的跨缝装置。其作用是保证桥跨结构在气温变化、混凝土收缩与徐变、荷载作用等因素影响下按其静力图式自由伸缩和变形，使汽车行驶舒适、平顺，同时防止雨水、泥沙杂物等进入缝内。

桥面伸缩缝装置的构造应满足下列要求：

（1）在平行、垂直于桥梁轴线的两个方向，均能自由伸缩变形。

（2）施工和安装方便，其部件要有足够的强度，且应与桥梁结构连为整体，牢固可靠。

（3）车辆行驶应平顺，无突跳与噪音。

（4）具有能够安全排水和防水的构造，能防止雨水和垃圾泥土等杂物渗入阻塞。

（5）养护、检查、修理、清除污物都要简易方便。

特别要注意，在设置伸缩缝处，栏杆或护栏以及人行道也应断开，以便相应地自由变形。

在计算伸缩缝的变形量 Δl 时，应考虑以安装伸缩缝结构时为基准的温度伸长量 Δl_t^+ 和缩短量 Δl_t^-、收缩和徐变引起的梁的收缩量 Δl_s，并计入梁的制造与安装误差的富余量 Δl_e，Δl_e 可按计算变形量的 30% 估算。因此总变形量为：

$$\Delta l = \Delta l_t^+ + \Delta l_t^- + \Delta l_s + \Delta l_e$$

对于大跨度桥梁尚应计入因荷载作用和梁体上下部温差等所引起梁端转角产生的伸缩变形量。

二、常用伸缩装置的构造

桥梁伸缩装置的类型，有镀锌铁皮伸缩装置、钢板式伸缩装置和橡胶伸缩装置等，目前多用橡胶伸缩装置。

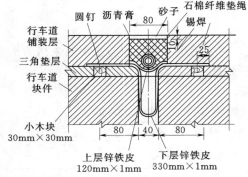

图 11-9　U 形锌铁皮伸缩装置

（单位：mm）

（一）U 形锌铁皮伸缩装置

对于中小跨径的桥梁，当变形量在 20～40mm 以内时，常采用以锌铁皮为跨缝材料的伸缩缝构造，如图 11-9 所示。弯成 U 形断面的长条锌铁皮分上下两层，上层的弯形部分开凿了孔径为 0.6cm、孔距为 3cm 的梅花眼，其上设置石棉纤维垫绳，然后用沥青胶填塞。这样，当桥面伸缩时锌铁皮可随之变形，下层 U 形锌铁皮可将渗下的雨水沿横向排出桥外。

（二）钢板式伸缩装置

对于梁端变形量较大（40～60mm以上）的情况，可采用钢板为跨缝材料的伸缩缝构造，如图11-10所示为钢梳齿板形伸缩装置，多用于中、大型桥梁，它在断缝处用预埋钢筋和预埋钢板固定梁两端护缘钢板，再将护缘钢板用高强螺栓与梳齿形钢板连接，这样梳齿钢板固定在断缝两侧，通过梳齿的缝隙实现断缝处的位移和变形。此外还有跨塔钢板式伸缩缝。

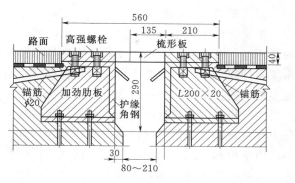

图 11-10 钢梳齿板形伸缩装置
（单位：mm）

（三）橡胶伸缩装置

橡胶作为伸缩缝的填嵌材料，既富于弹性，又易于胶贴（或胶接），能满足变形要求并兼备防水功能。

按照伸缩体结构不同，桥梁橡胶伸缩装置可分为纯橡胶式、板式、组合式和模数式四种，其选型主要根据桥梁变形量的大小和活载轮重而定，目前最大的伸缩量可达 2000mm。如图11-11（a）所示为矩形橡胶条型伸缩装置，当梁架好后，在端部焊好角钢，涂上胶后，再将橡胶嵌条强行嵌入，伸缩量为 20～50mm；如图11-11（b）所示为毛勒伸缩装置的一种（模数式橡胶伸缩装置），密封橡胶条为鸟形构造，伸缩量为 80～1040mm。

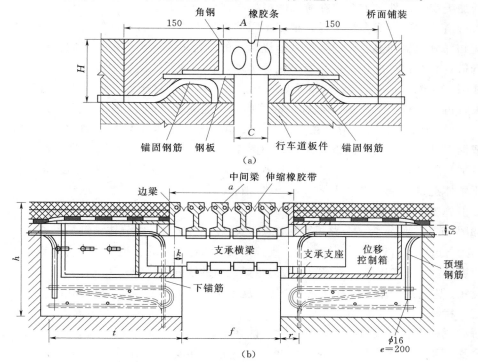

图 11-11 橡胶伸缩缝装置（单位：mm）

231

三、桥面连续构造

桥梁运营的实践经验指出，桥面上的伸缩缝在使用中易于损坏。因此，为了提高行车的舒适性，减轻桥梁的养护工作和提高桥梁的使用寿命，应力求减少伸缩缝的数量。我国桥梁设计规范规定，对简支梁（板）桥，在可能条件下，桥面应尽量做成连续。近年来，在多跨简支梁桥中，往往采用连续桥面构造措施，以减少伸缩缝的数量。

连续桥面的实质是将简支梁上部构造在其伸缩缝处施行铰接，使得伸缩缝处的桥面部分不仅具有适应车辆荷载作用所需的柔性，且还具有足够的强度来承受因温度变化和汽车制动力所引起的纵向力。因此，采用连续桥面的多孔简支梁（板）桥，在竖向荷载作用下的变形状态属于简支体系或部分连续体系，而在纵向水平力作用下则是连续体系。

第五节　人行道、栏杆、护栏与灯柱

一、人行道

位于城镇和近郊的桥梁均应设置人行道，其宽度和高度应根据行人的交通流量和周围环境来确定。人行道的宽度为 0.75m 或 1m，当宽度要求大于 1m 时，按 0.5m 的倍数增加。在快速路、主干路、次干路或行人稀少地区，若两侧无人行道，则两侧应设安全带，宽度为 0.50～0.75m，高度不小于 0.25m。近年来，在不少桥梁设计中，为了保证行车及行人的安全，安全带的高度已经用到 0.4m 以上。

人行道顶面应做成倾向桥面 1.0%～1.5% 的排水横坡，城市桥梁人行道顶面可铺彩砖以增加美观。此外，人行道在桥面断缝处必须做伸缩缝。

人行道的构造形式多种多样，根据不同的施工方法，有就地浇筑式、预制装配式、部分装配和部分现浇的混合式。其中就地浇筑式的人行道现在已经很少采用。而预制装配式的人行道具有构件标准化、拼装简单化等优点，在各种桥梁结构中应用广泛。

如图 11-12（a）所示为整体预制的 F 形的人行道，它搁置在主梁上，适用于各种净宽的人行道，人行道下可以放置过桥的管线，但是对管线的检修和更换十分困难；如图 11-12（b）所示为人行道附设在板上，人行道部分用填料填高，上面敷设 2～3cm 砂浆面层或沥青砂，人行道内侧设置缘石；如图 11-12（c）所示为小跨宽桥上将人行道位置的墩台加高，在其上搁置独立的人行道板；如图 11-12（d）所示为就地浇筑式人行道，适用于整体浇筑的钢筋混凝土梁桥，而将人行道设在挑出的悬臂上，这样就可以缩短墩台宽度，但施工不太方便。

如图 11-13 所示为《公路桥涵标准图》（JT/GQ B014）中分体预制悬臂安装的人行道构造。人行道由人行道板、人行道梁、支撑梁及缘石组成。人行道梁搁在行车道主梁上，一端悬臂挑出，另一端则通过预埋的钢板与主梁预留的锚固钢筋焊接。支撑梁用来固定人行道梁的位置。人行道的厚度应符合规范规定，就地浇筑的不小于 8cm，装配式的不小于 6cm。

二、栏杆

桥梁栏杆设置在人行道上，其重要功能在于防止行人和非机动车辆掉入桥下。其设计应符合受力要求，并要注意美观，高度不应小于 1.1m，栏杆柱的间距一般为 1.6～2.7m。应注意，在靠近桥面伸缩缝处所有的栏杆均应断开，使扶手与柱之间能自由变形。

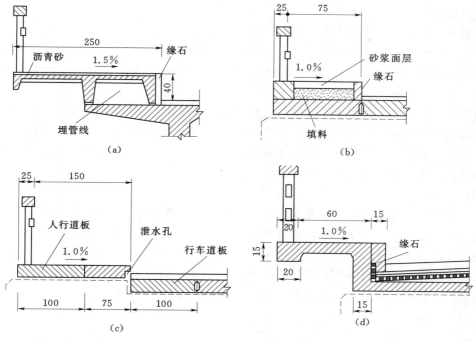

图 11-12 人行道一般构造（单位：cm）

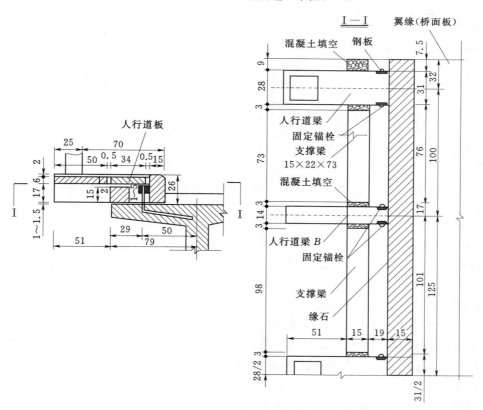

图 11-13 悬出的装配式人行道构造（单位：cm）

三、灯柱

在城市桥上以及城郊行人和车辆较多的公路桥上，都要设置照明设备。桥梁照明应防止眩光，必要时应采用严格控光灯具，而不宜采用栏杆照明方式。对于大型桥梁和具有艺术、历史价值的中小桥梁的照明应进行专门设计，使其既满足功能要求，又顾及艺术效果，并与桥梁的风格相协调。

照明灯柱可以在栏杆扶手的位置上，在较宽的人行道上也可设在靠近缘石处。照明用灯一般高出车道8～12m左右。钢筋混凝土灯柱的柱脚可以就地浇筑，并将钢筋锚固于桥面中。铸铁灯柱的柱脚可固定在预埋的锚固螺栓上。照明以及其他用途所需的电讯线路等，通常都从人行道下的预留孔道内通过。

四、护栏

为了避免机动车辆碰撞行人和非机动车辆的严重事故的发生，对于高速公路、一级公路上的特大桥及大、中桥梁，必须根据其防撞等级在人行道与车行道之间设置桥梁护栏。一般公路的特大桥及大、中桥梁在条件许可的情况下也应设置。在有人行道的桥梁上，应按实际需要在人行道和行车道分界处，设置汽车与行人之间的分隔护栏。

桥梁护栏按构造特征，可分为梁柱式护栏、钢筋混凝土墙式护栏和组合式护栏，如图11-14所示。

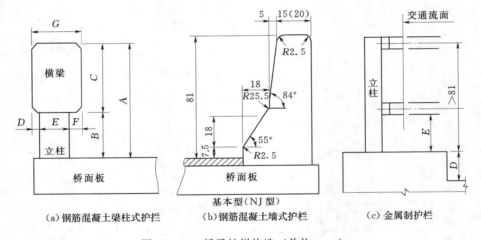

(a) 钢筋混凝土梁柱式护栏　　(b) 钢筋混凝土墙式护栏　　(c) 金属制护栏

图11-14　桥梁护栏构造（单位：cm）

思 考 题 及 习 题

11-1　桥面部分的一般构造有哪些？

11-2　桥梁的桥面布置形式主要有哪几种？

11-3　简述桥面铺装的作用、常见类型及特点。

11-4　简述桥面纵、横坡的设置目的及设置方法。

11-5　简述桥面排水设施的设置形式。

11-6　简述桥面伸缩装置的作用及主要类型。

第十二章　钢筋混凝土和预应力混凝土梁式桥

 学习目标：

熟悉梁式桥的类型及特点、支座的类型及构造，掌握板桥、梁桥的构造、配筋特点及梁桥的施工方法与技术要点。

钢筋混凝土和预应力混凝土梁式桥都是采用抗压性能好的混凝土和抗拉能力强的钢筋结合在一起建成的。根据混凝土受预压程度的不同，预应力混凝土结构又可分为全预应力和部分预应力两种。前一种在最大使用荷载下混凝土不出现任何拉应力，后一种则容许发生不超过规定的拉应力值或裂缝宽度，以此改善使用性能并获得更好的经济效益。近年来国外已有在钢筋混凝土梁内部分地施加少量预应力以提高梁的裂缝安全度的做法，称为预应力钢筋混凝土结构。目前钢筋混凝土梁式桥在国内外桥梁建筑上仍占有重要的地位。中小跨径永久性桥梁，无论是公路、铁路或城市桥梁，大部分均采用钢筋混凝土或预应力混凝土梁式桥。

第一节　梁式桥的一般特点及主要类型

一、梁式桥的一般特点

（一）钢筋混凝土梁式桥的一般特点

钢筋混凝土是一种具有很多优点的建筑材料。与钢筋混凝土结构的一般特点一样，用此种材料建造的桥梁也具有能就地取材、工业化施工、耐久性好、可模性好、适应性强、整体性好以及美观等各种优点。目前，使用钢筋混凝土建造的桥梁，种类多、数量大，在桥梁工程中占有重要地位。

钢筋混凝土梁式桥的不足之处是结构本身的自重大，约占全部设计荷载的30％～60％。跨度愈大则自重所占的比值更显著增大。鉴于材料强度大部分为结构本身的重力所消耗，这就大大限制了钢筋混凝土梁桥的跨越能力。此外，就地浇筑的钢筋混凝土桥施工工期长，支架和模板要耗损很多木料，抗裂性能较差，修补也较困难。在寒冷地区以及在雨季建造整体式钢筋混凝土梁式桥时，施工比较困难，如采用蒸汽养护以及防雨措施等，则会显著增加造价。

显然，上述的优缺点都是与钢桥、石桥等其他种类桥梁比较而言的。目前，为了节约钢材，在我国很少修建公路钢桥，而且建造圬工拱桥又费工费时，还要受到桥位处地形、地质条件的限制。因此，在公路建设中，特别是对于公路上最常遇到的跨越中小河流等的情况，需要建造大量中小跨径的钢筋混凝土梁式桥。对于钢筋混凝土简支梁式桥而言，在技术经济上合理的钢筋混凝土梁式桥的最大跨径约为20m左右，悬臂梁式桥与连续梁式桥适宜的最大跨径约为 $60\sim70m$。

（二）预应力混凝土梁式桥的一般特点

预应力混凝土可看作是一种预先储存了足够压应力的新型混凝土材料。对混凝土施加预压力的高强度钢筋（或称力筋），既是加力工具，又是抵抗荷载所引起构件内力的受力钢筋。考虑到混凝土与时间相关的收缩和徐变作用会导致相当多的预应力损失，故必须使用高强材料才能使预应力混凝土获得良好的使用效果。

预应力混凝土梁式桥除了同样具有前述钢筋混凝土梁式桥的所有优点外，还有下述重要特点：

（1）能最有效地利用现代化的高强材料（高强混凝土、高强钢材），减小构件截面尺寸，显著降低自重所占全部作用效应设计值的比重，增大跨越能力，并扩大混凝土结构的适用范围。

（2）与钢筋混凝土梁相比，一般可以节省钢材 $30\%\sim40\%$，跨径愈大，节省愈多。

（3）全预应力混凝土梁在使用荷载作用下不出现裂缝，即使是部分预应力混凝土梁在常遇荷载下也无裂缝，截面能全面参与工作，梁的刚度比通常开裂的钢筋混凝土梁要大。因此，预应力混凝土梁可显著减小建筑高度，能把大跨径桥梁做得轻柔美观。由于能消除裂缝，这就扩大了对多种桥型的适应性，并更加提高了结构的耐久性。

（4）预应力技术的采用，为现代装配式结构提供了最有效的接头和拼装技术手段。根据需要，可在纵向和横向等施加预应力，使装配式结构结合成整体，这就扩大了装配式桥梁的使用范围，提高了运营质量。

显然，要建造好一座预应力混凝土梁式桥，首先要有作为预应力筋的优质高强钢材和可靠的高强混凝土的制备质量，同时需要有一套专门的预应力张拉设备和材质好、制作精度要求高的锚具，并且要掌握较复杂的施工工艺。预应力混凝土简支梁的跨径目前已达到 $50\sim60m$。悬臂梁、连续梁可以做成更大的跨径，最大跨径已接近 $250m$。

二、梁式桥的主要类型

钢筋混凝土与预应力混凝土梁式桥（包括板桥）具有多种不同的构造类型。对其演变加以分析可以看出，除了从力学上考虑充分发挥材料特性而不断改变桥梁的截面形式外，构件的施工方便以及起重安装设备的能力，也是影响桥梁构造形式变化的重要因素。

下面从几个主要方面简述钢筋混凝土和预应力混凝土梁式桥的构造类型及其使用情况。

（一）按承重结构的截面形式划分

1. 板桥

板桥的承重结构就是矩形截面的钢筋混凝土或预应力混凝土板，它是公路桥梁中量大、面广的常用桥型。它构造简单、受力明确、施工方便，而且建筑高度较小，从力学性能上分析，位于受拉区域的混凝土材料不但不能发挥作用，反而增大了结构的自重，当跨度稍大时就显得笨重而不经济。简支板桥可以做成实心板也可以做成空心板，就地现浇为适应各种形状的弯、坡、斜桥。因此，在一般公路、高等级公路和城市道路桥梁中，被广泛采用。尤其是建筑高度受到限制和平原区高速公路上的中、小跨径桥梁，不仅可以降低路堤填土高度，而且少占耕地并节省土方工程量，特别受欢迎。

如图 12-1 (a)、(b) 所示，实心板一般用于跨径 13m 以下的板桥，具有形状简单、施工方便、建筑高度小、结构整体刚度大等优点，但同时需现浇混凝土，受季节气候影响大，需要大量的模板和支架。也可采用预制拼装的施工方法，如图 12-1 (c) 所示。

如图 12-1 (d) 所示，空心板适用于跨径不小于 13m 的板桥，一般采用先张或后张预应力混凝土结构。

如图 12-1 (e) 是一种装配—整体组合式板桥，它利用一些小型构件安装就位后作为底模，在其上再浇筑混凝土接合成整体，在缺乏起重设备的情况下，这种板桥能收到较好的效果。

如图 12-2 是现代化高架路上采用的单波和双波式横截面板桥，在与柱形桥墩配合下，桥下净空大，造型也很美观，但施工较复杂。

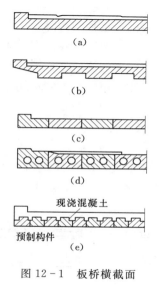

图 12-1　板桥横截面　　　　　　图 12-2　城市高架桥板桥截面

2. 肋板式梁桥

在横截面内形成明显肋形结构的梁桥称为肋板式梁桥，简称肋形梁。在此种桥上，梁肋（或称腹板）与顶部的钢筋混凝土桥面板结合在一起作为承重结构。特别对于仅承受正弯矩作用的简支梁来说，既充分利用了扩展的混凝土桥面的抗压能力，又有效地发挥了集中布置在梁肋下部受力钢筋的抗拉作用，从而使结构构造与受力性能达到理想的统一。与板桥相比，对于梁肋较高的肋梁桥来说，由于混凝土抗压和钢筋受拉所形成的力偶臂较大，因而肋梁桥也具有更大的抵抗荷载弯矩能力。目前，中等跨径（20~40m 以上）的梁桥通常采用肋板式梁桥。

如图 12-3 (a)、(b) 所示为整体式肋梁桥的横截面形状。在设计整体式桥梁时，鉴于梁肋尺寸不受起重安装机具的限制，故可以根据钢筋混凝土体积最小的经济原则来确定截面尺寸。对于桥面净空为净—7 的桥梁，只要建筑高度不受限制，往往以建成双主梁最为合理，主梁的间距可按桥梁全宽的 0.55~0.60 倍布置。有时为减小桥面板的跨径，还可在两主梁之间增设内纵梁，如图 12-3 (b) 所示。

237

装配式肋梁桥，考虑到起重设备的能力，预制和安装的方便，一般采用主梁间距在2.0m以内的多梁式结构。如图12-3（c）是目前我国最常用的装配式肋梁桥（也称装配式 T 形梁桥）的横截面。在每一预制 T 形梁上通常设置待安装就位后相互连接用的横隔梁，借以保证全桥的整体性。在桥上车辆荷载作用下，通过横隔梁接缝处传递剪力和弯矩而使各 T 形梁共同受力。

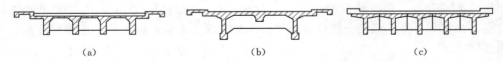

图 12-3　肋板式梁桥截面

3. 箱型梁桥

横截面呈一个或几个封闭箱形的梁桥简称为箱形梁桥。这种结构除了梁肋和上部翼缘板外，在底部尚有扩展的底板，因此它提供了能承受正、负弯矩足够的混凝土受压区。箱形梁桥的另一重要特点，是在一定的截面面积下能获得较大的抗弯惯矩，而且抗扭刚度也特别大，在偏心荷载作用下各梁肋的受力比较均匀。因此，箱形截面能适用于较大跨径的悬臂梁桥和连续梁桥以及斜拉桥，同时也可用来修建全截面均参与受力的预应力混凝土简支梁桥。显然，对于普通钢筋混凝土简支梁桥来说，底板除陡然增加自重外并无其他益处，故不宜采用。

如图 12-4（a）、（b）为单箱单室和单箱双室（或多室）的整体式箱型梁桥横截面，早期为矩形箱，逐渐发展成斜腰板的梯形箱。如图 12-4（c）为组合式的多室箱型梁桥横截面。

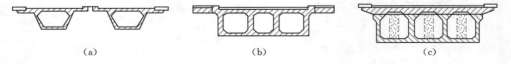

图 12-4　箱形梁桥横截面

（二）按承重结构的静力体系划分

1. 简支梁桥

简支梁桥是建桥实践中使用最广泛、构造最简单的梁式桥，如图 12-5（a）所示。简支梁属静定结构，且相邻桥孔各自单独受力，故最易设计成各种标准跨径的装配式构件，从而能简化施工管理工作，并降低施工费用。

2. 连续梁桥

连续梁桥的主要特点是：承重结构（板、T 形梁或箱梁）不间断地连续跨越几个桥孔而形成一种超静定结构，如图 12-5（b）所示。连续孔数一般不宜过多，当桥梁孔数较多时，需要沿桥长分建成几组（或称几联）连续梁。连续梁由于荷载作用下支点截面产生负弯矩，从而显著地减小了跨中的正弯矩，这样不但可减小跨中的建筑高度，而且还能节省钢筋混凝土数量，当跨径越大时，这种节省越显著。由于连续梁是超静定结构，因此当任一墩台基础发生不均匀沉陷时，桥跨结构内会发生附加内力，所以连续梁桥通常适用于地基良好的场合。连续梁桥适宜的最大跨径约 60～70m。

　　3. 悬臂梁桥

　　悬臂梁桥的主体是长度超出跨径的悬臂结构。仅一端悬出者称为单悬臂梁，如图 12 - 5 （c），两端均悬出者称为双悬臂梁，如图 12 - 5 （d）。对于较长的桥，还可以借助简支的挂梁与悬臂梁一起组合多孔桥。在力学性能上，悬臂根部产生的负弯矩减小了跨中正弯矩，所以悬臂梁也与连续梁桥相仿，可以节省材料用量。悬臂梁属于静定结构，墩台的不均匀沉陷不会在梁内引起附加内力。悬臂梁桥适宜的最大跨径约 60～70m。

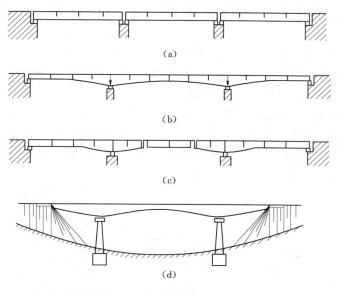

图 12 - 5　梁式桥的基本体系

（三）按施工方法划分

　　1. 整体浇筑式梁桥

　　整体浇筑式梁桥建桥的全部工作都在施工现场进行，由于全桥在纵向和横向都是现场整体浇筑，整体性好，可以按需要做成各种形状。但施工速度慢，工业化程度低，又要耗费较多的支架和模板等材料，所以目前除了弯、斜桥外，一般情况下较少修建。

　　2. 装配式梁桥

　　装配式梁桥的上部结构在预制工厂或工地预制场分块预制，再运到现场吊装就位，然后在接头处把构件连接成整体。装配式桥的预制构件采用工厂化施工，受季节影响小，质量易于保证，而且还能与下部工程同时施工，加快了施工进度，并能节约支架和模板的材料。

　　3. 组合式梁桥

　　组合式梁桥也是一种装配式的桥跨结构，如图 12 - 4 （c）所示，不过它是用纵向水平缝将桥梁分割成 I 字形的梁肋或开口槽形梁和桥面板，桥面板再借纵横向竖缝划分成在平面内呈矩形的预制构件。这样可以显著减轻预制构件的重力，便于集中制造和运输吊装。组合梁的特点是整个截面分两个（或几个）阶段组合而成，在 I 形梁或开口槽形梁上搁置轻巧的预制空心板或微弯板构件，通过现浇混凝土接头而与Ⅰ形梁或槽形梁结合成整体。或以弧形薄板或平板作为现浇桥面，预制板同时作为现浇混凝土的模板，通过现浇混凝土使各主梁结合成整体。

第二节　支座的类型和构造

一、支座的作用与要求

钢筋混凝土和预应力混凝土梁式桥在桥跨结构和墩台之间须设置支座，如图 12-6 所示。其作用为：

（1）将上部结构的各种荷载传递到墩台上，包括各种作用引起的竖向力和水平力。

（2）保证结构在可变作用、温度变化、混凝土收缩和徐变等因素作用下的自由变形，以使上下部结构的实际受力情况符合结构的静力图示。

为此，梁式桥的支座一般分为固定支座和活动支座两种。固定支座，既要固定主梁在墩台上的位置并传递竖向压力和水平力，又要保证主梁发生挠曲时在支承处能自由转动，如图 12-6 左端所示。活动支座，只传递竖向压力，但它要保证主梁在支承处，既能自由转动又能水平移动，如图 12-6 右端所示。

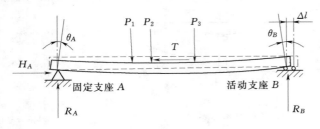

图 12-6　简支梁的静力图式

按照静力图式，简支梁式桥应在每跨的一端设置固定支座，另一端设置活动支座。悬臂梁式桥的锚固跨也应在一侧设置固定支座，另一侧设置活动支座。多孔悬臂梁式桥挂梁的支座布置与简支梁相同。连续梁式桥应在每联中的一个桥墩（或桥台）上设置固定支座，其余墩台上均应设活动支座。此外，悬臂梁式桥和连续梁式桥在某些特殊情况下支座需要传递竖向拉力时，尚应设置能承受拉力的支座。固定支座和活动支座的布置应以有利于墩台传递纵向水平力为原则。对于多跨的简支梁桥，相邻两跨简支梁的固定支座不宜集中布置在一个桥墩上，但若个别桥墩较高，为了减小水平力的作用，可在其上布置相邻两跨的活动支座。对于坡桥，宜将固定支座布置在标高低的墩台上。对于连续梁式桥，为使全梁的纵向变形分散在梁的两端，宜将固定支座设置在靠中间的支点处，但若中间支点的桥墩较高或因地基受力等原因，对承受水平力十分不利时，可根据具体情况将固定支座布置在靠边的其他墩台上。

此外，对于特别宽的桥梁，尚应设置沿纵向和横向均能移动的活动支座。对于弯桥，则应考虑活动支座沿弧线方向移动的可能性。对于处在地震地区的桥梁，其支座构造尚应考虑桥梁防震和减震的设施。

二、支座的类型和构造

根据桥跨结构的大小、支点反力大小、梁体变形的程度，我国当前在桥梁设计中采用了以下几种支座构造形式。

（一）简易垫层支座

对于跨径小于 5m 的涵洞，标准跨径在 10m 以内的简支板桥和简支梁桥，一般可以不设置专门的支座结构，而仅使上部结构的端部支承在油毛毡或石棉做成的垫层上或水泥砂浆垫层上，其厚度应在压实后不小于 1cm。在肋板式桥梁中，其端部是利用端横梁使桥的全部宽度均匀地支承在垫层上。

这种支座的自由伸缩性能不好，易引起上部结构端部和墩、台帽混凝土的劈裂现象。因此，通常应将墩、台顶部的前缘削成斜角，如图 12-7 所示，并最好在梁端和墩、台帽上的支承处设置 1～2 层钢筋网予以加强。

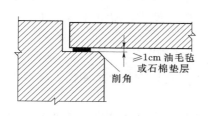

图 12-7　简易垫层支座

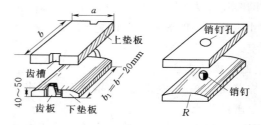

图 12-8　弧形钢板支座

（二）弧形钢板支座

标准跨径在 20m 以内、支承反力在 600kN 以下的梁式桥常采用这种形式的支座。它由两块厚约 40～50mm 的铸钢垫板制成，上面一块是平的钢垫板，下面一块是顶面切削成圆弧形的钢垫板，这样就能保证支座可以自由转动。活动支座可以沿钢垫板接触面移动，对于固定支座，还需在上垫板上做成齿槽（或销孔），在下垫板上焊以齿板（或焊销钉），安装后使齿板嵌入齿槽（或销钉伸入销孔），以保证上、下垫板的位置固定，并且通过齿板（或销钉）的抗剪来承受水平力作用，如图 12-8 所示。通常应使齿槽比齿板宽 2mm，且齿板顶部应削斜，以便上垫板的自由转动。当用销钉固定时，钉径也较销孔小 2mm，且伸出的钉头也应做成顶部缩小的圆锥形。

（三）钢筋混凝土摆柱式支座

标准跨径不小于 20m 的梁式桥，由于跨径较大，支承反力也大，弧形钢板活动支座由于摩擦系数较大而导致滑动困难，将产生很大的水平力，这会剪坏与支座相连接的一部分混凝土或者将固定支座的齿板剪断。为了更好地保证梁端的自由移动，需采用钢筋混凝土摆柱式支座，如图 12-9 所示。钢筋混凝土摆柱式支座能承受达 5000～6000kN 的支承反力。

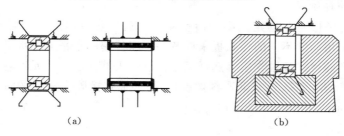

（a）　　　　　　　　　　（b）

图 12-9　钢筋混凝土摆柱式支座

钢筋混凝土摆柱放置在梁底与墩顶顶面之间，这样作为固定支座的弧形支座就会与它的高度不相同。因此，必须在弧形钢板支座下设置支承垫石来调整，或者直接将安放固定支座的墩台顶面做得高些。有时为了美观起见，也有把摆柱设置在桥墩上部的井洞中，如图 12-9（b）所示。此外，在梁底与高水位间的高度不足以设置支座的情况下也能采用摆柱支座。井壁与摆柱间的空隙填以沥青、软木之类的弹性垫料。对于悬臂梁式桥，摆柱则放在悬臂端的牛腿与挂梁梁底之间。摆柱本身的上下两端各用两块与弧形支座一样的钢垫板，垫板之间的柱体是用 C40 以上混凝土制成。柱体内除放置竖向钢筋外，还设有水平钢筋网以承受由于竖向受压时所产生的横向拉力。钢筋网用 8～14mm 的螺纹钢筋制成，网眼尺寸为 8cm×8cm～12cm×12cm。摆柱的平面尺寸为 $a×b$，b 为垂直于轴向方向的尺寸，并且一般等于梁肋的宽度；a 为平行于桥轴方向的尺寸，需由柱体混凝土强度计算确定。

　　（四）橡胶支座

　　橡胶支座是从 20 世纪 50 年代发展起来的一种桥梁支座，它与上述刚性支座相比具有以下显著的优点：

　　（1）材料来源充足、构造简单、施工方便，适宜于制成定型块件进行成批生产。

　　（2）用钢量省，造价低廉，一般每个钢板支座或摆柱支座需要用钢 20～50kg，而橡胶支座只用钢 1～3kg，造价也只有钢板支座的 1/10～1/2。

　　（3）建筑高度小。

　　（4）安装方便，无需养护，且移除、更换方便。

　　（5）有较长的使用期限。

　　（6）适用范围广，能适应于宽桥、曲线桥、斜交桥上部结构在各个方向的变形。

　　（7）支座磨耗小，且能分布水平力，吸收部分振动，致使墩、台受力缓和，受弯较小，对高墩、地震区的桥梁有利。

　　在桥梁工程中使用的橡胶支座大体上可分成板式橡胶支座、聚四氟乙烯滑板式橡胶支座、球冠圆板式橡胶支座和盆式橡胶支座。

　　1. 板式橡胶支座

　　板式橡胶支座的构造最为简单，常用的板式橡胶支座都用几层薄钢板或钢丝网作为加劲层，如图 12-10 所示。它的活动机理是：用橡胶的不均匀弹性压缩实现转交 θ；利用其剪切变形实现水平位移 Δ。由于橡胶片之间的加劲层能起阻止橡胶片侧向膨胀的作用，从而显著地提高了橡胶片的抗压强度和支座的抗压刚度。这种支座常用于支承反力为 100～10000kN 的中等跨径桥梁。

　　板式橡胶支座一般不分固定支座和活动支座，这样能将水平力均匀地传递给各个支座，必要时也可采用高度不同的橡胶板来调节各支座传递的水平力和水平位移。

　　目前我国生产的板式橡胶支座可选择氯丁橡胶、天然橡胶或三元乙丙橡胶，最高适宜温度为 60℃，最低达－45℃（三元乙丙橡胶）。矩形板式橡胶支座的平面尺寸，目前常用的有 0.12m×0.14m，0.14m×0.18m，0.15m×0.20m 等，对于斜桥或圆柱形墩的桥梁可采用圆形板式橡胶支座。

　　为使橡胶支座受力均匀，在安装时应使梁底面和墩台顶面清洁平整，安装位置要正确。

必要时可在墩台顶面敷设一层 1:3 水泥砂浆。通常支座板可直接安装在梁与墩台之间，但当支座比梁肋宽时，尚应在支座与梁肋之间衬以钢垫板。在水平荷载较大的情况下，为防止支座滑动，可在支座顶面、底面上设置浅的定位孔槽，并使梁底和墩台顶预埋的伸出锚钉伸入定位孔槽加以固定。应注意锚钉不能伸入支座过多，以免影响支座的活动性。

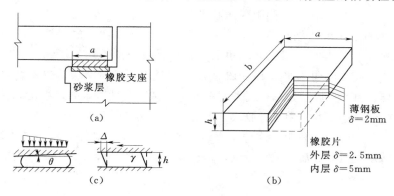

图 12-10 板式橡胶支座

2. 聚四氟乙烯滑板式橡胶支座

聚四氟乙烯滑板式橡胶支座简称四氟滑板式支座，如图 12-11 所示，是于普通板式橡胶支座上按照支座尺寸大小黏附一层厚 2~4mm 的聚四氟乙烯板而成。四氟滑板式支座除具有普通板式橡胶支座的竖向刚度和弹性变形，且能承受垂直荷载并适应梁端转动外，利用聚四氟乙烯板与不锈钢板间的低摩擦系数还可使桥梁上部构造水平位移不受限制。

聚四氟乙烯滑板式橡胶支座适于作较大跨度简支梁桥、连续板桥和连续梁桥活动支座使用，连续梁顶推、T 形梁横移和大型设备滑移时可作滑块使用。

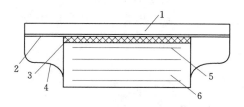

图 12-11 四氟滑板式支座

1—上支座板；2—不锈钢板；3—聚四氟乙烯板；
4—防护罩；5—A3 钢板；6—橡胶

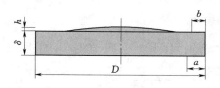

图 12-12 球冠圆板式橡胶支座

3. 球冠圆板式橡胶支座

球冠圆板式橡胶支座是一种改进后的圆形板式支座，其中间层橡胶和钢板布置和圆形板式橡胶支座完全相同，而在支座顶面用纯橡胶制成球形表面，球面中心最大厚度 h 为 4~10mm，如图 12-12 所示。

球冠圆板式橡胶支座传力均匀，可明显改善或避免支座底面产生偏压、脱空等不良现象，特别适用纵横坡度较大的（3‰~5‰）的立交桥和高架桥。

4. 盆式橡胶支座

一般的板式橡胶支座处于无侧限受压状态，故其抗压强度不高，加之其位移量取决于橡胶的容许剪切变形和支座高度，要求的位移量越大，支座就要做得越厚，所以板式橡胶支座的承载能力和位移值受到一定的限制。

近年来，经研制成功并已在实践中多次使用的盆式橡胶支座为在大、中跨桥梁上应用橡胶支座开辟了新的途径。盆式橡胶支座的主要构造特点有：一是将纯氯丁橡胶块放置在凹形金属盆内，由于橡胶处于有侧限受压状态，大大提高了支座的承载能力；二是利用嵌放在金属盆顶面的填充聚四氟乙烯板与不锈钢板相对摩擦系数小的特性，保证了活动支座能满足梁的水平位移的要求，梁的转动也通过盆内橡胶块的不均匀压缩来实现。

常用的盆式橡胶支座构造如图 12-13 所示，它是由不锈钢滑板、锡青铜填充的聚四氟乙烯板、钢盆环、氯丁橡胶块、钢密封圈、钢盆塞、橡胶弹性防水圈等组装而成。如能提高盆环与密封圈的配合精度并采用在橡胶块上下表面粘贴聚四氟乙烯板的措施，就能更有效地防止橡胶的老化。使用经验表明，这种支座结构紧凑、摩擦系数小、承载能力大、重量轻、结构高度小、转动及滑动灵活，成本较低，是有发展前途的一种大、中型桥梁支座。

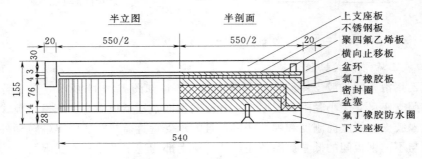

图 12-13　盆式橡胶支座（单位：mm）

为了适应多向转动且转动量较大的情况，还可以设计成盆式球形橡胶支座，如图 12-14 所示。如果只需要在一个方向内移动，也可以设置导向装置。这种支座类型特别适用于曲线桥和宽桥。

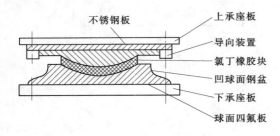

图 12-14　盆式球形橡胶支座

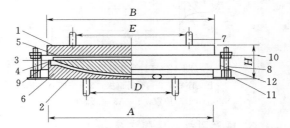

图 12-15　球形钢支座

1—支座板；2—下支座板；3—钢衬板；4—钢挡圈；
5—平面聚四氟乙烯板；6—球面聚四氟乙烯板；
7—锚固螺栓；8—连接螺栓；9—橡胶防尘条；
10—上支座连接板；11—下支座连接板；
12—防尘板

为了适应多向转动且转动量较大的情况，也可以采用球形钢支座，如图 12-15 所示。此外，在某些会出现拉力的支点处，必须设置拉力支座；处在地震地区的梁桥，还应设计成抗震支座（具体构造可参考相关资料）。

第三节 板桥的构造

一、板桥的类型及特点

板桥是小跨径钢筋混凝土桥中最常用的形式之一，因建成后上部构造的外形像薄板而得名。在所有的桥梁形式中，板桥以其建筑高度最小、外形最简单而久用不衰。对于高等级公路和城市立交工程，板桥又以极易满足斜、弯、坡及S形、喇叭形等特殊要求的特点而受到重视。

板桥由于其外形简单，制作方便，不但外部几何形状简单，而且内部一般无须配置抗剪钢筋，仅按构造要求弯起钢筋，因而施工简单，模板及钢筋工作都较省，也利于工厂化成批生产。

板桥的建筑高度小，适宜于桥下净空受到限制的桥梁使用，与其他桥型相比较，既能降低桥面高度，又可缩短引道长度。整体式连续板桥，跨中厚度已做到跨径的1/50，外形轻盈美观。对于装配式板桥的预制构件，便于工厂化生产，构件重量较轻，便于安装。但板桥跨径超过一定限度时，截面的增高使自重增大，因此钢筋混凝土简支板经济合理的跨径一般在13～15m以下，预应力混凝土简支板也多在18m以内，而钢筋混凝土连续板桥跨径已做到25m，预应力混凝土连续板桥跨径已达到33.5m。

近年来，电子计算机的应用解决了复杂外形板桥的内力分析问题。常备式钢支架、组合钢模板代替了昂贵的木材支架与模板，加之公路等级的提高，立交工程的出现，为板桥的发展创造了条件。因此，板桥不仅仍被广泛应用，而且有了进一步的发展。

板桥按施工方法分为装配式、整体式及组合式；按横截面形式分为实体矩形、空心矩形、Ⅱ形板、单波式、双波式等；按配筋方式又分为钢筋混凝土板、预应力混凝土板、部分预应力混凝土板。按力学图式又可以分为简支板桥、悬臂板桥和连续板桥。

（一）简支板桥

简支板桥可以采用整体式结构，也可以采用装配式结构。前者跨径一般为4～8m，后者跨径一般为6～13m。跨径较大时常采用钢筋混凝土空心板，若跨径更大时则采用预应力混凝土空心板，其跨径可达16～20m。

对于正交板桥，在缺乏起重设备时，可以考虑采用现浇的整体式钢筋混凝土板桥。这种结构的整体性能好、刚度大，建筑高度可以做得最小，施工也简便。但是，支架、模板需用量较大，施工期较长。而对于斜、弯、既斜又弯或其他异形板桥，采用现浇的整体式钢筋混凝土结构最方便。当然，在有条件时采用装配式结构则可缩短工期。

（二）悬臂板桥

悬臂板一般做成双悬臂式结构，如图12-16所示，中间跨径为8～10m，两端外伸的悬臂长度约为中间跨径的0.3倍。板在跨中的厚

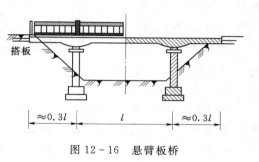

图12-16 悬臂板桥

度约为跨径的 1/18～1/14，在支点处的板厚一般比跨中加大 30％～40％。悬臂端可以直接伸到路堤，不设桥台。为了行车平稳顺畅，悬臂端应设置搭板与路堤相衔接。但是，在车速较高、荷载较重且交通量很大时，搭板也容易破坏，从而导致车辆经过时对悬臂产生冲击，故目前较少采用。

（三）连续板桥

目前已建成的钢筋混凝土连续板桥，中孔跨径已达到 25m。预应力混凝土板桥的跨径已达到 33.5m，一般做成整体浇筑结构，此时多为变截面形式；亦可为装配式结构，但为了预制上的方便，则往往做成等截面。连续板桥一般做成不等跨，边跨跨径为中跨的 0.7～0.8 倍，这样可以使各跨的跨中弯矩接近相等。由于支点处负弯矩的存在，跨中正弯矩较同跨径的简支板要小得多。但是，连续板桥对地基要求较简支板桥高，施工亦较复杂。

二、简支板桥的构造

（一）整体式简支板桥

整体浇筑的简支板一般均采用等厚度板，有时为了减轻自重也可将受拉区稍加挖空做成矮肋式板桥，如图 12-17 所示。

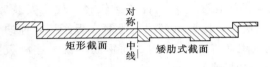

图 12-17　板桥横断面

对于修建在城市内的宽桥，为了防止因温度变化和混凝土收缩而引起的纵向裂纹以及由于荷载在板的上缘产生过大的横向负弯矩，也可以使板沿桥中线断开，将一桥化为并列的二桥。

整体式板桥的跨径通常与板宽相差不大，故在汽车荷载作用下实际处于双向受力状态。因此，除了配置纵向受力钢筋外，还要在板内设置垂直于主钢筋的横向分布钢筋。

钢筋混凝土行车道板内钢筋直径不应小于 10mm，间距不大于 200mm。板内主筋可以不弯起，也可以弯起。当弯起时，通过支点的不弯起钢筋，每米板宽内至少 3 根，截面积不小于主筋截面积的 1/4；弯起的角度为 30°或 45°，弯起的位置为沿板高中心纵轴线的 1/6～1/4 计算跨径处。分布钢筋应设在主钢筋的内侧，其直径不应小于 8mm，间距应不大于 200mm，截面面积不应小于板的截面面积的 0.1％。板的主钢筋与板边缘间的净距不应小于 30mm，分布钢筋与板边缘间的净距不应小于 15mm。如图 12-18 所示为一般整体式矩形板桥配筋的基本图式。

（二）装配式简支板桥

我国常用的装配式板桥，按其横截面形式主要有实心板和空心板两种。

1. 实体矩形板桥

实体矩形板桥具有形状简单、施工方便、建筑高度小等优点，因而最易推广普及。简支的装配式实心矩形板桥通常仅用

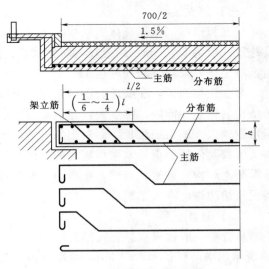

图 12-18　整体式板桥钢筋构造

于跨径不超过8m的桥梁，跨径更大时，这种板就显得笨重而不经济。

如图12-19所示为一座装配式钢筋混凝土矩形板桥标准图中的一个设计实例。标准跨径6.0m，桥面净宽为净—7（无人行道），全桥由6块宽度为99cm的中部块件和2块宽度为74cm的边部块件所组成。预制板安装就位后，在企口缝内填筑C30小石子混凝土并浇筑厚6cm的桥面铺装层使连成整体。为了加强预制板与铺装层的结合，加强相邻预制板的连接，将板中的钢筋N3伸出预制板顶面，待安装就位后将25cm长的一段弯平，并与相邻块件中的同样钢筋相绑结，最后再埋固在铺装层中。

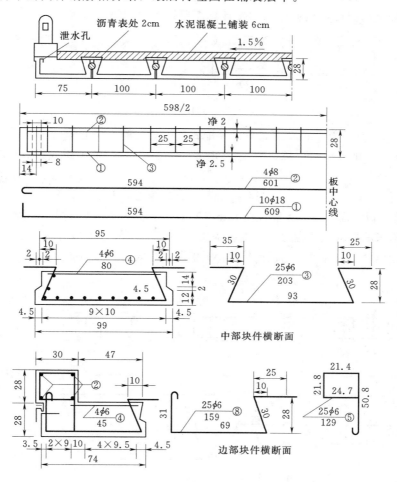

图12-19　跨径6.0m装配式矩形板桥构造（除钢筋单位为mm外，其余为cm）

2. 空心矩形板桥

无论是钢筋混凝土还是预应力混凝土装配式板桥，跨径增大，实心矩形截面就显得不合理。因而将截面中部部分地挖空，做成空心板，不仅能减轻自重，而且对材料的充分利用也是合理的。它与同跨径实体矩形板相比具有用料少、自重轻、运输安装方便等优点，并且建筑高度又较同跨径的T形梁桥要小，因此目前在桥梁建筑上已被广泛采用。钢筋混凝土空心板桥目前使用的跨径范围在6～13m，板厚为400～800mm；预应力混凝土空

247

心板常用跨径在 10～20m，板厚 400～900mm。空心板的顶板和底板厚度以及横断面最薄处，均不应小于 80mm，以保证施工质量和局部承载的需要。

　　空心板梁的挖空形式很多，如图 12－20 所示为几种常见的形式。其中（a）型和（b）型开成一个较宽的孔，挖空率最大，重量最轻，但顶板需配置横向受力钢筋以承担车轮荷载。（a）型略呈微弯形，可以节省一些钢筋，但模板较（b）型复杂。（c）型挖空成两个圆孔，施工时用无缝钢管作芯模较方便；但挖空率较小，自重较大。（d）型的芯模由两个半圆和两块侧模板组成，当板的厚度改变时，只需要更换两块侧模板，故较（c）型为好。为了保证抗剪强度，应在截面内按计算需要设置弯起钢筋和箍筋。

图 12－20　空心板截面形式

　　如图 12－21 所示为标准跨径 13m 的装配式预应力混凝土空心板桥的构造。桥面净空为净—7＋2×0.25m 的安全带，总宽为 8m，由 8 块宽 99cm 的空心板组成，板与板之间的间隙为 1cm。板全长 12.96m，计算跨径 12.6m，板厚 60cm。空心板横截面形式采用上述的（d）型，腰圆孔宽 38cm，高 46cm。采用 C40 混凝土预制空心板和填塞铰缝。每块板底层配置共 7 根预应力筋，板顶面除配置 3 根直径 12mm 的架立钢筋外，在支点附近还配置 6 根 8mm 的非预应力钢筋来承担由预加应力产生的拉应力。用以承担剪力的箍筋 N5 与 N6 做成开口形式，待立好芯模后，再与其上的横向钢筋 N4 相绑扎组成封闭的箍筋。

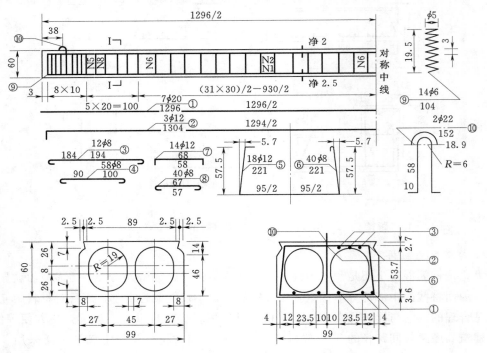

图 12－21　装配式预应力空心板桥构造（单位：cm）

3. 装配式板桥的横向联结

为了使装配式板块组成整体，共同承受车辆荷载，在块件之间必须具有横向连接的构造。常用的连接方法有企口混凝土铰连接和钢板焊接连接。

（1）企口混凝土铰连接。企口式混凝土铰的形式有圆形、棱形、漏斗形等三种，见图12-22，铰缝内用C25～C30号以上的细骨料混凝土填实。实践证明，这种铰确实能保证

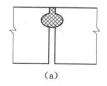 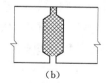 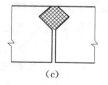

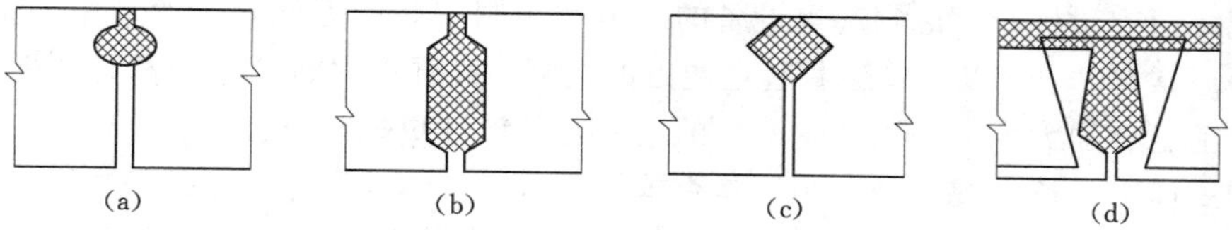

|（a）|（b）|（c）|（d）|

图12-22 企口式混凝土铰

传递横向剪力使各块板共同受力。如果要使桥面铺装层也参与受力，也可以将预制板中的钢筋伸出与相邻板的同样钢筋互相绑扎，再浇筑在铺装层内，如图12-22（d）所示。

（2）钢板连接。由于企口混凝土铰需要现场浇筑混凝土，并需待混凝土达到设计强度后才能通车，为了加快工程进度，亦可采用钢板连接，如图12-23所示。它的构造是用一块钢盖板N1焊在相邻两构件的预埋钢板N2上。

（三）漫水桥

在河床宽浅，洪水历时很短的季节性河流上，修建漫水桥是经济合理的。漫水桥除了要满足与高水位桥同等的承载能力外，还应尽量做到阻水面积小，结构的整体性和横向稳定性强，不致被水冲毁。因此，设计漫水桥应注意以下几点：

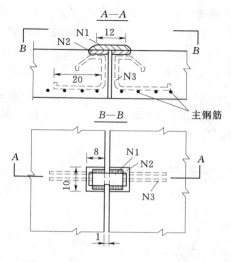

图12-23 钢板连接（单位：cm）

（1）板的上、下游边缘宜做成圆端形，以利水流顺畅通过，如图12-24所示。

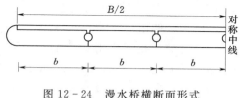

图12-24 漫水桥横断面形式

（2）必须设置与主钢筋同粗的栓钉、墩台锚固，以防水流冲毁。

漫水桥不设抬高的人行道和缘石，而在桥面净宽以外设置目标柱或活动栏杆。为增加行车宽度，也可将目标柱埋置在桥墩顶部，目标柱的间距一般取8～15m。

第四节 梁 桥 的 构 造

一、装配式简支梁桥的类型

钢筋混凝土或预应力混凝土简支梁桥属于单孔静定结构，它受力明确，构造简单，施

工方便，是中小跨径桥梁中应用最广泛的桥型。简支梁桥的构造尺寸易于设计成系列化和标准化，有利于在工厂内或工地上广泛采用工业化施工，组织大规模预制生产，并用现代化的起重设备进行安装。采用装配式的施工方法可以大量节约模板支架木材，降低劳动强度，缩短工期，显著加快建桥速度。因此，近年来在国内外对于中小跨径的桥梁，绝大部分均采用装配式的钢筋混凝土简支梁桥或预应力混凝土简支梁桥。

　　装配式简支梁桥，考虑到起重设备的能力和预制安装的方便，一般采用多梁式结构，主梁间距通常在 2.0m 以内。随着起重能力的提高，高强度材料的应用和轻型薄壁结构的推广，目前已有加大主梁间距减少梁数的趋向，使设计更加经济合理。

　　装配式简支梁桥可视跨径大小、是否施加预应力、运输和施工条件等的不同而采用各种构造类型。所谓构造类型就是涉及装配式主梁的横截面形式、沿纵截面上的横隔梁布置、块件的划分方式以及块件的连结集整等几方面的问题，而且这些问题是相辅相成互相影响的。以下将着重在主梁截面形式和块件划分方面阐明装配式简支梁桥的主要类型。

　　（一）装配式简支梁桥的截面形式

　　从主梁的横截面形式来区分，装配式简支梁桥可以分为 3 种基本类型：Ⅱ 形梁式桥、T 形梁式桥和箱形梁式桥，如图 12-25 所示。

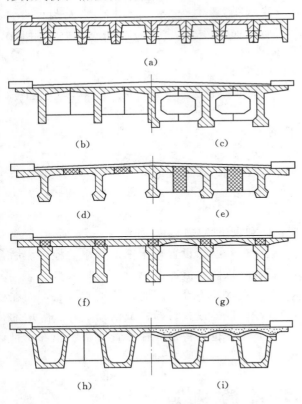

图 12-25　装配式简支梁桥的横截面

如图 12-25（a）所示为简单的Ⅱ形梁式桥横截面，横向为密排式多主梁横截面，块件之间用穿过腹板的螺栓联结，以使施工简化、装配简易。Ⅱ形构件的特点是：截面形状稳定，横向抗弯刚度大，块件堆放、装卸和安装都方便。但这种构件的制造较复杂，梁肋被分成两片薄的腹板，通常用钢筋网来配筋，难以做成刚度大的钢筋骨架。设计经验证明，跨度较大时，Ⅱ形梁式桥的混凝土和钢筋用量都比 T 形梁式桥大，而且构件自重大，横向联系较差，制造也较复杂，现已很少使用。

　　目前，我国用得最多的装配式简支梁是如图 12-25（b）所示的 T 形梁式桥。T 形梁的翼板构成桥梁的行车道板，又是主梁的受压翼缘，在预应力混凝土梁中，受拉翼缘部分做成加宽的马蹄形，以满足承受压应力和布置预应力筋的需要。装配式 T 形梁的优点是：制造简单，肋内配筋可做成刚劲的钢筋骨架，主梁之间借助间距为 4~6m 的横隔梁来联结，整体性好，接头也较方便。不足之处是：截面形状不稳定，运输和安装较复杂；构件正好在桥面板的跨中接头，对板的受力不利。

　　装配式钢筋混凝土 T 形梁的常用跨径约为 7.5～20m，装配式预应力混凝土 T 形梁则为 20～40m。目前已建成的装配式预应力混凝土 T 形梁式桥的最大跨径已达 70m 左右。

　　在保证抗剪等条件下尽可能减小梁肋（或称腹板）的厚度，以期减轻构件自重，是目前钢筋混凝土和预应力混凝土桥梁的发展趋向。因此，为使受拉主筋或预应力筋在梁肋底部较集中地布置，或者为了满足预加应力的受压需要，就形成呈马蹄形的梁肋底部，如图 12-25（c）、（d）、（e）所示。但要注意，小于 15～16cm 的腹板厚度对于浇筑混凝土是有困难的。马蹄形的梁肋使模板结构和混凝土的浇筑稍趋复杂。

　　如图 12-25（h）、（i）所示的箱形梁一般不适用于钢筋混凝土的简支梁式桥，因为受拉区混凝土不参与工作，多余的箱梁底板陡然增大了自重。然而对于全截面参与受力的预应力混凝土梁来说，情况就完全不同。

　　箱形截面是一种闭口薄壁截面，其抗扭刚度大，约为相应 T 形梁截面的十几倍至几十倍，并具有比 T 形截面高的截面效率指标 ρ，同时它的顶板和底板面积均比较大，能有效地承担正负弯矩，并满足配筋的需要。因此，在已建成的大跨度预应力混凝土梁式桥中，当跨径超过 40m 时，其截面大都为箱形截面。此外，当梁式桥承受偏心荷载时，箱形截面梁抗扭刚度大，内力分布比较均匀；在桥梁处于悬臂状态时，具有良好的静力和动力稳定性，对悬臂施工的大跨度梁桥尤为有利。由于箱形截面整体性能好，因而在限制车道数通过车辆时，可以超载通行，而装配时，桥梁由于整体性能差，超载行驶车辆的能力就很有限。而且箱梁可做成薄壁结构，又因桥面板的跨径减小而能使板厚减薄并节省配筋，这特别对自重占重要部分的大跨径预应力混凝土简支梁式桥是十分经济合理的。箱形截面的另一优点是横向抗弯刚度大，对预施加应力、运输、安装阶段单梁的稳定性要比 T 形梁的好得多。

　　然而，箱梁薄壁构件的预制施工比较复杂，单根箱梁的安装重量通常也比 T 形梁的大，这在确定梁桥类型时是必须加以考虑的。

　　装配式梁桥通常借助沿纵向布置的横隔梁的接头和桥面板的接缝连成整体，以使桥上车辆荷载能分配给各主梁共同负担。鉴于横隔梁的抗弯刚度远比桥面板的大，故前者对荷载分配起主要作用。

　　但是，横隔梁的存在使装配式主梁的制作增加一定的困难。为了简化预制工作并避免操作困难的接头集整工作，国内外曾修建过一些跨度内无横隔梁的装配式简支梁式桥。在此情况下，主梁间的横向联系主要由加强桥面板来实现。图 12-25（d）就表示这种梁桥的横截面形式。在相邻主梁的翼板内均伸出连接钢筋，架梁完毕后在接缝内现浇混凝土以保证桥面板的连接强度。实践表明，不设横隔梁虽属可行，但在运营质量上以及对承受超载车辆荷载的潜在能力上，就不如有横隔梁的好。而且，为了加强桥面板而多费的材料与设置几道横隔梁相比也不一定经济。

　　当横隔梁高度较大时，为了减轻自重，可将其中部挖空，如图 12-25（c）所示，但沿挖空部分的边缘应做成钝角并配置钢筋，挖空也不宜过大，以免内角处裂缝过多而削弱其刚度。对于箱形梁式桥，由于其本身抗扭能力大，就可以少设或不设跨中横隔梁，但端横隔梁的设置通常是必要的。

251

（二）块件的划分方式

一座装配式梁式桥按何种方式划分成预制拼装单元，这是直接影响到结构受力、构件的预制、运输和安装以及拼装接头的施工等许多因素的问题，而且这些因素往往又彼此影响、相互矛盾。例如，要加大安装构件的尺寸以减少接头数量和增强结构的整体性，就会要求很大的运输、起重能力；为了减小构件的重量，就会增加构件和接头的数目，或增加现浇混凝土的工序等。同时，块件的划分方式也与所选用的横截面形式紧密相关。因此，在设计装配式桥梁时，必须综合考虑施工中的各种具体条件，通过经济技术上的仔细比较，才能获得完善的结果。

1. 装配式梁式桥设计块件划分应遵循的原则

（1）根据建桥现场实际可能的预制、运输和起重等条件，确定拼装单元的最大尺寸和重量。

（2）块件的划分应满足受力要求，拼装接头应尽量设置在内力较小处。

（3）拼装接头的数量要少，接头形式要牢固可靠，施工要方便。

（4）构件要便于预制、运输和安装。

（5）构件的形状和尺寸应力求标准化，增强互换性，构件的种类应尽量减少。

2. 钢筋混凝土与预应力混凝土梁式桥常用的块件划分方式

（1）纵向竖缝划分。如图 12-25（a）、（b）、（c）、（h）所示均为用纵向竖缝划分块件的横截面图式。这种划分方式在简支梁式桥中应用最为普遍。在这种结构中，作为主要承重构件的各根主梁，包括相应行车道板的 Π 形梁和 T 形梁，都是整体预制的，接头和接缝仅布置在次要构件——横隔梁和行车道板内，如图 12-25（b）、（h）所示，或直接用螺栓连接，如图 12-25（a）所示。而且结构部分全为预制拼装，不需要现浇混凝土。故这种划分方法使主梁受力可靠，施工也方便。

我国最近编制的装配式钢筋混凝土和预应力混凝土 T 形简支梁式桥的标准设计，都采用这种块件划分方式。

为了减轻和减窄用纵向竖缝划分的构件，有时采取缩小桥面板和横隔梁预制尺寸的办法，如图 12-25（d）、（e）所示。在此情况下，需在预制构件内伸出接头钢筋，待安装就位后就可灌注部分桥面板和横隔梁的混凝土，并且要等现浇混凝土达到足够强度后结构才能进行后续工序的施工。

（2）纵向水平缝划分。为了进一步减轻拼装构件的起吊重量和尺寸，以便于集中预制和运输吊装，还可以用纵向水平缝将桥梁的全部梁肋与板分割开来，再借助纵横向的竖缝将板划分成平面呈矩形的预制构件，施工时先架设梁肋，再安装预制板（有时采用微弯板以节省钢筋），最后在接缝内或连同在板上现浇一部分混凝土使结构连成整体，这样的装配式梁式桥通常称为组合式梁式桥，其截面如图 12-25（f）、（g）、（i）所示。此种块件划分方式的特点是：主梁构件轻，桥面板整体性好，受力有利。但增加了现浇混凝土的施工工序，延长施工期。另外，组合梁式桥由于在主要承重结构的梁肋与翼板之间存在有混凝土施工接缝，这大大削弱了梁板之间抵抗弯曲剪应力的能力。

（3）纵、横向竖缝划分。如果要使装配式梁的预制块件进一步减小尺寸和减轻重量，可将用纵向竖缝划分的主梁再通过横向竖缝划分成较小的梁段。如图 12-26 所示表示这种横向分段装配式 T 形梁的纵、横截面图。显然，对于这样的预制梁段，由于没有钢筋穿过接缝，就必须在安装对位后串联以预应力筋施加预应力才能保证所有接缝具有足够的联结强度，使梁体整体受力。因此横向分段预制的装配式梁也称串联梁。

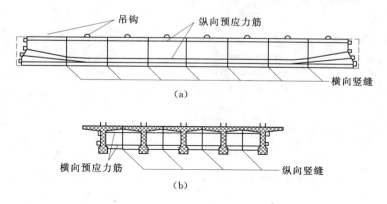

图 12 - 26　横向分段装配式梁

串联梁的主要优点是块件尺寸小、重量轻，可以工厂化成批预制后方便地运至远近工地。如图 12 - 27 所示为各种横向分段的块件类型，在预制时均应按预应力筋设计位置留出孔道，如图 12 - 27（b）所示的工字形块件表示出了为横向预应力筋留置的孔道。施工时，将梁段在工地组拼台上或在桥位脚手架上正确就位，并在梁段接触面上涂上薄层环氧树脂（厚度通常在 1mm 以下），这样逐段拼装完成后便穿入预应力筋进行张拉，使梁连成整体。

对于箱形和槽形梁段，为了简化预制工作，也可不在块件内预留孔道，而将预应力筋直接设置在底板上面，待张拉锚固后再在底板上浇筑混凝土覆盖层，以保护预应力筋。

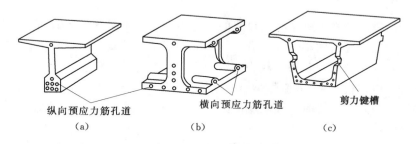

图 12 - 27　横向分段块件形式

二、装配式钢筋混凝土简支梁桥

国内外所建造的钢筋混凝土简支梁桥以 T 形梁式桥最为普遍。我国已拟定了标准跨径为 10m、13m、16m 和 20m 的四种公路桥梁标准设计。如图 12 - 28 所示就是典型的装配式 T 形梁式桥上部构造概貌。它是由几片 T 形截面的主梁并列在一起装配连接而成。T 形梁的顶部翼板构成行车道板，与主梁梁肋垂直相连的横隔梁的下部以及 T 形梁翼板的边缘均设焊接钢板连接构造，将各主梁连成整体，这样就能使作用在行车道板上的局部荷载分布给各片主梁共同承受。

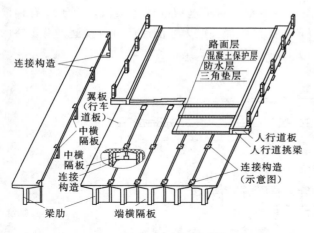

图 12-28 装配式 T 形简支梁桥概貌

（一）构造布置

1. 主梁布置

对于设计给定的桥面宽度，如何选定主梁的间距（或片数），这是构造布局中首先要解决的问题。它不仅与钢筋和混凝土的材料用量以及构件的吊装重量有关，而且还涉及翼板的刚度等问题。一般来说，对于跨度大一些的桥梁，如果建筑高度不受限制，则适当加大主梁间距减少片数，钢筋混凝土的用量会少些，这样就比较经济。但此时桥面板的跨径增大，悬臂翼缘板端部较大的挠度对引起桥面接缝处纵向裂缝的可能性会大些。同时，构件重量的增大也使运输和架设工作趋于复杂。

我国在 1973 年编制的《公路桥涵标准图》（JT/G QB014）中，主梁间距采用 1.6m。在 1983 年编制的标准图中，主梁间距加大至 2.2m。当吊装允许时，主梁间距采用 1.8～2.2m 为宜。

2. 横隔梁布置

（1）横隔梁在装配式 T 形梁桥中起着保证各根主梁相互连接成整体的作用，它的刚度愈大，桥梁的整体性愈好，在荷载作用下各根主梁就能更好地共同工作。然而，设置横隔梁使主梁模板工作稍趋复杂，横隔梁的焊接接头又往往在桥下专门的工作架上进行，施工比较麻烦。

（2）T 形梁桥的端横隔梁是必须设置的，它不但有利于制造、运输和安装阶段构件的稳定性，而且能加强全桥的整体性。有中横隔梁的梁桥，荷载横向分布比较均匀，还可以减轻翼板接缝处的纵向开裂现象。故当梁跨径稍大时，应根据跨度、荷载、行车道板构造等情况，在跨径内增设 1～3 道横隔梁。

（3）当梁横向刚性连接时，横隔梁间距不应大于 10m，以 5～6m 为宜。

（二）截面尺寸

如图 12-29 所示为我国目前所使用标准跨径为 20m 的装配式 T 形梁式桥纵、横截面主要尺寸。此设计的车辆荷载为公路—Ⅱ级。

1. 主梁梁肋尺寸

主梁的合理高度与梁的间距、活载大小等有关。对于跨径 10m、13m、16m、20m 的标准设计采用的梁高相应为 0.9m、1.1m、1.3m、1.5m，高跨比为 1/11～1/16。

主梁梁肋的宽度，在满足抗剪需要的前提下，一般都做得较薄，以减轻构件的重量。但是，从保证梁肋的屈曲稳定条件以及不致使捣固混凝土发生困难方面考虑，梁肋也不能做得太薄。目前常用的梁肋宽度为 15～18cm，具体视梁内主筋的直径和钢筋骨架的片数而定。

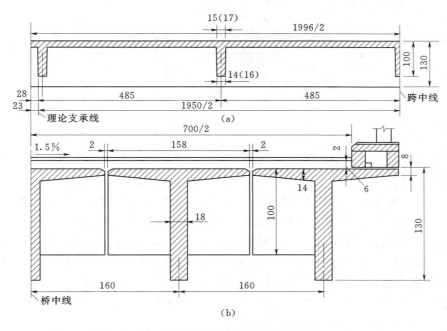

图 12-29 装配式 T 形梁纵横断面（单位：cm）

2. 横隔梁的尺寸

跨中横隔梁的高度应保证具有足够的抗弯刚度，通常可做成主梁高度的 3/4 左右。梁肋下部呈马蹄形加宽时，横隔梁应延伸至马蹄形加宽处，如图 12-25（c）、（e）、（g）所示。

为便于安装和检查支座，端横隔梁底部与主梁底缘之间宜留有一定的空隙，或可做成与中横隔梁同高。但从梁体运输和安装阶段的稳定要求来看，端横隔梁又宜做成与主梁同高。如何取舍，可视施工的具体情况来定。

横隔梁的肋宽通常采用 12～16cm，宜做成上宽下窄或内宽外窄的楔形，以便于脱模。

3. 主梁翼板尺寸

一般装配式主梁翼板的宽度视主梁间距而定，在实际预制时，翼板的宽度应比主梁中距小 2cm，以便在安装过程中易于调整 T 形梁的位置和制作上的误差。翼板的厚度应满足强度和构造最小尺寸的要求。根据受力特点，翼板通常都做成变厚度的，即端部较薄，向根部逐渐加厚。为保证翼板与梁肋连接的整体性，翼板与梁肋衔接处的厚度应不小于主梁高度的 1/12。翼板厚度的具体尺寸有两种处理方法：一种是考虑翼板承担全部桥上的恒载与活载，板的受力钢筋全部设在翼板内，在铺装层内只有局部的加强钢筋网，这时一般做得较厚一些，端部应不小于 10cm；另一种是翼板只承担本身自重、桥面铺装层恒载和施工临时荷载，活载则与布置有受力钢筋的钢筋混凝土铺装层共同承担（如在小跨径无中横隔梁的桥上），在此情况下端部厚度可适当减小到 8cm，如图 12-30 所示。

（三）主梁钢筋构造

1. 一般构造

（1）梁肋的钢筋构造。简支梁承受正弯矩作用，故抵抗拉力的主钢筋设置在梁肋的下

255

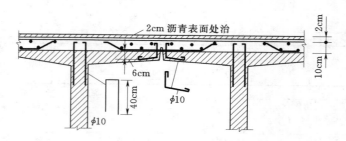

图 12-30　钢筋混凝土铺装层构造

缘。随着弯矩向支点处减小，主钢筋可在跨间适当位置处切断或弯起。为保证主筋在梁端有足够的锚固长度和加强支承部分的强度，《公路钢筋混凝土及预应力混凝土桥涵设计规范》（JTG D62—2004）规定，钢筋混凝土梁的支点处应至少有两根且不少于总数 1/5 的下层受拉主钢筋通过。两外侧钢筋应延伸出端支点以外，并弯成直角，顺梁高延伸至顶部，与顶层纵向架立钢筋相连。两侧之间的其他未弯起钢筋，伸出支点截面以外的长度不应小于 10 倍钢筋直径（环氧树脂涂层钢筋为 12.5 倍钢筋直径），R235 钢筋应带半圆弯钩。工程上常用的构造尺寸如图 12-31 所示，其中图 12-31（a）为 R235 钢筋的布置；图 12-31（b）为 HRB335 钢筋的布置。

　　由主钢筋弯起的斜钢筋用来增强梁体的抗剪强度，当无主钢筋弯起时，还需配置专门的焊于主筋和架立钢筋上的斜钢筋。斜钢筋与梁的轴线一般布置成 45°角。弯起钢筋应按圆弧弯折，圆弧半径（以钢筋轴线计算）不小于 $10d$（d 为钢筋直径）。

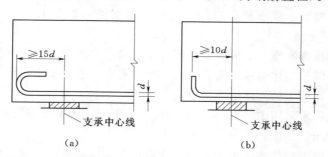

图 12-31　梁端主钢筋的锚固

　　箍筋的主要作用也是增强主梁的抗剪强度。《公路钢筋混凝土及预应力混凝土桥涵设计规范》（JTG D62—2004）中规定箍筋直径不小于 8mm 或主钢筋直径的 1/4。固定受拉钢筋时箍筋的间距不应大于梁高的 1/2 且不大于 400mm；R235 钢筋的最小配筋率为 0.18%；HRB335 钢筋的最小配筋率为 0.12%。近梁端第一根箍筋应设置在距端面一个混凝土保护层距离处。梁与梁或梁与柱的交接范围内可不设箍筋；靠近交接面的第一根箍筋，其与交接面的距离不宜大于 50mm。其他有关规定可参阅《公路钢筋混凝土及预应力混凝土桥涵设计规范》（JTG D62—2004）相应条文。

　　架立钢筋布置在梁肋的上缘，主要起固定箍筋和斜筋并使梁内全部钢筋形成立体或平面骨架的作用。

　　当 T 形梁肋高度大于 100cm 时，为了防止梁肋侧面因混凝土收缩等原因而导致裂缝，需要设置纵向防裂的分布钢筋，其截面积对于整体浇筑时 $A_S=(0.0005\sim0.0010)bh$；对于焊接骨架的薄壁梁时 $A_S=(0.0015\sim0.0020)bh$。式中的 b 为梁肋宽度，h 为梁的全高。当梁跨较大、梁肋较薄时取用较大值。这种分布钢筋的直径为 $6\sim8mm$，靠近下缘，混凝土拉应力也大，故布置得密些，在上部则可稀些。其间距在受拉区不应大于梁肋宽度，且不应大于 200mm，在受压区不应大于 300mm，在梁支点附近剪力较大区段纵向水平防裂钢筋间距宜为 $100\sim150mm$。

为了防止钢筋受到大气影响而锈蚀，并保证钢筋与混凝土之间的黏结力充分发挥作用，钢筋到混凝土边缘需要设置保护层。若保护层厚度太小，就不能起到以上作用，太大则混凝土表层因距钢筋太远容易破坏，且减小了钢筋混凝土截面的有效高度，受力情况也不好。因此保护层厚度应满足规范要求。

当受拉主筋的混凝土保护层厚度大于 50mm 时，应在保护层内设置直径不小于 6mm、间距不大于 100mm 的钢筋网。

为了使混凝土的粗集料能填满整个梁体，以免形成灰浆层或空洞，规定各主筋之间的净距当主钢筋为三层或三层以下者不小于 3cm，且不小于钢筋直径；三层以上者不小于 4cm，且不小于钢筋直径的 1.25 倍，如图 12-32 所示。

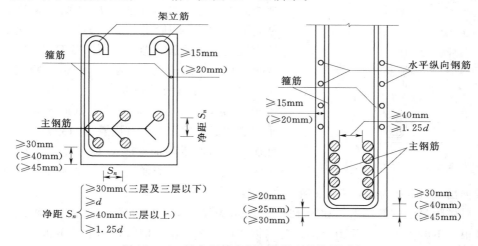

图 12-32 梁主钢筋净距和混凝土保护层厚度

在装配式 T 形梁中，钢筋数量多，如按钢筋最小净距要求（在高度方向钢筋的净距也要满足不小于 3cm 或不小于 $1.25d$ 的要求）排列就有困难，在此情况下可将钢筋重叠，并与斜筋、架立钢筋一起焊接成钢筋骨架，如图 12-33 所示。试验证明，焊接钢筋骨架整体性好，能保证钢筋与混凝土共同工作，其钢筋重心位置较低，梁肋混凝土体积较小，此外还可避免大量就地绑扎工作，入模安装很快，是装配式 T 形梁式桥最常用的构造形式。然而，焊接钢筋骨架的主筋与混凝土的黏结面积较小，一般来说抗裂性能稍差。因此，在实践中采用表面呈螺纹形或竹节形的钢筋，从而改善其抗裂性能。在焊接钢筋骨架中，为保证焊接质量，使焊缝处强度不低于钢筋本身强度，对焊缝的长度必须满足以下要求：

对于利用主钢筋弯起的斜筋，在起弯处应与其他主筋相焊接，可采用每边各长 $2.5d$ 的双面焊缝或一边长 $5d$ 的单面焊缝。弯起钢筋的末端与架立钢筋（或其他主筋）相焊接时，

采用长 $5d$ 的双面焊缝或 $10d$ 的单面焊缝，如图 12 - 33 所示。其中 d 为受力钢筋直径。

对于附加的斜筋，其与主筋或架立筋的焊缝长度采用每边各长 $5d$ 的双面焊缝或一边长 $10d$ 的单面焊缝。

各层主钢筋相互焊接固定的焊缝长度采用 $2.5d$ 的双面焊缝或 $5d$ 的单面焊缝。

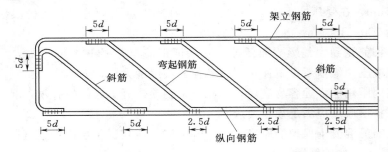

图 12 - 33　焊接钢筋骨架焊缝尺寸图（图中尺寸为双面焊缝，单面焊缝应加倍）

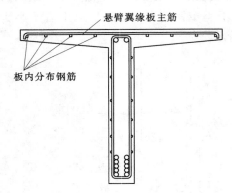

图 12 - 34　T 形梁的钢筋布置

（2）翼缘板内的钢筋构造。T 形梁翼缘板内的受力钢筋沿横向布置在板的上缘，以承受悬臂的负弯矩，在顺主梁跨径方向还应设置少量的分布钢筋，如图 12 - 34 所示。按《公路钢筋混凝土及预应力混凝土桥涵设计规范》（JTG D62—2004）的要求，板内主筋的直径不小于 10mm，板宽内不少于 5 根/m。分布钢筋的直径不小于 6mm，间距不大于 25cm，在单位板宽内分布钢筋的截面积不小于主筋截面积的 15%；有横隔梁的部分分布钢筋的截面积应增至主筋的 30%，以承受集中轮载作用下的局部负弯矩，所增加的分布钢筋每侧应从横隔梁轴线伸出 $L/4$（L 为横隔板的间距）的长度。

（3）横隔梁的钢筋构造。如图 12 - 35 所示为横隔梁的钢筋构造。在每根横隔梁上缘配置 2 根、下缘配置 4 根受力钢筋，各用钢板连接成骨架。同时，在上、下钢筋骨架中均加焊锚固钢板的短钢筋。横隔梁的箍筋作用是抵抗剪力的。

2. 主梁钢筋构造实例

如图 12 - 36 所示为标准跨径 20m、行车道板宽 7m，两侧设 0.75m 的人行道，按公路—Ⅱ级荷载及人群荷载 $3kN/m^2$ 设计的装配式钢筋混凝土简支 T 形梁块件构造。此 T 形梁的全长为 19.96m，即当多跨布置时在墩上相邻梁的梁端之间留有 4cm 的伸缩缝。全桥设置 5 道横隔梁，支座中心至主梁梁端的距离为 0.23m。

每根梁内总共配置了 8 根直径为 32mm 和 2 根直径为 16mm 的纵向受力钢筋，钢筋等级均为 HRB335，它们的编号分别为 N1、N2、N3、N4 和 N6，其中最下一层的 2 根 N1（占主筋截面的 20% 以上）通过梁端支承中心，其余 8 根则沿跨长按梁的弯矩图形在一定位置弯起。设于梁顶部的 N5 为架立钢筋，也采用 $\phi32$，它在梁端向下弯折并与伸出支承中心的主筋 N1 相焊接。

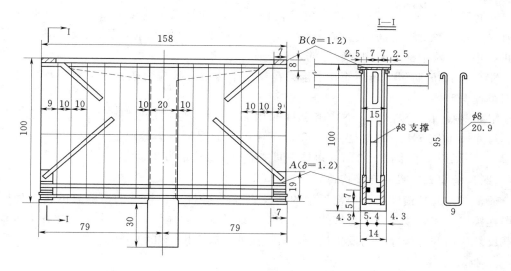

图 12-35 装配式 T 形梁桥的中横隔梁的钢筋构造（尺寸单位：cm）

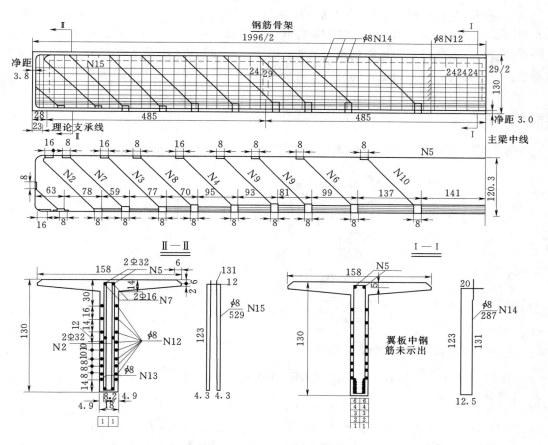

图 12-36 标准跨径 20m 的装配式 T 形梁配筋图（单位：cm）

箍筋 N14 和 N15 采用 R235 级钢筋，直径为 8mm，间距为 24mm，由于靠近支点处剪力较大和支座钢板锚筋的影响，故采用了下缺口的四肢式箍筋，见图 12-36，其截面为Ⅱ—Ⅱ，在跨中部分则用双肢箍筋，见截面Ⅰ—Ⅰ。

N12 为 $\phi8$ 的防裂分布钢筋，由于梁在靠近下缘部分拉应力较大，故布置得较密，向上则布置得较稀。

附加斜筋 N7、N8、N9、N10 和 N11 采用 $\phi16$ 钢筋，它们是根据梁内抗剪要求布置的。

每片平面钢筋骨架的重量为 0.58t，一片主梁的焊缝（焊缝厚度 $\delta=4mm$）总长度为 28.2m，主梁用 C30 混凝土浇筑，每根中间主梁的安装重量为 21.6t。

（四）装配式主梁的连接构造

通常在设有端横隔梁和中横隔梁的装配式 T 形梁桥中，均借助横隔梁的接头使所有主梁连接成整体。接头要有足够的强度，以保证结构的整体性，并使在运营过程中不致因荷载反复作用和冲击作用而发生松动。其连接的方式有以下几种：

1. 钢板连接

如图 12-37 所示，在横隔梁靠近下部边缘的两侧和顶部的翼板内均埋有焊接钢板，焊接钢板则预先与横隔梁的受力钢筋焊在一起做成钢筋骨架。当 T 形梁安装就位后，即在横隔梁的预埋钢板上再加焊盖接钢板使其连成整体。相邻横隔梁之间的细缝最好用水泥砂浆填满，所有外露钢板也应用水泥砂浆封盖。这种接头强度可靠，焊接后立即就能承受荷载，但现场要有焊接设备，而且有时需要在桥下进行仰焊，施工较困难。

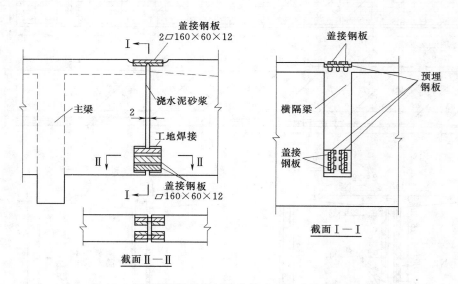

图 12-37 横隔梁的钢板接头构造（尺寸单位：mm）

2. 螺栓连接

如图 12-38（a）所示，此种方法基本上与焊接钢板接头相同，不同之处是用螺栓与预埋钢板连接。为此，钢板上要留螺栓孔。这种接头方式简化了施工工序，由于不用特殊机具而具有拼装迅速的特点，但在运营过程中螺栓易于松动。

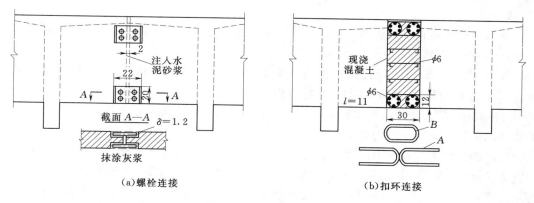

图 12-38 横隔梁的接头构造（尺寸单位：cm）

3. 扣环连接

如图 12-38（b）所示，这种接头的做法是：横隔梁预制时在接缝处伸出钢筋扣环 A，安装时在相邻构件的扣环两侧再安上腰圆形的扣环 B，在形成的圆环内插入短分布钢筋后就现浇混凝土封闭接缝，接缝宽度约为 0.20～0.50m。此接头强度可靠、整体性好，在工地不需要特殊机具，但现浇混凝土数量多，接头施工后不能立即承受荷载。这种连接构造往往也用于主梁间距较大而需要缩短预制构件尺寸和重量的场合。

4. 翼缘板处的企口铰接

目前为改善挑出翼板的受力状态，横向连接往往做成企口铰接式的简易构造，如图 12-39 所示。图 12-39（a）为装配式 T 形梁标准设计中所采用的连接方式。主梁翼缘板内伸出连接钢筋，交叉弯制后在接缝处再安放局部的 $\phi6$ 钢筋网，并将它们浇筑在桥面混凝土铺装层内。或者可将翼缘板的顶层钢筋伸出，并弯转套在一根长的钢筋上，以形成纵向铰，如图 12-39（b）所示。显然，此种接头构造由于连接钢筋甚多，使施工增添了一些困难。

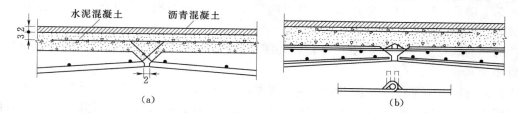

图 12-39 主梁翼板连接构造（单位：cm）

三、装配式预应力混凝土简支梁桥

预应力混凝土结构以其良好的实用性能被广泛地应用。目前公路上预应力混凝土简支梁的跨径已做到 50～60m，我国编制了后张法装配式预应力混凝土简支梁桥的标准设计图，标准跨径为 25m、30m、35m、40m。

预应力混凝土简支梁桥的横截面类型基本上与钢筋混凝土梁式桥相似，通常也做成 T 形、Ⅱ形、Ⅰ字形和箱形（图 12-25）。

装配式构件的划分方式，也与钢筋混凝土梁式桥相同，最常用的是以纵向竖缝划分的 T 形梁。此外，鉴于用预应力筋施加预应力的特点，还可做成横向也分段的串联梁（图

12－27）。

下面将从构造布置、截面尺寸、配筋特点等方面介绍预应力混凝土简支梁桥的构造。

（一）构造布置

我国 1973 年编制的《公路桥涵设计标准图》（JT/G QB014）中，主梁间距采用 1.6m，并根据桥梁横断面不同的净宽而相应采用 5、6、7 片主梁。图 12－40 是跨径 30m、桥面净空为净—7m＋(2×0.75)m 人行道的标准设计构造布置图。在 1983 年编制的标准图中，主梁间距采用 2.2m。

对于跨径较大的预应力混凝土简支梁桥，主梁间距 1.6m 显然偏小。以跨径为 40m、净空为 7m＋(2×0.75)m 的设计进行比较的结果表明，梁距为 2.0m 时将比 1.6m 的节省预应力筋束 12％、普通钢筋 9％和混凝土数量 12％。并且少一片主梁，可以减少预制和吊装的工作量，加快施工速度，但梁重将增加 13％。因此，当吊装重量不受控制时，对于较大跨径的 T 形梁，宜推荐较大的主梁间距（1.8～2.5m）。目前根据新的《公路钢筋混凝土及预应力混凝土桥涵设计规范》（JTG D62—2004）编制的通用设计图均采用较大的梁间距，并用横向的现浇段来适应不同的桥宽。

主梁的高度随截面形式、主梁片数及建筑高度的不同而不同。对于常用的等截面简支梁，高跨比可在 1/25～1/14 内选取。随着跨径增大取较小值，随梁数减少取较大值，中等跨径一般可取 1/18～1/16。

（二）截面尺寸

预应力混凝土简支 T 形梁的梁肋下部通常要加宽做成马蹄形，以便钢丝束的布置和满足承受很大预压力的需要。为了配合钢丝束的弯起，在梁端能布置钢丝束锚头和安放张拉千斤顶，在靠近支点处腹板也要加厚至与马蹄同宽，加宽范围最好达一倍梁高（离锚固端）左右，这样就形成了沿纵向腹板厚度发生变化、马蹄部分也逐渐加高的变截面 T 形梁，如图 12－40 所示。一般跨径中部肋宽采用 16cm，肋宽不宜小于肋板高度的 1/15。

为了防止在施工和运输中马蹄部分纵向裂缝，除马蹄面积不宜小于全截面的 10％～20％以外，建议具体尺寸如下：

（1）马蹄宽度约为肋宽的 2～4 倍，并注意马蹄部分（特别是斜坡区）的管道保护层不宜小于 6cm。

（2）马蹄全宽部分高度加 1/2 斜坡区高度约为 (0.15～0.20)h，斜坡宜陡于 45°角。同时应注意，马蹄部分不宜过高、过大，否则会降低截面形心，减少偏心距 e，并导致降低抵消自重的能力。从预应力梁的受力特点可知，为了使截面布置经济合理，节省预应力筋的配筋数量，T 形梁截面的效率指标 ρ 应大于 0.5。加大翼板宽度能有效地提高截面的效率指标。

（三）配筋特点

装配式预应力混凝土简支梁式桥内的配筋，除主要的纵向预应力筋外，还有架立钢筋、箍筋、水平分布钢筋、承受局部应力的钢筋和其他构造钢筋等。

1. 纵向预应力筋布置

（1）布置方式。

1）全部主筋直线形布置，构造简单，它仅适用于先张法施工的小跨度梁。其缺点是

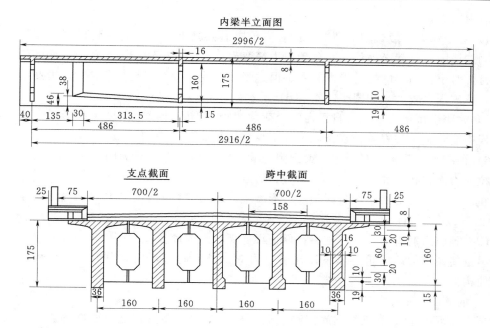

图 12-40 标准跨径 30m 的预应力混凝土 T 形梁的构造布置（尺寸单位：cm）

支点附近无法平衡的张拉负弯矩会在梁顶出现过高的拉应力，甚至导致严重的开裂。有时为减小此应力，可根据弯矩的变化，将纵向预应力筋按需要截断，如图 12-41（a）所示。

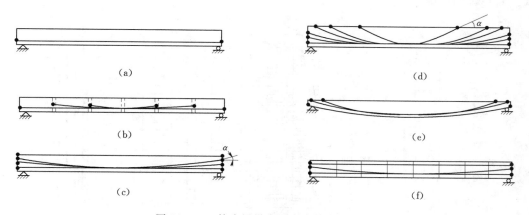

图 12-41 简支梁纵向预应力筋布置图式

2）对于长度较大的后张法梁如采用直线形预应力筋时，为减少梁端附近的负弯矩并节省钢材，可将主筋在中间截面截断。此时应将预应力筋在横隔梁处平缓地弯出梁体，以便进行张拉和锚固。这种布置的特点是主筋最省、张拉摩阻力也较小，但预应力筋没有充分发挥抗剪作用，且梁体在锚固处的受力和构造也较复杂，如图 12-41（b）所示。

3）当预应力筋数量不太多，能全部在梁端锚固时，为使张拉工序简便，通常都将预应力筋全部弯至梁端锚固。这种布置的预应力筋弯起角不大，可以减少摩擦损失，但梁端受预应力较大，如图 12-41（c）所示。

4）对于钢束根数较多的情况，或者当预应力混凝土梁的梁高受到限制，以致不能全部在梁端锚固时，就必须将一部分预应力筋弯出梁顶。此方法能缩短预应力筋的长度，节约钢材，对于提高梁的抗剪能力有利。但是张拉作业的操作稍趋复杂，预应力筋的弯起角较大，摩擦损失较大，如图 12-41（d）所示。

5）大跨度桥梁为了减轻自重而配合荷载弯矩图形设计成变高度鱼腹形梁，这种结构因模板构造、施工和安装较复杂，一般很少采用，如图 12-41（e）所示。

6）预应力混凝土串联梁中，梁顶附近的直线形预应力筋是为防止在安装过程中梁顶出现拉应力而布置，如图 12-41（f）所示。

在以上的布置形式中，目前预应力混凝土简支梁式桥上采用最广的布置方式是图 12-41 中的（c）和（d）两种。

（2）预应力筋总的布置原则。在保证梁底保护层厚度及使预应力筋位于索界内的前提下，尽量使预应力筋的重心靠下，在满足构造要求的同时，预应力钢筋尽量相互紧密靠拢，使构件尺寸紧凑。

2. 非预应力筋的布置

预应力混凝土 T 形梁与钢筋混凝土梁一样，按规定布置箍筋、架立钢筋、防收缩钢筋。由于预应力混凝土梁肋承受的主拉应力较小，一般不设斜筋，其构造要求基本相同，但还有其自身的特点。

（1）如图 12-42 所示为梁端锚固区的配筋构造。加强钢筋网的网格约为 $10cm \times 10cm$。锚具下设置厚度不小于 16mm 的钢垫板与 $\phi8$ 的螺纹钢筋，其螺距为 3cm，长 21cm，以提高混凝土的抗裂性。

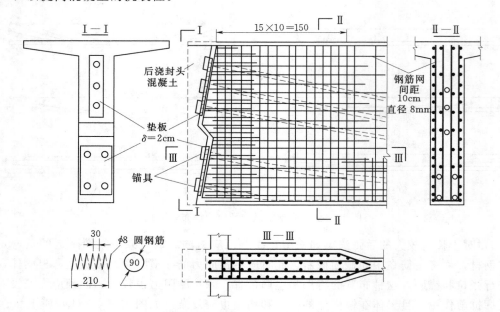

图 12-42　梁端的垫板和加强钢筋网图（尺寸单位：cm）

（2）对于预应力比较集中的下翼缘（下马蹄）内必须设置闭合式加强箍筋，其间距不大于 15cm，如图 12-43 所示。图中 d 为制孔管的直径，应比预应力筋的直径大 10mm，采用铁皮套管时应大 20mm，管道间的最小净距主要由浇筑混凝土的要求所确定，在有良好振捣工艺时（如同时采用底振和侧振），最小净距不小于 4cm。

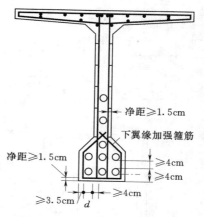

图 12-43　横截面内钢筋布置

（3）在预应力混凝土简支梁中，有时为了补充局部梁段内强度的不足或为了满足极限强度的要求，为了更好地分布裂缝和提高梁的韧性等，可以将无预应力的钢筋与预应力筋协同配置，这样往往能达到经济合理的效果，如图 12-44 所示。

当梁中预应力筋在两端不便弯起时，为了防止张拉阶段在梁端顶部可能开裂而布置受拉钢筋，如图 12-44（a）所示。

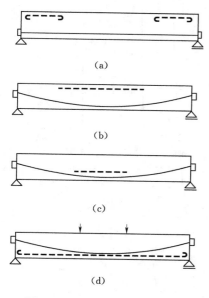

图 12-44　无预应力纵向受力
钢筋（虚线）的布置

对于自重比恒载与活载小得多的梁，在预加力阶段跨中部分的上翼缘可能会开裂而破坏，因而也可在跨中部分的顶部加设无预应力的纵向受力钢筋，如图 12-44（b）所示。这种钢筋在运营阶段还能加强混凝土的抗压能力，在破坏阶段则可提高梁的安全度。

在跨中部分下翼缘内设置的钢筋，多半是在全预应力梁中为了加强混凝土承受预加压力的能力，如图 12-44（c）所示。

对于部分预应力梁也往往利用通常布置在下翼缘的纵向钢筋来补足极限强度的需要，如图 12-44（d）所示，并且这种钢筋对于配置无黏结预应力筋的梁能起分布裂缝的作用。

此外，无预应力的钢筋还能增加梁在反复荷载作用下的疲劳极限强度。

（四）横向连接

装配式预应力混凝土梁的横向连接构造一般与钢筋混凝土梁相同。但也可在横隔梁内预留孔道，采用横向预应力筋张拉集整，如图 12-27（b）所示。这样的连接整体性好，但对梁的预制精度要求较高，施工稍复杂。

（五）装配式预应力混凝土梁桥的构造示例

如图 12-45 所示为墩中心距为 30m 的装配式预应力混凝土简支梁标准设计的构造。此梁的全长为 29.96m，计算跨径为 29.16m。设计荷载为公路—Ⅱ级。梁肋中心距为标准尺寸 1.60m。在横截面上，可以用 5～7 片主梁来构成净—7、净—9 并附不同人行道宽度的桥面净空。

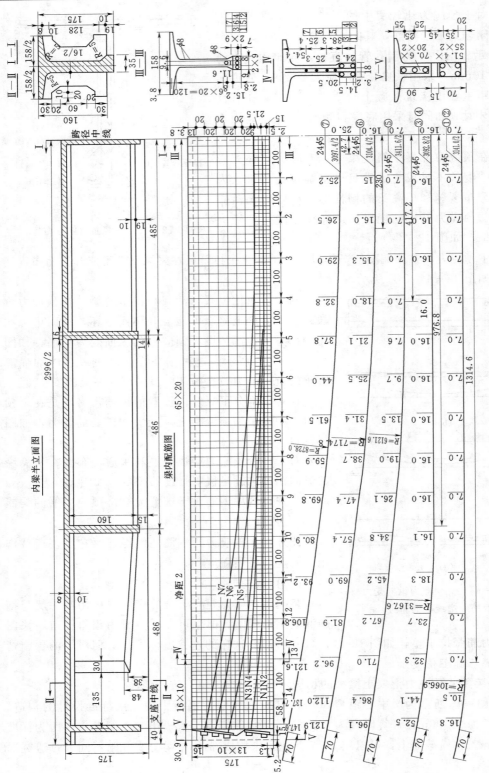

图 12 - 45 跨径 30m 装配式预应力混凝土简支梁桥构造图（尺寸单位：cm）

主梁采用 C40 混凝土带马蹄的 T 形截面,梁高为 1.75m,高跨比为 1/16.7。厚 16cm 的梁肋在梁端部分(约等于梁高的长度内)加宽至马蹄全宽 36cm,以利于预应力筋的锚固。在截面设计中将所有混凝土内角做成半径为 5cm 的圆角,以利脱模。

T 形预应力梁采用了 7 根(24×ϕ5mm)高强钢丝束,钢丝极限强度为 1600×10^3 kPa,全部钢丝束均以圆弧起弯并锚固在梁端厚 2cm 的钢垫板上。

梁中普通钢筋的布置基本与钢筋混凝土梁相类似,不同的是梁内不需设置斜筋,梁肋内配置网格尺寸为 20cm×20cm 的 ϕ8 钢筋网作为抗剪和纵向收缩钢筋之用。在梁端加宽部分(约等于一倍梁高的长度内)的钢筋网加密,以加强锚固区。

设计中采用五片横隔梁,中心距为 4.86m,横隔梁高 1.6m,肋宽平均 0.15m,具有足够刚度来保证良好的荷载横向分布。全部横隔梁采用挖孔形式以减轻吊装重量。横隔梁相互间采用钢板焊接,T 形梁翼板端伸出钢筋相互搭接锚于桥面铺装层中,可起铰接作用。

第五节 钢筋混凝土梁式桥施工

一、施工准备工作

施工准备工作的基本任务,是为桥梁工程的施工创造必要的技术和物资条件。统筹安排施工力量和施工现场,是施工企业搞好目标管理,推行技术经济承包的重要依据,也是施工得以顺利进行的基本保证。

施工单位在承接施工任务后,要尽快做好各项准备工作,创造有利的施工条件,使施工工作能连续、均衡、有节奏、有计划地进行,从而按质、按量、按期完成施工任务。

施工准备通常包括技术准备、劳动组织准备、物资准备和施工现场准备等工作。

(一)技术准备

技术准备是施工准备的核心。由于任何技术上的差错和隐患都可能危及人身安全,造成质量事故,带来生命、财产和经济的巨大损失,因此必须认真做好技术准备工作。

1. 熟悉设计文件、研究施工图纸及现场核对

施工单位在收到拟建工程的设计图纸和有关技术文件后,应尽快组织工程技术人员熟悉、研究所有技术文件和图纸,全面领会设计意图。检查图纸与其各组成部分之间有无矛盾和错误;在几何尺寸、坐标、高程、说明等方面是否一致;技术要求是否正确;并与现场情况进行核对。同时要做好详细记录,记录应包括对设计图纸的疑问和有关建议。

2. 原始资料的进一步调查分析

对拟建工程进行实地勘察,进一步获得有关原始数据的第一手资料,这对于正确选择施工方案、制定技术措施、合理安排施工顺序和施工进度计划是非常必要的。

(1)自然条件的调查分析。

1)地质条件应了解的主要内容有:地质构造、墩(台)位处的基岩埋深、岩层状态、岩石性质、覆盖层土质、土的性质和类别、地基土的承载力、土的冻结深度、妨碍基础施工的障碍物、地震的级别和烈度等。

2)水文条件应了解的主要内容有:河流流量和水质、年水位变化情况、最高洪水位

和最低枯水位的时期及持续时间、流速和漂流物、地下水位的高低变化、含水层的厚度和流向；冰冻地区的河流封冻时间、融冰时间、流冰水位、冰块大小；受潮汐影响河流或水域中潮水的涨落时间、潮水位变化规律和潮流等情况。

3）气象条件调查的内容一般包括：气温、气候、降雨、降雪、冰冻、台风（含龙卷风、雷雨大风等突发性灾害）、风向、风速等变化规律及历年记录；冬、雨季的期限及冬季地层冻结厚度等情况。

4）施工现场的地形和地物情况。

（2）技术经济条件的调查分析。

主要内容包括：施工现场的动迁情况、当地可利用的地方材料状况、主要材料的供应状况、地方能源和交通运输状况、地方劳动力和技术水平状况、当地生活物资供应状况、可提供的施工用水用电状况、设备租赁状况、当地消防治安状况及分包单位的实力状况等。

3. 施工前的设计技术交底

设计技术交底一般由建设单位（业主）主持，设计、监理和施工单位（承包商）参加。首先由设计单位说明工程的设计依据、意图和功能要求，并对特殊结构、新材料、新工艺和新技术提出设计要求，进行技术交底。然后由施工单位根据研究图纸的记录以及对设计意图的理解，提出对设计图纸的疑问、建议和变更。最后在统一认识的基础上，对所探讨的问题逐一做好记录，形成"设计技术交底纪要"，由建设单位正式行文，参加单位共同会签盖章，作为与设计文件同时使用的技术文件和指导施工的依据，以及建设单位与施工单位进行工程结算的依据。当工程为设计施工总承包时，应由总承包人主持进行内部设计技术交底。

4. 制订施工方案、进行施工设计

在全面掌握设计文件和设计图纸，正确理解设计意图和技术要求，以及进行了以施工为目的的各项调查之后，应根据进一步掌握的情况和资料，对投标时初步拟定的施工方法和技术措施等进行重新评价和深入研究，以制订出详尽的更符合现场实际情况的施工方案。

施工方案一经确定，即可进行各项临时性结构的施工设计，诸如基坑围堰，浮运沉井和钢围堰的制造场地及下水、浮运、就位、下沉等设施，钻孔桩水上工作平台，连续梁桥顶推施工的台座和预制场地，悬浇梁桥的挂篮，导梁或架桥机，模板支架及脚手架，自制起重吊装设备，施工便桥便道及装卸码头的设计。施工设计应在保证安全的前提下尽量考虑使用现材料和设备，因地制宜，使设计出的临时结构经济适用、装拆简便、实用性强。

5. 编制施工组织设计

施工组织设计是施工准备工作的重要组成部分，也是指导工程施工中全部生产活动的基本技术经济文件。编制施工组织设计的目的在于全面、合理、有计划地组织施工，从而具体实现设计意图，优质高效地完成施工任务。施工组织设计宜包括以下内容：编制说明，施工组织机构，施工平面布置图，施工方法，施工详图，资源计划，总体计划和进度图，质量管理，安全生产，环境保护。施工单位必须建立健全质量保证体系，主要内容为质量方针、质量目标、质量保证机构、质量保证程序、质量保证措施。

6. 编制施工预算

施工预算是根据施工图纸、施工组织设计或施工方案、施工定额等文件进行编制的。施工预算是施工企业内部控制各项成本支出、考核用工、签发施工任务单、限额领料以及基层进行经济核算的依据，也是制订分包合同时确定分包价格的依据。

（二）劳动组织准备和物资准备

1. 劳动组织准备

（1）建立组织机构。建立组织机构应遵循的原则是：根据工程项目的规模、结构特点和复杂机构中各职能部门的设置，人员的配备应力求精干，以适应任务的需要。坚持合理分工与密切协作相结合，分工明确，权责具体，使之便于指挥和管理。

（2）合理设置施工班组。施工班组的建立应认真考虑专业和工种之间的合理配置，技工和普工的比例要满足合理的劳动组织，并符合流水作业方式的要求，同时制定出该工程的劳动力需求量计划。

（3）集结施工力量，组织劳动力进场后的培训教育。劳动力进场后，应对他们有针对性地进行技术、安全操作规程以及消防、文明施工等方面的培训教育。

（4）施工组织设计、施工计划和施工技术的交底。在单位工程或分部分项工程开工前，应将工程的设计内容、施工组织设计、施工计划和施工技术等要求，详尽地向施工班组和工人进行交底。通过交底，使其了解设计图纸、施工工艺、安全技术措施、降低成本措施和施工验收规范的要求；了解新技术、新材料、新结构和新工艺的施工方案和保证措施；了解有关部位的设计变更和技术核定等事项。

（5）建立健全各项管理制度。管理制度主要包括：技术质量责任制度、工程技术档案管理制度、施工图纸学习与会审制度、技术交底制度、技术部门及各级人员的岗位责任制、工程材料和构件的检查验收制度、工程质量检查与验收制度、材料出入库制度、安全操作制度、机具使用保养制度等。

2. 物资准备

物资准备工作的内容主要包括：

（1）工程材料，如钢材、木材、水泥、砂石料等的准备。

（2）工程施工设备的准备。

（3）其他各种小型生产工具、小型配件等的准备等。

（三）施工现场准备

施工现场的准备工作，主要是为工程的施工创造有利的施工条件和物资保证。其具体工作内容如下：

1. 施工控制网测量

按照勘测设计单位提供的桥位总平面图和测图控制网中所设置的基线桩、水准点以及重要桩志的保护桩等资料，进行三角控制网的复测。并根据桥梁结构的精度要求和施工方案补充加密施工所需要的各种标桩，建立满足施工要求的平面和立面施工测量控制网。

2. 补充钻探

桥梁工程在初步设计时所依据的地质钻探资料往往因钻孔较少、孔位过远而不能满足施工的需要。因此，必须对有些地质情况不甚明了的墩位进行补充钻探，以查明墩位处的地质情况和可能的隐蔽物，为基础工程的施工创造有利条件。

3．搞好"四通一平"

"四通一平"是指水通、电通、通信通、路通和平整场地。有蒸汽养护需要的项目以及在寒冷冰冻地区，还要考虑暖气供热的要求。

4．建造临时设施

按照施工总平面图的布置，建造所有生产、办公、生活、居住和储存等临时用房，以及临时便道、码头、混凝土拌和站、构件预制场地等。

5．安装调试施工机具

所有施工机具都必须在开工之前进行检查和试运转。

6．材料的试验和储存堆放

按照材料的需要量计划，应及时提供材料的试验申请计划，如混凝土与砂浆的配合比和强度、钢材的机械性能等试验。并组织材料进场，按规定的地点和指定的方式进行储存堆放。

7．新技术项目的试验

按照设计文件和施工组织设计的要求，认真组织新技术项目的试验研究。

8．冬雨季施工安排

按照施工组织设计要求，落实冬季和雨季施工的临时设施和技术措施，做好施工安排。

9．消防、保安措施

建立消防、保安等组织机构和有关的规章制度，布置并落实好消防保安等措施。

10．建立健全施工现场各项管理制度

根据施工特点，制定施工现场必要的各项规章制度。

二、梁式桥的就地浇筑施工

就地浇筑施工是一种古老的施工方法，它是在桥孔位置搭设支架，并在支架上安装模板，绑扎及安装钢筋骨架，预留孔道，并在现场浇筑混凝土与施加预应力的施工方法。由于施工需用大量的模板支架，以前一般仅在小跨径桥或交通不便的边远地区采用。随着桥跨结构形式的发展，出现了一些变宽的异形桥、弯桥等复杂的混凝土结构，加之近年来临时钢构件和万能杆件系统的大量应用，在其他施工方法都比较困难时，或经过比较，施工方便、费用较低时，也常在中、大跨径桥梁中采用就地浇筑的施工方法。

（一）就地浇筑施工方法的特点

（1）桥梁的整体性好，施工平稳、可靠，不需大型起重设备。

（2）施工中无体系转换。

（3）预应力混凝土连续梁式桥可以采用强大预应力体系，使结构构造简化，方便施工。

（4）需要使用大量施工支架，且跨河桥梁搭设支架影响河道的通航与排洪，施工期间支架可能受到洪水和漂流物的威胁。

（5）施工工期长、费用高，需要有较大的施工场地，施工管理复杂。

（二）满堂支架施工工艺流程

满堂支架施工工艺流程，如图 12-46 所示。

（三）施工支架与模板

1. 支架类型及构造

就地浇筑混凝土梁式桥的上部结构，首先应在桥孔位置搭设支架，以支承模板、浇筑的钢筋混凝土和其他施工荷载的重力。支架有满布式木支架、满布式钢管脚手架［图 12-47（a）］、钢木混合的梁式支架［图 12-47（b）］、梁支柱式支架、万能杆件拼装支架与装配式公路钢桥桁节拼装支架［图 12-47（c）］等形式。

（1）满布式木支架。常用于陆地或不通航的河道，或桥墩不高，桥位处水位不深的桥梁其跨径可达 8m 左右。满布式支架的形式可根据支架所需跨径的

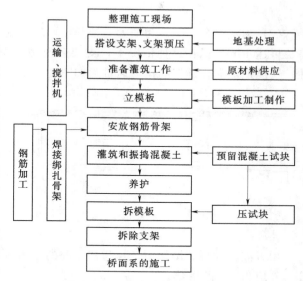

图 12-46　满堂支架施工工艺流程

大小等条件，采用排架式、人字撑式或八字撑式。排架式为最简单的满布式支架，主要由排架及纵梁等部件构成，其纵梁为抗弯构件，因此跨径一般不大于 4m。人字撑式或八字撑式的支架构造较复杂，其纵梁须加设人字撑或八字撑，为可变形构造。因此，须在浇筑混凝土时适当安排浇筑程序以保持均匀、对称地进行，以防发生较大变形。

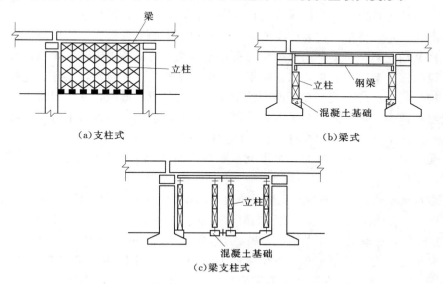

图 12-47　支架构造形式

满布式支架的排架，可设置在枕木或桩基上，基础须坚实可靠，以保证排架的沉陷值不超过规定。当排架较高时，为保证支架横向的稳定，除在排架上设置撑木外，还需在排

架两端外侧设置斜撑木或斜立桩。

满布式支架的卸落设备一般采用木楔、木马或砂筒等，可设置在纵梁支点处或桩顶帽木上面。

（2）钢木混合支架。为加大支架跨径，减少排架数量，支架的纵梁可采用工字钢，其跨径可达 10m。但在这种情况下，支架多改用木框架结构，以加强支架的承载力及稳定性。这类钢木混合支架的构造通常为如图 12-48 所示形式。

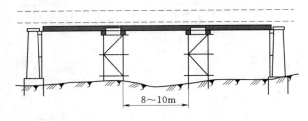

图 12-48　钢木混合支架

（3）万能杆件拼装支架。用万能杆件可拼装成各种跨度和高度的支架，其跨度须与杆件本身长度成倍数。用万能杆件拼装桁架的高度，可在 2m、4m、6m 或 6m 以上。当高度为 2m 时，腹杆拼为三角形；高度为 4m 时，腹杆拼为棱形；高度超过 6m 时，则拼成多斜杆的形式。

用万能杆件拼装墩架时，柱与柱之间的距离应与桁架之间的距离相同。桩高除柱头及柱脚外应为 2m 的倍数。

用万能杆件拼装的支架，在荷载作用下的变形较大，而且难以预计其数值。因此，应考虑预加压重，预压重量相当于灌注的混凝土重量。

万能杆件的类别、规格及容许应力，可参阅有关资料。

（4）装配式公路钢桥桁节拼装支架。用装配式公路钢桥桁节，可拼装成桁架梁和塔架。为加大桁架梁孔径和利用墩台作支承，也可拼成八字斜撑来支撑桁架梁。桁架梁与桁架梁之间，应用抗风拉杆和木斜撑等进行横向连接，以保证桁架梁的稳定。

用装配式公路钢桥桁节拼装的支架，在荷载作用下的变形很大，因此应进行预压。

（5）轻型钢支架。桥下地面较平坦，有一定承载力的梁桥，为节省木料，宜采用轻型钢支架。轻型钢支架的梁和柱，以工字钢、槽钢或钢管为主要材料，斜撑、连接系等可采用角钢。构件应制成统一规格和标准。排架应预先拼装成片或组，并以混凝土、钢筋混凝土枕木或木板作为支承基底。为了防止冲刷，支承基底须埋入地面以下适当的深度。为适应桥下高度，排架下应垫一定厚度的枕木或木楔等。

为了便于支架和模板的拆卸，纵梁支点处应设置木楔。轻型钢支架构造如图 12-49 所示。

（6）墩台自承式支架。在墩台上留下承台式预埋件，上面安装横梁及架设适宜长度的工字钢或槽钢，即构成模板的支架。这种支架就是墩台自承式支架，它适用于跨径不大的梁式桥，但支立时仍须考虑梁的预拱度、支架梁的伸缩以及支架和模板的卸落等所需条件。

（7）模板车式支架。模板车式支架适用于跨径不大、桥墩为立桩式多跨梁桥的施工，其形状如图 12-50 所示。在墩柱施工完毕后即可立即铺设轨道，拖进孔间，进行模板的安装，这种方法可简化安装工序，节省安装时间。

当上部构造混凝土浇筑完毕，强度达到要求后，模板车即可整体向前移动，但移动时须将斜撑取下，将插入式钢梁节段推入中间钢梁节段中，并将千斤顶放松。

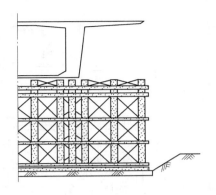
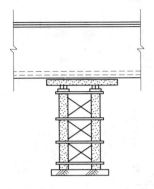

图 12-49　轻型钢支架

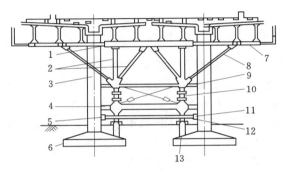

图 12-50　模板车式支架

1—钢架；2—钢支撑；3—立柱；4—轮轴架；

5—轨道；6—基础；7—插入式钢梁；8—斜撑；

9—楔块；10—调整千斤顶；11—枕木；

12—钢底梁；13—混凝土支墩

2. 模板构造

跨径不大的肋板梁，其模板如图 12-51（a）所示，一般用木料制成。安装时，首先在支架纵梁上安装横木（分布杆件），横木上钉底板，然后在其上安装肋梁的侧面模板及桥面板的底板，肋梁的侧面模板系钉于肋木之上。桥面板底板的横木则由钉于上述肋木上的托板承托。肋木后面须钉以压板，以支承肋梁混凝土的水平压力。为减少现场的安装工作，肋梁的侧面模板及桥面板的底板（包括横木），可预先分别制成镶板块件。

当上部构造的肋梁较高时，其模板一般须采用框架式，梁的侧模及桥面板的底模，用模板或镶板钉于框架之上即可。但当梁的高度超过 1.5m 左右时，梁下部混凝土的浇筑和捣实宜从侧面进行，此时梁的一侧的模板须开窗口或分两次安钉。

框架式模板的构造如图 12-51（b）、（c）、（d）所示。

3. 支架和模板的制作与安装

（1）支架和模板在制作和安装时的注意事项。构件的连接应尽量紧密，以减少支架变形，使沉降量符合预计数值。为保证支架稳定，应防止支架与脚手架和便桥等接触。模板的接缝必须密合，如有细缝，须塞堵严密，以防跑浆。建筑物外露面的模板应涂石灰乳浆、肥皂水或无色润滑油等润滑剂。为减少施工现场的安装拆卸工作和便于周转使用，支架和模板应尽量制成装配式组件或块件。钢制支架宜制成装配式常备构件，制作时应特别注意构件外形尺寸的准确性，一般应使用样板放样制作。模板应用内撑支撑，用对拉螺栓销紧。内撑有钢管内撑、钢筋内撑、硬塑料胶管内撑等。

（2）支架和模板的制作质量要求。支架和模板制作应符合设计图纸的要求。面板可以用 4～6cm 的冷轧钢板或厚 18cm 以上的木胶合板。为增加周转次数，胶合板的面上要有

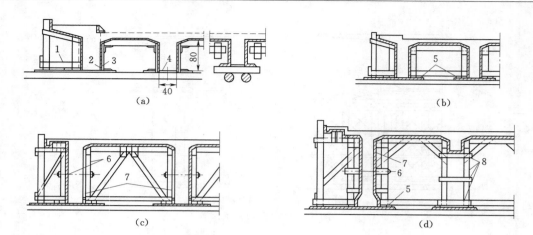

图 12-51 肋板梁模板（尺寸单位：cm）

1—小柱架；2—侧面镶板；3—肋木；4—底板；5—压板；6—拉杆；7—填板；8—连接两个框架的木板

高分子材料覆膜。胶合板面板不得使用脱胶空鼓、边角不齐、板面覆膜不全的板材。

（3）支架和模板的安装。安装前按图纸要求检查支架自制模板的尺寸与形状，合格后才准进入施工现场。安装后不便涂刷脱模剂的内侧木板应在安装前涂刷脱模剂，顶板应在模板安装后、布扎钢筋前涂刷脱模剂。支架结构应满足立模高程的调整要求，按设计高程和施工预拱度立模。承重部位的支架和模板，必要时应在立模后预压，消除非弹性变形和基础沉降。预压重力相当以后所浇筑混凝土的重力，当结构分层浇筑混凝土时，预压重力可取浇筑混凝土重量的80%。相互连接的模板，木板面要对齐，连接螺栓不要一次紧到位。整体检查模板线形，发现偏差及时调整后再锁紧连接螺栓，固定好支撑杆件。模板连接缝间隙大于2cm，应用灰膏类填缝或贴胶带密封。预应力管道锚具处空隙大时用海绵泡沫填塞，以防漏浆。主要起重机械必须配备经过专门训练的专业人员操作，指挥人员、司机、挂钩人员要统一信号，如遇6级以上大风时应停止施工作业。

4. 施工预拱度

（1）确定预拱度时应考虑的因素。在支架上浇筑梁式上部构造时，在施工时和卸架后，上部构造将发生一定的下沉或产生一定的挠度。因此，为使上部构造在卸架后能满意地获得设计规定的外形，须在施工时设置一定数值的预拱度。在确定预拱度时应考虑下列因素：卸架后上部构造本身及活载一半所产生的竖向挠度；支架在荷载作用下的弹性压缩；支架在荷载作用下的非弹性变形；支架基底在荷载作用下的非弹性沉陷；由混凝土收缩及温度变化而引起的挠度。

（2）预拱度的计算。上部构造和支架的各项变形值之和，即为应设置的预拱度。各项变形值的计算和确定可参考相关规范规定。

（3）预拱度的设置。根据梁的挠度和支架的变形所计算出来的预拱度之和，为预拱度的最高值，应设置在梁的跨径中点。其他各点的预拱度，应以中间点为最高值，以梁的两端为零，按直线或二次抛物线比例进行分配。

（四）钢筋工程

钢筋工程包括钢筋整直、切断、除锈、弯制、焊接或绑扎成型等工序。混凝土梁中钢筋的规格和型号尺寸比较多，而且钢筋的加工、布置在混凝土浇筑之后再也无法检查，属于隐蔽工程，因此必须严格控制钢筋工程的施工质量。

1. 钢筋加工的准备工作

首先应对进场的钢筋进行抽样检验，质量合格方可使用。抽样检验主要作抗拉、冷弯和可焊性试验。

钢筋的整直可根据钢筋直径的大小采用不同的方法。直径 10mm 以上的钢筋一般用锤打整直，直径小于 10mm 的常用手摇或电动绞车通过冷拉整直（伸长率不大于 1%），冷拉还可以提高钢筋的屈服强度并清除铁锈。

整直后的钢筋用钢丝刷或喷砂枪喷砂除锈去污后，即可按设计图纸要求进行划线下料工作。为了保证下料精度，应计算图纸上所注明的折线尺寸与弯折处实际弧线尺寸之差值，同时还应计入钢筋在冷作弯折过程中的伸长量。下料截断钢筋时，视钢筋直径的大小，可用手动剪切机和电动剪切机来进行。

2. 钢筋的弯制和接头

下料后的钢筋可在工作平台上，用手工或钢筋弯曲机按规定的弯曲半径弯制成型，钢筋的两端亦应按设计图纸或施工规范要求弯成所需的标准弯钩。对于需要接长的钢筋，宜先进行连接然后再弯制，这样较易控制尺寸。

钢筋的接头应采用焊接，并以闪光接触对焊为宜，这种接头的传力性能好，且节省钢材。当缺乏闪光对焊条件时，可采用电弧焊。钢筋接头采用搭接或帮条电弧焊时，宜采用双面焊缝，焊缝的长度不应小于 5d（d 为钢筋直径），双面焊缝困难时，可采用单面焊缝，焊缝长度不应小于 10d。

3. 钢筋骨架成型和安装

钢筋多以骨架的形式存在于混凝土结构中。骨架成型是将加工好的钢筋按照设计要求进行焊接或绑扎形成钢筋网或钢筋骨架。钢筋骨架中包括纵向主筋、弯起筋或斜筋、箍筋、架立筋、分布钢筋等。

进行骨架的拼装时，应考虑焊接变形和预留拱度。为了减少在支架上的钢筋安装工作，宜预先在工厂或工地制成平面或立体骨架，焊接或绑扎牢固，并临时加固，以防运输和吊装过程中发生变形。当不能预先成型时，尽可能预先完成钢筋的接头。

用焊接方式拼装骨架时，施焊顺序由中间对称地向两端进行，并先焊下部后焊上部。相邻的焊缝采用分区对称跳焊，不得顺方向一次焊成。

绑扎或安放钢筋骨架时，应在钢筋与模板间设置垫块，以保证保护层厚度符合设计或规范要求。垫块可采用砂浆垫块、混凝土垫块、钢筋头垫块等。垫块应与钢筋扎紧，并互相错开，不得贯通全部断面。绑扎的铁丝头不得指向模板。

浇筑混凝土前，检查已安装好的钢筋的规格、数量、尺寸间距和保护层厚度以及预埋件（钢板、锚固钢筋等）。

（五）混凝土工程

混凝土工程包括混凝土拌制、运输、浇筑、振捣密实、养护等工序。水泥、集料、水等原材料应通过质量检验合格后方可使用，并根据混凝土强度等级进行混凝土配合比设计后，报请监理工程师验证审批，以确保混凝土质量。

1. 混凝土拌制

混凝土一般应采用机械搅拌，人工搅拌只用于少量混凝土工程的塑性混凝土或半干硬性混凝土，有条件的情况下可使用商品混凝土。混凝土搅拌应严格控制配合比，并掌握好搅拌时间，使石子表面包满砂浆，拌和料混合均匀、颜色一致。

2. 混凝土运输

混凝土应以最少的转运次数、最短的距离迅速从搅拌地点运往浇筑位置。运输道路要平整，防止混凝土因颠簸震动而发生离析、泌水和灰浆流失现象。

混凝土的运输能力应适应混凝土浇筑速度和凝结速度的需要，使浇筑工作不间断并使混凝土运到浇筑地点时，仍保持均匀性和规定的坍落度。

3. 混凝土浇筑

模板、钢筋以及预埋件等经检查无误后，即可浇筑混凝土。

跨径不大的梁式桥，可将梁肋与桥面板沿跨长用水平分层法浇筑，如图 12-52（a）所示，或者用斜层法从梁的两端对称地向跨中浇筑，在跨中合拢。

较大跨径的梁式桥，可用水平分层法或用斜层法先浇筑纵横梁，然后沿桥的全宽浇筑桥面板混凝土，此时桥面板与纵横梁之间应设置工作缝，如图 12-52（b）中的虚线所示。

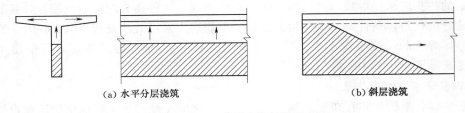

(a) 水平分层浇筑　　　　　　　　　　(b) 斜层浇筑

图 12-52　分层法浇筑混凝土

4. 混凝土振捣

混凝土振捣是借助拌和料受振时产生暂时流动的特性，使粗骨料借助重力向下沉落并互相滑动挤紧，骨料间的空隙被流动性大的水泥砂浆所充满，而空气则形成小气泡浮到混凝土表面被排出。这样会增加混凝土的密实度，从而大大地提高混凝土的强度和耐久性，并使之达到内实外光的要求。

混凝土振捣设备主要有插入式振捣器、附着式振捣器、平板式振捣和振动台等。

平板式振捣器用于大面积混凝土施工，如桥面、基础等；附着式振捣器是挂在模板外部振捣，借振动模板来振捣混凝土，使用这种设备对模板要求较高，但振动的效果不是太好，常用于薄壁混凝土构件，如梁肋部分；插入式振捣器通常是软管式的，只要构件断面有足够的地位插入振捣器，而钢筋又不太密时采用，其振捣效果较好。

严禁利用钢筋振动进行振捣，必须很好地掌握振捣的时间，不宜过短或过长，一般以混凝土不再下沉、无显著气泡上升、混凝土表面出现薄层水泥浆并达到平整为适度。采用附着式振捣器时因振捣效率较差，一般约需 2min 左右；采用插入式振捣器时，一般只要 15～30s；采用平板式振捣器时，在每个位置上的振捣时间约为 25～40s。

5. 混凝土养护

混凝土中水泥的水化反应过程，就是混凝土凝固、硬化和强度发育的过程，它与周围环境的温度、湿度关系密切。当温度低于 15℃ 时，混凝土的硬化速度减慢，而当温度降至 −2℃ 以下时，硬化基本停止。在干燥的气候下，混凝土中的水分迅速蒸发，使混凝土表面剧烈收缩而导致裂缝，同时当游离水分全部蒸发后，水泥水化反应停止，混凝土即停止硬化。因此，混凝土浇筑后即刻需要进行适当的养护，以保持混凝土硬化发育所需要的温度和湿度。

目前在现浇桥梁施工中采用最多的是在自然气温条件下（5℃ 以上）的自然养护方法。此法是在混凝土表面收浆后，在构件上覆盖草袋、麻袋或稻草，经常洒水，以保持构件处于湿润状态。

（六）模板拆除及支架卸落

非承重侧模板在混凝土强度能保证其表面及棱角不致因拆模而受损坏时方可拆除，一般应在混凝土抗压强度达到 2.5MPa 时方可拆除侧模板。承重模板、支架，应在混凝土强度能承受其自重力及其他可能的叠加荷载时，方可拆除。当构件跨度不大于 4m 时，在混凝土强度达到设计强度标准值的 50% 后方可拆除；当构件跨度大于 4m 时，在混凝土强度达到设计强度标准值的 75% 后方可拆除。

支架的卸落应从梁体挠度最大处的支架节点开始，逐步卸落相邻两侧的节点，并要求对称、均匀、有序地进行。各节点应分多次进行卸落，以使梁的沉落曲线逐步加大到梁的挠度曲线。简支梁和连续梁桥可从跨中向两端进行支架的卸落。

三、梁式桥的装配化施工

（一）装配式梁式桥的特点

用预制安装法施工的装配式梁式桥与就地浇筑的整体式梁式桥相比，有如下特点：

（1）缩短施工工期。构件预制可以提早进行，在下部结构施工的同时进行预制工作，做到上、下部结构平行施工。

（2）节约支架、模板。装配式梁式桥往往采用无支架或少支架施工。另外，构件在预制场或工厂内预制时采用的模板和支架易于做到尽量简便合理，并考虑更多的反复周期使用。

（3）提高工程质量。装配式梁式桥的构件在预制的过程中较易于做到标准化和机械化。

（4）需要吊装设备。主要预制构件的重量，少则几吨或十几吨，一般为几十吨，这就要求施工单位有相应的吊装能力和设备。

（5）用钢量略为增大。

综上所述，装配式梁式桥的造价较之整体式梁式桥是高还是低的问题，要根据具体情况来具体分析。当桥址地形条件下难以设立支架，且施工队伍有足够的吊装设备，桥梁的工程数量又相当大，这时采用装配式施工将是经济合理的。

预制梁（板）的安装是预制装配式混凝土梁式桥施工中的关键性工序，应结合施工现场条件、工程规模、桥梁跨径、工期条件、架设安装的机械设备条件等具体情况，以安全可靠、经济简单和加快施工速度等为原则，合理选择架梁的方法。

对于简支梁（板）的安装设计，一般包括起吊、纵移、横移、落梁（板）就位等工序。从架设的工序来分有陆地架梁、浮吊架梁和利用安装导梁、塔架、缆索的高空架梁等方法。《公路施工手册·桥涵》（上、下册）详细介绍了预制梁安装的十几种方法，可供参考，这里简要介绍几种常用的架梁方法的工艺特点。

必须注意的是，预制梁（板）的安装既是高空作业，又需用复杂的机具设备，施工中必须确保施工人员的安全，杜绝工程事故。因此，无论采用何种施工方法，施工前均应详细、具体的研究安装方案，对各承力部分的设备和杆件进行受力分析和计算，采取周密的安全措施，严格执行操作规程，加强施工管理和安全教育，确保安全、迅速地进行架梁工作。同时，安装前应将支座安装就位。

（二）构件的移运、堆放

1. 对构件混凝土强度的要求

装配式桥的预制构件在脱底模、移运、存放和吊装时，混凝土的强度不应低于设计规定的吊装强度，设计未规定时，应不低于设计强度的80%。对于后张预应力混凝土梁、板，在施加预应力后可将其从预制台座吊移至场内存放台座上后进行孔道压浆。在孔道压浆后进行移运的，其压浆浆体的强度不应低于设计强度的80%。从预制台座移出梁、板，仅限一次，不得在孔道压浆前多次倒运。

2. 构件移运前的准备工作

（1）构件拆模后应检查外形实际尺寸，伸出钢筋、吊环和各种预埋件的位置及构件混凝土的质量。如构件尺寸误差超过允许限度，伸出钢筋、吊环的预埋件位置误差超过规定，或混凝土有裂缝、蜂窝、露筋、毛刺、鼓面、掉角、榫槽等缺陷时，应修补、处理，务必使构件形状正确，表面平整，确保安装时不致发生困难。

（2）尖角、凸出或细长构件在移运、堆放时应用木板或相应的支架保护。

（3）安装时需测量高程的构件在移运前应定好标尺。

（4）分段预制的组拼构件应注上号码。

3. 吊装工具的选择

构件预制场内的吊移工具设备可视构件尺寸、质量和设备条件采用 A 形小车、平板车、扒杆、龙门架、拖履（走板）、滚杠、聚四氟乙烯滑板、汽车吊、履带吊等工具设备，其构造、计算方法、竖立方法及使用注意事项，可参阅《公路施工手册·桥涵》有关章节。

4. 吊运时的注意事项

（1）构件移运时的起吊点位置，应按设计的规定布置。如设计无规定时，对上下面有相同布置筋的等截面直杆构件的吊点位置，一点吊可设在离端头 $0.293L$ 处，两点吊可设在离端头 $0.207L$ 处（L 为构件长度）。其他配筋形式的构件应根据计算决定。

（2）构件的吊环应顺直，如发现弯扭必须校正，以使吊钩能顺利套入。吊绳交角大于60°时，必须设置吊架或扁担，使吊环垂直受力，以防吊环折断或破坏吊环周边混凝土。如用钢丝绳捆绑起吊时，需用木板、麻袋等垫衬，以保护混凝土的棱角和钢丝绳。

（3）板、梁、柱构件移运和堆放时的支承位置应与吊点位置一致，并应支承牢固。起吊及堆放板式构件时，注意不得将上下面吊错，以免折断。

（4）使用平板拖车或超长拖车运输大型构件时，车长应能满足支撑点间距要求。构件装车时须平衡放正，使车辆承重对称均匀。构件支点下即相邻两构件间，须垫上麻袋或草帘，以免车辆和构件相互碰撞而损坏，为适应车辆在途中拐弯，支点处须设活动转盘，以免扭伤混凝土构件。

5. 堆放装配式构件时的注意事项

（1）堆放构件的场地应平整压实不能积水。存放台座应坚固稳定，且宜高出地面200mm以上。

（2）构件应按其安装的先后顺序编号存放，并注意在相邻两构件之间留出适应通道。预应力混凝土梁、板的存放时间不宜超过3个月，特殊情况下不宜超过5个月。

（3）堆放构件时，应按构件刚度及受力情况平放或竖放，并保持稳定。小型构件堆放，应以其刚度较大的方向作为竖直方向。

（4）构件堆垛时应设置在垫木上，吊环应向上，标志应向外。当构件混凝土养护期未满时应继续洒水养护。

（5）水平分层叠放构件时，其叠放高度按构件强度、台座地基承压力、垫木强度以及叠放的稳定性而定。一般大型构件以2层为宜，不宜超过3层；小型构件宜为6～10层。

（6）构件堆放须在吊点处设垫木，层与层之间应以垫木隔开，多层垫木位置应设在设计规定的支点处，上下层垫木应在同一条竖直线上。

（7）雨季和春季冻融期间，必须注意防止因地面软化下沉而造成构件的折裂损坏。

（三）装配式梁式桥的安装

1. 陆地架梁法

（1）移动式支架架梁法。此法是在架设孔的地面上，顺桥轴线方向铺设轨道，其上设置可移动支架，预制梁的前端搭在支架上，通过移动支架将梁移运到要求的位置后，再用龙门架或人字扒杆吊装；或者在桥墩上设枕木垛，用千斤顶卸下，再将梁横移就位。如图12-53所示。

利用移动支架架设，设备较简单，可安装重型的预制梁，无动力设备时，可使用手摇卷扬机或绞磨移动支架进行架设。但不宜在桥孔下有水、地基过于松软的情况下使用，一般也不适宜桥墩过高的场合，因为这时为保证架设安全，支架必须高大，因而此种架设方法不够经济。

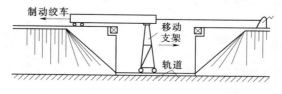

图12-53　移动式支架架设法

（2）摆动式支架架梁法。此法是将预制梁（板）沿路基牵引到桥台上并稍悬出一段，悬出距离根据梁的截面尺寸和配筋确定。从桥孔中心河床上悬出的梁（板）端底下设置人字扒杆或木支架，如图12-54所示。前方用牵引绞车牵引至梁（板）端，此时支架随之摆动而到对岸。

为防止摆动过快，应在梁（板）的后端用制动绞车牵引制动。

摆动式支架架梁法较适宜于桥梁高跨比稍大的场合。当河中有水时也可用此法架梁，但需在水中设一个简单小墩，以供立置木支架用。

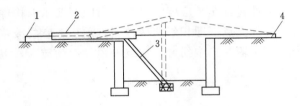

图 12-54　摆动式支架架设法
1—制动绞车；2—预制梁；3—支架；4—牵引绞车

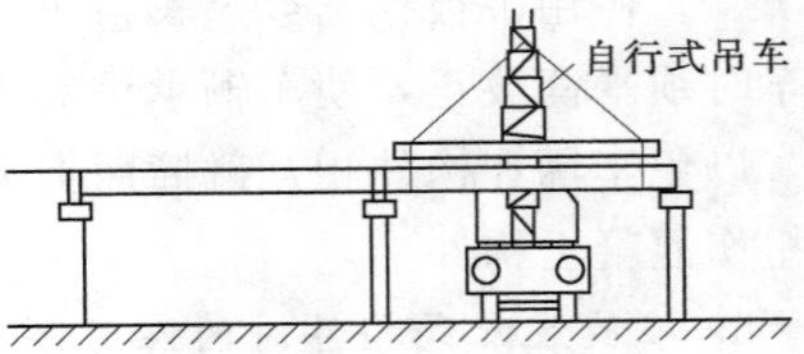

图 12-55　自行式吊机架梁法

（3）自行式吊机架梁法。大型的自行式吊机已逐渐普及，且自行式吊机本身有动力、架设迅速、可缩短工期，同时具有不需要架设桥梁用的临时动力设备、不必进行任何架设设备的准备工作，以及不需要如其他方法架梁时所具备的技术工种的优点。因此，中小跨径预制梁（板）的架设安装越来越多地采用自行式吊机，如图 12-55 所示。

自行式吊机架梁可以采用一台吊机架设、两台吊机架设、吊机和绞车配合架设等方法。

当预制梁重量不大，而吊机又有相当的起重能力，河床坚实无水或少水，允许吊机行驶、停搁时，可用一台吊机架设安装。这时应注意钢丝绳与梁面的夹角不能太小，一般以 45°～60°为宜，否则应使用起重梁（扁担梁）。

（4）跨墩或墩侧龙门架架梁法。如图 12-56 所示，以胶轮平板拖车、轨道平板车或跨墩龙门架将预制梁运送到桥孔，然后用墩跨龙门架或墩侧高低脚龙门架将梁吊起，再横移到梁设计位置，然后落梁就位完成架梁工作。

搁置龙门架脚的轨道基础要按承受最大反力时能保持安全的原则进行加固处理。河滩上如有浅水，可在水中填筑临时路堤，水稍深时可考虑修建临时便桥，在便桥上铺设轨道。并应与其他架设方法进行技术经济比较以决定取舍。

用本法架梁的优点是架设安装速度较快，河滩无水时也较经济，而且架设时不需要特别复杂的技术工艺，作业人员较少。但龙门吊机的设备费用一般较高，尤其在高桥墩的情况。

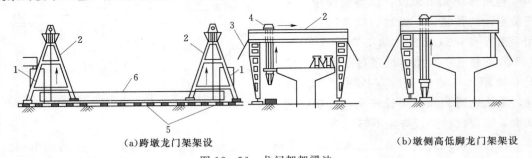

（a）跨墩龙门架架设　　　　　　　　　　　　（b）墩侧高低脚龙门架架设
图 12-56　龙门架架梁法
1—桥墩；2—龙门架吊机（自行式）；3—风缆；4—横移行车；5—轨道；6—预制梁

2. 浮运架梁法

浮运架梁法是将预制梁用各种方法移装到浮船上，并浮运到架设孔以后就位安装。采用浮运架梁法时，河流须有适当的水深，水深需根据梁重而定，一般宜大于 2m；水位应平稳或涨落有规律如潮汐河流；流速及风力不大；河岸能修建适宜的预制梁装卸码头；具有坚固适用的船只。浮运架梁法的优点是桥跨中不需设临时支架，可以用一套浮运设备架设安装多跨同跨径的预制梁，较为经济，且架梁时浮运设备停留在桥孔的时间很少，不影响河流通航。

3. 高空架梁法

（1）联合架桥机架梁法。此法适用于架设安装 30m 以下的多孔桥梁。其优点是完全不设桥下支架，不受水深流急影响，架设过程中不影响桥下通航、通车，预制梁的纵移、起吊、横移、就位都较方便。其缺点是架设设备用钢量较多，但可周转使用。

联合架桥机由两套门式吊机、一个托架（即蝴蝶架）、一根两跨长的钢导梁三部分组成，如图 12-57 所示。

图 12-57　联合架桥机架梁法

1—钢导梁；2—龙门架；3—蝴蝶架

（2）双导梁穿行式架梁法。此法是在架设孔间设置两组导梁，导梁上安设配有悬吊预制梁设备的轨道平板车和起重行车或移动式龙门吊机，将预制梁在双导梁内吊着运到规定位置后，再落梁、横移就位。横移时可将两组导梁吊着预制梁整体横移，另一种是导梁设在桥面宽度以外，预制梁在龙门吊机上横移，导梁不横移，这比整体横移方法安全。

双导梁穿行式架梁法的优点与联合架桥机架梁法相同，适用于墩高、水深的情况下架设多孔中小跨径的装配式桥梁，但不需蝴蝶架，需配备双组导梁，故架设跨径可较大，吊装的预制梁可较重。

（3）自行式吊车桥上架梁法。在预制梁跨径不大、重量较轻且梁能运抵桥头引道上时，可直接用自行式伸臂吊车（汽车吊或履带吊）来架梁。但是，对于架桥孔的主梁，当横向尚未连成整体时，必须核算吊车通行和架梁工作时的承载能力。此种架梁方法简单方便，几乎不需要任何辅助设备，如图 12-58 所示。

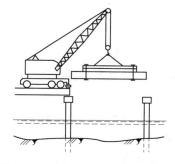
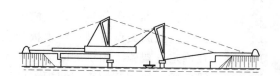

图 12-58　自行式吊车桥上架梁法　　　　图 12-59　扒杆纵向"钓鱼"架梁法

（4）扒杆纵向"钓鱼"架梁法。此法是用立在安装孔墩台上的两幅人字扒杆，配合运梁设备，以绞车相互牵吊，在梁下无支架、导梁支托的情况下，把梁悬空吊过桥孔，再横移落梁、就位安装的架梁法。其架梁方法如图 12 - 59 所示。

（四）装配式混凝土梁（板）桥横向连接施工注意事项

横向连接施工，是将单个预制梁（板）连成整体使其共同受力的关键施工工序。施工时必须保证质量，并应注意以下几点：

（1）相邻主梁（或板）间连接处的缺口填充前应清理干净，接头处应湿润。

（2）填充的混凝土和水泥浆应特别注意质量，在寒冷季节，要防止较薄的接缝或小截面连接处填料热量的损失，并应采取保温和蒸汽养护等措施以保证硬化。在炎热天气，要防止填料干燥太快，黏固不牢，以致开裂。若接缝处很薄（约 5mm），可用灰浆灌入纯水泥浆。

（3）横向连接处有预应力筋穿过时，接头施工时应保证现浇混凝土不致压扁或损坏预应力筋套管。套管内的冲洗应在接头混凝土浇筑后进行。

（4）钢材及其他金属连接件，在预埋或使用前应采取防腐措施，如刷油漆或涂料等。也可用耐腐蚀材料制造预埋连接件。焊接时，应检查所有钢筋的可焊性，并由熟练焊工施焊。

思 考 题 及 习 题

12 - 1　钢筋混凝土梁式桥和预应力混凝土梁式桥各有什么特点？

12 - 2　简述梁式桥的主要类型及适用条件。

12 - 3　简述支座的作用和支座的常用类型及适用条件。

12 - 4　简述板桥的类型及特点。

12 - 5　简述装配式实心板桥的构造特点。

12 - 6　简述装配式空心板桥的构造特点。

12 - 7　简述装配式板桥的横向连结方法。

12 - 8　装配式简支梁桥按主梁的横截面形式划分为哪几种类型？各有什么特点？

12 - 9　简述钢筋混凝土与预应力混凝土梁式桥常用的块件划分方式。

12 - 10　装配式钢筋混凝土简支梁式桥的横隔梁如何设置？其作用如何？

12 - 11　简述装配式钢筋混凝土简支梁式桥的主梁、横隔梁及主梁翼板尺寸及配筋特点。

12 - 12　钢筋保护层如何设置？

12 - 13　装配式 T 形梁桥的横向联结有几种形式？

12 - 14　装配式预应力混凝土简支梁的构造布置及尺寸如何？

12 - 15　简述装配式预应力混凝土简支梁内纵向预应力主筋的布置形式及特点。

12 - 16　桥梁施工准备工作包括哪些内容？

12 - 17　施工支架的类型有哪些？模板与支架在制作与安装时应注意哪些问题？

12 - 18　在确定支架施工预拱度时应考虑哪些因素？

12 - 19　梁式桥就地浇筑施工与装配式施工各有什么特点？

12 - 20　构件在吊运过程中应注意哪些事项？

12 - 21　装配式桥梁安装时架梁的方法有哪些？各有什么特点？

12 - 22　简述利用龙门架和导梁架设预制梁的具体步骤。

第十三章　圬工和钢筋混凝土拱桥

 学习目标：

掌握拱桥的受力特点、拱桥的组成及主要类型、拱桥的施工方法；了解各类拱桥主拱圈的构造特点和拱上建筑的构造。

第一节　拱桥的特点、组成及类型

一、拱桥的特点

拱桥是我国公路上使用广泛且历史悠久的一种桥梁结构形式，它的外形宏伟壮观且经久耐用。拱桥与梁式桥不仅外形上不同，而且在受力性能上有着较大的区别。由力学知识可以知道，拱桥在竖向荷载作用下，两端支承处除有竖向反力外，还产生水平推力。正是这个水平推力，使拱内产生轴向压力，并大大减小了跨中弯矩，使之成为受压构件，截面上的应力分布 ［图 13-1 （a）］与受弯梁的应力 ［图 13-1 （b）］相比，较为均匀。因而可以充分利用主拱截面的材料强度，使跨越能力增大。根据理论推算，混凝土拱桥的极限跨度可以达到 500m 左右，钢拱桥的极限跨度可达 1200m 左右。

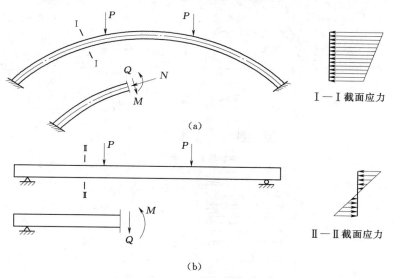

图 13-1　拱和梁的应力分布

拱桥的主要优点：①能充分做到就地取材，与钢筋混凝土梁式桥相比，可节省大量的钢材和水泥；②跨越能力较大；③构造较简单，尤其是圬工拱桥，技术容易被掌握，有利于广泛采用；④耐久性能好，维修、养护费用少；⑤外形美观。

拱桥的主要缺点：①自重较大，相应的水平推力也较大，增加了下部结构的工程量，当采用无铰拱时，基础发生变位或沉降所产生的附加力是很大的，因此拱桥对地基条件要求高；②多孔连孔的中间墩，其左右的水平推力是相互平衡的，一旦一孔出现问题，其他孔也会因水平力不平衡而相继毁坏；③与梁式桥相比，上承式拱桥的建筑高度较高，当用于城市立交及平原区的桥梁时，因拱面标高提高，而使桥头接线的工程量增大，或使桥面纵坡增大，既增加了造价又对行车不利；④混凝土拱施工需要劳动力较多，建桥时间较长。

混凝土拱桥虽然存在这些缺点，但由于它的优点突出，在我国公路桥梁中得到了广泛应用，而且这些缺点也正在得到改善和克服。如在地质条件不好的地区修拱桥时，可从结构体系上、构造形式上采取措施以及利用轻质材料来减轻结构自重，或采取措施提高地基承载能力。为了节约劳动力，加快施工进度，可采用预制装配及无支架施工。这些都有效地扩大了拱桥的适用范围，提高了拱桥的跨越能力。

二、拱桥的组成

拱桥和其他桥梁一样，也是由上部结构和下部结构组成。

拱桥的上部结构由主拱圈和拱上建筑组成，如图 13-2 所示。主拱圈是拱桥的主要承

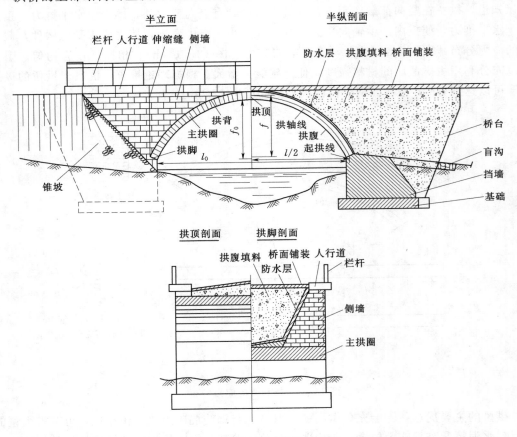

图 13-2　拱桥的主要组成部分

重结构。由于拱圈是曲线形，车辆无法直接在弧面上行驶，所以在桥面系与拱圈之间需要有传递压力的构件和填充物，以使车辆能在平顺的桥道上行驶。桥面系和这些传力构件或填充物统称为拱上结构或拱上建筑。

拱桥的下部结构由桥墩、桥台及基础等组成，用以支承桥跨结构，将桥跨结构的荷载传至地基。桥台还起着与两岸路堤相连的作用，使路桥形成一个协调的整体。

拱圈的最高处称为拱顶，拱圈与墩台连接处称为拱脚（或起拱面）。拱圈各横向截面（或换算截面）的形心连线称为拱轴线。拱圈的上曲面称为拱背，下曲面称为拱腹。起拱面和拱腹相交的直线称为起拱线。一般将矢跨比不小于 1/5 的拱称为陡拱，矢跨比小于 1/5 的拱称为坦拱。

三、拱桥的主要类型

拱桥的形式多种多样，构造各有差异。为了便于进行研究，可以按照以下不同的方式将拱桥进行分类。

（1）按照主拱圈所使用的建筑材料可以分为圬工拱桥、钢筋混凝土拱桥、钢拱桥和钢—混凝土组合拱桥等。

（2）按照拱上建筑的形式可以分为实腹式拱桥和空腹式拱桥。

（3）按照主拱圈线形可分为圆弧线拱桥、抛物线拱桥和悬链线拱桥。

（4）按照桥面的位置可分为上承式拱桥、中承式拱桥和下承式拱桥。

（5）按照有无水平推力可分为有推力拱桥和无推力拱桥。

（6）按照结构体系可分为简单体系拱桥、组合体系拱桥。

（7）按照拱圈截面形式可分为板拱桥、肋拱桥、双曲拱桥、箱形拱桥。

下面仅按其中两种分类方式作一些介绍。

（一）按结构的体系分类

1. 简单体系拱桥

简单体系拱桥均为有推力拱，可以做成上承式、中承式和下承式。在简单体系拱桥中，桥面系结构（拱上结构或拱下悬吊结构）不参与主拱肋（圈）一起受力，主拱肋（圈）为主要承重结构，拱的水平推力直接由墩台或基础承受。

按照不同的静力图式，主拱可以分为三铰拱、两铰拱或无铰拱，如图 13-3 所示。

（1）三铰拱。如图 13-3（a）所示，属外部静定结构，由温度变化、混凝土收缩徐变、支座沉陷等因素引起的变形不会对它产生附加内力，故计算时无需考虑体系变形对内力的影响。它适合于在地基条件很差的地区修建，但由于铰的存在，使其构造复杂，施工困难，维护费用增高，而且减小了结构的整体刚度，降低了抗震能力，又由于拱的挠度曲线在顶铰处有转折，对行车不利。因此，三铰拱一般较少采用。

（2）两铰拱。如图 13-3（b）所示，属外部一次超静定结构，由于取消了拱顶铰，使结构整体刚度较相应三铰拱大。由基础位移、温度变化、混凝土收缩和徐变

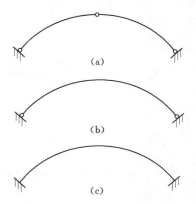

图 13-3　简单体系的拱桥

等引起的附加内力比无铰拱的影响要小，故可在地基条件较差时或坦拱中采用。

（3）无铰拱。如图 13－3（c）所示，属外部三次超静定结构。在自重及外荷载作用下，拱内的弯矩分布比两铰拱及三铰拱均匀，材料用量省。由于没有设铰，结构的整体刚度大，构造简单，施工方便，维护费用少，因此应用最广泛。但由于无铰拱的超静定次数高，温度变化、收缩徐变、特别是墩台位移会在拱内产生较大的附加内力，所以无铰拱一般在地基良好的条件下修建，这使它的使用范围受到一定限制。

2. 组合体系拱桥

组合体系拱桥一般由拱肋、系杆、吊杆（或立柱）、行车道梁（板）及桥面系等组成。

组合体系拱桥将梁和拱两种基本结构组合起来，共同承受桥面荷载和水平推力，充分发挥梁受弯、拱受压的结构特性及其组合作用，达到节省材料的目的。组合体系拱桥一般可划分为有推力的和无推力的两种类型。

（1）无推力的梁拱组合体系桥。拱的推力由系杆承受，墩台不承受水平力。根据拱肋和系杆的刚度大小及吊杆的布置形式可分为以下几种形式：

1）具有竖直吊杆的柔性系杆刚性拱，称为系杆拱，如图 13－4（a）所示。

2）具有竖直吊杆的刚性系杆柔性拱，称为蓝格尔拱，如图 13－4（b）所示。

3）具有竖直吊杆的刚性系杆刚性拱，称为洛泽拱，如图 13－4（c）所示。

以上三种拱，当用斜吊杆来代替竖直吊杆时，称为尼尔森拱，如图 13－4（d）、（e）、（f）所示。

（2）有推力的梁拱组合体系桥。此种组合体系拱没有系杆，由单独的梁和拱共同受力。拱的推力仍由墩台承受，如图 13－4（g）所示为刚性梁柔性拱（倒蓝格尔拱），如图 13－4（h）所示为刚性梁刚性拱（倒洛泽拱）。

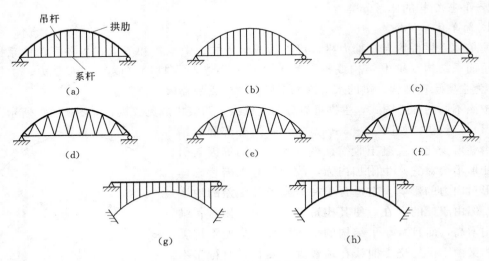

图 13－4 组合体系的拱桥

（二）按照主拱的截面形式分类

1. 板拱桥

主拱圈采用矩形实体截面的拱桥称为板拱桥，如图 13－5（a）所示。它的构造简单、施工方便，但在相同截面面积的条件下，实体矩形截面比其他形式截面的抵抗矩小。为了获得较大的截面抵抗矩，必须增大截面尺寸，这就相应地增加了材料用量和结构自重，从而加重了下部结构的负担，这是不经济的。因此，通常只在地基条件较好的中、小跨径圬工拱桥中才采用这种形式。

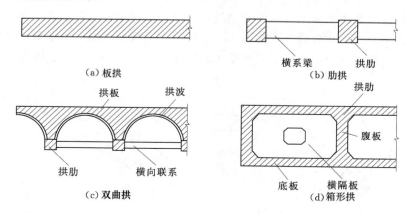

图 13-5　主拱圈横截面形式

2. 肋拱桥

将板拱划分成两条或多条分离的、高度较大的拱肋而形成主拱圈的拱桥称为肋拱桥，肋与肋之间用横系梁连接，如图 13-5（b）所示。肋拱可以用较小的截面面积获得较大的截面抵抗矩，从而节省材料，减轻结构自重，因此多用于较大跨径的拱桥。

拱肋可以采用混凝土、钢筋混凝土、钢材及钢管混凝土等来建造。在盛产石料地区，也可以用石料砌筑。

3. 双曲拱桥

其主拱圈横截面由一个或数个横向小拱单元组成，由于主拱圈的纵向及横向均呈曲线形状，故称之为双曲拱桥，如图 13-5（c）所示。这种截面抵抗矩较相同材料用量的板拱大，故可节省材料。施工中可采用预制拼装，较之板拱桥有较大的优越性，但存在着施工工序多、组合截面整体性较差和易开裂等缺点，一般用于中、小跨径拱桥。

4. 箱形拱桥

如图 13-5（d）所示，这类拱桥外形与板拱桥相似，由于截面挖空，使箱形拱的截面抵抗矩较相同材料用量的板拱大很多，所以能节省材料，减轻自重，相应地也减少下部结构材料用量，对于大跨径拱桥则效果更为显著。又因它是闭口箱形截面，截面抗扭刚度大，横向整体性和结构稳定性均较双曲拱好，故特别适用于无支架施工。但箱形截面施工制作较复杂，因此大跨径拱桥采用箱形截面才是合适的。

第二节　主 拱 圈 的 构 造

一、板拱

根据拱轴线型，板拱可以是等截面圆弧拱、等截面或变截面悬链线拱以及其他拱轴形式；按照静力图式，也可分为无铰拱、两铰拱、三铰拱；按照主拱所用的建筑材料划分，板拱又可分为石板拱、混凝土板拱和钢筋混凝土板拱等。

1. 石板拱

用来砌筑石板拱主拱圈的石料主要有料石、块石和砖石等。用粗料石砌筑拱圈时，拱石需要随拱轴线和截面的形式不同而分别进行编号，以便于拱石的加工，等截面圆弧拱的拱石，规格较少，编号比较简单，如图 13－6 所示。变截面拱圈，由于截面发生变化，使拱石类型较多，编号复杂，给施工带来很大的困难，如图 13－7 所示。因此，目前大多采用等截面拱桥。

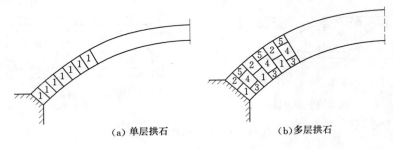

(a) 单层拱石　　　　　　　(b) 多层拱石

图 13－6　等截面圆弧拱的拱石编号

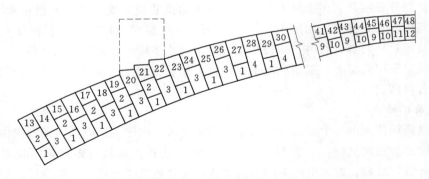

图 13－7　变截面拱圈的拱石编号

用于拱圈砌筑的石料应石质均匀，不易风化，石料的强度等级不应低于 MU30，砌筑拱石用的砂浆，对于大、中跨径拱桥不应低于 M7.5，对于小跨径拱桥不应低于 M5。在必要时也可用小石子混凝土进行砌筑，小石子粒径一般不得大于 2cm。采用小石子混凝土砌筑的片石板拱，其砌体强度比用同强度的水泥砂浆的砌体强度要高，而且可以节约水泥 1/4～1/3。

根据拱圈的受力（主要是承受压力，其次是弯矩）特点和需要，拱圈砌筑应满足下列构造要求。

（1）拱石受压面的砌缝应是辐射方向，即与拱轴线相垂直。这种辐向砌缝一般可做成通缝，不必错缝。

（2）当拱圈厚度不大时，可采用单层拱石砌筑，如图 13－6（a）所示，当拱圈厚较大时可采用多层拱石砌筑，如图 13－6（b）所示，对此要求垂直于受压面的顺桥向砌缝错开，其错缝间距不小于 10cm，如图 13－8 所示。

（3）在拱圈的横截面内，拱石的竖向砌缝应当错开，其错开宽度至少10cm，见图13-8
Ⅰ—Ⅰ截面及Ⅱ—Ⅱ截面。这样，在纵向或横向剪力作用下，可以避免剪力单纯由砌缝内的砂浆
承担，从而可以增大砌体的抗剪强度和整体性。

（4）砌缝的缝宽不应大于2cm。

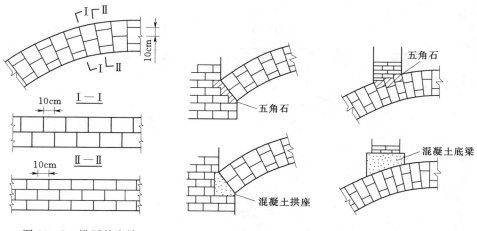

图13-8 拱石的砌缝   图13-9 五角石及混凝土拱座底梁

（5）拱圈与墩台、空腹式拱上建筑的腹孔墩与拱圈相连接处，应采用特制的五角石（图
13-9），以改善连接处的受力状况。五角石不得带有锐角，以免施工时易破坏和被压碎。为
了简化施工，也常采用现浇混凝土拱座及腹孔墩底梁（图13-9）来代替制作复杂的五角石。

当用块石或片石砌筑拱圈时，应选择较大的平整面与拱轴线相垂直，并使石块的大头
向上、小头向下。石块间的砌缝必须相互交错，较大的缝隙应用小石块嵌紧。同时还要求
砌缝用砂浆或小石子混凝土灌满。

2. 混凝土板拱

（1）素混凝土板拱。在缺乏合格天然石料的地区，可以用素混凝土来建造板拱。混凝
土板拱可以采用整体现浇，也可以采用预制砌筑。整体现浇混凝土拱圈，拱内收缩应力
大，受力不利，同时，拱架模板等用量大，费时费工，且质量不易控制，故较少采用。预
制砌筑就是将混凝土板拱划分成若干块件，然后预制混凝土块件，最后，把块件砌筑成
拱。为减少和消除混凝土的收缩影响，预制砌块在砌筑之前应有足够的养护期。

（2）钢筋混凝土板拱。与混凝土板拱相比，钢筋混凝土板拱具有构造简单、外表整
齐、可以设计成最小的板厚、轻巧美观等特点，如图13-10所示。钢筋混凝土板拱根据
桥宽需要可做成单条整体拱圈或多条平行板（肋）拱圈，施工时，可反复利用一套较窄的

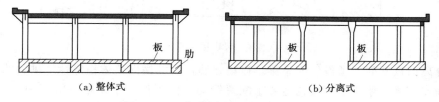

（a）整体式   （b）分离式

图13-10 钢筋混凝土板拱的横断面

拱架与模板来完成，大大节省材料。钢筋混凝土等截面板拱的拱圈高度可按跨径的 1/60～1/70 初拟，跨径大时取小者。

二、肋拱

肋拱桥是由两条或多条分离的拱肋、横系梁、立柱和由横梁支承的行车道部分组成，如图 13-11 所示。

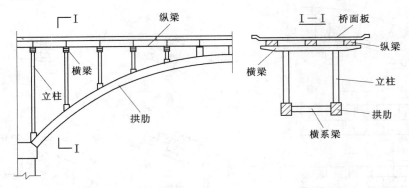

图 13-11 肋拱桥立面布置图

拱肋是主要承重结构，可由混凝土、钢筋混凝土、钢管混凝土、劲性骨架混凝土做成。拱肋的数目和间距以及截面形式主要根据桥梁宽度、肋型、材料性能、荷载等级、施工条件、拱上结构等各方面综合考虑决定。为了简化构造，宜选用较少的拱肋数量。通常，桥宽在 20m 以内时均可考虑采用双肋式；当桥宽在 20m 以上时，宜采用分离的双幅双肋拱，以避免由于肋中距增大而使肋间横系梁、拱上结构横向跨度尺寸增大太多。

同时，与其他形式拱桥一样，为了保证肋拱桥的横向整体稳定性，肋拱桥两侧拱肋最外缘间的距离，一般不应小于跨径的 1/20。

拱肋的截面形式可分为实体矩形、工字形、箱形、管形和劲性骨架混凝土箱形等，如图 13-12 所示。矩形截面构造简单、施工方便，一般仅用于中小跨径的肋拱。肋高可取跨径的 1/40～1/60，肋宽可为肋高的 0.5～2.0 倍。工字形截面，常用于大、中跨径的肋拱桥，肋高一般为跨径的 1/25～1/35，肋宽为肋高的 0.4～0.5 倍，腹板厚度常为 30～50cm。管形肋拱是指采用钢管混凝土结构作为拱肋的拱桥，其肋高与跨径之比常在 1/45～1/65 之间。当肋拱桥的跨径大、桥面宽时，拱肋还可采用箱形截面，这样可减少更多的圬工体积。

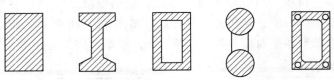

图 13-12 肋拱拱肋截面形式

在分离的拱肋间，须设置横系梁，以增强肋拱桥的横向整体稳定性。拱肋的钢筋配置按计算确定。横系梁一般可按构造要求配置钢筋，但不得少于 4 根（沿四周放置），并用箍筋联结。

钢筋混凝土肋拱桥与板拱桥相比，能较多地节省混凝土用量，减轻拱体重量。相应地，桥墩、桥台的工程量也减少。同时随着恒载对拱肋内力的影响减小，活载影响相应增大，钢筋可以较好地承受拉应力，这样就能充分发挥建筑材料的作用，而且跨越能力也较大。它的缺点是比混凝土板拱用的钢筋数量多，施工较复杂。

三、箱形拱

主拱圈截面由多室箱构成的拱称为箱形拱，如图 13-13 所示。

（一）箱形拱的主要特点

（1）截面挖空率大，挖空率可达全截面的 50%～60%，与板拱相比，可大量节省圬工体积，减轻质量。

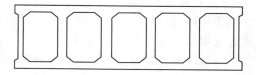

图 13-13 箱形拱拱圈断面示意图

（2）箱形截面的中性轴大致居中，对抵抗正负弯矩有几乎相等的能力，能较好地适应各截面正、负弯矩变化的情况。

（3）由于是闭合空心截面，抗弯、抗扭刚度大，拱圈的整体性好，应力分布也比较均匀。

（4）单根箱梁的刚度较大，稳定性较好，能单片成拱，便于无支架吊装。

（5）预制拱箱的宽度较大，施工操作安全，易于保证施工质量。

（6）制作要求较高，起吊设备较多，主要用于大跨径拱桥。

（二）箱形截面拱圈的组成

箱形拱的拱圈，可以由一个闭合箱（单室箱）或几个闭合箱（多箱室）组成，每一个闭合箱又由箱壁（侧板），顶板（盖板），底板及横隔板组成，如图 13-14 所示。

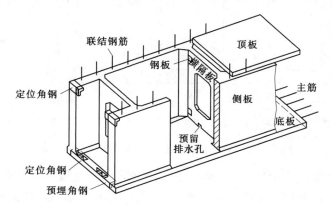

图 13-14 箱形拱闭合箱的构造

箱形拱截面的组合方式有以下几种：

（1）由多条 U 形肋组成的多室箱形截面，如图 13-15（a）所示。

（2）由多条工字形肋组成的多室箱形截面，如图 13-15（b）所示。

（3）由多条闭合箱肋组成的多室箱形截面，如图 13-15（c）所示。

（4）整体式单箱多室截面，如图 13-15（d）所示。

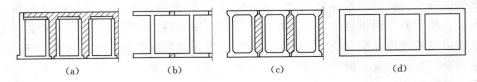

图 13-15　箱形截面组合方式

（三）箱形拱拱圈施工

箱形拱的构造与施工方法有密切的联系。修建箱形拱，可以采用预制拱箱无支架吊装或有支架现场浇筑等施工方法。若采用无支架施工时，拱箱可分段预制，采用装配式方法，分阶段施工，最后组拼成一个整体。预制安装的步骤，一般是先浇底板混凝土，然后把预制的横隔板按设计位置立在底板上，再安装箱壁模板浇筑箱壁混凝土，构成开口箱（图 13-16）。将分段预制的拱箱依次吊装合拢成拱后，按设计要求处理拱箱接头。再浇筑两箱间的联结混凝土，安装预制混凝土盖板（或微弯板），由于盖板与拱箱之间的接触面是一抗剪薄弱面，除接缝混凝土应与拱板混凝土一起浇筑外，还宜在拱箱之间的空缝内每隔 0.5m 预埋一根抗剪钢筋（两端应设半圆弯钩），最后浇筑顶面（拱板）混凝土，形成箱形拱圈。为了增强拱圈的整体性及抵抗混凝土的收缩作用，拱板内宜铺设直径为 8～10mm、间距为 0.20m×0.20m 的钢筋网。

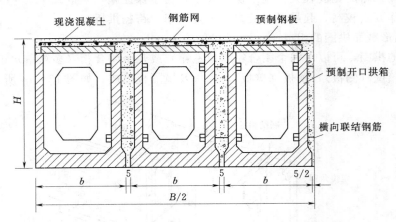

图 13-16　箱拱预制施工构造示意图（单位：cm）

箱拱的预制也可以采用封闭式拱箱，它需要较大的吊装能力。为减小吊装重量，预制拱箱时可以进一步减薄腹板厚度，使中腹板减少 3～5cm。采用封闭式拱箱的吊装施工方法，拱箱在施工过程中的整体稳定性较好，且减少了施工步骤，对减少高空作业、加快施工进度、节省投资等都是有利的。

四、双曲拱

双曲拱是 20 世纪 60 年代中期我国江苏省无锡县的建桥职工首创的一种桥梁，由于拱圈在纵、横向均呈拱形而得名。双曲拱桥的主拱圈是由拱肋、拱波、拱板和横向联系四部分组成，如图 13-17 所示。这种主拱圈结构充分发挥了预制装配的特点，可以不要拱架，节省了支架工程，加快了施工进度，且所耗费的钢材也不多。

双曲拱主拱圈的特点是先化整为零，再集零为整。适用于无支架施工和无大型起吊机具的情况。施工时，先将拱圈划分成拱肋、拱波、拱板及横向联系四部分，并预制拱肋、拱波和横向联系（梁板），即化整为零；然后吊装钢筋混凝土拱肋成拱，并与横向联系构件组成拱形框架，在拱肋间安装拱波，随后浇筑拱板混凝土，形成主拱圈，即集零为整。

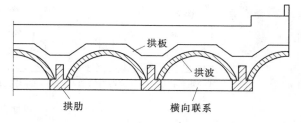

图 13-17　双曲拱桥主拱圈横断面

由于主拱圈是由拱肋、拱波、拱板组成的组合截面，所以拱肋与拱波之间、拱波与拱波之间、拱肋与拱板之间、拱波与拱板之间的接缝与接触面众多，尤其是肋、波之间及波、波之间，相互接触的面积小、接缝多而小，接缝的砂浆在施工中不易捣实，故截面整体性较差，不少双曲拱桥出现拱顶下垂及裂缝较多等问题，影响了双曲拱桥的进一步发展，目前已较少采用。

双曲拱桥主拱圈截面，根据桥梁的跨径、宽度、设计荷载的大小、材料类型和施工工艺等具体情况，可以采用不同的形式（图 13-18），采用最多的是多肋多波的截面形式，如图 13-18（a），（b），（c）所示。一般来说，肋间距不宜过小，以免限制了拱波的矢高，减小了拱圈的截面刚度，但同时肋间距受吊装机械控制又不宜过大，以免拱肋数量少而过分加大拱肋截面尺寸，增加吊装重量，给施工带来不便。在小跨径的双曲拱桥中，还可采用单波的形式，如图 13-18（d）所示。

（一）拱肋

拱肋是双曲拱桥主拱圈的骨架，它不仅参与拱圈共同承受全部恒载和活载，对主拱圈重量有重大影响，而且在施工过程中，又要起砌筑拱波和浇筑拱板的支架作用。当拱波、拱板完成后，拱肋成为主拱圈的重要组成部分。因此，拱肋的设计必须保证主拱圈截面具有足够的强度和刚度。特别是采用无支架施工的双曲拱，除应满足吊装阶段的强度和纵横向稳定性以外，还需满足截面在组合过程中各阶段荷载作用下的强度要求。

图 13-18　双曲拱桥主拱圈截面形式

常用的拱肋截面形式有矩形、倒 T 形（凸形）、槽形、U 形和工字形等，如图 13-19 所示。一般根据跨径大小、受力性能、施工难易等条件综合选择合理的截面形式，要求所选拱肋截面有利于增强主拱圈的整体性，制作简单且能保证施工安全。

拱肋一般为钢筋混凝土构件，常采用预制安装的方法施工。预制的拱肋，如果长度太大，则不便于预制、运输和吊装，因此常常分成几段。分段数目和长度应根据桥梁跨径大小、运输设备和吊装能力等条件来考虑。由于拱顶往往是受力最不利的截面，因此拱肋分

(a)矩形拱肋　　(b)凸形拱肋　　(c)槽形拱肋　　(d)U形拱肋　(e)工字形拱肋

图 13-19　拱肋截面形式

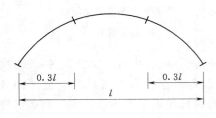

图 13-20　拱肋分段接头位置

段时接头不宜布置在拱顶，宜设置在拱肋自重作用下弯矩最小的地方，一般在跨径的 0.3 倍位置附近。这样，拱肋一般可分为 3 段（图 13-20）预制，当跨径超过 80m 时，可以分为 5 段。

（二）拱波

拱波一般都用混凝土预制，常做成圆弧形，矢跨比一般为 1/5～1/3，单波的矢跨比为 1/6～1/3。拱波跨度由拱肋间距确定，以 1.3～2.0m 为宜，单波截面 3～5m 为宜。拱波厚一般为 6～8cm，拱波的宽度为 0.3～0.5m。拱波不仅是参与主拱圈共同承受荷载的组成部分，而且在浇筑拱板混凝土时，它又起模板的作用。

（三）拱板

拱板在拱圈截面中占有最大比重，而且现浇混凝土拱板又将拱肋、拱波连成整体、使拱圈能实现"集零为整"。因此，拱板在加强拱圈整体性方面起着重要的作用。

双曲拱桥主拱圈截面高度一般为跨径的 1/55～1/40，跨径大者取小值。

（四）横向联系

为使拱肋的变形在横桥方向均匀，避免拱顶可能出现纵向裂缝，需在拱肋间设置横向联系。常用的形式有横系梁和横隔板，通常布置在拱顶、腹孔墩下面和分段吊装的拱肋接头处等，间距一般为 3～5m，拱顶部分可适当加密。

第三节　其他类型的拱桥构造

一、桁架拱桥

桁架拱桥又称拱形桁架桥。桁架拱桥是一种有水平推力的桁架结构，其上部结构由桁架拱片、横向联接系和桥面组成，桁架拱片是主要的承重结构，由上、下弦杆、腹杆和实腹段组成，其立面布置如图 13-21 所示。

桁架在荷载作用下具有水平推力，使跨间弯矩减小，跨中实腹段以受压为主，即具有拱的受力特点。同时，它相当于把普通上承式拱的传载构件（拱上结构）与拱肋连成整体，拱与拱上结构共同受力，相当于加大了拱圈的高度，各杆件主要承受轴力，所以又具有桁架的受力特点。由于桁架拱兼备了桁架和拱结构的有利因素，因此能充分发挥材料的受力性能。另外，由于桁架拱外部通常采用两铰拱结构，因基础位移、温度变化等产生的附加内力较小，适合软弱地基的需要。

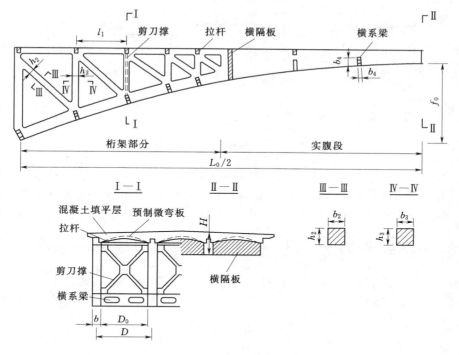

图 13-21　桁架拱桥的主要组成部分

桁架拱在施工过程中具有整体钢筋骨架，因而整体性好，抗震性强，施工主要采用预制装配，工序少，工期短，质量易于控制。其主要缺点是：由于节点的次应力容易导致两端开裂；桁架杆件纤细，模板复杂，浇筑和吊运要求高。

根据构造不同，桁架拱可分为斜腹杆式、竖腹杆式、桁肋式和组合式四种。

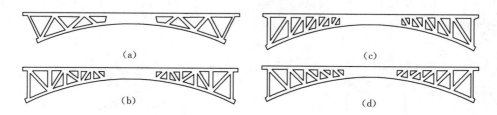

图 13-22　斜腹杆式桁架拱桥

（1）斜腹杆式，如图 13-22（a）所示，其中，三角形腹杆的桁架拱拱片，腹杆根数少、杆件的总长度也最短，因此，腹杆用料省，整体刚度较大。但当拱跨较大，矢高较高时，三角形体系的节间就过大，为了承受桥面荷载，就要增加桥面构件的钢筋用量。因此宜增设竖杆来减少节间长度，成为竖杆的三角形桁架拱，如图 13-22（b）所示，根据斜杆倾斜方向不同，又有斜压杆和斜拉杆两种，如图 13-22（c）、（d）所示。

（2）竖腹杆式，如图 13-23 所示，竖腹杆式桁架拱片外型较整齐美观，节点构造简单，施工方便。但整体刚度小，竖杆与上、下弦连接点易开裂，适用于荷载小、跨径小的桥梁。

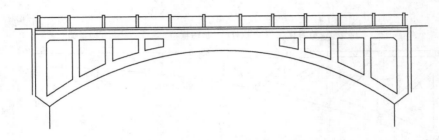

图 13-23　竖腹杆式桁架拱桥

（3）桁肋式，如图 13-24 所示，这种形式实质上为普通上承式拱，仅是将主拱圈改为桁架结构，桁肋自重轻，吊装方便，适宜于无支架施工。但由于桁架和拱脚处固结，基础变位、温度变化和混凝土徐变引起的附加内力较大，从而导致拱脚上弦易开裂。

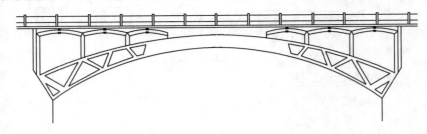

图 13-24　桁肋式桁架拱桥

（4）桁式组合拱，如图 13-25 所示，桁式组合拱与普通桁架拱的主要区别在于上弦杆断点位置不同。普通桁架拱的上弦杆简支于墩（台）上，上弦杆在墩（台）之间没有断缝（即断点），而桁式组合拱上弦杆却是在墩（台）顶部及拱顶之间适当位置断开，形成一条断缝（即断点），从断点至墩（台）顶部形成一个悬臂桁架（与墩台固结），跨间两断点之间为一普通桁架拱，全桥下弦保持连续。桁式组合拱常用于 100m 以上的特大型预应力混凝土拱桥。

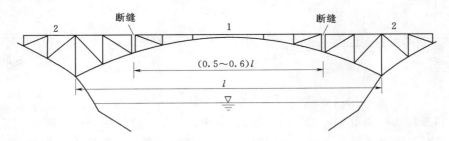

图 13-25　桁式组合拱桥
1—桁架拱部分；2—悬臂桁梁部分

桁式组合拱保留了普通桁架的优点。其纵、横刚度大，施工和运营阶段稳定性好，拱顶正弯矩比同跨径普通桁架减少 30% 以上，构造简单。由于上弦断开，其拉力比同跨径普通桁架减少了 2 倍以上。悬臂桁架在施工和运营阶段受力一致，不需额外增加施工用材，总体经济性较好。

二、刚架拱桥

刚架拱桥是在桁架拱、斜腿刚架等基础上发展起来的一种桥型结构，属于有推力的高次超静定结构，如图 13-26 所示。它具有构件少、自重轻、整体性好、刚度大、施工简便、造价较低、造型美观等优点，在我国应用较广泛，其合理跨径为 25～70m。

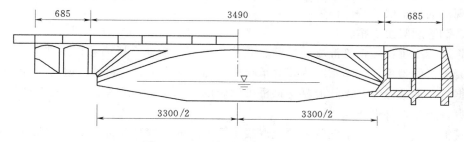

图 13-26 刚架拱桥（单位：mm）

刚架拱桥的上部结构由刚架拱片、横向联系和桥面等部分组成，如图 13-27 所示。

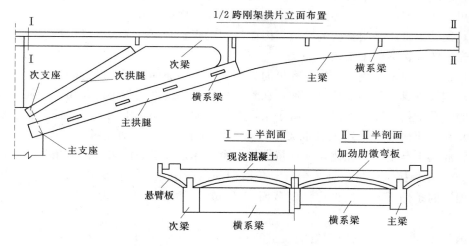

图 13-27 刚架拱桥的主要组成部分

刚架拱片是刚架拱桥的主要承重结构，一般由跨中实腹段的主梁、空腹段的次梁、主拱腿（主斜撑）、次拱腿（斜撑）等构成，与桥面板一起形成刚架拱的主拱片。主梁和主拱腿的交接处称为主节点，次梁与次拱腿的交接处称为次节点。节点构造一般按照固结设计，并配置钢筋。

主梁和主拱腿构成的拱形结构几何形状是否合理，对全桥结构的受力有显著的影响。主梁和次梁的梁肋上缘线一般与桥面纵向平行，主梁下边缘线一般可采用二次抛物线、圆弧线或悬链线，使主梁成为变截面构件。主拱腿可根据跨径大小和施工方法等不同，设计成等截面直杆或微曲杆。有时从美观考虑，也可采用与主梁同一曲线的弧形杆，这样可改善梁、拱腿的受力性能。

横向联系的作用是将刚架拱片联成整体共同受力，并保证其横向稳定。为了简化构造，横向联系可采用预制装配式的横系梁或横隔板形式，其间距视跨径大小酌情布置。一般在拱片的跨中、主次梁端部等处设置横系梁。当跨径较大或者跨径小但桥面很宽时，为了加强跨中实腹段刚架拱片间的横向整体性，有利于荷载的横向分布，可增设直抵桥面板的横隔板。

桥面系可由预制微弯板、现浇混凝土填平层、桥面铺装等部分组成，也可采用预制空心板、现浇混凝土层及桥面铺装等构成。

三、钢管混凝土拱桥

钢管混凝土拱桥由钢管混凝土拱肋、立柱或吊杆、横撑、桥面系、下部构造等组成。钢管混凝土拱肋是主要的承重结构，它承受桥上的全部作用，并将其传递给墩台和基础。

根据行车道的位置，钢管混凝土拱桥可以做成上承式、中承式和下承式三种类型，但无论是哪种类型，都做成肋拱形式。

钢管混凝土是薄壁圆形钢管内填充混凝土而形成的一种复合材料，它一方面借助内填混凝土增强钢管壁的稳定性，同时又利用钢管对核心混凝土的套箍作用，使核心混凝土处于三向受压状态，从而使其具有更高的抗压强度和抗变形能力。

钢管混凝土本质属于套箍混凝土，因此除具有一般套箍混凝土的强度高、塑性好、质量轻、耐疲劳、耐冲击外，还具有以下几方面的独特优点：

（1）钢管本身就是耐侧压的模板，因而浇筑混凝土时，可省去支模、拆模等工序，并可适应先进的泵送混凝土工艺。

（2）钢管本身就是钢筋，它兼有纵向钢筋和横向箍筋的作用，既能受压，又能受拉。

（3）钢管本身又是劲性承重骨架，在施工阶段可起劲性钢骨架的作用，在使用阶段又是主要的承重结构，因此可以节省脚手架，缩短工期，减小施工用地，降低工程造价。

（4）在受压构件中采用钢管混凝土，可大幅度节省材料。理论分析和工程实践都表明，钢管混凝土与钢结构相比，在保持结构自重力相近和承载能力相同的条件下，可节省钢材约 50%，焊接工作量显著减少；与普通钢筋混凝土相比，在保持钢材用量相当和承载能力相同的条件下，可减少构件横截面积约 50%，混凝土和水泥用量以及构件自重也相应减少一半。

我国从 1959 年开始研究钢管混凝土的基本性能和应用。1963 年首次将钢管混凝土柱用于北京地铁车站工程，随后在冶金、电力、造船等部门的单层厂房和重型构架中得到应用。进入 20 世纪 80 年代，钢管混凝土在桥梁工程中开始得到研究和应用，1991 年 5 月建成国内第一座钢管混凝土拱桥——四川旺苍净跨 115m 的下承式钢管混凝土系杆拱桥，同年底又建成广东高明大桥，该桥为两孔净跨 100m 的中承式拱桥。从此以后，钢管混凝土拱桥在我国开始得到迅速发展。

第四节　拱上建筑的构造

拱上建筑是拱桥的一部分，拱上建筑的形式，一般分为实腹式和空腹式两大类。

一、实腹式拱上建筑

实腹式拱上建筑由侧墙、拱腹填料、护拱、变形缝、防水层、泄水管和桥面等部分组成，如图 13 - 28 所示。实腹式拱上建筑的特点是构造简单，施工方便，填料数量较多，恒载较重，因此一般用于小跨径的拱桥。

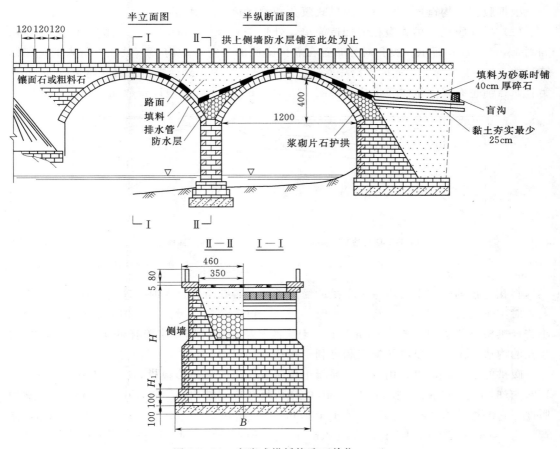

图13-28 实腹式拱桥构造（单位：cm）

拱腹填料分为填充式和砌筑式两种。填充式拱腹填料应尽量做到就地取材，通常采用砾石、碎石、粗砂或卵石类黏土并加以夯实。在地质条件较差的地区，为了减轻拱上建筑的重量，可以采用其他轻质材料，如炉渣与黏土的混合物、陶粒混凝土等。砌筑式拱腹就是在散粒料不易取得时采用的一种干砌圬工方式。

侧墙的作用是围护拱腹上的散粒填料，设在拱圈两侧，一般用块石或片石砌筑，为了美观的需要，可以用料石镶面。侧墙一般要求承受拱腹填料及车辆荷载产生的侧压力，故按挡土墙进行设计。对浆砌圬工的侧墙，顶面厚度一般为50～70cm，向下逐渐增厚，墙脚的厚度可取侧墙高度的0.4倍。

护拱设于拱脚段，以便加强拱脚段的拱圈，同时便于在多孔拱桥上设置防水层和泄水管，通常采用浆砌块石或片石结构。

二、空腹式拱上建筑

大、中跨径的拱桥，特别是当矢高较大时，实腹式拱上建筑的填料多，重量大，因而以采用空腹式拱上建筑为宜。空腹式拱上建筑除具有实腹式拱上建筑相同的构造外，还具有腹孔和腹孔墩。

(一) 腹孔

根据腹孔的构造形式，可分为拱式腹孔和梁（板）式腹孔两种。

（1）拱式腹孔。拱式腹孔的构造简单，外形美观，但质量较大，一般用于圬工拱桥，如图13-29（a）所示。腹孔对称布置在靠拱脚侧的一定区段内，一般在半跨内的范围以跨径的1/4～1/3为宜，此时，跨中存在一实腹段。对中小跨径拱桥，腹孔跨数以3～6孔为宜。目前也有采用全空腹形式，如图13-29（b）所示，一般以奇数孔为宜。

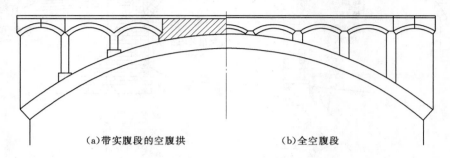

(a)带实腹段的空腹拱　　　　　(b)全空腹段

图13-29 拱式拱上建筑

腹孔跨径的确定主要应考虑主拱的受力需要。腹孔跨径过大时，腹孔墩处的集中力就大，对主拱受力不利；腹孔跨径过小时，对减少拱上结构质量不利，构造也较复杂。对中小跨径拱桥一般选用2.5～5.5m为宜，对大跨径拱桥则控制在主跨径的1/15～1/8之间，腹孔的构造宜统一，以方便施工和有利于腹孔墩的受力。

腹拱的拱圈，可以采用石砌、混凝土预制或现浇的圆弧形板拱，矢跨比一般为1/6～1/2，有时也采用矢跨比为1/12～1/10的微弯板或扁壳结构作为腹板拱跨结构。腹拱圈的厚度与它的构造形式有关，当跨径小于4m时，石板拱为30cm，混凝土板拱为15cm，微弯板为14cm（其中预制6cm，现浇8cm）；当跨径大于4m时，腹拱圈厚度则可按板拱厚度经验公式或参考已成桥的资料确定腹拱的厚度。拱腹填料与实腹拱相同。

紧靠桥墩（台）的第一个腹拱，目前较多的做法是将腹拱的拱脚直接支承在墩（台）上，如图13-30（a）、（b）所示，或跨越桥墩、使桥墩两侧的腹拱圈相连，如图13-30（c）所示。由于拱圈受力后变形较大，而墩台变形较小，容易造成第一个腹拱因拱脚变位而开裂，因而靠近墩台的第一个腹拱应做成三铰拱，即腹拱顶及其两个拱脚均为铰接（静定体系）。

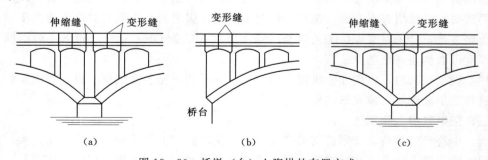

(a)　　　　　　　　　(b)　　　　　　　　　(c)

图13-30 桥墩（台）上腹拱的布置方式

（2）梁式腹孔。如图 13－31 所示，采用梁式腹孔，可使桥梁造型轻巧美观，减轻拱上重量，降低拱轴系数（使拱上建筑的恒载分布接近于均布荷载），改善拱圈施工过程中的受力状况，获得更好的经济效果。梁式腹孔结构有简支、连续和框架式等多种形式。

简支腹孔（纵铺桥道板梁）由底梁（座）、立柱、盖梁和纵向简支桥道板（梁）组成。由于桥道板（梁）简支在盖梁上，因此基本上不存在拱与拱上结构的联合作用，受力明确，是大跨径拱桥拱上建筑采用的主要形式。简支腹孔的布置有两种方法：一种是对称布置在每半跨自拱脚至拱顶 $l/4 \sim l/3$ 内，如图 13－31（a）所示，l 为主拱跨径；一种是全空腹式结构，如图 13－31（b）所示。前者多用于板拱，后者多用于大跨径拱桥。

连续腹孔（横铺桥道板梁）由立柱、纵梁、实腹段垫墙及桥道板组成，如图 13－31（c）所示。先在拱上立柱上设置连续纵梁，然后再在纵梁上和拱顶段垫墙上设置横向桥道板，形成拱上传载结构。这种形式主要用于肋拱桥，其特点是桥面板横置，拱顶上只有一个板厚（含垫墙）和桥面铺装厚。建筑高度很小，适合于建筑高度受限制的拱桥。

框架腹孔在横桥向根据需要设置，每片通过系梁形成整体，如图 13－31（d）所示。

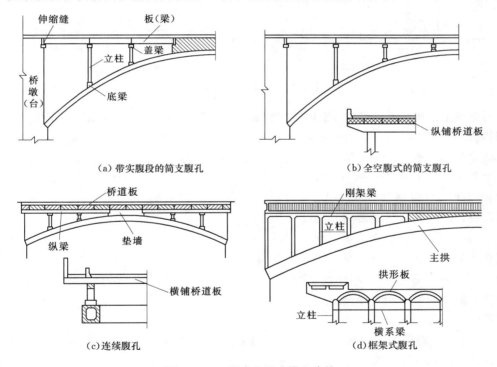

（a）带实腹段的简支腹孔　　　（b）全空腹式的简支腹孔

（c）连续腹孔　　　（d）框架式腹孔

图 13－31　梁式空腹式拱上建筑

（二）腹孔墩

腹孔墩构造形式可分为横墙式和立柱式两种。

（1）横墙式。横墙式墩身如图 13－32（a）所示，一般采用圬工材料砌筑或现浇混凝土做成实体墙，施工简便。有时为了节省圬工，减轻重量或便于检修人员在拱上建筑内通行，也可在横墙上挖孔。横墙式腹孔墩自重大，但节省钢材，多用于砖、石拱桥中。腹孔墩的厚度，采用浆砌片石、块石时，不宜小于 0.6m；采用混凝土浇筑时，一般应大于腹拱圈厚度的一倍。底梁能使横墙传下来的压力较均匀地分布到主拱圈全宽上，其每边尺寸较横墙宽 5cm，其高度则以使较矮一侧高出拱圈 5～10cm 的原则来确定，底梁常采用素混凝土结构。墩帽宽度宜大于墙宽 5cm，也采用素混凝土。

（2）立柱式。立柱式腹孔墩是由立柱和盖梁组成的钢筋混凝土排架结构，如图 13 - 32（b）所示。为了使立柱传递给主拱圈的压力不至于过分集中，通常在立柱下面设置底梁。立柱一般由 2 根或多根钢筋混凝土立柱组成，立柱较高时应在各立柱间设置横系梁，以确保立柱的稳定。立柱和横梁常采用矩形截面，截面尺寸及钢筋配置除了满足结构受力需要外，并应考虑和拱桥的外形及构造相协调。腹孔墩的侧面一般做成竖直的，以方便施工。

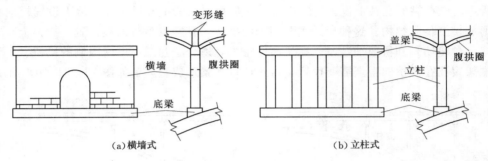

图 13 - 32　腹孔墩构造形式

对于拱上结构与主拱联结成整体的钢筋混凝土空腹式拱桥，在活载或温度变化等因素作用下将引起拱上结构变形，在腹孔墩中产生附加弯矩，而导致节点附近产生裂缝。为了使拱上结构不参与主拱受力，可以将腹孔墩的上、下端设铰，使它成为仅受轴向压力的受力构件。这样就能改善拱上建筑腹孔墩的受力情况，由力学知识可知，当腹孔墩截面尺寸相同时，高度较大的腹孔墩的相对刚度要比矮腹孔墩小。为了简化构造和方便

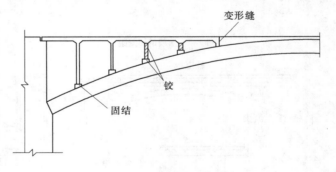

图 13 - 33　立柱的连接方式

施工，一般高立柱仍采用固结形式。而只将靠近拱顶处的 1～2 根高度较小的矮立柱上、下端设铰，如图 13 - 33 所示。

三、其他细部构造

（一）拱上填料、桥面及人行道

拱上建筑中的填料，一方面能扩大车辆荷载分布面积的作用，同时还能减小车辆荷载的冲击作用，但也增加了拱桥的恒载重量。无论是实腹式拱，还是空腹式拱（除无拱上填料的轻型拱桥），主拱圈及腹拱圈的拱顶处的填料厚度（包括路面厚度）均不宜小于0.30m，如图 13 - 34 所示。根据设计规范的规定，当拱上填料厚度等于或大于 50cm 时，设计计算中不计汽车荷载的冲击力。

在大跨度钢筋混凝土拱桥或在地基条件很差的情况下，为了进一步减轻拱上建筑重量，可以减薄填料厚度，甚至可以不用填料，直接在拱顶上修建混凝土路面，此时应计入汽车荷载的冲击力。

拱桥行车道和人行道的桥面铺装要求与梁式桥的基本相同。

（二）伸缩缝与变形缝

由于拱上建筑与主拱圈的共同作用，一方面拱上建筑能够提高主拱圈的承载能力，但另一方面，它对主拱圈的变形又起到约束作用，在主拱圈和拱上建筑内均产生附加内力，从而使结构受力复杂。

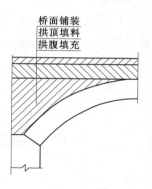

图 13 - 34　拱上填料

为使结构的计算图式尽量与实际的受力情况相符合，避免拱上建筑不规则地开裂，以保证结构的安全使用和耐久性，除在设计计算上应作充分的考虑外，还需在构造上采取必要的措施。通常是在相对变形（位移或转角）较大的位置设置伸缩缝（把墩台和拱上结构用一条横向的贯通缝完全隔开，断缝宽度不小于 2cm），而在相对变形较小处设置变形缝（无宽度或宽度小于 2cm），如图 13 - 35 所示。实腹式拱桥的伸缩缝，通常设在两拱脚的上方，如图 13 - 35（a）所示，并在横桥方向贯通全宽和侧墙的全高至人行道。伸缩缝多做成直线形，以使构造简单、施工方便。对空腹拱桥，一般将紧靠桥墩（台）的第一个腹拱圈做成三铰拱，并在靠墩台的拱铰上方，也相应的设置伸缩缝，在其余两铰的上方也设变形缝，如图 13 - 35（b）所示。在大跨径拱桥墩中，还应将靠拱顶的腹拱做成两铰或三铰拱，并在拱脚上方也设置变形缝，以便使拱上建筑更好地适应主拱圈的变形。对于梁式腹孔，通常是在桥台和墩顶立柱处设置标准伸缩缝，而在其余立柱处采用桥面连续。

伸缩缝的宽度一般为 2～3cm，通常是在施工时用锯屑与沥青按 1∶1 比例配合压制成的预制板嵌入砌体或埋入现浇混凝土中即可。变形缝不需留缝宽，可用干砌或油毛毡隔开即可。

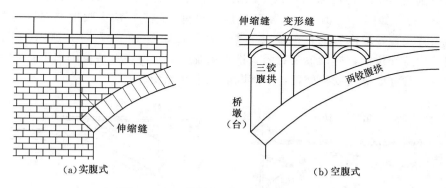

（a）实腹式　　　　　　　　　　　　（b）空腹式

图 13 - 35　拱桥伸缩缝及变形缝的布置

（三）排水与防水

对于拱桥，不仅要求将桥面雨水及时排除，而且也要求将透过桥面铺装渗入到拱腹内的雨水及时排除。关于桥面雨水的排除，除桥梁设置纵坡和桥面设置横坡外，一般还沿桥面两侧缘石边缘设置泄水管，如图 13 - 36 所示。透过桥面铺装渗入到拱腹内的雨水，应由防水层汇集于预埋在拱腹内的泄水管排出，防水层和泄水管的敷设方式与上部结构的形式有关。

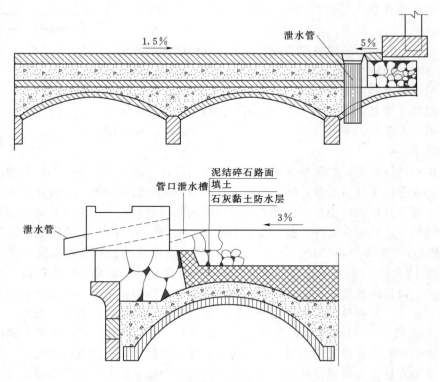

图 13-36　拱桥桥面排水装置

实腹式拱桥，防水层应沿拱背护拱侧墙铺设。如果是单孔，可以不设拱腹泄水管，积水沿防水层流至两个桥台后面的盲沟，然后沿盲沟排出路堤，如果是多孔桥，可在跨径 1/4 处设泄水管，如图 13-37（a）。对于空腹式拱桥，防水层应沿腹拱上方与主拱圈跨中实腹段的拱背设置，泄水管也宜布置在 1/4 跨径处，如图 13-37（b）所示。对跨线桥、城市桥或其他特殊桥梁，应设置全封闭式排水系统。防水层在全桥范围内不宜断开，在通过伸缩缝或变形缝处需要妥善处理，使其既能防水又能变形。

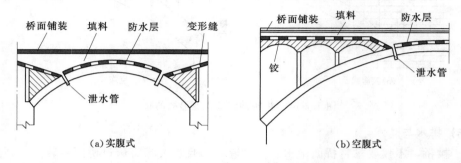

（a）实腹式　　　　　　　　　　　（b）空腹式

图 13-37　防水层及拱腹泄水管的布置

（四）拱铰

拱铰按其作用，可分为永久性铰和临时性铰两种。永久性铰主要用在按三铰拱或两铰拱设计的主拱圈，或空腹式拱上建筑中腹拱圈按构造要求需要采用两铰拱或三铰拱，以及需设置铰的矮小腹孔墩。永久性铰除要满足设计计算的要求外，还要能保证长期的正常使用，因此构造复杂，造价高。临时性铰是在施工中，为了消除或减少主拱的部分附加内力，以及对主拱内力作适当调整时在拱脚或拱顶设的铰。由于临时性铰在施工结束后要将其封固，因此构造较简单，但必须可靠。

拱铰的形式按照铰所处的位置、作用、受力大小、使用材料等条件综合考虑，常用的形式有弧形铰、铅垫铰、平铰、不完全铰和钢铰。

（1）弧形铰。如图 13-38 所示，它由两个具有不同半径弧形表面的块件组成，一个为凸面（半径为 R_1），一个为凹面（半径为 R_2），R_2 与 R_1 的比值常在 1.2~1.5 范围内取用。铰的宽度应等于构件的全宽，沿拱轴线方向的长度，取为厚度的 1.15~1.20 倍，铰的接触面应精确加工，以确保紧密结合。弧形铰由于构造复杂，加工铰面既费工又难以保证质量。因此主要用于主拱圈的拱铰。弧形铰一般用钢筋混凝土或石料等做成。

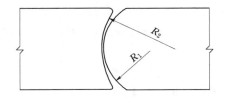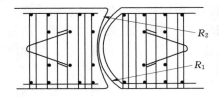

图 13-38　弧形铰

（2）铅垫铰。对于中小跨径的板拱或肋拱，可以采用铅垫铰，如图 13-39 所示。铅垫铰由厚度 1.5~2.0cm 的铅垫板外包以锌、铜薄片（1.0~2.0cm）构成，铅垫板的宽度为拱圈厚度的 1/4~1/3，在主拱圈的全部宽度上分段设置。铅垫板是利用铅的塑性变形达到支承面的自由转动，从而实现铰的功能。此外，铅垫铰也可用作临时铰。

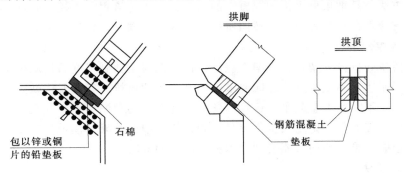

图 13-39　铅垫铰

（3）平铰。平铰就是构件两端面（平面）直接支承，其接缝可铺一层低标号砂浆，也可垫衬油毛毡或直接干砌，一般用于空腹式腹拱圈上，如图 13-40 所示。

（4）钢铰。如图 13-41 所示，通常做成理想铰。钢铰除用于少数有铰钢拱桥的永久铰结构外，更多的用于施工需要的临时铰。

305

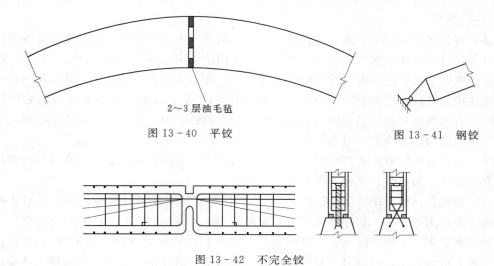

2～3层油毛毡

图 13－40　平铰　　　　　　　　　　图 13－41　钢铰

图 13－42　不完全铰

（5）不完全铰。不完全铰又称假铰，如图 13－42 所示，常用在小跨或轻型拱圈以及空腹式拱桥的腹墩柱上，其构造是将拱截面突然减小（一般为全截面的 $1/3\sim2/5$），以保证该截面的转动功能。在施工时拱圈不断开，使用时又能起到铰的作用，由于截面突然变小而使其应力很大，容易开裂，故必须配以斜钢筋。

第五节　拱　桥　施　工

拱桥的施工，从方法上可分为有支架施工、少支架施工和无支架施工。有支架施工常用于石拱桥、现浇混凝土拱桥；无支架施工常用于肋拱、双曲拱、箱形拱、桁架拱桥等。

一、混凝土拱桥施工方法概述

（一）现场浇筑法

现场浇筑法就是把拱桥主拱圈混凝土的基本施工工艺流程（立模、扎筋、浇筑、养护及拆模等）直接在桥孔位置完成。按照所使用的设备来划分，包括以下两种。

1．固定支架现场浇筑法

就是在桥位处搭设支架，在支架上浇筑桥体。混凝土达到强度后拆除模板和支架。这种方法适用于岸边水不太深且无通航要求的中小跨径的拱桥，其主要优缺点如下。

（1）优点：不需要大型起吊、运输设备和开辟专门的预制场地，并且整体性好。

（2）缺点：工期长，施工质量不容易控制，施工中的支架、模板耗用量大；搭设支架影响排洪、通航，施工期间可能受到洪水和漂流物的威胁。

2．悬臂浇筑法

（1）塔架斜拉索法悬臂浇筑拱圈。在拱脚、墩、台处安装临时的钢或钢筋混凝土塔架，用斜拉索（或斜拉粗钢筋）一端扣住拱圈节段，另一端锚固在台后的锚碇上。用设在已浇筑完的拱段上的悬臂挂篮逐段悬臂浇筑拱圈（或拱肋）混凝土，整个拱圈混凝土的浇筑应从两拱脚开始对称地进行，逐节向河中悬臂推进，直至拱顶合拢。塔架的高度和受力应由拱的跨径和矢跨比等确定。斜拉索可用预应力钢绞线或钢丝束，其断面和长度由拱段的长度和位置确定，如图 13-43 所示。

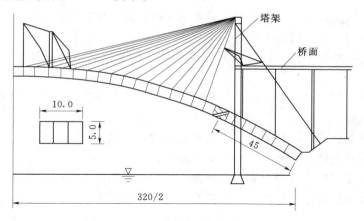

图 13-43 悬臂浇筑施工（单位：m）

塔架斜拉索法，一般多采用悬浇施工。在拱圈混凝土浇筑完毕以后，即在拱顶安装调整应力的液压千斤顶，然后放松拉杆，浇筑拱上立柱和桥面系。

（2）斜吊桁架式悬臂浇筑拱圈。使用专用挂篮，并斜吊钢筋将拱圈、拱上立柱和预应力混凝土桥面板等一起向前同时浇筑，使之边浇筑边形成桁架，利用已浇筑段的上部作为拱圈的斜吊点将其固定。斜吊杆的力通过布置在桥面上的明索传至岸边地锚上（也可利用岸边桥台作地锚）。

如图 13-44 所示是借助于专用挂篮并结合使用斜吊钢筋的斜吊式悬臂施工示意图。其主要架设步骤是：拱肋除第一段用斜吊支架现浇混凝土外，其余各段均用挂篮现浇施工。斜吊杆可以用钢丝束或预应力粗钢筋，架设过程中作用在斜吊杆的力是通过布置在桥面板上的临时拉杆传至岸边的地锚上（也可利用岸边桥墩作地锚）。

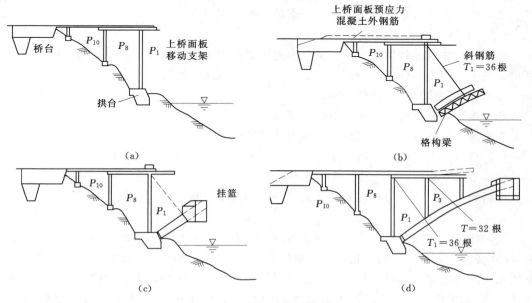

图 13-44 斜吊桁架式悬臂浇筑法施工

307

（二）预制安装法

预制安装法就是在预制工厂或在运输方便的桥址附近设置预制场进行拱圈（肋）的预制工作，然后采用一定架设方法进行安装。

预制安装法一般指拱圈（肋）的预制安装，分预制、运输和安装三部分。其主要特点有：

（1）由于是工场生产制作，构件质量好，有利于确保构件的质量和尺寸精度，并尽可能地采用机械化施工。

（2）上、下部分可以平行作业，因而可缩短现场工期。

（3）能有效地利用劳动力，从而降低工程造价。

（4）因构件预制后，安装时有一定龄期，可减少由混凝土收缩、徐变引起的变形。

预制安装法一般适用于箱形拱、肋拱及箱肋组合拱桥等。预制安装法可分为少支架和无支架施工法两种。

1. 少支架安装拱圈（肋）

少支架是相对满堂支架而言，仅在拱肋或拱片处设立单排或双排支架以支搁接头，便于接头连接施工和减少扣索，称为少支架安装施工。只要河床地形条件允许，无洪水威胁，应尽量采用少支架施工，因为它比无支架施工安全、方便。

少支架施工支架的构造，应根据支架高度和荷载大小而定，并满足稳定性要求。地基必须有足够的承载力，支架基础不得设置在受冻胀影响的土层上。在严寒地区，主拱圈不宜在支架上过冬，宜在冰冻前拆除。此外，对漂浮物要有可靠的防护措施。

2. 无支架安装法

当拱桥位于深水、深谷、通航河道或限于工期必须在汛期进行拱肋施工时，宜采用无支架施工的施工方法。

肋拱、箱形拱无支架施工时，应结合具体桥梁规模、河流、地形及设备等条件选用扒杆、龙门架、塔式吊车、船上扒杆或缆索吊装等方式吊装。

（三）转体施工法

转体施工法就是将拱肋先在桥位处岸边（或路边及适当位置）进行预制，待混凝土达到设计强度后旋转构件就位的施工方法。其主要特点如下所述：

（1）可利用地形，方便预制构件。

（2）施工期间不断航，不影响桥下交通。

（3）施工设备少、装置简单、容易制作并便于掌握。

（4）可减少高空作业，施工工序简单，施工迅速。

（5）节省支架。

拱桥转体施工法，可按转动的几何平面分为以下几种。

1. 平面转体施工

这种施工的方法是将拱圈分为两个转跨，分别在两岸利用地形作简单支架（或土牛拱胎），现浇或预制拼装拱肋，再安装拱肋间横向联系（横隔板、横系梁等）把扣索的一端锚固在拱肋的端部（靠拱顶）附近，经引桥桥墩延伸至埋入岩体内的锚碇中，最后用液压千斤顶收紧扣索，使拱肋脱模，借助环形滑道和卷扬机牵引，慢速地将拱肋转体180°

（或小于 180°），最后再进行主拱圈合拢段和拱上建筑的施工。如图 13－45 所示为拱桥转动体系的一般构造，其中图 13－45（a）是在转盘上放置平衡重来抵抗悬臂拱肋的倾覆力矩，转动装置是利用摩阻系数特别小的聚四氟乙烯材料和不锈钢板制造，以利于转动；图 13－45（b）是无平衡重的转动体系，它是把有平衡重转体施工中的扣索直接锚固在两岸岩体中，这种方法仅适合在山区地质条件好或跨越深谷的地形条件下采用。

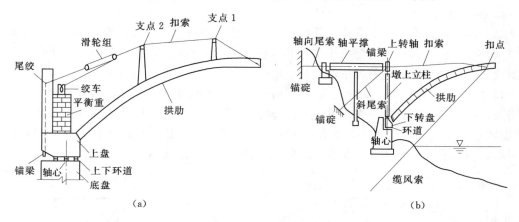

图 13－45　转动体系的一般构造

2. 竖向转体施工

该方法是在竖直位置浇筑拱肋混凝土。当桥位处无水或水很浅时，可以将拱肋分为两个半跨放在桥孔下面预制，如果桥位处水较深时，可以在桥位附近预制，然后浮运至桥轴线处，再用起吊设备和旋转装置进行竖向转体施工。这种方法最适宜于钢管混凝土拱桥的施工。因为钢管混凝土拱桥的主拱圈必须先让空心钢管成拱以后再灌注混凝土，故在旋转起吊时，不但钢管自重相对较轻而且钢管本身强度也高，易于操作。如图 13－46 所示是应用扒杆吊装系统对钢管拱肋进行竖向转体施工的示意图。它的主要施工过程是：将主拱圈从拱顶分成两个半拱在地面胎架上完成，经过对焊接质量、几何尺寸、拱轴线形等验收合格后，由竖立在两个主墩顶部的两套扒杆分别将其旋转拉起，在空中对接合拢。

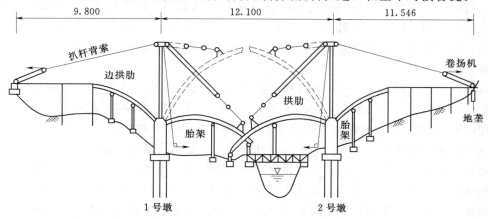

图 13－46　扒杆吊装系统布置图（单位：m）

二、拱桥的有支架施工

（一）拱架

砌筑石拱桥（或预制混凝土块拱桥）及就地浇筑混凝土拱圈时，需要搭设拱架，以支承全部或部分拱圈和拱上建筑的重量，并保证拱圈的形状符合设计要求。因此要求拱架具有足够的强度、刚度和稳定性。

1. 拱架的主要形式

（1）满布式拱架。一般采用钢管脚手架、万能杆件或木材拼设，模板可以采用组合钢模、木模等。满布式拱架通常由拱架上部（拱盔）、卸架设备、拱架下部（支架）三个部分组成。一般常用的形式有以下两种。

1）立柱式满布拱架。立柱式满布拱架的上部一般由斜梁、立柱、斜撑和拉杆组成拱形桁架，又称拱盔，它的下部是由立柱和横向联系组成支架，上下部之间放置卸架设备（木楔或沙筒等）。如图 13-47 所示为立柱式木拱架一般构造示意图。这种支架的立柱数目很多，只适合于桥不太高、跨度不大且无通航要求的拱桥施工时采用。

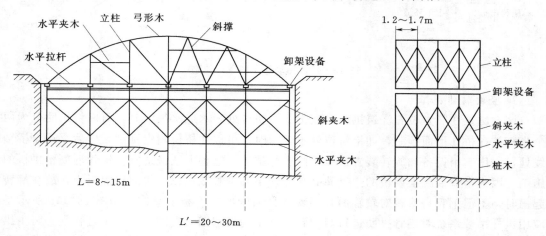

图 13-47　立柱式木拱架

2）撑架式拱架。撑架式拱架下部是用少数框架式支架加斜撑来代替众多数目的立柱，因此支架用量相对较少，如图 13-48 所示。这种拱架构造并不复杂，而且能在桥孔下留出空间，减少洪水及漂流物的威胁，并在一定程度上满足通航的要求。因此，它是实际中采用较多的一种形式。

（2）三铰桁式拱架。由两片对称弓形桁架在拱顶拼装而成，两端直接支承在墩台所挑出的牛腿上或紧贴的临时排架上，跨中不另设支架。三铰桁架结构形式很多，按腹杆的形式常用的有 N 式、V 式和有反向斜杆的交叉式等，如图 13-49 所示。

这种拱架不受洪水、漂流物的影响，在施工期间能维持通航。适用于墩高、水流急或要求通航的河流。与满布立柱式拱架相比，木材用量少，可重复使用，损耗率低。但对木材规格和质量要求较高，同时要求有较高的制作水平和架设能力。由于在拱铰处结合较弱，因此除在结构上须加强纵横向联系外，还需设抗风缆索，以加强拱架的稳定性。

（3）钢拱架。钢拱架一般采用桁架式。通常采用六四军用梁（三角架）、贝雷架拼设，

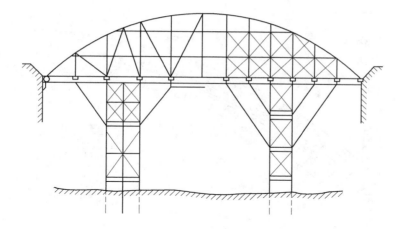

图 13-48　撑架式拱架

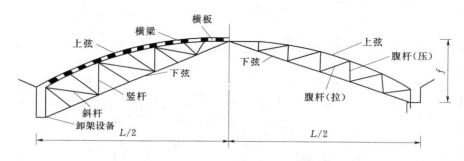

图 13-49　三铰桁式拱架

由单片拱形桁架构成。片与片之间距离可为 0.4m 或 1.9m，桁架片数视桥墩宽度及重量决定，可拼成三铰、两铰或无铰拱架。当跨径 $L \leqslant 80m$ 时可采用三铰拱架；跨径 $80m < L < 100m$ 时采用两铰拱架；跨径 $L \geqslant 100m$ 时采用无铰拱架。如图 13-50 所示是两铰钢拱架构造示意图。

由于钢拱架多用于在大跨径拱桥的建造上，它本身具有很大的重量，故在安装时还需借助临时墩和起吊设备，将它分为若干节段后再拼装。施工时拆除临时墩与钢架的联系，施工完毕后，又借助临时墩逐段将它拆除。

（4）可移动式钢拱架。当桥位较平坦或常水位不高且河床平坦时，也可采用着地可移动式的钢拱架，如图 13-51 所示。整个拱架由万能杆件拼装而成，待上游半幅拱箱合拢后，再通过滑轨平移至下游半幅处重复使用，从而大大节省支架。

2. 拱架设计基本要求

（1）拱架设计原则。拱架应具有足够的强度、刚度和整体稳定性。因此，在计算荷载作用下，拱架结构应按受力程序分别验算其强度、刚度及稳定性。

（2）拱架的设计荷载。计算拱架时，应考虑下列荷载：拱架自重；新浇筑混凝土、钢筋混凝土或其他圬工结构物重力；施工人员和施工材料、机具等行走运输或堆放的荷载；振捣混凝土时产生的荷载；倾倒混凝土时产生的水平荷载；其他可能产生的荷载，如雪荷载、风荷载等。

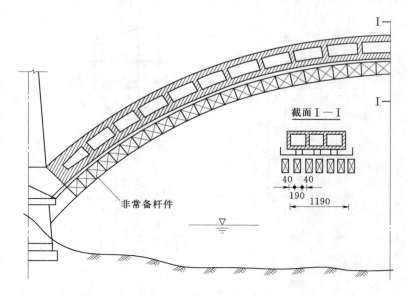

图 13-50 钢拱架构造形式（单位：cm）

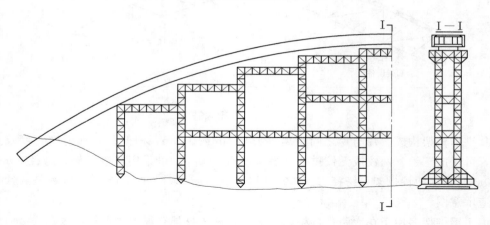

图 13-51 可移动式钢拱架

（3）拱架的预拱度。拱桥施工拱架预拱度的设置应根据具体施工条件，按全拱圈的弹性与非弹性下沉、拱架的弹性与非弹性下沉、墩台位移、温度变化及混凝土收缩和徐变等因素产生的挠度曲线反向设置。

拱架施工预拱度值 δ 应根据施工工序进行整体结构分析后得出。由于影响预拱度的因素很多，不可能算得很准确，实际施工时，应根据计算值并结合实践经验，进行适当调整。当无可靠资料时，拱顶预拱度 δ 也可按 $L/800 \sim L/400$ 估算（L 为拱圈跨径，矢跨比较小时预拱度取较大值）。

（4）拱架的基础。拱架的基础必须稳固，承重后应能保持均匀沉降且沉降值不得超过预计范围。当基础为石质时，应挖去表土，将柱处的岩石凿低、凿平；当基础为密实土壤时，如在施工期间不致被流水冲刷，可采用枕木、石块铺砌或浇混凝土作基础，如施工期间可能被流水冲刷，或为松软土质时，须采用桩基或框架结构或其他加固措施。

基础承重后的预计沉降值可按静载试验确定，应不大于在计算预拱度时采用的基础下沉值。

（二）拱圈或拱肋混凝土的浇筑程序

在浇筑拱圈混凝土之前，必须在拱架上支立模板，绑扎或焊接钢筋骨架。为了保证在整个施工过程中拱架受力均匀和变形最小，必须选择合适的浇筑方法和顺序，并应注意以下几点：

（1）跨径小于16m的拱圈或拱肋混凝土，应按拱圈的全宽度从两端拱脚同时对称地向拱顶砌筑，并在拱脚混凝土初凝前全部完成。如预计不能在限定时间内完成，则应在拱脚预留一个隔缝并最后浇筑隔缝混凝土。

（2）跨径不小于16m的拱圈或拱肋，应沿拱跨方向分段浇筑。分段位置以使拱架受力对称、均匀和变形小为原则，拱式拱架宜设置在拱架受力反弯点、拱脚节点、拱顶及拱脚处；满布式拱架宜设置在拱顶、1/4部位、拱脚及拱架节点等处。各段的接缝面应与拱轴线垂直，各分段点应预留间隔槽，其宽度一般为0.5～1.0m，如果安排有钢筋接头时，其宽度还应满足钢筋接头的需要。如预计拱架变形较小，可减少或不设间隔槽，而采取分段间隔浇筑。

（3）分段浇筑程序应符合设计要求，可对称于拱顶进行，使拱架变形保持均匀和尽可能小，并应预先做出设计，分段时对称施工的顺序一般如图13-52所示。分段浇筑时，各分段内的混凝土应一次连续浇筑完毕，因故中断时，应浇筑成垂直于拱轴线的施工缝；如已浇筑成斜面，应凿成垂直于拱轴线的平面或台阶式接合面。

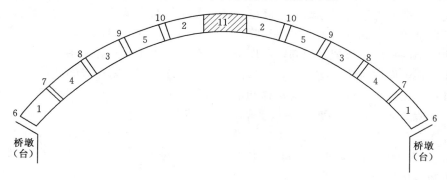

图13-52 拱圈分段施工一般顺序

（4）间隔槽混凝土，应待拱圈分段浇筑完成后，其强度达到75%设计强度以及接合面按施工缝处理后，由拱脚向拱顶对称进行浇筑。拱顶及两拱脚间隔槽混凝土应在最后封拱时浇筑。封拱合拢温度符合设计要求，如设计无规定时，宜在接近当地年平均温度或5～15℃时进行，封拱合拢前，在用千斤顶施加压力的方法调整应力时，拱圈（包括已浇间隔槽）的混凝土强度应达到设计强度。

（5）浇筑大跨径钢筋混凝土拱圈（拱肋）时，纵向钢筋接头应安排在设计规定的最后浇筑的几个间隔槽内，并应在浇筑这些间隔槽时再连接。

（6）浇筑大跨径拱圈（拱肋）混凝土时，宜采用分环（层）分段法浇筑，也可沿纵向分成为若干条幅，中间条幅先行浇筑合拢，达到设计要求后，再按横向对称、分次浇筑合拢其他条幅。其浇筑顺序和养护时间应根据拱架荷载设计和各环负荷条件通过计算确定，并应符合设计要求。

（7）大跨径钢筋混凝土箱形拱圈（拱肋）可采取在拱架上组装并现浇的施工方法。先将预制的腹板、横隔板和底板在拱架上组装，在焊接腹板、横隔板的接头钢筋形成拱片后，立即浇筑接头和拱箱底板的混凝土，组装和现浇混凝土时应从两拱脚向拱顶对称进行，现浇底板混凝土时应按拱架变形情况设置少量间隔缝并于底板合拢时填筑，待接头和底板混凝土强度达到设计强度的 75％ 以上后，安装预制盖板，然后铺设钢筋，现浇顶板混凝土。

（8）在多孔连续拱桥中，当桥墩不是按单向推力墩设计时，应注意相邻孔间的对称均衡施工，避免桥墩承受过大的单向推力。

（三）拱上建筑的施工

拱上建筑的施工，应在拱圈合拢、混凝土强度达到要求强度后进行，如设计无规定可按达到设计强度的 30％ 以上控制。

对于实腹式拱上建筑，应由拱脚向拱顶对称地浇筑。当侧墙浇筑好以后，再填筑拱腹填料。对空腹式拱桥，一般是在腹拱墩浇筑完后就卸落主拱圈的拱架，然后再对称均匀地砌筑腹拱圈，以免由于主拱圈不均匀下沉而导致腹拱圈开裂。

（四）拱架的卸落

1. 卸落的程序设计

卸架必须待拱圈混凝土达到设计强度的 75％ 后才能进行。为了保证拱圈（或拱上建筑已完成的整个上部结构）逐渐均匀降落，以便使拱架所支承的桥跨结构重量逐渐转移给拱圈自身来承担，因此拱架不能突然卸除，而应按照一定的卸架程序进行。

一般卸架的程序是按拟定的卸落程序进行，分几个循环卸完，卸落量开始宜小，以后逐渐增大，在纵向应对称均衡卸落，在横向应同时一起卸落。对于满布式拱架的中小跨径拱桥，可从拱顶开始，逐渐向拱脚对称卸落；对于拱式拱架可在两支座处同时均匀卸落；对于多孔拱桥卸架时，若桥墩允许承受单孔施工荷载，可单孔卸落，否则应多孔同时卸落，或各连续孔分阶段卸落；对于大跨径拱圈，为了避免拱圈发生“M”形的变形，也有从两边 $L/4$ 处逐次对称地向拱脚和拱顶均匀地卸落。卸架时宜在白天气温较高时进行，这样便于卸落拱架。

2. 卸架设备

卸架设备，一般采有木楔、砂筒。

（1）木楔。可分为简单木楔和组合木楔。简单木楔由两块 1：6～1：10 斜面的硬木楔形块组成，见图 13-53（a）。落架时，用锤轻轻敲击木楔小头，将木楔取出，拱架即下落。它的构造最简单，但缺点是敲击时震动较大，而易造成下落不均匀。因此一般可用于中、小跨径桥梁。组合木楔由三块楔形木和拉紧螺栓组成，见图 13-53（b），卸架时只需扭松螺栓，木楔就会徐徐下降。它的下落较均匀，可用于 40m 以下的满布式拱架或 20m 以下的拱式拱架。

（2）砂筒。跨径大于 30m 的拱桥，宜用砂筒作卸架设备，砂筒由内装砂子的金属（或木料）筒及活塞（木制或混凝土制）组成，如图 13-54 所示。卸落是靠砂子从筒的下部预留泄砂孔流出，因此要求筒里的砂子干燥、均匀、清洁。砂筒与活塞间用沥青填塞，以免砂子受潮而不易流出。由砂子泄出量可控制拱架卸落高度，这样就能由泄砂孔的开与关，分数次进行卸架，并能使拱架均匀下降而不受震动。

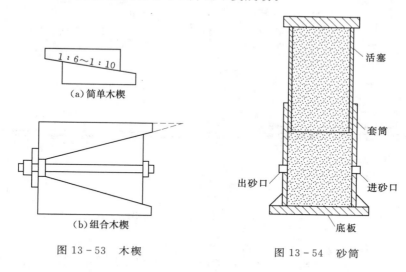

（a）简单木楔

（b）组合木楔

图 13-53　木楔

图 13-54　砂筒

三、拱桥缆索吊装施工

缆索吊装施工是拱桥无支架施工方法之一。其主要施工工序大致包括：拱箱（肋）的预制、拱箱（肋）的移运和吊装、主拱圈的安装、桥面结构的施工等。

缆索架桥设备具有跨越能力大、水平和垂直运输机动灵活、适应性广、施工也比较稳妥方便等优点，因此目前在修建大跨径拱桥时较多采用缆索吊装的方法。尤其在峡谷或水深流急的河段上，或在通航的河流上需要满足船只的顺利通行，或在洪水季节施工并受漂流物影响等条件下修建拱桥时，更能显示出这种施工方法的优越性。

（一）缆索吊装设备

缆索吊装设备，按其用途和作用可以分为主索、工作索、塔架和锚固装置等四个基本组成部分。其中主要机具设备包括主索、起重索、牵引索、结索、扣索、浪风索、塔架（包括索鞍）、地锚（地垄）、滑轮、电动卷扬机或手摇绞车等，如图 13-55 所示。

1. 主索

主索亦称为承重索或运输天线。它横跨桥渡，支承在两侧塔架的索鞍上，两端锚固于地锚，吊运构件的行车支承在主索上。主索的截面积（根数）根据吊运构件的重量、垂度、计算跨径等因素由计算确定。横桥向主索的组数，可根据桥面宽度（两外侧拱肋间的距离）、塔架高度（塔架高度越大，横移构件的宽度范围就相应地增大）及设备供应情况等合理选择，一般可选 1～2 组。每组主索可由 2～4 根平行钢丝绳组成。

2. 起重索

起重索用来控制吊物的升降（即垂直运输），一端与卷扬机滚筒相连，另一端固定于对岸的地锚上。这样，当行车在主索上沿桥跨往复运行时，可保持行车与吊钩间的起重索长度不随行车的移动而改变，如图 13-56 所示。

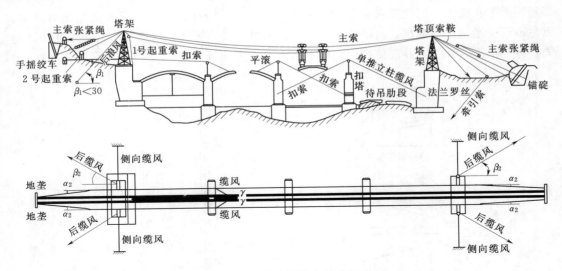

图 13-55 缆索吊装布置示意图

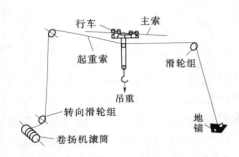

图 13-56 起重索的布置

3. 牵引索

牵引索用来牵引行车在主索上沿桥跨方向移动（即水平运输）。故需在行车两端各设置一根牵引索。这两根牵引索的另一端既可分别连接在两台卷扬机上，也可合拴在一台双滚筒卷扬机上，以便于操作。

4. 结索

结索用于悬挂分索器，使主索、起重索、牵引索不致相互干扰。它仅承受分索器（包括临时作用在它上面的工作索）的重量及自重。

5. 扣索

当拱肋分段吊装时，需用扣索悬挂端肋及调整端肋接头处标高。扣索的一端系在拱肋接头附近的扣环上，另一端通过扣索排架或塔架固定于地锚上。为了便于调整扣索的长度，可设置手摇绞车及张紧索，如图 13-57 所示。

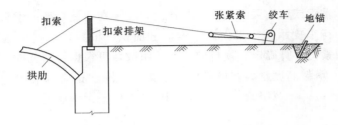

图 13-57 扣索的布置

6. 浪风索

浪风索亦称缆风索，它是用来保证塔架、扣索排架等的纵、横向稳定及拱肋安装就位后的横向稳定。

7. 塔架及索鞍

塔架是用来提高主索的临空高度，支承各种受力钢索的重要结构。塔架的形式多种多样，按材料可分为木塔架和钢塔架两类。

木塔架一般用于高度在 20m 以下的场合。当高度在 20m 以上时较多采用钢塔架。钢塔架可采用龙门架式、独脚扒杆式或万能杆件拼装成的各种形式。

塔架顶上设置了为放置主索、起重索、扣索等用的索鞍，如图 13-58 所示，它可以减少钢丝绳与塔架间的摩阻力，使塔架承受较小的水平力，并减小钢丝绳的磨损。

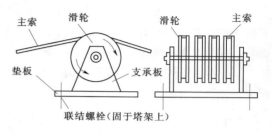

图 13-58 索鞍的构造

8. 地锚

地锚亦称地垄或锚碇。用于锚固主索、扣索、起重索及绞车等。地锚的可靠性对缆索吊装的安全有决定性影响，因此设计和施工时都必须高度重视。按照承载能力的大小及地形、地质条件的不同，地锚的形式和构造可以是多种多样的。条件允许时，还可以利用桥梁墩、台作锚碇，这样能节约材料，否则需设置专门的地锚。

9. 电动卷扬机及手摇绞车

电动卷扬机及手摇绞车是用作牵引、起吊等的动力装置。电动卷扬机速度快，但不易控制，因此对于要求精细调整钢索长度的部位多采用手摇绞车，以便于操纵。

10. 其他附属设备

其他附属设备还有各种倒链葫芦、花篮螺栓、钢丝卡子（钢丝扎头）、千斤绳、横移索等。

缆索吊装设备形式及规格非常多，必须因地制宜地结合各工程的具体情况合理选用。

（二）拱圈（肋）的预制

板拱、肋拱、箱拱和双曲拱桥，虽构造上有所不同，但在预制、运输、吊装等工序上的要求和方法大致相同，下面以箱形拱桥为例介绍拱圈制作工艺。

为了预制方便和减轻安装重量，先把箱形截面主拱圈从横向划分成若干根箱肋，再从纵向划分为数段，待拱肋拼装成拱后，再在箱壁间用现浇混凝土的方法连接各箱肋节段，其预制多采用组装预制的方法，施工主要步骤如下：

（1）按设计图的尺寸，对每一个吊装节段进行坐标放样。在放样时，应注意各接头的位置，力求准确，以减少安装困难。

（2）在拱箱节段的底模上，将侧板（箱壁）和横隔板安放就位，并绑扎好接头钢筋，然后浇底板混凝土及接缝混凝土，组成开口箱。

（3）若采用闭口箱时，便在开口箱内立顶板的底模，绑扎底板的钢筋，浇筑顶板混凝土，组成闭口箱。待节段箱肋混凝土达到设计强度后即可移运拱箱，以便进行下一节段拱箱的预制。

（三）拱肋的吊装

为了保证拱肋吊装的稳定和安全，必须遵循以下规定。

（1）缆索吊机在吊装前必须按规定进行试拉和试吊。

（2）拱肋吊装时，除拱顶段以外，各段应设一组扣索扣挂。

（3）扣索位置必须与所扣挂的拱肋在同一竖直面内，且扣索上索鞍顶面高程应高于拱肋扣环高程。

（4）对于中小跨径的箱形拱桥，当其拱肋高度大于 $0.009\sim0.012$ 倍跨径，拱肋底面宽度为肋高的 $0.6\sim1.0$ 倍，且横向稳定安全系数不小于 4 时，可采用单肋合拢，嵌紧拱脚后，松索成拱，如图 13-59（a）所示

（5）拱肋分 3 段或 5 段拼装时，至少应保持 2 根基肋设置固定风缆，拱肋接头处应设横向联结，如图 13-59（b）、（c）所示。

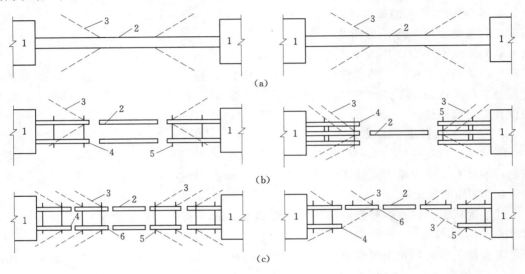

图 13-59　拱肋合拢方式示意图
1—墩台；2—基肋；3—风缆；4—肋脚段；5—横夹木；6—次拱脚段

（6）当拱肋跨径在 80m 以上或横向稳定安全系数小于 4 时，应采用双基肋合拢松索成拱的方式，即当第一根拱肋合拢并校正拱轴线，楔紧拱肋接头缝后稍松扣索和起重索，压紧接头缝，但不卸掉扣索和起重索，待第二根拱肋合拢，两根拱肋横向连接固定好并接好缆风后，再同时松卸两根拱肋的扣索和起重索。

（7）当拱肋分 3 段吊装，采用阶梯形搭接接头时，宜先准确扣挂两拱脚段，调整扣索使其上端头较设计值抬高 $30\sim50$mm，再安装拱顶段使之与拱脚段合拢。当采用对接接头时，宜先悬扣拱脚段初步定位，使其上端头高程比设计值抬高 $50\sim100$mm，然后准确悬扣拱顶段，使其两端头比设计值高出 $10\sim20$mm，最后放松两拱脚段扣索使其两端均匀下降与拱顶段合拢。

（8）当拱肋分 5 段吊装时，宜先从拱脚开始，依次向拱顶分段吊装就位，每段的上端头不得扭斜。首先使拱脚段的上端头较设计高程抬高 $150\sim200$mm，次边段定位后，使拱

脚段的上端头抬高值下降为 50mm 左右，并应保持次边段的上端头抬高值约为拱脚段上端头抬高值的 2 倍，否则应及时调整，以防拱肋接头开裂。

（9）当采用 7 段或 7 段以上拱肋吊装时，应通过施工控制的方法，准确计算每段吊装后各扣索的索力、各接头的标高位置，并对风缆系统进行专门设计，确保拱肋横向稳定安全系数不小于 4，拱肋（包括接头）在各阶段承受的应力也应包含在控制计算中。

（10）拱肋合拢温度应符合设计规定，如设计无规定，可在气温接近当地的年平均温度（一般在 5～15℃）时进行，天气炎热时可在夜间洒水降温条件下进行。

（11）各段拱肋松索应注意以下几点：松索应按照拱脚段扣索、次拱肋段扣索、起重索三者先后顺序，并按比例定长、对称、均匀松卸；每次松索量宜小，各接头高程变化不宜超过 10mm；大跨径箱形拱桥分 3 段或 5 段吊装合拢后，根据拱肋接头密合情况及拱肋的稳定度，可保留起重索和扣索部分受力，等拱肋接头的连接工序基本完成后再依序松索。

（四）施工加载程序设计

1. 施工加载程序设计的目的和意义

在采用无支架或早期脱架（有支架现浇拱肋，当拱肋达到一定强度后即拆除拱架）施工方案建成的拱肋（拱箱）上，继续进行以后各工序的施工时，如浇筑拱圈和拱上建筑等，如何合理安排这些工序，对保证工程质量和施工安全都有重大影响。如果采用的施工步骤不当，例如拱脚或拱顶的压重不适当、施工进度不平衡、加载不对称等，都会引起拱轴线变形不均匀，从而导致拱圈开裂，严重的甚至造成倒塌事故。因此对施工步骤必须做出合理的设计。

施工加载设计程序的目的，就是要在裸肋（或裸拱圈）上加载时，使拱肋各个截面在整个施工过程中，都能满足强度和稳定的要求。并在保证施工安全和工程质量的前提下，尽量减少施工工序，便于操作，以便加快桥梁建设速度。

2. 施工加载程序设计的一般原则

（1）对于中、小跨径拱桥，当拱肋的截面尺寸满足一定的要求时，可不作施工加载程序设计。但应按有支架施工方法对拱上建筑进行对称、均匀地施工。

（2）对于大、中跨径的箱形拱桥或双曲拱桥，一般应按分环、分段、均匀对称加载的总原则进行设计。即在拱的两个半跨上，按需要分成若干段，并在相应部位同时进行相等数量的施工加载。但对于坡拱桥，一般应使低拱脚半跨的加载量稍大于高拱脚半跨的加载量。

（3）在多孔拱桥的两个相邻孔之间，也需均衡加载。两孔间的施工进度不能相差太远，以免桥墩承受过大的单向推力而产生过大的位移，造成施工快的一孔的拱顶下沉，邻孔的拱顶上升，从而导致拱圈开裂。

3. 施工加载程序设计的计算步骤

目前在设计施工加载程序时，多采用影响线加载计算内力及挠度，再进行强度、稳定、变形的验算。计算步骤大致可分为：

（1）绘制计算截面的内力（弯矩、轴向力）及挠度影响线。

（2）根据施工条件初步拟定施工阶段。

（3）在左、右半拱对称地将拱圈分环、分段，再将已分的各环按段计算重量。分段宜小，以便于调整加载范围。

（4）按照各阶段的工序，拟定加载顺序及加载范围，在影响线图上分段逐步加载，求出各计算截面在此荷载作用下的内力及挠度，并验算强度。加载时，要左、右半拱对称进行，尽量使各计算截面的计算弯矩及挠度最小，截面应力及挠度不超过允许值，并尽量使计算截面不出现反复变形。

（5）根据强度及挠度计算情况，调整施工加载顺序和范围或增减施工阶段。这一计算工作往往需要反复多次，才能作出较恰当的施工加载程序方案。

（6）在主拱圈砌筑完成后，拱上建筑的施工只要由拱脚向拱顶对称均衡地砌筑，就能保证拱圈的安全，故可不再进行计算。对于多孔连续拱桥，也需注意相邻孔的砌筑要协调，防止桥墩的过大变形。

施工加载程序设计既重要又繁琐，因此一方面需要探讨合理加载程序的简化计算方法（如充分利用电子计算机计算），同时也应在主拱圈的形式、构造及施工方法等各方面作进一步的改善。例如，目前由于采用了薄壁箱形截面的拱肋（拱箱），既能大大减少施工程序，加快施工进度，又能保证拱圈的安全。

思 考 题 及 习 题

13-1　肋拱的主要截面有哪些？各有何特点？

13-2　箱形拱的主要特点是什么？

13-3　实腹式拱上建筑由哪几部分组成？

13-4　梁式腹孔结构有哪几种形式？

13-5　简述拱上填料、伸缩缝和变形缝的作用。

13-6　现场浇筑法主要有哪两种施工方法？各有何特点？

13-7　预制安装法有何特点？

13-8　何谓转体施工法？按转动的几何平面分为哪几种？

13-9　拱架主要形式有哪几种？其适用性如何？

13-10　拱圈（肋）混凝土的浇筑程序有何要求？

13-11　拱架一般卸架程序如何？

13-12　缆索吊装设备主要由哪些部分组成？

13-13　简述施工加载程序设计的一般原则。

第十四章　桥　梁　墩　台

学习目标:

了解桥梁墩台的主要类型;掌握常用墩台构造形式、结构特点及适用条件。

第一节　概　　述

一、简述

桥梁墩台是桥梁的重要组成部分,称为桥梁的下部结构。它主要由墩台帽、墩台身和基础三部分组成的,如图 14-1 所示。

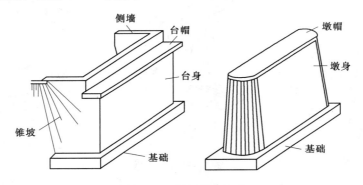

图 14-1　桥梁墩台组成

桥梁墩台的主要作用是承受上部结构传来的作用效应,并通过基础又将此作用效应及本身自重传递到地基上。墩台主要是决定桥梁的高度和平面上的位置,它受地形、地质、水文和气候等自然因素影响较大。

桥墩一般指多跨桥梁的中间支承结构物,它除承受上部结构的竖向力、水平力和弯矩外,还要承受流水压力、风力以及可能发生的冰压力、地震力、船只和漂浮物的撞击力等。桥台是设置在桥的两端、除了支承桥跨结构作用的受力外,还是两岸接线路堤衔接的构筑物,它既要能挡土护岸,又要能承受台背填土及填土上车辆作用所产生的附加土侧压力。因此,桥梁墩台不仅本身应具有足够的强度、刚度和稳定性,而且对地基的承载能力、沉降量、地基与基础之间的摩阻力等也都提出一定的要求,以避免在这些作用下有过大的水平位移、转动或者沉降发生,这点对超静定结构桥梁尤为重要。

二、桥梁墩台的一般类型及其适用条件

公路桥梁上常用的墩、台形式大体上可归纳为两大类:重力式墩台和轻型墩台。

（一）重力式墩、台

它的主要特点是靠自身重量来平衡外力而保持其稳定,如图 14-1 所示。因此,墩

（台）身比较厚实，可以采用天然石材或片石混凝土砌筑。它适用于地基良好的大、中型桥梁，或漂流物较多的河流中。在盛产石料的山区，小桥也往往采用重力式墩、台。重力式墩、台的主要缺点是圬工体积大，因而在河流中的阻水面积也较大。

（二）轻型墩、台

轻型墩、台的形式很多，如图 14-2 所示，而且都有各自的特点和使用条件。选择时必须根据桥位的地质、地形、水文和施工条件等因素综合考虑来确定。一般说来，这类墩、台刚度小，在外荷载作用下会产生一定的弹性变形，因此往往采用钢筋混凝土来修建。

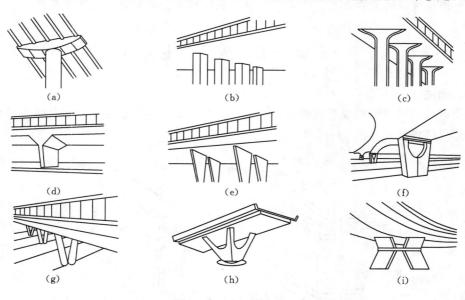

图 14-2　各种轻型桥墩形式

第二节　桥墩的类型和构造

桥墩按其构造，可分为实体桥墩、空心桥墩、柱式桥墩、柔性排架墩及框架墩等。按墩身横截面形状可分为矩形、圆端形、尖端形及各种空心截面组合成的墩，如图 14-3 所示。按受力特点，可分为刚性墩和柔性墩。按施工工艺，可分为就地浇（砌）筑桥墩和预制安装桥墩。

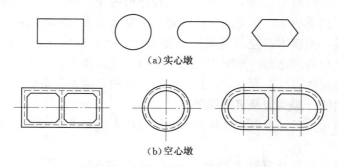

（a）实心墩

（b）空心墩

图 14-3　桥墩截面形式

一、梁桥桥墩的构造

（一）实体桥墩

实体桥墩由一个实体结构组成。按其截面尺寸和桥墩重力的大小不同，可分为实体重力式桥墩（图14-4）和实体薄壁式（墙式）桥墩（图14-5），它们由墩帽、墩身和基础构成。

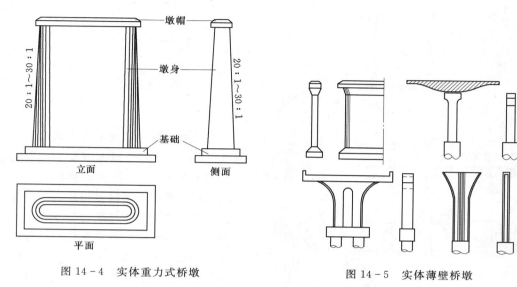

图14-4 实体重力式桥墩　　　　　图14-5 实体薄壁桥墩

1. 实体重力式桥墩

（1）墩帽。墩帽是桥墩顶端的传力部分，它通过支座承托着上部结构，并将相邻两孔桥上的恒载和活载传到墩身上。由于它受到支座传来的很大的集中应力作用，因此墩帽的厚度和强度要求较高，一般都用C20以上的混凝土做成，墩帽的厚度对于大跨径的桥梁不得小于40cm，对于小跨径的桥梁不得小于30cm。此外，墩顶面常做成10％的排水坡，四周应挑出墩身约5～10cm的檐口，并在其上做成滴水槽。

墩帽平面尺寸的合理确定将直接影响着墩身的平面尺寸和材料的选用。例如，当顺桥向的墩帽宽度较小而桥墩又较高时，墩身就显得很薄，因此需要采用钢筋混凝土结构。另一方面，如果墩身在横桥向的长度较小或者做成柱子的形式，那么又会反过来影响着墩帽（或称帽梁）的受力和尺寸及其配筋数量。因此，精心地拟定墩帽尺寸对整个桥墩设计具有重要意义。墩帽的形式随着支座位置、种类、主梁高度等有所区别，如图14-6所示。

大、中跨径的桥梁，在墩帽内应设置构造钢筋，小跨径桥梁除在严寒地区外，可以不设置构造钢筋。构造钢筋直径一般为8～15mm，采用间距为15～25cm的网格布置。另外，为了提高局部承压区域的抗裂度，在支座支承垫板的局部范围内设置一层或多层加强钢筋网，钢筋直径为8～12mm，网格间距为7～10cm。加强钢筋网平面分布尺寸约为支承垫板面积的两倍，这样使支座传来很大的集中力能较均匀地分布到墩身上，墩帽的钢筋构造如图14-7所示。

在同一座桥墩上，当支承相邻两孔桥跨结构的支座高度不相同时，就应在墩顶上设置

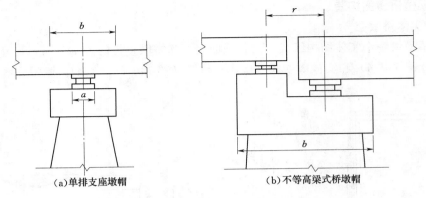

(a)单排支座墩帽　　　(b)不等高梁式桥墩帽

图 14－6　墩帽布置示意图

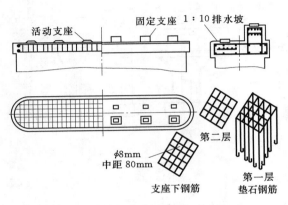

活动支座　　固定支座　1∶10排水坡

$\phi 8mm$
中距 80mm
支座下钢筋

第二层

第一层
垫石钢筋

图 14－7　墩帽钢筋构造

用钢筋混凝土制成的支承垫石来调整（一般垫石用 C25～C30 以上混凝土，个别的也有用石料构成）。在钢筋混凝土梁式桥大中桥墩台顶帽上可设置钢筋混凝土支承垫石，其上安放支座以均匀分布压力。支承垫石的平面尺寸、配筋数量可根据桥跨结构压力大小、支座底板尺寸大小、混凝土设计强度和标准强度等确定。一般垫石较支座底板每边长大约 15～20cm，垫石厚度为其长度的 1/3～1/2。对于小桥，也可用 M5 以上砂浆砌 MU25 以上料石作为墩帽。

另外，在一些桥面较宽、墩身较高的桥梁中，为了节省墩身及基础的圬工体积，常常利用挑出的悬臂或托盘来缩短墩身横向的长度。悬臂式或托盘式墩帽一般采用 C20 或 C25 钢筋混凝土。墩帽长度和宽度视上部构造的形式和尺寸、支座的尺寸和布置，以及上部构造中主梁的施工吊装要求等条件而定，墩帽的高度视受力大小和钢筋排列的需要而定。挑出部分的高度可向两端逐渐减小，端部高度通常采用 30～44cm。这种墩帽需要布置受力钢筋（图 14－8），增设悬臂部分的施工脚手架。托盘式墩帽是将墩帽上的力逐渐传递到紧缩了的墩身截面上，墩帽内是否配置受力钢筋要视主梁着力点位置和托盘扩散角大小而定。

（2）墩身。墩身是桥墩的主体。重力式桥墩墩身的顶宽，对小跨径桥梁不宜小于 80cm；对中跨径桥梁不宜小于 100cm；对大跨径桥梁的墩身顶宽，视上部构造类型而定。侧坡一般采用 30∶1～20∶1，小跨径桥的桥墩也可采用直坡。

墩身通常由块石、混凝土或钢筋混凝土这几种材料建造。为了便于水流和漂浮物通过，墩身平面形状可以做成圆端形或尖端形；无水的岸墩或高架桥墩可以做成矩形；在水流与桥梁斜交或流向不稳定时，则宜做成圆形；在有强烈流冰或大量漂浮物的河道上（冰厚大于 0.5m，流冰速度大于 1m/s），桥墩的迎水端应做成破冰棱体，破冰棱体可由强度较高的石料砌成，也可以用高标号的混凝土辅以钢筋加固，如图 14－9 所示。

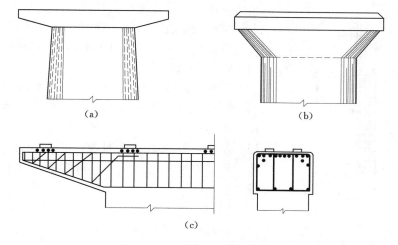

(a)

(b)

(c)

图 14-8　悬臂式和托盘式墩帽

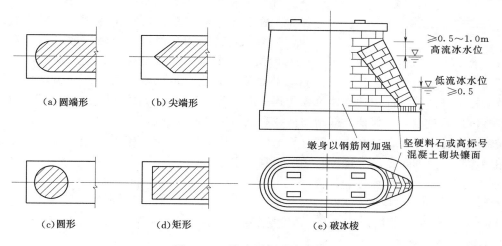

（a）圆端形　　　（b）尖端形

（c）圆形　　　（d）矩形　　　（e）破冰棱

图 14-9　墩身平面及破冰棱

当河流属于中等流冰情况（冰厚 0.3～0.4m，流速不大于 1m/s）或河道上经常有大量漂浮物时，对于混凝土重力式桥墩的迎水面可以用直径 10～12mm 的钢筋加强，钢筋的垂直距离为 10～20cm，水平距离约为 20cm，如图 14-10 所示。

（3）基础。基础是介于墩身与地基之间的传力结构。基础的种类很多，这里仅简要介绍设置在天然地基上的刚性扩大基础，它一般采用 C15 以上的片石混凝土或用浆砌块石筑成。基础的平面尺寸较墩身底截面尺寸略大，四周放大的尺寸每边约为 0.25～0.75m。基础可以做成单层的，也可以做成 2～3 层台阶式的，台阶或襟边的宽度与它的高度应有一定的比例，通常其宽度控制在刚性角以内。

为了保持美观和结构不受碰损，基础顶面一般应设置在最低水位以下不少于 0.5m，在季节性流水河流或旱地上，则不宜高出地面。另外，为了保证持力层的稳定性和不受扰动，基础的埋置深度，除岩石地基外，应在天然地面或河底以下不少于 1m；如有冲刷，

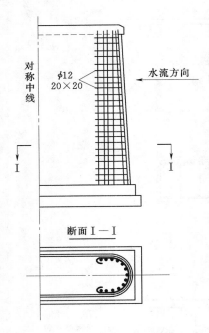

图 14-10　墩身钢筋网

基底埋深应在设计洪水位冲刷线以下不少于 1m；对于上部结构为超静定结构的桥涵基础，除了非冻胀土外，均应将基底埋于冻结线以下不小于 0.25m。

2. 实体薄壁式桥墩

实体式薄壁桥墩可用钢筋混凝土材料做成，见图 14-5。由于它可以显著减少圬工体积，因而被广泛使用于中小跨径的桥梁中。但因其抗冲击力较差，不宜用在流速大并夹杂有大量泥沙的河流或可能有船舶、冰、漂浮物撞击的河流。其构造组成与实体重力式桥墩相似。

（二）空心桥墩

空心桥墩有两种形式，一种为部分镂空式桥墩，另一种为薄壁空心桥墩。

部分中心镂空桥墩（图 14-11），是在重力式桥墩基础上镂空中心一定数量的圬工体积，主要目的是减少圬工数量，使结构更经济，减轻桥墩自重，降低对地基承载力的要求。但镂空有一个基本前提，即保证桥墩截面强度和刚度足以承担和平衡外力，从而保证桥墩的稳定性。镂空部位的具体位置受到一定的条件限制，在墩帽以下一定高度范围内应设置实体加以过渡，以保证上部结构荷载有效地传给墩身壁。此外，为避免墩身传力过程中局部应力过于集中，应在空心部分与实体部分连接处设倒角或配置构造钢筋。对于易受船舶、漂流物等撞击的墩身部分，一般不宜镂空。

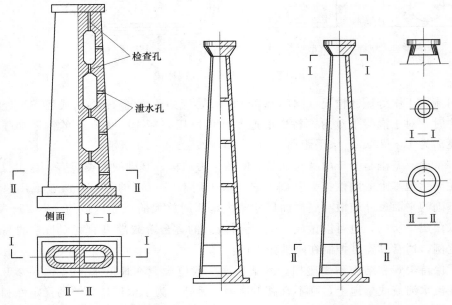

图 14-11　部分镂空式桥墩　　　　图 14-12　圆形空心桥墩

薄壁空心墩（图 14-12），一般是采用强度高、墩身壁较薄的钢筋混凝土构件，其最大特点是大幅度地削减了墩身圬工体积和墩身自重，减小了地基负荷。因而适用于桥梁跨径较大的高墩和软弱地基桥墩。

空心桥墩在构造尺寸上应符合下列规定：

（1）墩身最小壁厚，对于钢筋混凝土不宜小于 30cm，对于混凝土不宜小于 50cm。

（2）墩身内应设横隔板或纵、横隔板，以加强墩壁的抗撞能力。

（3）墩帽下需有一定高度的实心部分以传递墩帽的压力，实体段高度一般不小于 1～2m，墩顶实体段以下应设置带门的进人洞或相应的检查设备。

（4）墩身周围应设置适当的通风孔或泄水孔，孔的直径不小于 20cm，用以调节壁内外温差，平衡水压力。

（5）主筋按计算配筋，一般配筋率在 0.5％左右，并应配置承受局部应力或附加应力钢筋。

（三）柱式桥墩

柱式桥墩的结构特点是由单根或分离的两根及多根立柱（或桩柱）组成。它的外形美观，圬工体积少，因此是目前公路桥梁中广泛采用的桥墩形式之一，特别是在较宽较大的城市高架桥和立交桥中。

柱式桥墩的墩身沿桥横向常有单根或多根立柱组成，柱身通常为 0.6～1.5m 的大直径圆形、方形或六角形等，当墩身高度大于 7m 时，可设横系梁加强柱身横向联系。这种桥墩的刚度较大，适用性较广，并可与桩基配合使用，缺点是模板工程较复杂，柱间空间小，易于阻滞漂浮物，故一般多用在水深不大的浅基础或高桩承台上。

柱式桥墩一般由基础之上的承台、柱式墩身和盖梁组成。双车道桥常用的形式有单柱式、双柱式和哑铃式以及混合双柱式四种，如图 14-13 所示。

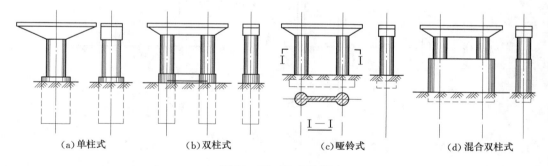

(a)单柱式　　(b)双柱式　　(c)哑铃式　　(d)混合双柱式

图 14-13　柱式桥墩

单柱式桥墩适用于水流与桥轴线斜交角大于 15°的桥梁或河流急弯、流向不固定的桥梁，在具有抗扭刚度的上部结构中，这种单根立柱还能一起参与承受上部结构的扭力。在水流与桥轴线斜交角小于 15°、仅有较小的漂流物或轻微的流冰河流中，可采用双柱式或多柱式墩，配以钻孔灌注桩基础，具有施工便利、速度快、圬工体积小、工程造价低和外形美观等优点。在有较多的漂流物或严重的流冰河流上，当漂流物卡在两柱中间可能使桥梁发生危险或有特殊要求时，双柱间加做 0.4～0.6m 厚横隔墙，成为哑铃式桥墩。在有较多的漂流物或严重的流冰河流上，当墩身较高时，可把高水位以上的墩身做成双柱式，高水位以下部分做成实体式的混合双柱式桥墩，这样既可以减少了水上部分的圬工体积，也增加了抵抗漂流物的能力。

盖梁是柱式桥墩和桩柱式桥墩的墩帽，一般用 C20～C30 的钢筋混凝土就地浇筑，也有采用预制安装或预应力混凝土的。盖梁的横截面形状一般为矩形或者 T 形。盖梁宽度由上部构造形式、支座间距和尺寸确定，高度一般为梁宽的 0.8～1.2 倍。盖梁的长度应保证上部构造放置与抗震构件放置需要的距离，并应满足上部构造安装时的要求。另外设置橡胶支座的桥梁应考虑预留更换支座所需位置。盖梁各截面尺寸与配筋需要通过计算确定，悬臂端高度应不小于 30cm。

当用横系梁加强桩柱的整体性时，横系梁的高度可取为桩（柱）直径的 0.8～1.0 倍。宽度可取为桩（柱）直径的 0.6～1.0 倍。横系梁一般不直接承受外力，可不做内力计算，按横截面积 0.1％配置构造钢筋即可，构造钢筋应伸入桩内与主筋连接。

（四）柔性排架桩墩

柔性排架桩墩（图 14－14）是由单排或双排的钢筋混凝土桩与钢筋混凝土盖梁连接而成。其主要特点是可以通过一些构造措施，将上部结构传来的水平力（制动力、温度影响力等）传递到全桥的各个柔性墩台或相邻的刚性墩台上，以减小单个柔性墩所受到的水平力，从而达到减小桩墩截面的目的。单排架桩墩的墩身高度一般不超过 4.0～5.0m，当桩墩高度大于 5.0 m 时，为避免行车时可能发生的纵桥向晃动，因而宜设置双排架桩墩，但当采用钻孔灌注桩时，可仍采用单排架桩墩。

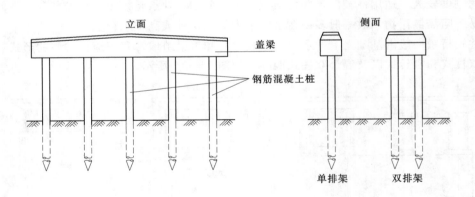

图 14－14　柔性排架桩墩

柔性排架桩墩适用的桥长应根据温度变化幅度决定，一般为 50～80m。温差大的地区，桥长应短些，温差小的地区桥长可以适当长些。桥长超过 50～80m 时，受温度影响大，需要设置滑动支座或设量刚度较大的温度墩。

当桥梁孔数较多且较长时，柔性排架桩墩的墩顶会因水平位移过大而处于不利状态，这时宜将桥跨分成若干联，一联长度的划分视温度、地形、构造和受力情况确定。一般来讲，当墩的高度在 5m 以内时，可采用一联式、二联式和多联式桩墩，每联 1～4 孔，每联长为 40～45m。对于多联式中间联的桩墩，由于不受土压力的影响，此联长可以达到 50m。联与联之间应设温度墩，即为两排互不联系的桩墩，目的是在温度变化的情况下，联与联之间互不影响。当墩的高度为 6～7m 时，应在每联内设置一个由盖梁连成整体的双排架桩墩，以增加结构的刚度，如图 14-15 所示。此时，每联长度可适当加长，中间联的孔数可相应增加。

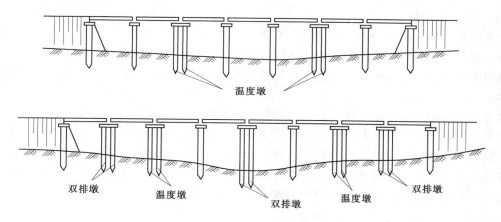

图 14-15 柔性排架桩墩的纵向布置

（五）框架式桥墩

框架式桥墩采用钢筋混凝土或预应力混凝土等压力或弯曲构件组成平面框架代替墩身，支承上部结构，必要时可做双层或多层框架。桥墩结构在桥梁纵、横向可建成 V 形、Y 形或 X 形，如图 14-16 所示。这类桥墩结构不仅轻巧美观，给桥梁建筑增添了新的艺术造型，而且使桥梁的跨越能力大大提高，缩短了主梁的跨径，降低了梁高，但其结构复杂，施工比较麻烦。

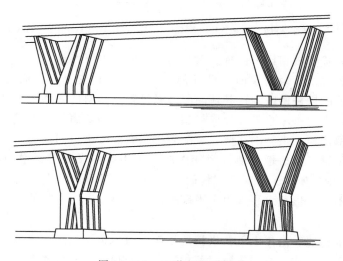

图 14-16 V 形和 X 形桥墩

V 形斜撑与水平面的夹角需根据桥下净空要求和总体布置来确定，通常要大于 45°角。斜撑的截面形式可采用矩形、I 形和箱形等。V 形墩的支座可布置在 V 形斜撑的顶部或底部。当支座布置在斜撑的顶部，斜撑是桥墩的一个组成部分；当支座布置在斜撑的底部或采取斜撑与承台刚接而不设支座时，斜撑与主梁固结，斜撑成为上部结构的一个组成部分，斜撑的受力大小依据结构的图式和主梁与斜撑的刚度比确定。

二、拱桥桥墩的构造

（一）重力式桥墩

拱桥是一种有推力结构，拱圈传给桥墩上的力除了垂直力以外，还有较大的水平推力，这是与梁式桥的最大不同之处。从抵御恒载水平力的能力来看，拱桥桥墩又可以分为普通墩和单向推力墩两种。普通墩除了承受相邻两跨结构传来的垂直反力外，一般不承受恒载水平推力，或者当相邻孔不相同时只承受经过相互抵消后尚余的不平衡推力。单向推力墩又称制动墩，它的主要作用是在它一侧的桥孔因某种原因遭到毁坏时，能承受住单向的恒载水平推力，以保证其另一侧的拱桥不致遭到倾坍。而且在施工时为了拱架的多次周转，或者当缆索吊装设备的工作跨径受到限制时，为了能按桥台与某墩之间或者按某两个桥墩之间作为一个施工段进行分段施工，也要设置能承受部分恒载单向推力的制动墩。由此可见，为了满足结构强度和稳定的要求，普通墩的墩身可以做得薄一些，见图 14 - 17（a），单向推力墩则要做得厚实一些，如图 14 - 17（b）所示。

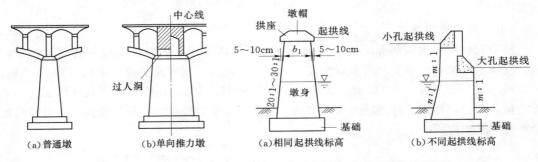

| （a）普通墩 | （b）单向推力墩 | （a）相同起拱线标高 | （b）不同起拱线标高 |

图 14 - 17　拱桥重力式桥墩　　　　　　　　　图 14 - 18　拱座的位置

与梁式桥重力式桥墩相比，拱桥桥墩在构造上还有以下特点：

（1）拱座。梁式桥桥墩的顶面要设置传力的支座，且支座距顶面边缘保持一定的距离；而无支架吊装的拱桥桥墩则在其顶面的边缘设置呈倾斜面的拱座，直接承受由拱圈传来的压力，故无铰拱的拱座总是设计成与拱轴线呈正交的斜面。装配式的肋拱以及双曲拱桥的拱座也可预留供插入拱肋的孔槽，装配后再浇灌混凝土封固。

（2）拱座的位置。当桥墩两侧孔径相等时，则拱座均设置在桥墩顶部的起拱线标高上，如图 14 - 18（a）所示。有时考虑桥面的纵坡，两侧的起拱线标高可以略有不同，当桥墩两侧的孔径不等，恒载水平推力不平衡时，将拱座设置在不同的起拱线标高上，如图 14 - 18（b）所示。

（3）墩顶以上构造。由于上承式拱桥的桥面与墩顶顶面相距有一段高度，故墩顶以上结构常采用几种不同形式。对于实腹式石拱桥，其墩顶以上部分通常做成与侧墙平齐的形式。对于空腹式石拱桥或双曲拱桥的普通墩，常采用立墙式、立柱加盖梁式或者采用跨越式，单向推力墩常采用立墙式和框架式。

（二）柱式桥墩

拱桥桥墩所用的轻型桥墩一般为配合钻孔灌注桩基础的桩柱式桥墩，如图 14 - 19 所

示。从外形上看，它与梁桥上的桩柱式桥墩非
常相似，但由于拱桥承受较大的水平推力，柱
和桩的直径比梁式桥大，根数也比梁式桥多，
而且在梁桥墩帽上设置支座，而在拱桥墩顶部
分则设置拱座。

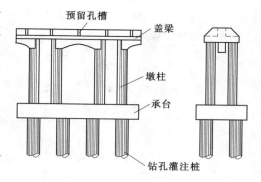

图 14 - 19　拱桥柱式桥墩

当拱桥跨径在 10m 左右时，常采用两根直
径为 100cm 的钻孔灌注桩；跨径在 20m 左右时，
可采用两根直径为 120cm 或三根直径为 100cm
的钻孔灌注桩；跨径在 30m 左右时可采用三根
直径为 120～130cm 的钻孔灌注桩。柱式桩墩较
高时，应在柱间设置横系梁以增强柱式桩墩的

刚度。柱式桩墩一般采用单排桩，单孔跨径在 40m 以上的大桥或高墩，可采用双排桩。在
桩顶设置承台，与墩柱连成整体。如果柱与桩直接连接，则应在结合处设置横系梁。若柱高
大于 6～8 m 时，还应在柱的中部设置横系梁。

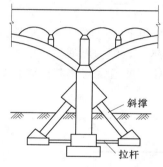

图 14 - 20　拱桥斜撑式桥墩

（三）单向推力墩

在采用轻型桥墩的多孔拱桥中，每隔 3～5 孔应设单向
推力墩。当桥墩较矮或单向推力不大时，可采用轻型的单向
推力墩。这种桥墩的特点是在普通墩的墩柱上，从两侧对称
地增设钢筋混凝土斜撑和水平拉杆，用来提高抵抗水平推力
的能力，其优点是阻水面积小，并可节约圬工体积，如图
14 - 20 所示。由于设置在普通墩身两侧的钢筋混凝土斜撑和
墩身底的水平拉杆容易开裂，且整个墩身造型给人以加固使
用的错觉，故目前已较少采用。

第三节　桥台的类型和构造

桥台通常按其形式划分为重力式桥台、轻型桥台、埋置式桥台和组合式桥台等几种
类型。

一、梁式桥桥台的构造

（一）重力式桥台

梁式桥上常用的重力式桥台为 U 形桥台，它们是由台帽、台身和基础三部分组成。
由于台身是前墙和两个侧墙构成的 U 形结构，故而得名。其构造示意图如图 14 - 21 所
示。U 形桥台墙身多数为石砌圬工，适用于填土高度为 4～10m 的单孔及多孔桥。它的结
构简单，基础底承压面大，地基应力较小，但圬工体积较大，两侧墙间的填土容易积水，
除增大了土压力外并易受冻胀，而使侧墙产生裂缝。所以桥台中间多用骨料或渗水性土填
筑，并要求设置较完善的排水设备如隔水层和台后排水盲沟，避免填土中积水。

1. 台帽

梁式桥台帽的构造和尺寸要求与相应的桥墩墩帽有许多共同之处，不同的是台帽顶面

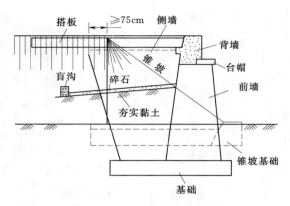

图 14-21　重力式 U 形桥台

只设置单排支座，在另一侧则要砌筑挡住路堤填土的背墙。背墙的顶宽，对于片石砌体不得小于 50cm，对于块石、料石砌体及混凝土砌体不宜小于 40cm。背墙一般做成垂直的，并与两侧侧墙连接，如果台身放坡时，则在靠路堤一侧的坡度与台身一致。台帽上放置支座部分的构造尺寸、钢筋配置及混凝土标号可按相应的墩帽构造进行设计。

2. 台身

台身由前墙和侧墙构成。前墙任一水平截面的宽度，不宜小于该截面至墙顶高度的 0.4 倍，背坡一般采用 8：1～5：1，前坡为 10：1 或直立。侧墙与前墙结合成一体，兼有挡土墙和支撑墙的作用，侧墙顶宽一般为 60～100cm。任一水平截面的宽度对于片石砌体不小于该截面至墙顶高度的 0.4 倍；对于块石、料石砌体或混凝土则不小于 0.35 倍；对于透水性良好的砂性土或砂砾，则应不小于 0.35 和 0.3 倍。侧墙正面一般是直立的，其长度视桥台高度和锥坡坡度而定。前墙的下缘一般与锥坡下缘相齐，因此桥台越高、锥坡越坦，侧墙则越长。侧墙尾端，应有不小于 75cm 的长度伸入路堤内，以保证与路堤有良好的衔接。台身宽度通常与路基同宽，如图 14-22 所示。

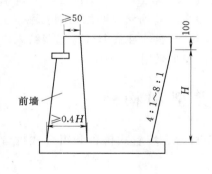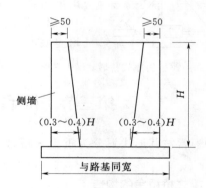

图 14-22　重力式 U 形桥台尺寸（单位：cm）

　　两个侧墙之间应填以渗透性较好的土壤。为了排除桥台前墙后面的积水，应于侧墙间略高于高水位的平面上铺一层向路堤方向设有斜坡的夯实黏土作为不透水层，并在黏土层上再铺一层碎石，将积水引向设于桥台后横穿路堤的盲沟内。

　　桥台两侧的锥坡坡度，一般由纵向为 1：1 逐渐变至横向为 1：1.5，以便和路堤的边坡一致。锥坡的平面形状为 1/4 的椭圆，锥坡用土夯实而成，其表面用片石砌筑。

（二）埋置式桥台

　　当路堤填土高度超过 6～8m 时，可采用埋置式桥台。它是将台身埋在锥形护坡中，只露出台帽，用以安放支座和上部结构。埋置式桥台，仅适用于桥头为浅滩，溜坡受冲刷较小，填土高度在 10m 以下的中等跨径的多跨桥梁中。

　　根据受力特点，埋置式桥台所受的土压力大为减小，桥台的体积也就相应地减小。但由于台前护坡是用片石做表面防护的一种永久性设施，可能被洪水冲毁而使台身裸露，故设计时必须进行强度和稳定性验算。按台身的结构形式，埋置式桥台可以分为后倾式、桩柱式和框架式等，如图 14-23 所示。

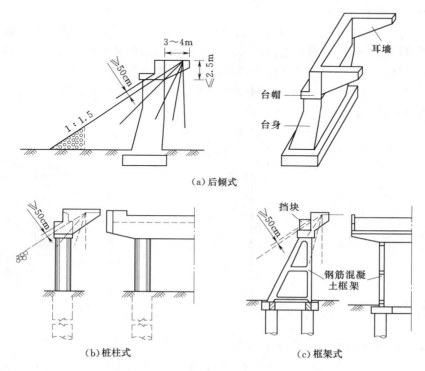

图 14-23　埋置式桥台

　　（1）后倾式埋置式桥台实质上属于一种实体重力式桥台。它的工作原理是靠台身后倾，使重心落在基底截面的形心之后，以平衡台后填土的倾覆力矩。

　　（2）桩柱式埋置式桥台对于各种土壤地基都适用，根据桥宽和地基承载能力可以采用双柱、三柱或多柱的形式。柱与钻孔灌注桩相连的称为桩柱式；柱子嵌固在普通扩大基础之上的称为立柱式；完全由一排钢筋混凝土和桩顶盖（或帽）梁连接而成的称为柔性柱台。

　　（3）框架式桥台既比桩柱式桥台有更好的刚度，又比肋形埋置式桥台挖空率更高，更节约圬工体积。埋置式框架式桥台结构本身存在着斜杆，能够产生水平分力以平衡土压力，加上基底较宽，又通过系梁连成一个框架体，所以稳定性较好，可用于填土高度在 5m 以下的桥台，并与跨径为 16m 和 20m 的梁式桥上部结构配合应用。其不足之处就是必须用双排桩基，钢筋和水泥用量均较桩柱式桥台要多。

　　埋置式桥台的共同缺点：由于护坡伸入到桥孔，压缩了河道，或者为了不压缩河道，就要适当增加桥长。

（三）轻型桥台

轻型桥台的体积轻巧、自重较小，一般由钢筋混凝土材料建造，它借助结构物的整体刚度和材料强度承受外力，从而可节省材料，降低对地基强度的要求和扩大应用范围，为在软土地基上修建桥台开辟了经济可行的途径。从结构形式上分，常用的轻型桥台有支撑梁型轻型桥台、薄壁型轻型桥台等类型。

1. 支撑梁轻型桥台

这种轻型桥台在构造上，台身采用直立的台墙，桥台上端与主梁（板）通过锚栓连接，台墙下端在相邻桥台（墩）之间设有支撑梁，由此便构成四铰框架结构系统。该系统中上部主梁（板）与下部支撑梁共同支撑桥台承受台后土压力。

按照翼墙的形式和布置方式，这种桥台又可分为：一字形轻型桥台、八字形轻型桥台、耳墙式轻型桥台，如图 14-24 所示。

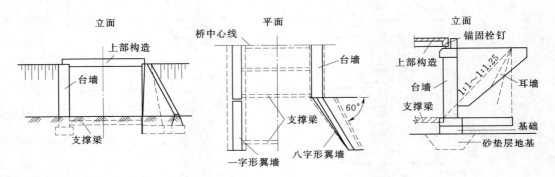

图 14-24　设有支撑梁的轻型桥台

设有支撑梁的轻型桥台适用于桥梁跨径不大于 13m、桥孔不宜多于 3 孔的梁（板）桥。其台墙厚度不宜小于 60cm，梁（板）端铰接钢销直径不应小于 20mm。支撑梁应设于铺砌层或冲刷线以下，中距宜为 2~3m，采用钢筋混凝土构件，其截面尺寸不宜小于 20cm×30cm（横×竖），截面四角应设置直径不小于 12mm 的纵桥向钢筋；如采用混凝土或块石砌筑，其截面尺寸不宜小于 40cm×40cm。

对于斜交桥，这种轻型桥台的斜交角不应大于 15°，且下部支撑梁应按照如下要求布置：两外侧应平行于桥轴线，中间应垂直于台墙。

2. 薄壁轻型桥台

薄壁轻型桥台常用的形式，有悬臂式、扶壁式、撑墙式及箱式等，如图 14-25（a）所示。钢筋混凝土薄壁桥台，是由扶壁式挡土墙和两侧的薄壁侧墙构成，如图 14-25（b）所示。挡土墙由前墙和间距为 2.5~3.5m 的扶壁所组成。台顶由竖直于墙和支于扶壁上的水平板构成，用以支撑桥跨结构。

两侧薄壁可以与前墙垂直，有时也做成与前墙斜交。前者称 U 字形薄壁桥台，后者称八字形薄壁桥台，如图 14-25（c）所示，这种桥台不仅可以减少圬工体积 40%~50%，同时因自重减轻而减小了对地基的压力。故适用于软弱地基的条件，但其构造和施工比较复杂，并且钢筋用量也较多。

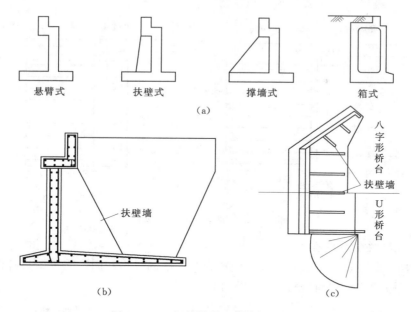

悬臂式　　　扶壁式　　　撑墙式　　　箱式

（a）

扶壁墙

（b）

八字形桥台

扶壁墙

U形桥台

（c）

图 14-25　钢筋混凝土薄壁轻型桥台

（四）组合式桥台

为使桥台轻型化，可以将桥台上的外力分配给不同对象来承担，桥台本身主要承受桥跨结构传来的竖向力和水平力，而台后的土压力由其他结构来承担，这就形成了由分工不同的结构组合而成的桥台，即组合式桥台。常用的形式有加筋土桥台、过梁式框架组合桥台及桥台与挡土墙组合桥台。

1. 加筋土桥台

对于台后路基填土不被冲刷的中、小跨径桥梁，台高在 3～5m 时，可采用加筋土桥台，如图 14-26 所示。这类桥台一般由台帽和竖向面板、拉杆、锚定板及其间填料共同组合的台身组成。拉杆两端分别与竖向面板和锚定板连接，组成为加筋土的挡土结构。它的工作原理是：竖向面板后填料的主动土压力作用到面板上，再通过拉杆将该力传递给锚碇板，而锚碇板则依靠位于板前且具有一定抗剪能力的土体所产生的拉拔力来平衡拉杆拉力，从而使整个结构处于稳定状态。

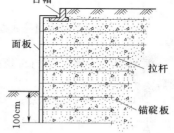

台帽

面板

拉杆

锚碇板

100cm

图 14-26　加筋土桥台

加筋土桥台有分离式和结合式两种形式。如图 14-27（a）所示，分离式是台身与锚碇板、挡土板分开，台身主要承受上部结构传来的竖向力和水平力，锚碇板则承受填土压力。这种形式的桥台与锚碇板结构的基础分离，互不影响，受力明确，但结构复杂，施工不方便。如图 14-27（b）所示，结合式是台身与锚碇板结合在一起，台身兼做立柱或挡土板。在设计上，把台身看作仅承受竖向荷载，而作用在台身的所有水平力均由锚碇板的抗拔力来平衡。这种形式虽然结构简单，施工方便，工程量较省，但受力不明确，若台顶位移计算不准确，则将影响施工和运营。

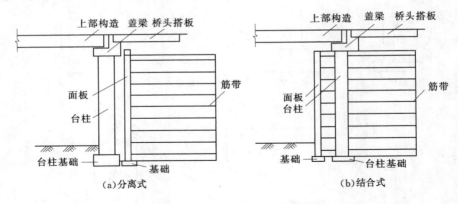

图 14-27　加筋土桥台类型图

2. 过梁式框架组合桥台

桥台与挡土墙用过梁结合在一起，使桥台与桥墩的受力相同。当过梁与桥台、挡土墙刚结，则形成过梁式框架组合桥台，如图 14-28 所示。

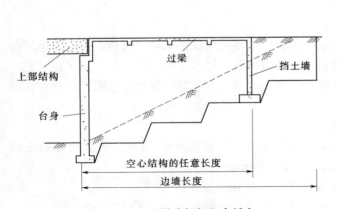

图 14-28　过梁式框架组合桥台

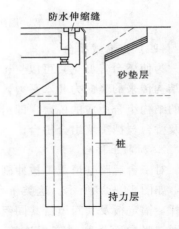

图 14-29　桥台与挡土墙组合桥台

框架的长度即过梁的跨径由地形及土方工程比较确定，组合桥台愈长，过梁的材料数量需要就越多，而桥台及挡土墙的材料数量相应的有所减小。

3. 桥台与挡土墙组合桥台

这种桥台是由轻型桥台支承上部结构，台后设带耳墙的挡土墙承受土压力的组合式桥台，如图 14-29 所示。台身与挡土墙分离，上端做伸缩缝，使其受力明确。当地基比较好时也可将桥台与挡土墙放在同一个基础之上。这种组合桥台可采用轻型桥台，而且可不压缩河床，但构造较复杂，是否经济需通过比较来确定。

二、拱桥桥台的构造

拱桥桥台既要承受来自拱圈的推力、竖向力及弯矩，又要承受台后土的侧压力，从尺寸上看，拱桥桥台一般比梁式桥要大。常见的拱桥桥台结构形式主要有重力式桥台、轻型桥台、组合式桥台等。

（一）重力式桥台

拱桥常用的重力式桥台是 U 形桥台，如图 14-30 所示，它由拱座、台身和基础三部分组成。其优缺点与梁式桥中的 U 形桥台相同，在构造上除在拱座和前墙两部分有所差别外，其余部分也基本相同。拱桥桥台只在向桥跨的一侧设置拱座，其尺寸可参照拱桥桥墩的拱座拟定。其他部分的尺寸可参考梁式桥 U 形桥台进行设计。

（二）轻型桥台

拱桥轻型桥台是相对于重力式桥台而言的，当地基承载力较小、路堤填土较低时采用此类桥台。常用的轻型桥台有八字形桥台、U 字形桥台、背撑式桥台、空腹式桥台和齿槛式桥台。

1. 八字形桥台

八字形桥台的构造简单，台身由前墙和两侧的八字翼墙构成，如图 14-31（a）所示。两者之间通常留沉降缝分离。前墙可以是等厚度的，也可以是变厚度的。变厚度台身的背坡为 2：1～4：1。翼墙的顶宽一般为 40cm。前坡为 10：1，后坡为 5：1。为了防止基底向桥跨滑动，基础应有一定埋置深度。

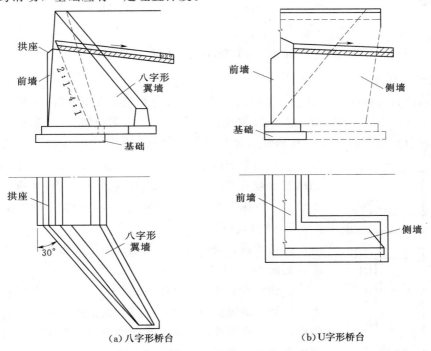

（a）八字形桥台　　　（b）U字形桥台

图 14-31　八字形和 U 字形轻型桥台

2. U字形桥台

U字形轻型桥台是由前墙和平行于行车方向的侧墙组成,构成U形的水平截面,如图14-31(b)所示。它与重力式U形桥台的差别是,后者是靠扩大桥台底面积,以减小基底压力,并利用基底与地基的摩阻力和适当利用台背土侧压力,以平衡拱的水平推力,因此基础底面积较轻型桥台的要大。U字形轻型桥台前墙的构造和八字形桥台相同,但侧墙却是拱上侧墙的延伸,它们之间应设变形缝,以适应桥跨的可能位移。

3. 背撑式桥台

当桥台较宽时,为了保证结构的强度和稳定性,可以在八字形或U字形的前墙背后加一道或几道背撑,构成Ⅱ字形、E字形等水平截面形式的前墙,如图14-32所示。背撑顶宽为30~60cm,厚度也为30~60cm,背坡为3:1~5:1的梯形。这种桥台比八字形桥台稳定性要好,但土方开挖量及圬工体积都有所增多,但加背撑的U字形桥台能适用于较大跨径的高台和宽桥。

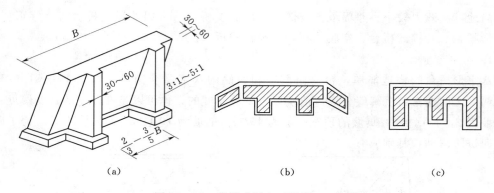

(a)　　　　　　　　(b)　　　　　　　　(c)

图14-32　背撑式桥台（单位：cm）

4. 空腹式桥台

空腹式桥台是由前墙、后墙、基础板和撑墙等部分组成,如图14-33所示。前墙承受拱圈传来的荷载,后墙支承台后的土侧压力。在前后墙之间设置3~4道撑墙,作为传力构件,并对后墙起到扶壁,对基础板起到加劲的作用。最外边的撑墙可以做成阶梯踏步,供人们上下河岸。空腹可以是敞口的,也可以是封闭的,如地基承载力许可时,也可在腹内填土。这种桥台一般是在软土地基、河床无冲刷或冲刷轻微、水位变化小的桥位上采用。

5. 齿槛式桥台

齿槛式桥台是由前墙、侧墙、后墙底板和撑墙几个部分组成,如图14-34所示。

其结构特点是:基底面积较大,可以支承一定的垂直压力;底板下的齿槛可以增加摩擦和抗滑的稳定性;台背做成斜挡板,利用它背面的原状土和前墙背面的新填土,共同平衡拱的水平推力;前墙与后墙板之间的撑墙可以提高结构的刚度。齿槛的宽度和深度一般不小于50cm。这种桥台适用于软土地

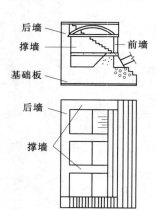

图14-33　空腹式桥台

基和路堤较低的中、小跨径拱桥。

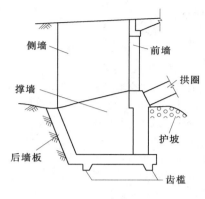

图 14 - 34　齿槛式桥台

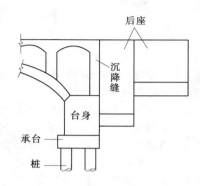

图 14 - 35　组合式桥台

(三) 组合式桥台

拱桥的组合式桥台由前台和后座两部分组成，如图 14 - 35 所示，台身基础承受竖向力，一般采用桩基或沉井基础，拱的水平推力则主要由后座基底的摩阻力及台后的土侧压力来平衡。因此后座基底标高应低于拱脚下缘的标高。台身与后座间应密切贴合，并设置沉降缝，以适应两者的不均匀沉降。在地基土质较差时，后座基础也应适当处理，以免后座向后倾斜，导致台身和拱圈的位移和变形。

思 考 题 及 习 题

14 - 1　桥梁墩台一般由哪三部分组成？

14 - 2　梁式桥桥墩的主要类型有哪几种？分别适用于什么条件？

14 - 3　对比分析空心桥墩和实体桥墩的优缺点。

14 - 4　简述梁式桥薄壁混凝土空心桥墩设置的主要目的。

14 - 5　分析柱式桥墩的结构特点。它为何在桥梁中得到广泛应用？

14 - 6　拱桥的重力式桥墩在受力上与梁式桥重力式桥墩有何不同？

14 - 7　如何排除 U 形桥台前墙后面的积水？

14 - 8　拱桥桥台的主要类型有哪几种？各有什么特点？

14 - 9　轻型桥台有哪些类型及特点？

14 - 10　加筋土桥台由哪两部分组成？其工作原理是什么？

参 考 文 献

[1] 陈方晔，李绪梅．公路勘测设计 [M]．第 2 版．北京：人民交通出版社，2009.

[2] 田万涛．道路勘测设计 [M]．北京：高等教育出版社，2010.

[3] 王学民，李燕飞，任国志．公路勘测设计 [M]．郑州：黄河水利出版社，2013.

[4] 金仲秋．公路设计技术 [M]．北京：人民交通出版社，2007.

[5] 杨少伟．道路勘测设计 [M]．第 3 版．北京：人民交通出版社，2009.

[6] 吴瑞麟，李亚梅，张先勇．公路勘测设计 [M]．武汉：华中科技大学出版社，2010.

[7] 宇云飞，岳强．道路工程 [M]．北京：中国水利水电出版社，2012.

[8] 周娟，李燕．路基路面工程 [M]．郑州：黄河水利出版社，2012.

[9] 姚玲森．桥梁工程 [M]．第 2 版．北京：人民交通出版社，2008.

[10] 范立础．桥梁工程（土木工程专业用）[M]．北京：人民交通出版社，2001.

[11] 邵旭东．桥梁工程（土木工程、交通工程专业用）[M]．北京：人民交通出版社，2004.

[12] 周先雁，王解军．桥梁工程 [M]．北京：北京大学出版社，2008.

[13] 满广生．桥梁工程概论 [M]．北京：中国水利水电出版社，2000.

[14] 李辅元．桥梁工程 [M]．北京：人民交通出版社，2005.

[15] 金吉寅，冯郁劳，郭临义．公路桥涵设计手册——桥梁附属构造与支座 [M]．北京：人民交通出版社，1999.

[16] 中华人民共和国行业标准．JTG B01—2003 公路工程技术标准 [S]．北京：人民交通出版社，2003.

[17] 中华人民共和国行业标准．JTG D20—2006 公路路线设计规范 [S]．北京：人民交通出版社，2006.

[18] 中华人民共和国行业标准．JTG C10—2007 公路勘测规范 [S]．北京：人民交通出版社，2007.

[19] 中华人民共和国行业标准．CJJ 37—2012 城市道路工程设计规范 [S]．北京：中国建筑工业出版社，2012.

[20] 中华人民共和国行业标准．JTG D30—2004 公路路基设计规范 [S]．北京：人民交通出版社，2004.

[21] 中华人民共和国行业标准．JTG D50—2006 公路沥青路面设计规范 [S]．北京：人民交通出版社，2006.

[22] 中华人民共和国行业标准．JTG D40—2006 公路水泥混凝土路面设计规范 [S]．北京：人民交通出版社，2006.

[23] 中华人民共和国行业标准．JTG F10—2006 公路路基施工技术规范 [S]．北京：人民交通出版社，2006.

[24] 中华人民共和国行业标准．JTG F40—2004 公路沥青路面施工技术规范 [S]．北京：人民交通出版社，2004.

[25] 中华人民共和国行业标准．JTG F30—2003 公路水泥混凝土路面施工技术规范 [S]．北京：人民交通出版社，2003.

[26] 中华人民共和国行业标准．JTJ 0340—2000 公路路面基层施工技术规范 [S]．北京：人民交通出版社，2000.

[27] 中华人民共和国行业标准．JTG D60—2004 公路桥涵设计通用规范 [S]．北京：人民交通出版社，

2004.

[28] 中华人民共和国行业标准 . JTG D62—2004 公路钢筋混凝土及预应力混凝土桥涵设计规范 [S]. 北京：人民交通出版社，2004.

[29] 中华人民共和国行业标准 . JTG D61—2005 公路圬工桥涵设计规范 [S]. 北京：人民交通出版社，2005.

[30] 中华人民共和国行业标准 . JTJ 041—2000 公路桥涵施工技术规范 [S]. 北京：人民交通出版社，2000.

[31] 中华人民共和国行业标准 . JTG F80/1—2004 公路工程质量检验评定标准 [S]. 北京：人民交通出版社，2004.